招聘网网页设计

图书馆网页设计

彩插——案例欣赏

速映电影网页设计

装饰公司网页设计

家居网页设计

卫浴网页设计（一）

卫浴网页设计（二）

旅游网页设计（一）

旅游网页设计（二）

音乐网页设计（一）

音乐网页设计（二）

用户注册网页表单设计

Adobe Dreamweaver CC
网页设计制作案例实战

夏魁良　王丽红　张　亮　主编

清華大学出版社
北　京

内 容 简 介

Dreamweaver 作为专业的网页设计软件，是许多从事网页设计工作人员的必备工具。本书共分为 9 章，前 8 章分别介绍了设立新站点——网页设计入门操作、招聘网网页设计——文本的创建与编辑、速映电影网页设计——表格化网页布局、鲜花网网页设计——CSS 样式、卫浴网页设计——图像与多媒体、旅游网页设计——链接的应用、音乐网页设计——行为的应用、快递网页表单设计——表单的应用等基础内容，第 9 章提供了两个综合案例，可以对前面的内容进行综合学习，以增强学生准备就业的实践性。本书通过大量的案例精讲、实战和课后项目练习，突出了对实际操作技能的培养。

本书涵盖和贯穿从行业典型工作任务中提炼并分析得到符合学生认知过程和学习领域要求的项目，使学生通过对基础理论知识的学习以及实际制作，达到 Dreamweaver 网页制作的中级水平。

本书可以作为大专院校相关专业的教材和参考用书，也可以作为相关社会培训机构的培训教材，同时还可以作为网页设计、动画创作爱好者的自学参考用书。

本书配送的资源内容包括书中所有实例精讲的素材文件、场景文件以及实例精讲的视频教学文件。

本书封面贴有清华大学出版社防伪标签，无标签者不得销售。
版权所有，侵权必究。举报：010-62782989，beiqinquan@tup.tsinghua.edu.cn。

图书在版编目(CIP)数据

Adobe Dreamweaver CC 网页设计制作案例实战 / 夏魁良，王丽红，张亮主编. —北京：清华大学出版社，2022.8

ISBN 978-7-302-61050-2

Ⅰ. ①A… Ⅱ. ①夏… ②王… ③张… Ⅲ. ①网页制作工具—教材 Ⅳ. ①TP393.092.2

中国版本图书馆CIP数据核字（2022）第096444号

责任编辑：李玉茹
封面设计：李　坤
责任校对：吕丽娟
责任印制：宋　林
出版发行：清华大学出版社
网　　址：http://www.tup.com.cn，　http://www.wqbook.com
地　　址：北京清华大学学研大厦A座　　**邮　　编：**100084
社 总 机：010-83470000　　**邮　　购：**010-62786544
投稿与读者服务：010-62776969，c-service@tup.tsinghua.edu.cn
质量反馈：010-62772015，zhiliang@tup.tsinghua.edu.cn
印 装 者：三河市天利华印刷装订有限公司
经　　销：全国新华书店
开　　本：185mm×260mm　　**印　　张：**14.5　　**插　　页：**1　　**字　　数：**348千字
版　　次：2022年8月第1版　　**印　　次：**2022年8月第1次印刷
定　　价：79.00元

产品编号：091617-01

前言

随着网站技术的进一步发展，各个部门对网站开发技术的要求也日益提高。纵观人才市场，各企事业单位对网站开发工作人员的需求也大大增加。网站建设是一项综合性的技能，对很多计算机技术都有着较高的要求，而 Dreamweaver 是集创建网站和管理网站于一身的专业性网页编辑工具，因其界面友好、人性化设计和易于操作而被很多网页设计者所青睐。

本书内容

本书共分为 9 章，包括设立新站点——网页设计入门操作、招聘网网页设计——文本的创建与编辑、速映电影网页设计——表格化网页布局、鲜花网网页设计——CSS 样式、卫浴网页设计——图像与多媒体、旅游网页设计——链接的应用、音乐网页设计——行为的应用、快递网页表单设计——表单的应用、课程设计等内容。

本书特色

本书面向 Dreamweaver 的初、中级用户，采用由浅入深、循序渐进的讲述方法，内容丰富。

(1) 本书案例丰富，每章都有不同类型的案例，适合上机操作教学 。

(2) 每个案例都是编写者精心挑选的，可以引导读者发挥想象力，调动学习的积极性。

(3) 案例实用，技术含量高，与实践紧密结合。

(4) 配套资源丰富，方便教学。

海量的电子学习资源和素材

本书附带大量的学习资料和视频教程，下面截图给出部分概览。

本书附带所有的素材文件、场景文件、多媒体有声视频教学录像，读者在阅读完本书的内容以后，可以调用这些资源进行深入学习。

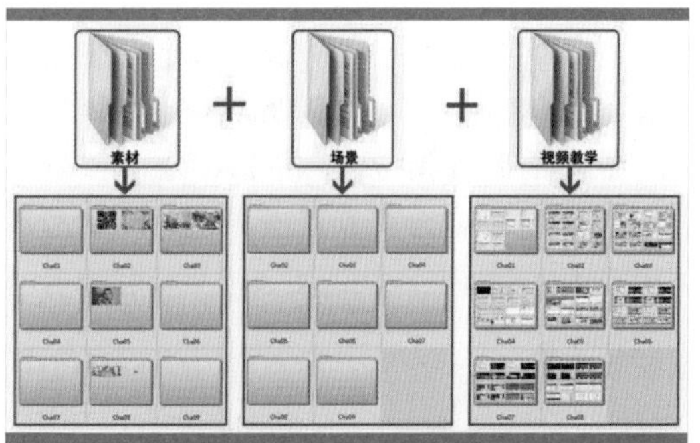

本书视频教学贴近实际，几乎手把手教学。

本书约定

为便于读者阅读理解，本书的写作风格遵从如下约定：

本书中出现的中文菜单和命令将用【】括起来，以示区分。此外，为了使语句更简洁易懂，本书中所有的菜单命令之间以竖线 (|) 分隔。例如，单击【编辑】菜单，再选择【复制】命令，就用【编辑】|【复制】来表示。

用加号 (+) 连接的两个或三个键表示快捷键或组合键，在操作时表示同时按下这两个或三个键。例如，Ctrl+V 是指在按下 Ctrl 键的同时，按下字母键 V；Ctrl+Alt+F10 是指在按下 Ctrl 和 Alt 键的同时，按下功能键 F10。

在没有特殊指定时，单击、双击和拖动是指用鼠标左键单击、双击和拖动，右击是指用鼠标右键单击 (快速按一下鼠标右键)。

读者对象

(1) Dreamweaver 初学者。

(2) 大中专院校相关专业的学生和相关社会培训机构的学员。

(3) 网页设计从业人员。

衷心感谢在本书的出版过程中给予我帮助的编辑老师，以及为本书付出辛勤劳动的出版社的老师们。

本书在创作的过程中，由于时间仓促，书中难免存在疏漏和不妥之处，敬请广大读者批评指正。

致谢

本书的出版凝结了许多优秀教师的心血，在这里衷心感谢对本书的出版给予帮助的编辑老师、 视频测试老师，感谢你们！

本书由夏魁良（黑河学院）、王丽红（黑河学院）、张亮（天津市经济贸易学校）编写，其中夏魁良编写第 1 ～ 4 章，王丽红编写第 5 ～ 7 章，张亮编写第 8 ～ 9 章。本书在编写过程中力求严谨细致，但是由于时间和精力有限，书中难免出现不妥之处，望读者批评指正。

编　者

Adobe Dreamweaver 网页设计与制作案例实战配套资源

Adobe Dreamweaver 网页设计与制作案例实战——PPT

目录

第 1 章　设立新站点——网页设计入门操作　/1

第 2 章　招聘网网页设计——文本的创建与编辑　/15

第 3 章　速映电影网页设计——表格化网页布局　/37

第4章 鲜花网网页设计——CSS样式 /63

第5章 卫浴网页设计——图像与多媒体 /93

第6章 旅游网页设计——链接的应用 /137

第 1 章

设立新站点——网页设计入门操作

本章导读：

Dreamweaver 2020 是一款专业的网页编辑软件，利用它可以创建网页，其强大的站点管理功能、合理的站点结构能够加快对站点的设计速度，提高工作效率。本章主要介绍如何利用 Dreamweaver 2020 创建、管理网站及站点。

LESSON

案例精讲
创建站点

本案例将介绍制作网页前需要先创建站点，是为了利用站点更好地对文件进行管理，减少链接与路径方面的错误。具体操作方法如下。

作品名称	创建站点
设计创意	（1）打开 Dreamweaver 2020 （2）利用【站点】按钮，建立站点
主要元素	无
应用软件	Dreamweaver 2020
素材	无
场景	无
视频	视频教学 \Cha01\【案例精讲】创建站点 .mp4
备注	

01 启动 Dreamweaver 2020 软件，在菜单栏中选择【站点】|【新建站点】命令，如图 1-1 所示。

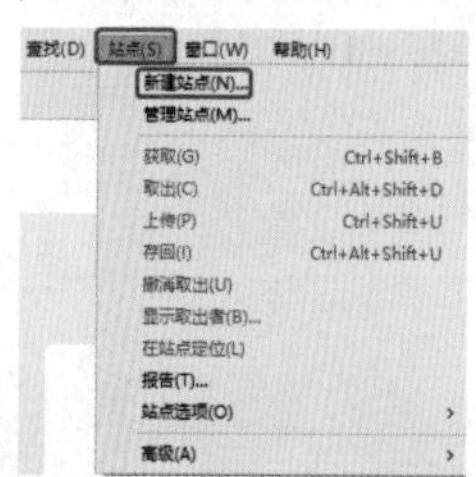

图 1-1

02 弹出【站点设置对象】对话框，在【站点名称】文本框中输入“配套资源”，在【本地站点文件夹】文本框中指定站点的位置，即计算机上要用于存储站点文件的文件夹。可以单击该文本框右侧的文件夹图标以浏览相应的文件夹，如图 1-2 所示。

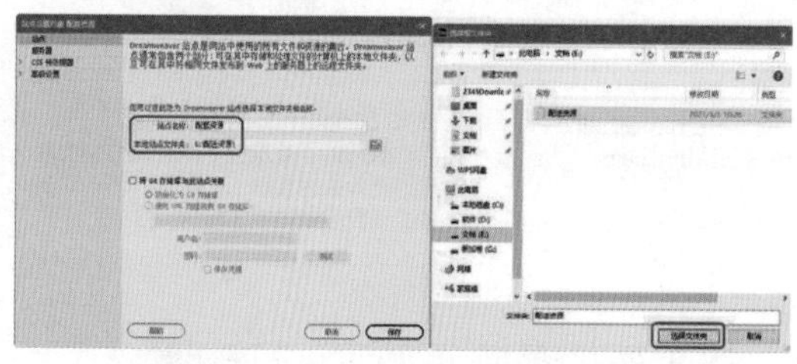

图 1-2

03 单击【保存】按钮，关闭【站点设置对象】对话框。在【文件】面板的【本地文件】列表中会显示该站点的根目录，如图 1-3 所示。

图 1-3

1.1 初识 Dreamweaver 2020

在 Dreamweaver 2020 的工作区中可查看文档和对象属性。工作区将许多常用的工具放置在工具栏中，便于用户快速地对文档进行修改。工作区主要由菜单栏、文档工具栏、【属性】面板、浮动面板组、状态栏等组成。

1.1.1 菜单栏

菜单栏中包括9个菜单，单击每个菜单项，会弹出一个下拉菜单，利用菜单中的命令，基本上能够实现 Dreamweaver 2020 的所有功能。菜单栏如图 1-4 所示。

图 1-4

1.1.2 文档工具栏

文档工具栏中包括 3 种文档窗口视图（代码、拆分和设计）按钮及【实时视图】按钮 ▾，如图 1-5 所示。

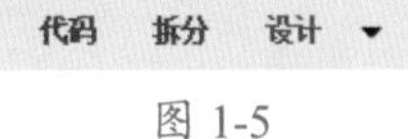

图 1-5

文档工具栏中常用按钮的功能如下。

【代码】按钮：单击该按钮，可以在文档窗口中显示和修改 HTML 源代码。

【拆分】按钮：单击该按钮，可以在文档窗口中同时显示 HTML 源代码和页面的设计效果。

【设计】按钮：单击该按钮，可以在文档窗口中显示网页的设计效果。

【实时视图】按钮：单击该按钮，显示不可编辑的、交互式的、基于浏览器的文档视图。

1.1.3 【属性】面板

【属性】面板是网页中非常重要的面板，用于显示在文档窗口中所选元素的属性，并且可以对被选中元素的属性进行修改。该面板随着选择元素的不同而显示不同的属性，如图 1-6 所示。

图 1-6

1.1.4 浮动面板组

Dreamweaver 2020 中的面板可以自由组成为面板组。每个面板组都可以展开和折叠，并且可以和其他面板组停靠在一起，面板组还可以停靠到集成的应用程序窗口中，这样能够很容易地访问所需的面板，而不会使工作区变得混乱。面板组位于工作窗口的右侧，用于帮助用户监测和修改工作，其中包括“文件”面板、CC Libraries 面板、“插入”面板和“CSS 设计器”面板等，如图 1-7 所示。

图 1-7

1.1.5 状态栏

状态栏位于文档窗口的底部，包括两个功能区，即标签选择器（用于显示和控制文档当前插入点位置的 HTML 源代码标记）、窗口大小弹出菜单（用于显示页面大小，允许将文档窗口的大小调整到预定义或自定义的尺寸），如图 1-8 所示。

图 1-8

1.2 站点管理与应用

Dreamweaver 2020 可以用来创建单个网页，但在大多数情况下，是将这些单独的网页组合成站点。Dreamweaver 2020 不仅提供了网页编辑特性，而且带有强大的站点管理功能。

有效地规划和组织站点，对建立网站是非常必要的。合理的站点结构能够加快对站点的设计，提高工作效率，节省时间。如果将所有的网页都存储在一个目录下，当站点的规模越来越大时，管理起来就会变得很困难。因此，应充分地利用文件夹来管理文档。

1.2.1 认识站点

Dreamweaver 2020 中的站点是一种管理网站中所有相关联文档的工具，通过站点可以实现将文件上传到网络服务器、自动跟踪和维护、管理文件以及共享文件等功能。严格地说，站点也是一种文档的组织形式，由文档和文档所在的文件夹组成，不同的文件夹保存不同的网页内容，如 images 文件夹用于存放图片，这样便于以后的管理与更新。

Dreamweaver 2020 中的站点包括本地站点、远程站点和测试站点 3 类。本地站点是用来存放整个网站框架的本地文件夹，是用户的工作目录，一般制作网页时只需建立本地站点。远程站点是存储于 Internet 服务器上的站点和相关文档。通常情况下，为了不连接 Internet 而对所创建的站点进行测试，可以在本地计算机上创建远程站点，来模拟真实的 Web 服务器进行测试。

测试站点是 Dreamweaver 2020 处理动态页面的文件夹，使用此文件夹生成动态内容并在工作时连接到数据库，用于对动态页面进行测试。

> 提示：静态网页是标准的HTML文件，采用HTML编写，是通过HTTP在服务器端和客户端之间传输的纯文本文件，其扩展名是htm或html。动态网页以.asp、.jsp、.php等形式为后缀，以数据库技术为基础，含有程序代码，是可以实现如用户注册、在线调查、订单管理等功能的网页文件。动态网页能根据不同的时间、不同的来访者显示不同的内容。动态网站更新方便，一般在后台直接更新。

1.2.2 确立站点架构

确立站点架构的方法如下。

1. 站点及目录的作用

站点用来存储一个网站的所有文件，这些文件包括网页文件、图片文件、服务器端处理程序和 Flash 动画等多种文件。

在定义站点之前，首先要做好站点的规划，包括站点的目录结构和链接结构等。这里讲的站点的目录结构是指本地站点的目录结构，远程站点的目录结构应该与本地站点的目录结构相同，以便于网页的上传与维护。链接结构是指站点内各文档之间的链接关系。

2. 合理建立目录

站点的目录结构与站点的内容多少有关。如果站点的内容很多，就要创建多级目录，以便分门别类地存放不同类别的文档；如果站点的内容不多，目录结构可以简单一些。创建目录结构的基本原则是方便站点的管理和维护。目录结构的创建是否合理，对浏览者似乎没有什么影响，但对于网站的上传、更新、维护、扩充和移植等工作却有很大的影响。特别是大型网站，目录结构如果设计得不合理，文档的存放就会混乱。因此，在设计网站目录结构时，应该注意以下几点。

（1）无论站点的大小，都应该创建一定规模的目录结构，不要把所有的文件都存放在站点的根目录中。如果把很多的文件都存放在根目录中，很容易造成文件管理混乱，影响工作效率，也容易发生错误。

（2）按模块及其内容创建子目录。

（3）目录层次不要太深，一般控制在 5 级以内。

（4）不要使用中文目录名，防止因此而引发链接或浏览错误。

（5）为首页建立文件夹，用来存放网站首页中的各种文件。首页使用率最高，为它单独创建一个文件夹很有必要。

（6）目录名应能反映目录中的内容，方便进行管理与维护。但是这也容易导致安全问题，浏览者很容易猜测出网站的目录结构，也就容易对网站实施攻击。所以，在设计目录结构的时候，尽量避免目录名和栏目名完全一致，可以采用数字、字母、下划线等组合的方式来提高目录名的猜测难度。

1.2.3 创建本地站点

在开始制作网页之前，最好先定义一个新站点，这是为了更好地利用站点对文件进行管理，尽可能地减少错误，如链接出错、路径出错等。

使用 Dreamweaver 2020 的向导创建本地站点的具体操作步骤如下。

01 打开 Dreamweaver 2020 软件，选择【站点】|【新建站点】命令，弹出【站点设置对象】对话框，在对话框中输入站点名称，如图 1-9 所示。

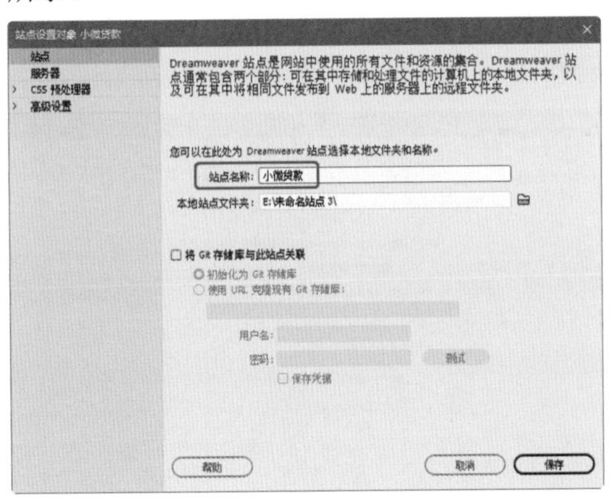

图 1-9

02 单击对话框中的【浏览文件夹】按钮，以选择需要设为站点的目录，如图 1-10 所示。

03 弹出【选择根文件夹】对话框，选择需要设为根目录的文件夹后，打开该文件夹，单击【选择文件夹】按钮，如图 1-11 所示。

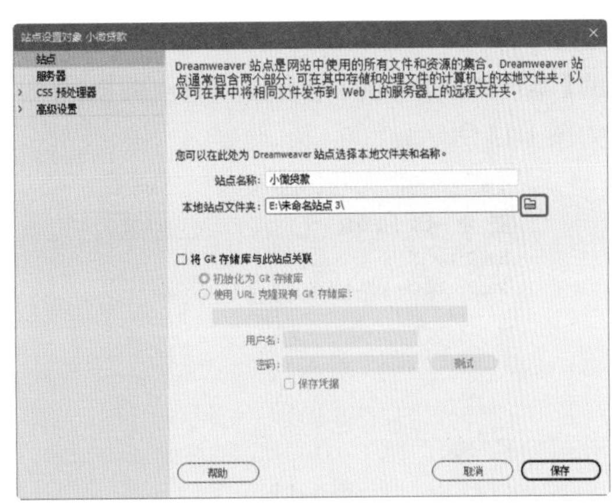

图 1-10

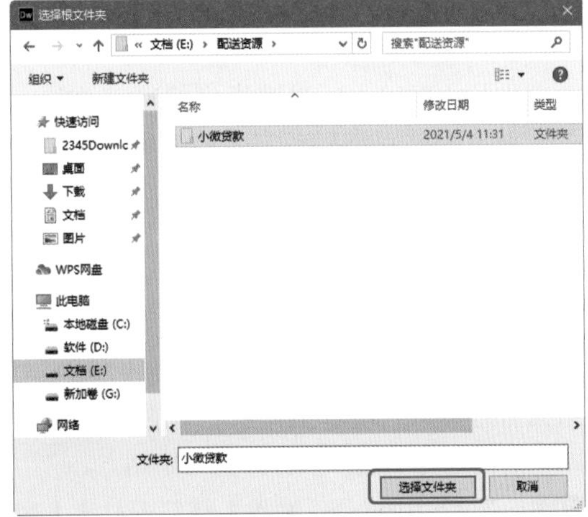

图 1-11

04 返回【站点设置对象】对话框，本地站点文件夹已设定为选择的文件夹，单击【保存】按钮，完成本地站点的创建，如图 1-12 所示。

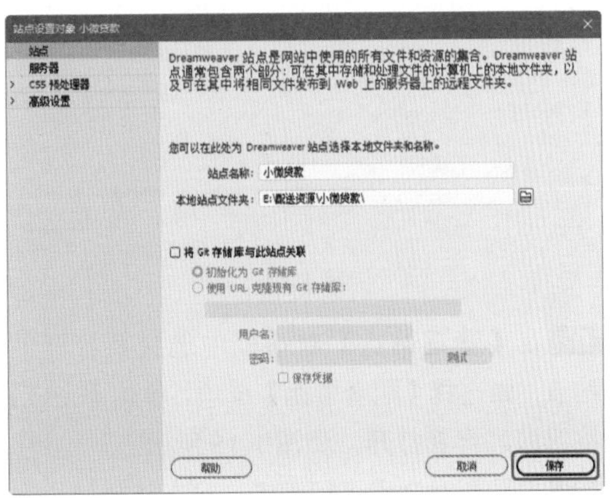

图 1-12

05 本地站点创建完成后，在【文件】面板的【本地文件】列表中会显示该站点的根目录，如图 1-13 所示。

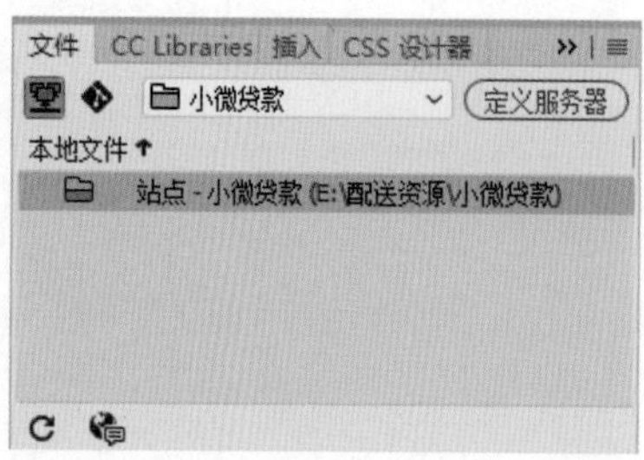

图 1-13

■ 1.2.4 管理站点

在 Dreamweaver 2020 中创建完站点后，可以对本地站点进行多方面的管理，如打开站点、编辑站点、导出站点及导入站点等。

1. 打开和编辑站点

在 Dreamweaver 2020 中可以定义多个站点，但是 Dreamweaver 2020 只能同时对一个站点进行处理，这样有时我们就需要在各个站点之间进行切换，以打开另一个站点。

01 在菜单栏中选择【站点】|【管理站点】命令，打开【管理站点】对话框，如图 1-14 所示。

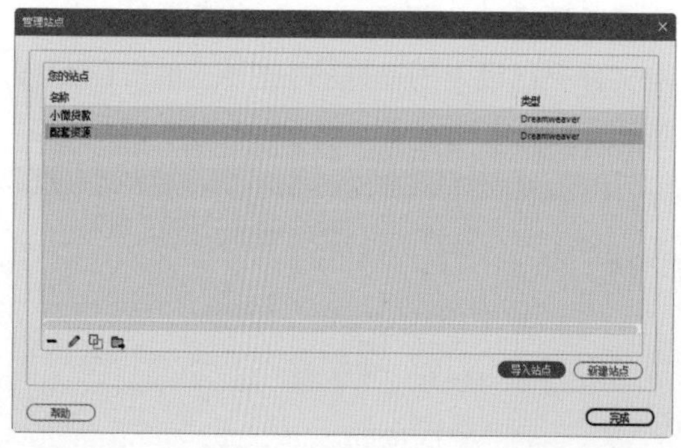

图 1-14

02 在【管理站点】对话框中选择要打开的站点，如选择【配套资源】选项，单击【完成】按钮即可将其打开，如图 1-15 所示。

03 如果要对站点进行编辑，可在选择站点名称后单击【编辑当前选定的站点】按钮，如图 1-16 所示。

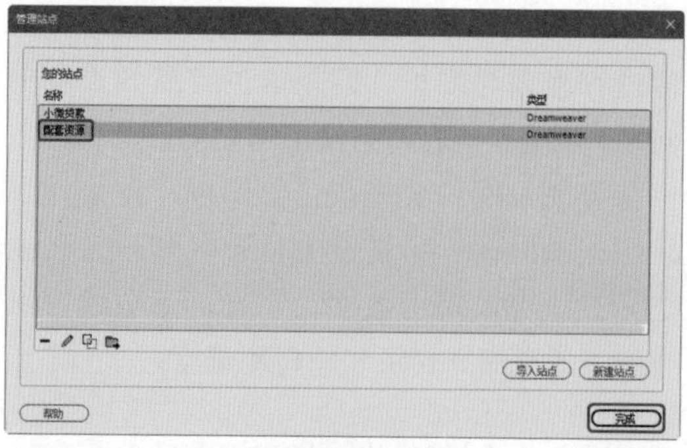

图 1-15

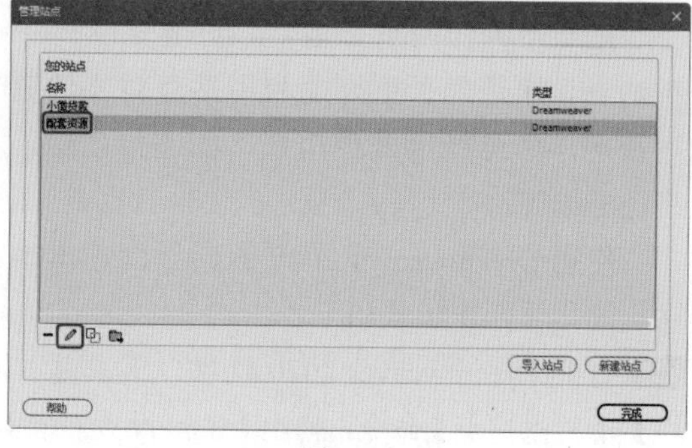

图 1-16

04 弹出【站点设置对象】对话框，在其中进行站点的编辑，设置完毕，单击【保存】按钮即可，如图 1-17 所示。

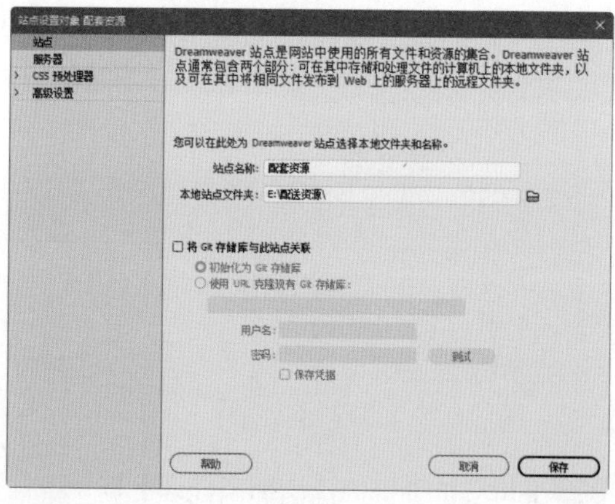

图 1-17

【实战】复制和删除站点

在 Dreamweaver 2020 中，如果要创建多个站点，而它们的基本设置都相同，那么为了减少重复劳动，即可以进行复制站点操作。删除站点，就是将不需要的站点删除，但从站点列表中删除 Dreamweaver 2020 的站点及其所有设置信息并不会将站点文件从计算机中删除。

素材	无
场景	无
视频	视频教学 \Cha01\【实战】复制和删除站点 .mp4

01 在菜单栏中选择【站点】|【管理站点】命令，打开【管理站点】对话框。在打开的【管理站点】对话框中选择一个站点名称，然后单击【复制当前选定的站点】按钮，复制站点，如图 1-18 所示。

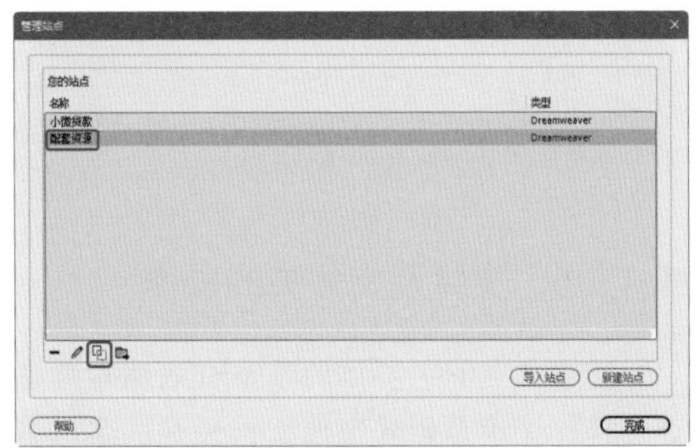

图 1-18

02 完成对所选择站点的复制，如图 1-19 所示。

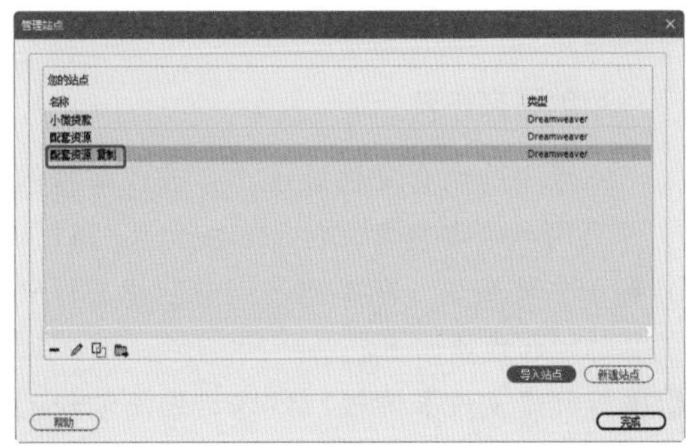

图 1-19

03 选择不需要的站点，单击【删除当前选定的站点】按钮，如图 1-20 所示。

04 在弹出的确认删除信息对话框中，单击【是】按钮，即可将选中的站点删除，如图 1-21 所示。

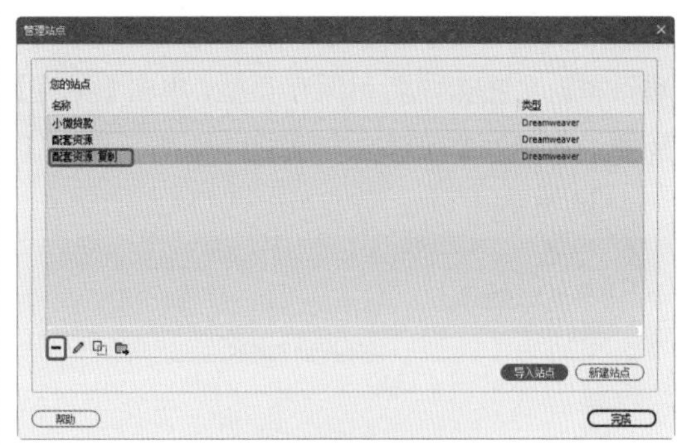

图 1-20

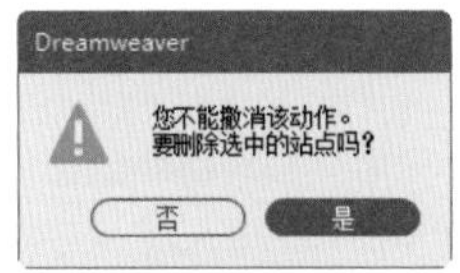

图 1-21

2. 导出和导入站点

在 Dreamweaver 2020 的站点编辑中，可以将现有的站点导出成一个站点文件，也可以将站点文件导入成为一个站点。导出、导入的作用在于保存和恢复站点与本地文件的链接关系。

导出和导入站点都在【管理站点】对话框中操作，使用者可以通过这些操作将站点导出或导入 Dreamweaver 2020。这样，可以在各个计算机和产品版本之间移动站点，或者与其他用户共享这些设置。下面介绍站点导出和导入的操作。

01 打开【管理站点】对话框，选择要导出的一个或多个站点，然后单击【导出当前选定的站点】按钮，如图 1-22 所示。

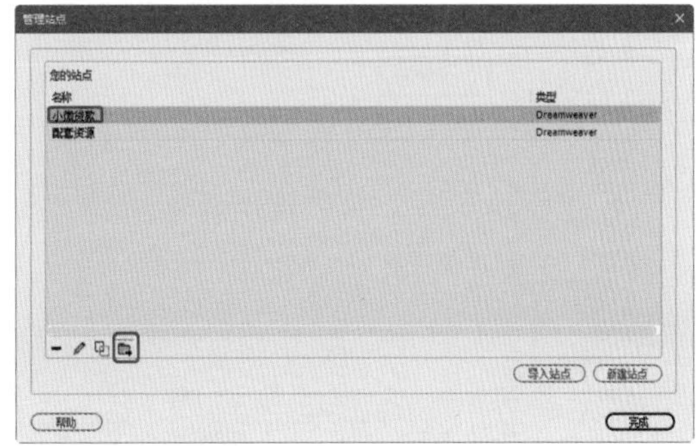

图 1-22

02 单击【导出】按钮后，打开【导出站点】对话框，设置文件名和保存类型，单击【保存】按钮，将站点保存为后缀名为 .ste 的文件，如图 1-23 所示。

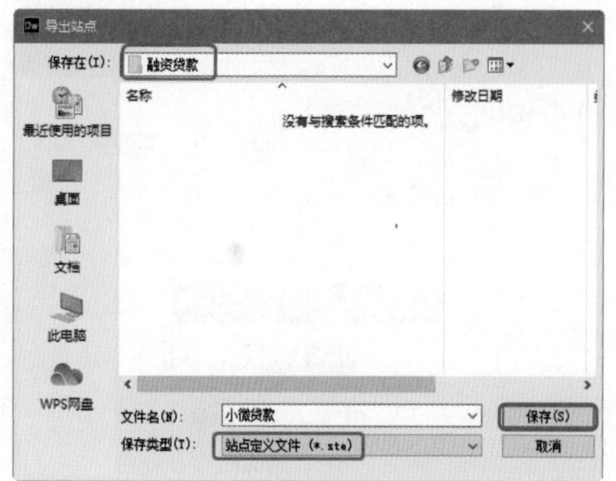

图 1-23

03 如果要在其他的电脑中将站点导入 Dreamweaver 2020，可以单击【管理站点】对话框中的【导入站点】按钮，如图 1-24 所示。

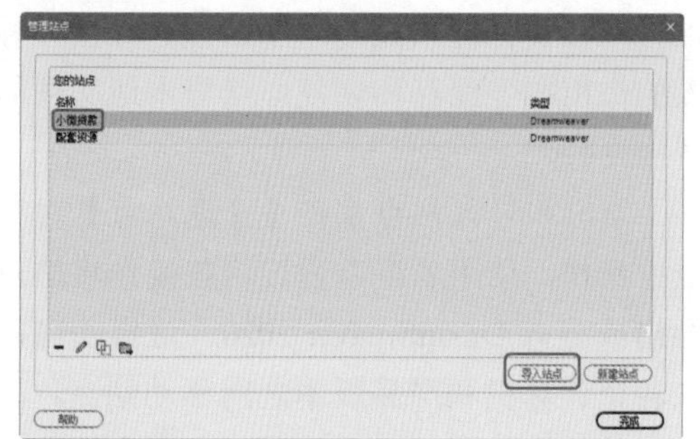

图 1-24

04 打开【导入站点】对话框，选择要导入的站点文件，单击【打开】按钮，如图 1-25 所示。

图 1-25

05 如果 Dreamweaver 2020 中有与站点文件相同名称的站点，将会弹出提示对话框，单击【确定】按钮，如图 1-26 所示。

图 1-26

06 完成站点的导入，如图 1-27 所示。

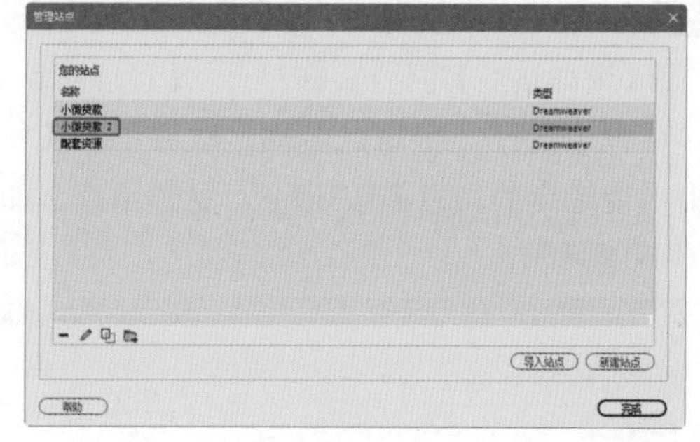

图 1-27

1.2.5 文件及文件夹的操作

创建站点的主要目的就是有效地管理站点文件。无论是创建空白文档还是利用已有的文档创建站点时，都需要对站点中的文件夹或文件进行操作。利用【文件】面板，可以对本地站点中的文件夹和文件进行创建、移动、复制及删除等操作。

1. 创建文件夹

站点中的所有文件被统一存放在单独的文件夹内，根据包含文件的多少，又可以细分到子文件夹里。在本地站点中创建文件夹的具体操作步骤如下。

01 打开【文件】面板，可以看到所创建的站点，如图 1-28 所示。

图 1-28

02 在【本地文件】选项中右击站点名称，在弹出的快捷菜单中选择【新建文件夹】命令，如图 1-29 所示。

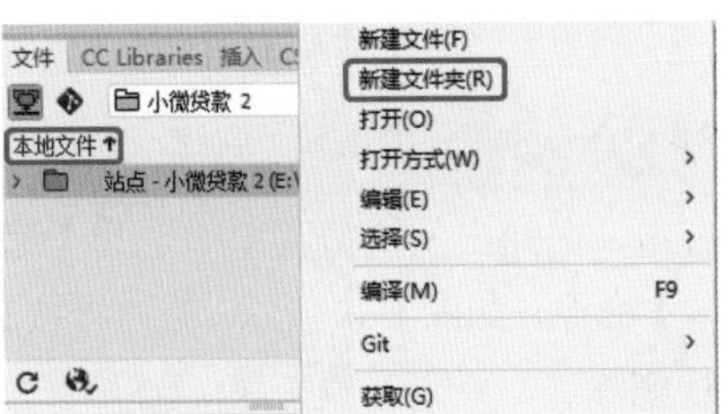

图 1-29

03 新建文件夹的名称处于可编辑状态，可以将新建文件夹重新命名为 images，通常在此文件夹中存放图片，如图 1-30 所示。

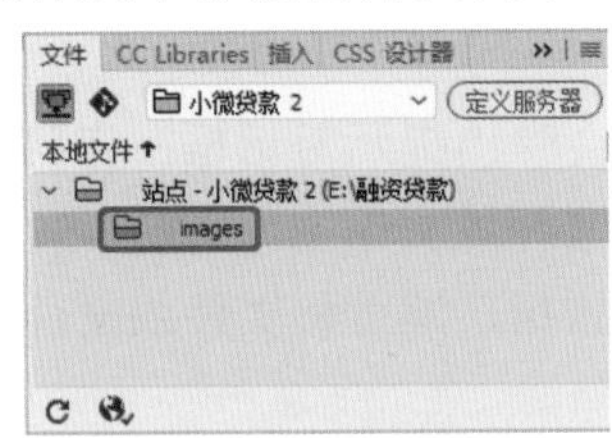

图 1-30

04 在不同的文件夹名称上右击，在弹出的快捷菜单中选择【新建文件夹】命令，就会在所选择的文件夹下创建子文件夹。例如，在 images 文件夹下创建 001 子文件夹，如图 1-31 所示。

图 1-31

提示：如果想修改文件夹名称，选定文件夹后，单击文件夹的名称或按下 F2 键，激活文字处于可编辑状态，输入新的名称即可。

2. 创建文件

文件夹创建完成后，就可以在文件夹中创建相应的文件。创建文件的具体操作步骤如下。

01 打开【文件】面板，在准备新建文件的文件夹上右击，在弹出的快捷菜单中选择【新建文件】命令，如图 1-32 所示。

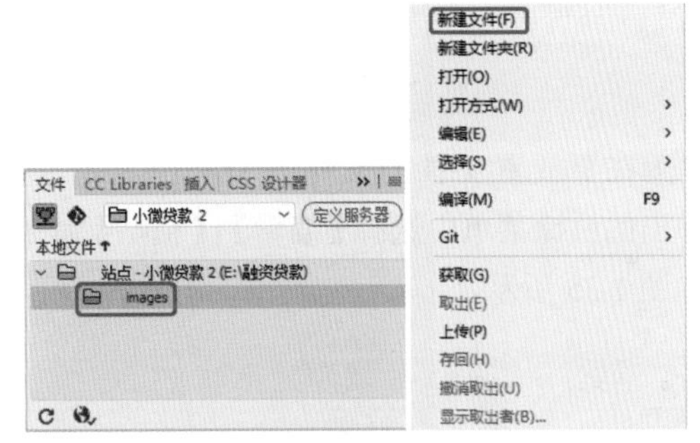

图 1-32

02 新建文件的名称处于可编辑状态，可以为新建文件重新命名。新建的文件名默认为 untitled.html，可将其改为 index.html，如图 1-33 所示。

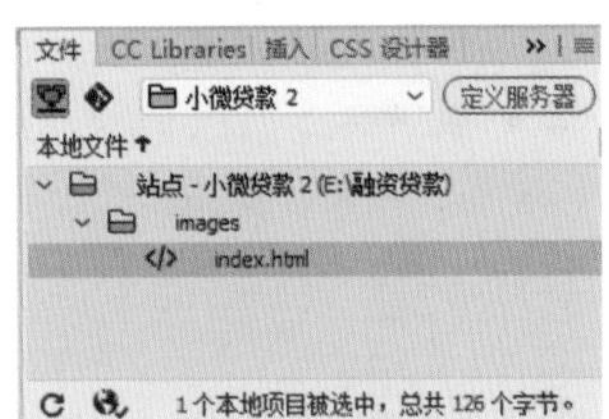

图 1-33

提示：创建文件时，一般应先创建主页，文件名应设定为 index.htm 或 index .html，否则，上传后将无法显示网站内容。文件名后缀 .html 不可省略，否则就不是网页了。

3. 文件或文件夹的移动与复制

在【文件】面板中，可以利用剪切、拷贝和粘贴等操作来实现文件或文件夹的移动和复制，也可以选择【编辑】菜单中的相应命令，或直接用鼠标拖动来实现。具体操作步骤如下。

01 在【文件】面板中，选中要移动的文件或文件夹并右击，在弹出的快捷菜单中选择【编辑】|【剪切】或【编辑】|【拷贝】命令，如图 1-34 所示。

图 1-34

02 在要放置文件的文件夹名称上右击，在弹出的快捷菜单中选择【编辑】|【粘贴】命令，如图 1-35 所示。

图 1-35

03 这样，文件或文件夹就被移动或复制到相应的文件夹中了，如图 1-36 所示。

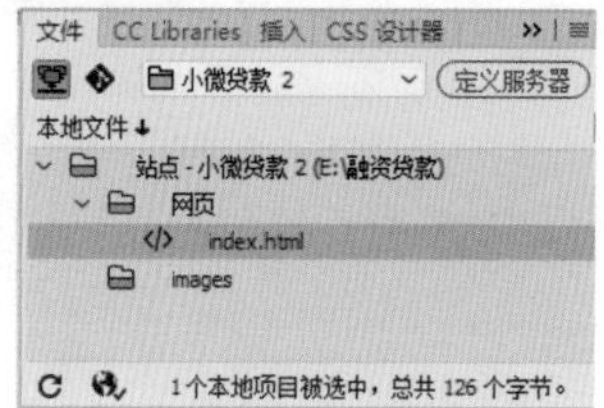

图 1-36

提示：如果移动或复制的是文件，由于文件的位置发生了变化，因此，其中的链接信息（特别是相对链接）可能也会发生相应的变化。Dreamweaver 会弹出【更新文件】对话框，提示是否要更新被移动或复制文件中的链接信息。从列表中选中要更新的文件，单击【更新】按钮，则可以更新文件中的链接信息；单击【不更新】按钮，则不对文件中的链接进行更新。

4. 删除文件或文件夹

要从本地站点中删除文件或文件夹，具体操作步骤如下。

01 在【文件】面板中，选中要删除的文件或文件夹，如图 1-37 所示。

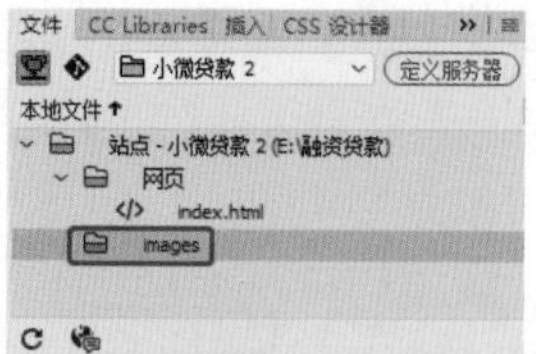

图 1-37

02 右击，在弹出的快捷菜单中选择【编辑】|【删除】命令，如图 1-38 所示。或直接按 Delete 键进行删除。

图 1-38

03 这时会弹出提示对话框，询问是否要删除所选的文件或文件夹，如图 1-39 所示。单击【是】按钮，即可将文件或文件夹从本地站点中删除。

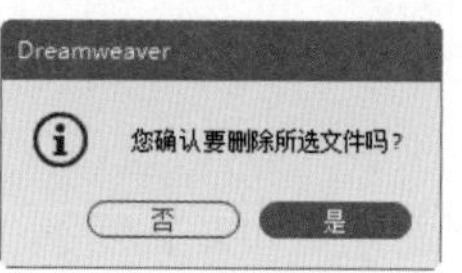

图 1-39

提示：与站点的删除操作不同，对文件或文件夹的删除操作会从磁盘上将相应的文件或文件夹删除。按 Delete 键，也可将其删除。

1.3 网页的基本操作

网页的基本操作包括新建网页文档、保存网页文档、打开网页文档，以及关闭网页文件。

1.3.1 新建网页文档

新建网页文档，是正式学习网页制作的第一步，也是网页制作的基本条件。下面来介绍新建网页文档的基本操作方法。

01 在菜单栏中选择【文件】|【新建】命令，如图 1-40 所示。

图 1-40

02 弹出【新建文档】对话框，切换到【新建文档】选项设置界面，在【文档类型】下拉列表框中选择 HTML 选项，在【框架】选项组中选择【无】选项，如图 1-41 所示。

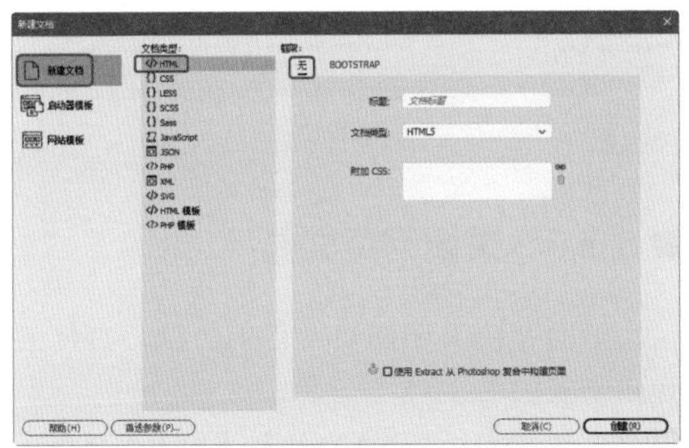

图 1-41

03 单击【创建】按钮，即可新建一个空白的 HTML 网页文档，如图 1-42 所示。

图 1-42

■ 1.3.2　保存网页文档

下面介绍保存网页文档的方法，具体操作步骤如下。

01 在菜单栏中选择【文件】|【保存】命令，如图 1-43 所示。

图 1-43

02 弹出【另存为】对话框，在该对话框中输入文件名，并选择保存类型，如图 1-44 所示。

图 1-44

03 单击【保存】按钮，即可将网页文档进行保存。

提示：保存网页的时候，使用者可以在【保存类型】下拉列表框中根据制作网页的要求选择不同的文件类型。区分文件类型的标志主要是文件名的后缀名称不同。设置文件名的时候，不要使用特殊符号，尽量不要使用中文名称。

【实战】打开网页文档

网页文档保存并关闭后，如果需要重新编辑，则需将其重新打开。本例将讲解如何打开网页文档。

素材	素材 \Cha01\ 素材 01.html
场景	无
视频	视频教学 \Cha01\【实战】打开网页文档 .mp4

01 在菜单栏中选择【文件】|【打开】命令，如图 1-45 所示。

图 1-45

02 在弹出的【打开】对话框中选择“素材 \Cha01\ 素材 01.html”素材文件，如图 1-46 所示。

03 单击【打开】按钮，即可在 Dreamweaver 中打开网页文档，如图 1-47 所示。

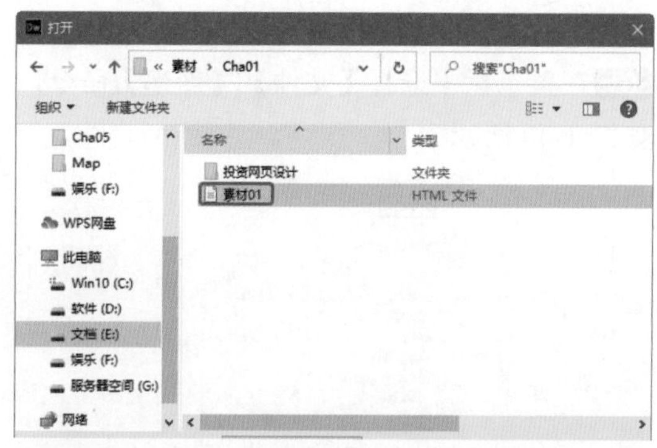

图 1-46

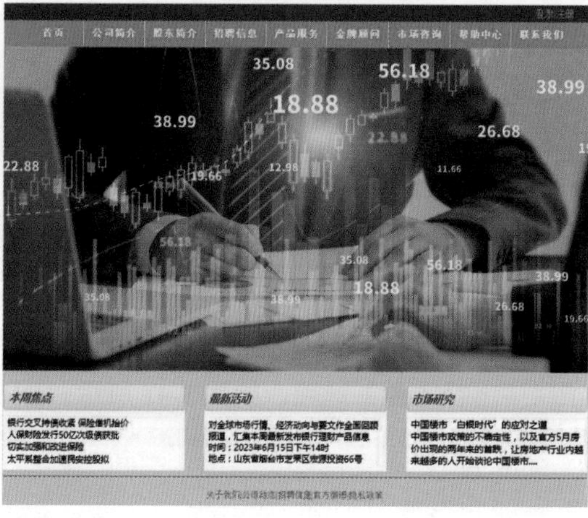

图 1-47

1.3.3 关闭网页文件

下面介绍关闭网页文件的方法，具体的操作步骤如下。

01 在菜单栏中选择【文件】|【退出】命令，即可将文件关闭，如图 1-48 所示。

图 1-48

02 如果对打开的网页文件进行了部分操作，则在关闭该文件时，会弹出信息提示对话框，提示是否保存该文档，如图 1-49 所示。

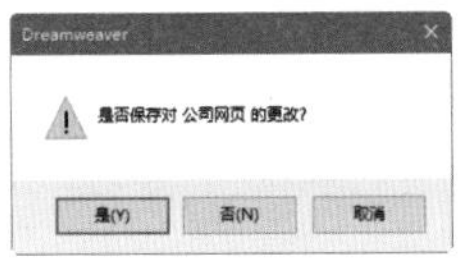

图 1-49

1.4 页面属性设置

新建网页之后，应设置页面的基本显示属性，如页面背景效果、页面字体大小、颜色和页面超链接等属性。在 Dreamweaver 2020 中设置页面显示属性可以通过【页面属性】对话框来实现。

1.4.1 外观

在【页面属性】对话框左侧的【分类】列表框中选择【外观（CSS）】选项，切换到【外观（CSS）】选项设置界面，如图 1-50 所示。

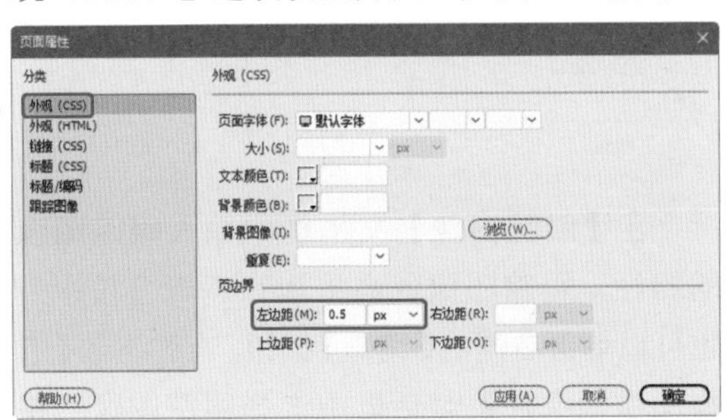

图 1-50

【外观（CSS）】选项设置界面中各项参数如下。

◎ 【页面字体】：用来设置网页中文本的字体样式。

◎ 【大小】：用来设置网页中文字的大小。

◎ 【文本颜色】：用来设置网页中文本的颜色。单击其右侧的 ⌄ 按钮，可在打开的拾色器中选择颜色。

◎ 【背景颜色】：用来设置页面中使用的背景颜色。单击其右侧的 ⌄ 按钮，可在打开的拾色器中选择颜色。

◎ 【背景图像】：用来设置页面的背景图像。单击其右侧的【浏览】按钮，可在弹出的【选择图像源文件】对话框中选择需要的背景图像。

◎ 【重复】：用来设置背景图像在页面上的显示方式。

- ☆ no-repeat（非重复）：选择该选项仅显示背景图像一次。
- ☆ repeat（重复）：选择该选项可横向或纵向重复或平铺图像。
- ☆ repeat-x（横向重复）：选择该选项后可横向平铺图像。
- ☆ repeat-y（纵向重复）：选择该选项后可纵向平铺图像。

◎ 【页边界】：使用【左边距】、【右边距】、【上边距】和【下边距】文本框可以用来调整网页内容和浏览器边框之间的空白区域，默认的上、下、左、右的边距均为 10 像素。

> 提示：HTML 外观设置与 CSS 外观设置基本相同，在此不再赘述。

1.4.2 链接

在【页面属性】对话框左侧的【分类】列表框中选择【链接（CSS）】选项，切换到【链接（CSS）】选项设置界面，如图 1-51 所示。

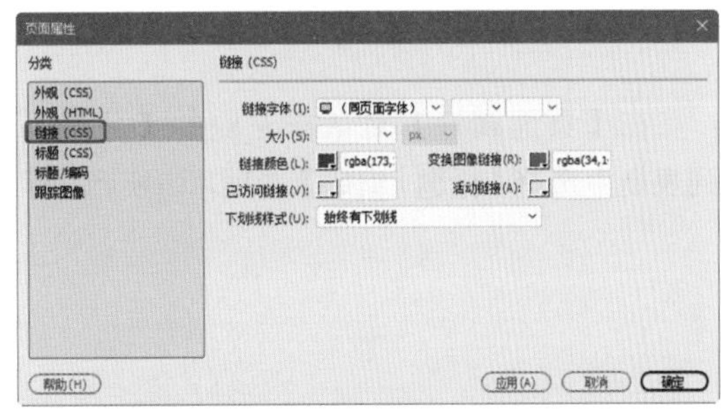

图 1-51

【链接（CSS）】选项设置界面中各项参数如下。

◎ 【链接字体】：用来设置链接文本使用的字体样式。

◎ 【大小】：用来设置链接文本使用的字体大小。

◎ 【链接颜色】：用来设置应用于链接文本的颜色。

◎ 【变换图像链接】：用来设置当鼠标指针位于链接上时应用的颜色。

◎ 【已访问链接】：用来设置应用于访问过的链接的颜色。

◎ 【活动链接】：用来设置单击链接时显示的颜色。

◎ 【下划线样式】：用来设置是否在链接上增加下划线。

1.4.3　标题

在【页面属性】对话框左侧的【分类】列表框中选择【标题（CSS）】选项，切换到【标题（CSS）】选项设置界面，在这里可以为标题（这里指用 <hl> 等定义的标题文本）定义更细致的格式，如图 1-52 所示。

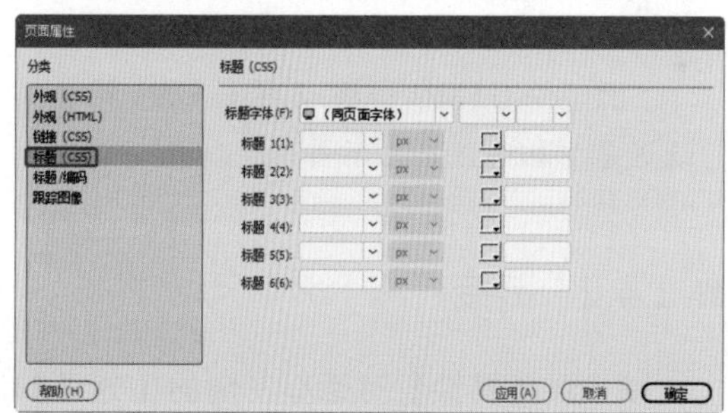

图 1-52

1.4.4　标题 / 编码

在【页面属性】对话框左侧的【分类】列表框中选择【标题 / 编码】选项，切换到【标题 / 编码】选项设置界面，在其中可以设置网页的字符编码，如图 1-53 所示。

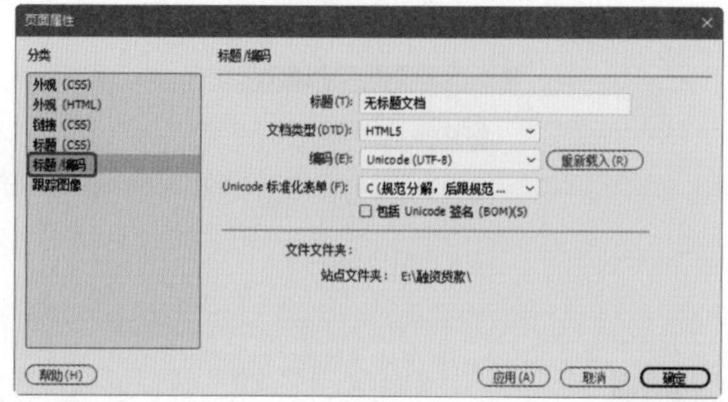

图 1-53

1.4.5　跟踪图像

在【页面属性】对话框左侧的【分类】列表框中选择【跟踪图像】选项，切换到【跟踪图像】选项设置界面，可以为当前制作的网页添加跟踪图像，如图 1-54 所示。

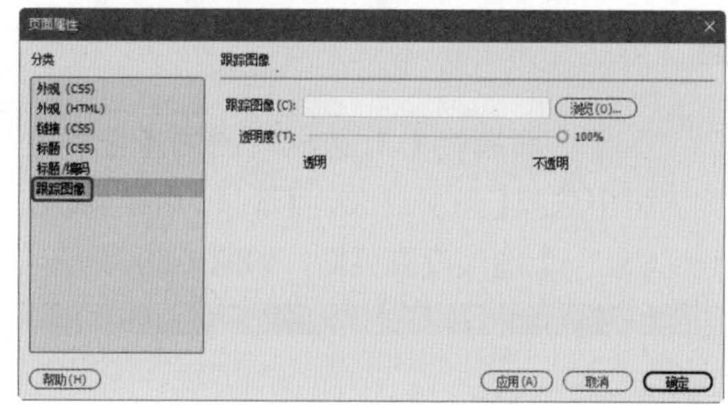

图 1-54

在【跟踪图像】文本框中输入跟踪图像的路径，跟踪图像就会出现在编辑窗口中；也可以单击右侧的【浏览】按钮，在弹出的【选择图像源文件】对话框中选择跟踪图像的路径。通过拖动【透明度】上的滑块可以调节跟踪图像的透明度。

第 2 章

招聘网网页设计——文本的创建与编辑

本章导读：

文本是网页中最基本的元素，也是最直接的获取信息的方式。本章将介绍创建简单文本网页的一些基本操作，例如创建文本与特殊文本内容、格式化文本、项目列表等。

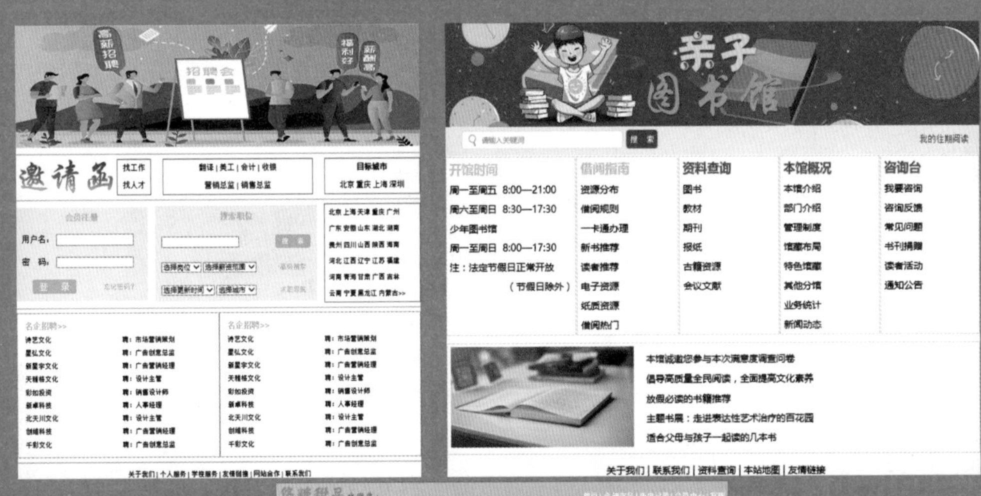

LESSON

案例精讲
招聘网网页设计

为了更好地完成本设计案例，现对制作要求及设计内容做如下规划，效果如图 2-1 所示。

作品名称	招聘网网页设计
设计创意	（1）通过表格制作网页框架 （2）通过图像、水平线、文字完善页面
主要元素	（1）表格 （2）图像 （3）水平线 （4）文字
应用软件	Adobe Dreamweaver 2020
素材	素材 \Cha02\ 招聘网网页设计
场景	场景 \Cha02\【案例精讲】招聘网网页设计 .html
视频	视频教学 \Cha02\【案例精讲】招聘网网页设计 .mp4
招聘网网页设计效果欣赏	图 2-1
备注	

01 启动 Dreamweaver 2020 软件后，按 Ctrl+N 组合键，弹出【新建文档】对话框，在【文档类型】下拉列表框中选择 HTML 选项，在【框架】选项组的【文档类型】下拉列表框中选择 HTML5 选项，单击【创建】按钮，如图 2-2 所示。

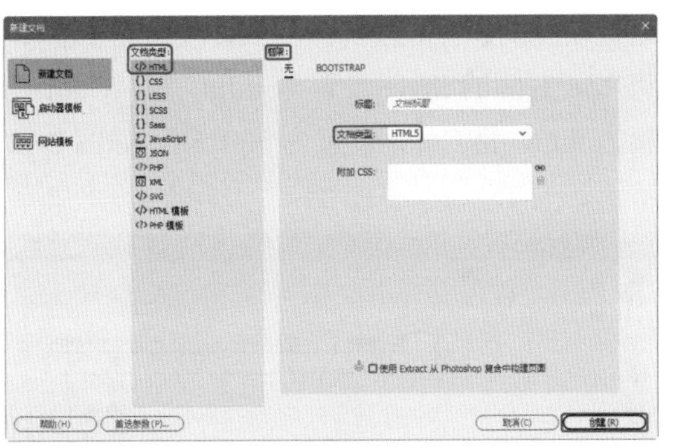

图 2-2

02 按 Ctrl+Alt+T 组合键，打开 Table 对话框，将【行数】、【列】均设置为 1，将【表格宽度】设置为 800 像素，其他参数均设置为 0，单击【确定】按钮。选择插入的表格，在【属性】面板中将 Align 设置为【居中对齐】，如图 2-3 所示。

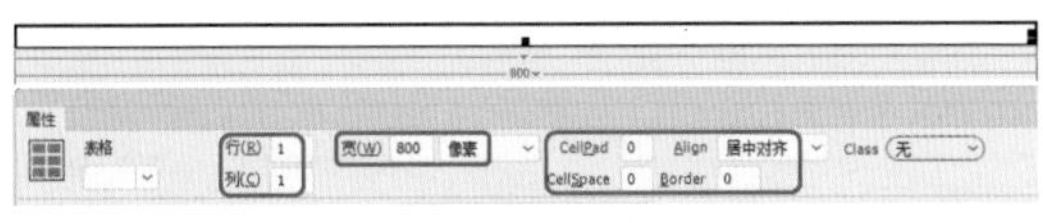

图 2-3

03 将光标置入单元格内，按 Ctrl+Alt+I 组合键，打开【选择图像源文件】对话框，在该对话框中选择“素材 \Cha02\ 招聘网网页设计 \ 大图 .png”素材图像，单击【确定】按钮，即可插入素材图像，如图 2-4 所示。

图 2-4

04 将光标置入表格的右侧，按 Ctrl+Alt+T 组合键，打开 Table 对话框，插入一个 1 行 1 列、【表格宽度】为 800 像素的表格，在【属性】面板中将 Align 设置为【居中对齐】，如图 2-5 所示。

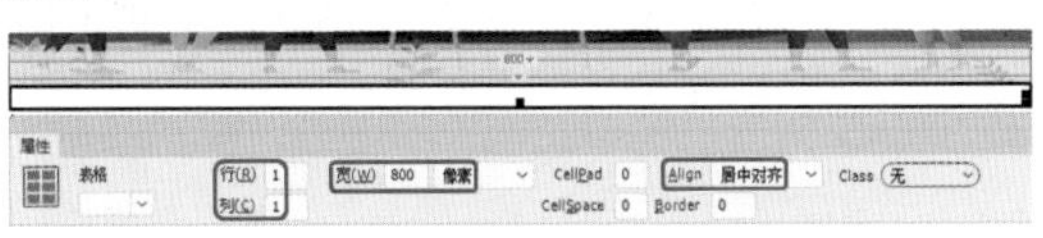

图 2-5

05 将光标置入该单元格内，在菜单栏中选择【插入】|HTML|【水平线】命令，如图 2-6 所示。

图 2-6

06 选择插入的水平线，单击【拆分】按钮，在 hr 右侧按空格键输入代码 color="#65b5ce"，如图 2-7 所示，输入完成后单击【设计】按钮。

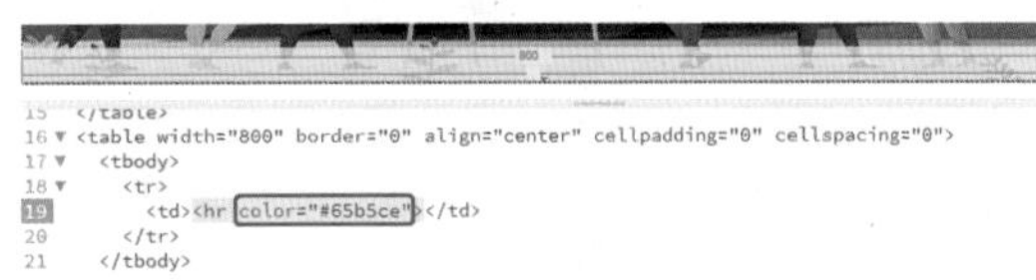

图 2-7

07 将光标置入表格的右侧，插入一个 1 行 2 列、【宽】为 800 像素的表格，单击【确定】按钮。在【属性】面板中，将 Align 设置为【居中对齐】，如图 2-8 所示。

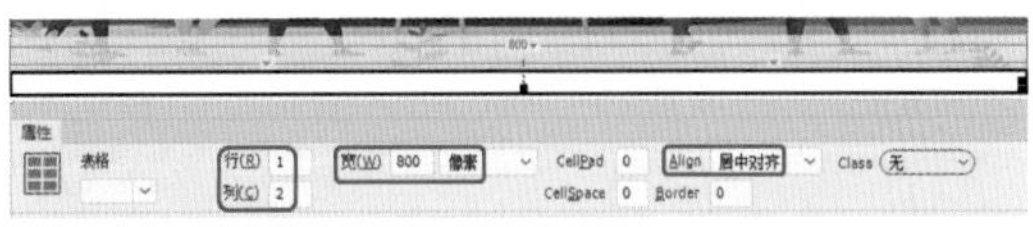

图 2-8

08 将光标置入第一列单元格内，将【宽】、【高】分别设置为 200、70，将【水平】设置为【居中对齐】，按 Ctrl+Alt+I 组合键，打开【选择图像源文件】对话框，在该对话框中选择“素材 \Cha02\ 招聘网网页设计 \ 小图 .png”素材图像，单击【确定】按钮，如图 2-9 所示。

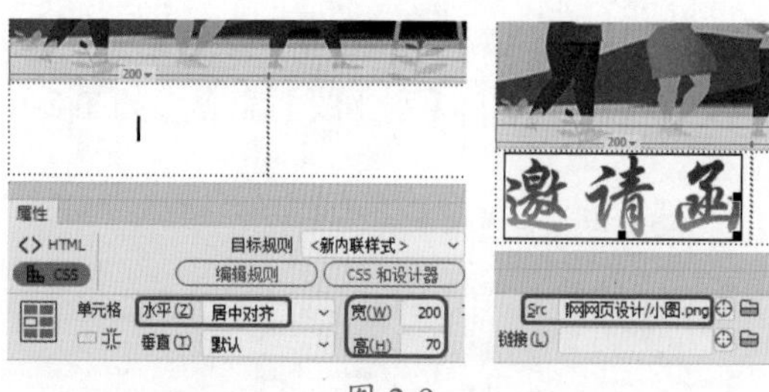

图 2-9

09 将光标置入第二列单元格内，插入一个1行5列、【宽】为600像素的单元格，如图2-10所示。

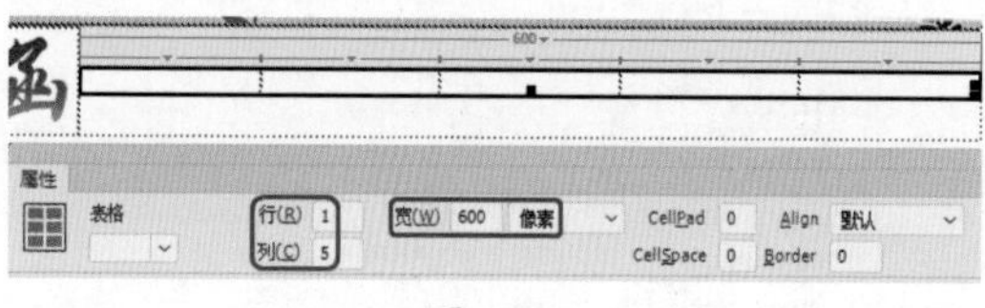

图 2-10

10 将光标置入其中一个单元格并右击，在弹出的快捷菜单中选择【CSS样式】|【新建】命令，弹出【新建CSS规则】对话框，在该对话框中将【选择器名称】设置为biaoge1，单击【确定】按钮，如图2-11所示。

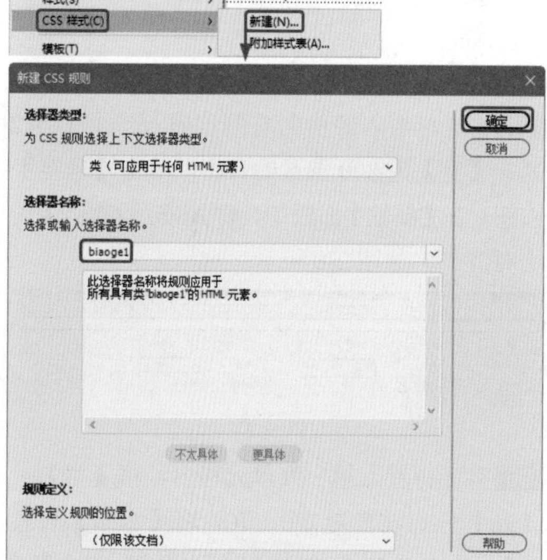

图 2-11

11 在弹出的【.biaoge1 的 CSS 规则定义】对话框左侧的【分类】列表框中选择【边框】选项，将Top右侧的Style设置为solid，将Width设置为thin，将Color设置为#0015ff，如图2-12所示。

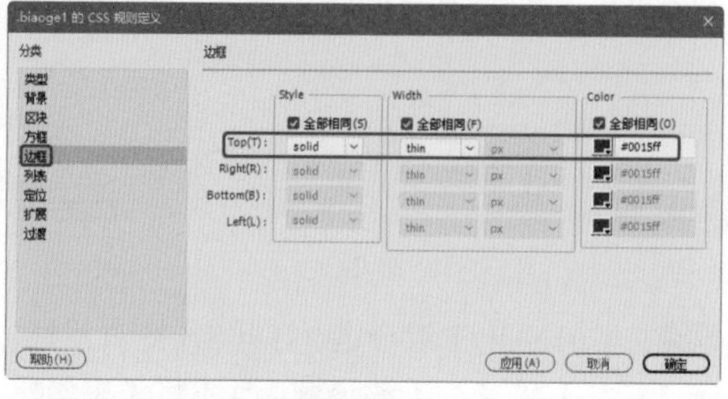

图 2-12

12 单击【确定】按钮，选择第一、三、五列单元格，将【属性】面板中的【目标规则】设置为.biaoge1，然后将第一、三、五列单元格的【宽】分别设置为65、295、188，如图2-13所示。

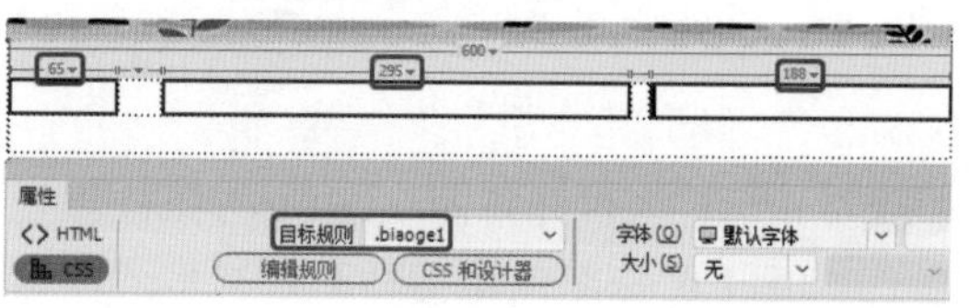

图 2-13

13 将光标置入第一列单元格内，插入一个2行1列、【宽】为65像素、CellPad为8的表格，如图2-14所示。

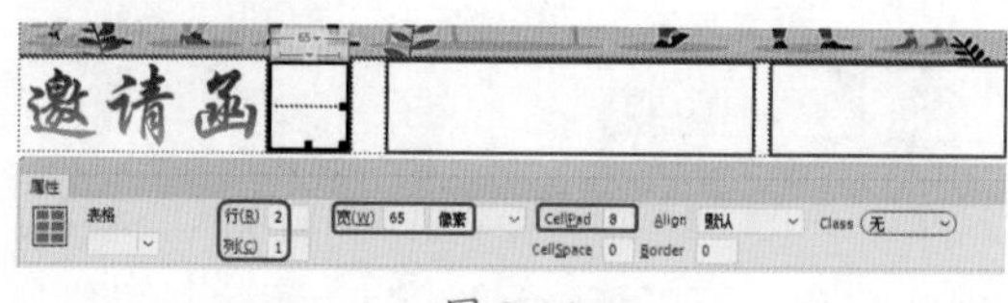

图 2-14

14 在表格中输入“找工作”“找人才”，右击并在弹出的快捷菜单中选择【CSS样式】|【新建】命令，在弹出的【新建CSS规则】对话框中将【选择器名称】设置为a1，单击【确定】按钮。在弹出的【.a1 的 CSS 规则定义】对话框中选择【分类】列表框下的【类型】选项，将Font-size设置为15px，如图2-15所示。

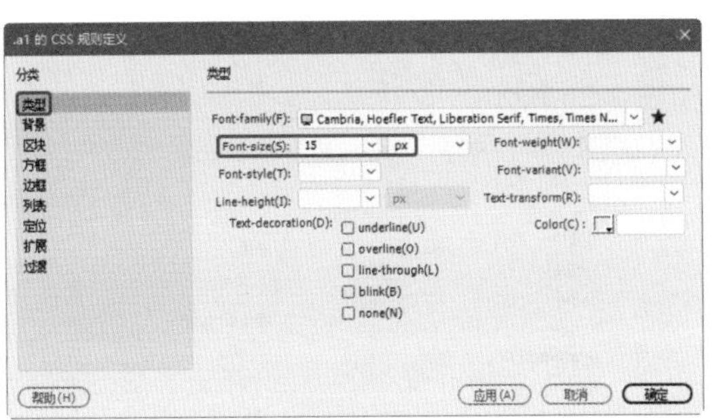

图 2-15

15 单击【确定】按钮，将输入文字的单元格的【目标规则】设置为 a1，【水平】设置为【居中对齐】。将光标置入第三列单元格内，插入一个 2 行 1 列、【宽】为 295 像素、CellPad 为 8 的表格，如图 2-16 所示。

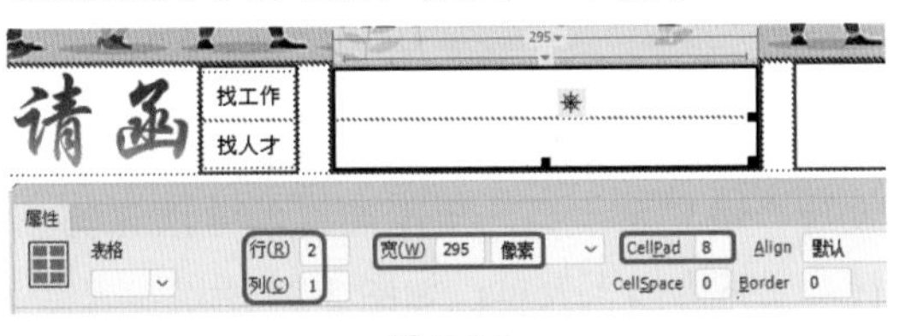

图 2-16

16 选择单元格，将【水平】设置为【居中对齐】，在单元格内输入文字，并为输入的文字应用 a1 样式，完成后的效果如图 2-17 所示。

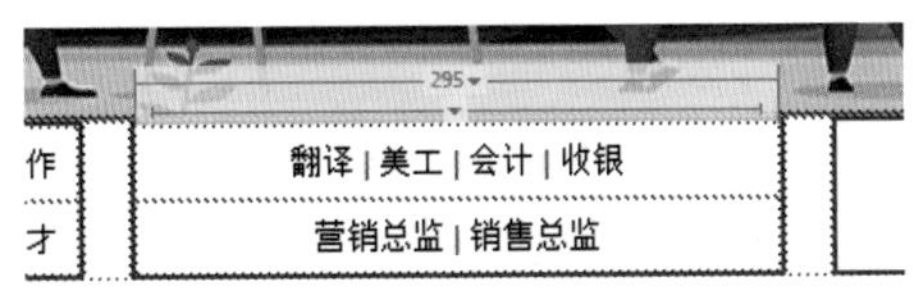

图 2-17

17 将光标置入第五列单元格内，插入一个 2 行 1 列、【宽】为 188 像素、CellPad 为 8 的表格，如图 2-18 所示。

图 2-18

18 将单元格的【水平】设置为【居中对齐】。在单元格内输入文字并右击，在弹出的快捷菜单中选择【CSS 样式】|【新建】命令，弹出【新建 CSS 规则】对话框，在该对话框中将【选择器名称】设置为 a2，单击【确定】按钮。在弹出的【.a2 的 CSS 规则定义】对话框中选择【分类】列表框下的【类型】选项，将 Font-size 设置为 15px，将 Font-weight 设置为 bold，如图 2-19 所示。

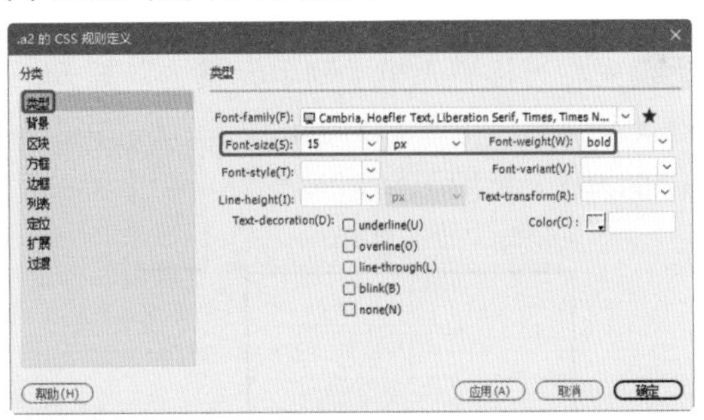

图 2-19

19 单击【确定】按钮，将第一行文本的【目标规则】设置为 a2，将其他文字的【目标规则】设置为 a1，完成后的效果如图 2-20 所示。

图 2-20

20 将光标置入表格的右侧，插入一个 1 行 1 列、【宽】为 800 像素、其他参数均为 0 的表格，将 Align 设置为【居中对齐】，如图 2-21 所示。

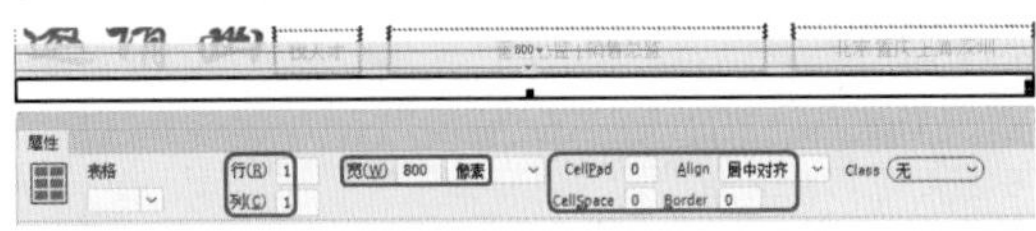

图 2-21

21 将光标置入该单元格内，在菜单栏中选择【插入】| HTML |【水平线】命令。选择插入的水平线，单击【拆分】按钮，在 hr 右侧按空格键输入代码 color="#65b5ce"，如图 2-22 所示。

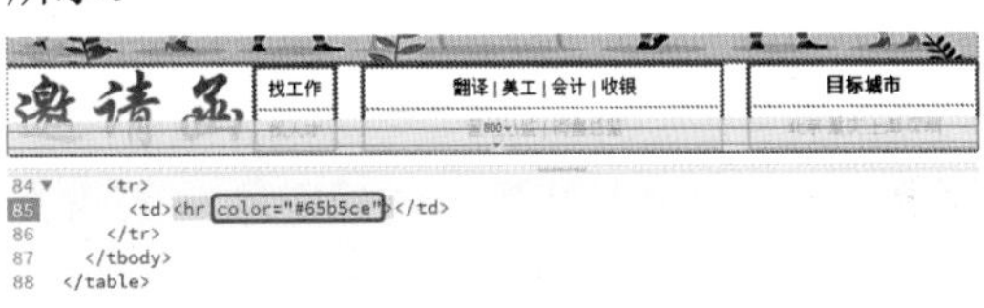

图 2-22

22 将光标置入表格的右侧，插入一个 1 行 2

列、【宽】为 800 像素的表格，将 Align 设置为【居中对齐】，如图 2-23 所示。

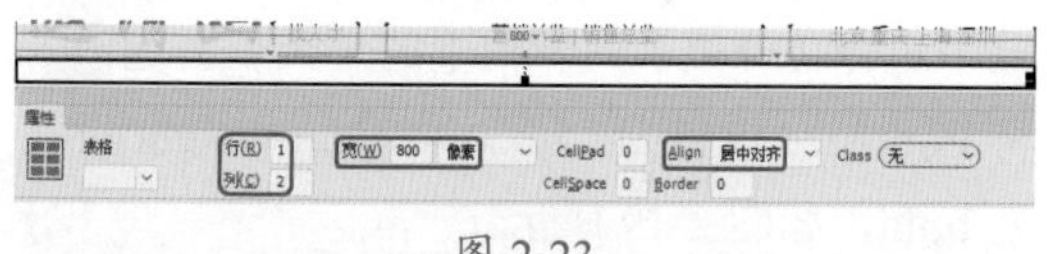

图 2-23

23 先将光标置入第一列单元格内，插入一个 4 行 2 列、【宽】为 260 像素、CellPad 为 11 的表格，如图 2-24 所示。

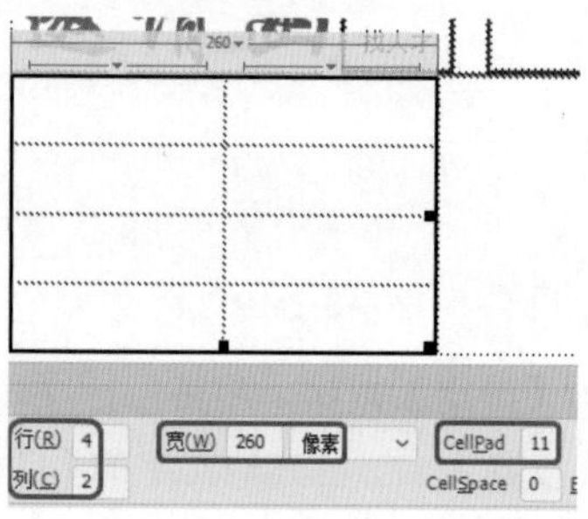

图 2-24

24 将【背景颜色】设置为 #f1f1f1。将第一列单元格的【宽】设置为 129，选中第一行单元格，单击【合并所选单元格，使用跨度】按钮将其合并，并使用同样的方法将第二、三行单元格分别合并。在第一行单元格内输入文字“会员注册”，将【水平】设置为【居中对齐】并右击，在弹出的快捷菜单中选择【CSS 样式】|【新建】命令，新建一个【选择器名称】为 a3 的 CSS 样式，将 Font-weight 设置为 bold，将 Color 设置为 #ffb600，如图 2-25 所示。

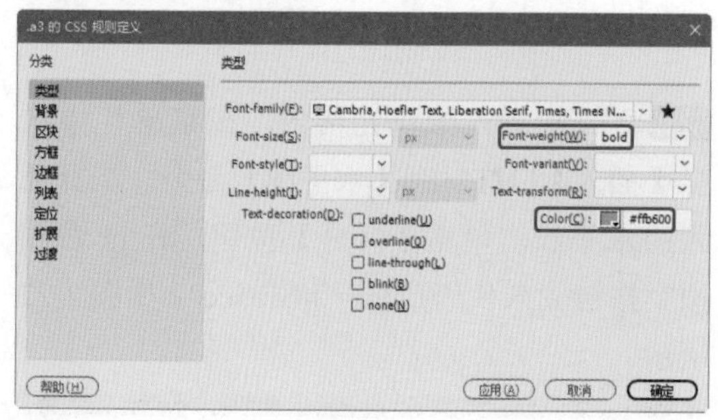

图 2-25

25 单击【确定】按钮，选择刚刚输入的文字，在【属性】面板中将【目标规则】设置为 a3。将光标置入第二行单元格内，在菜单栏中选择【插入】|【表单】|【文本】命令，如图 2-26 所示。

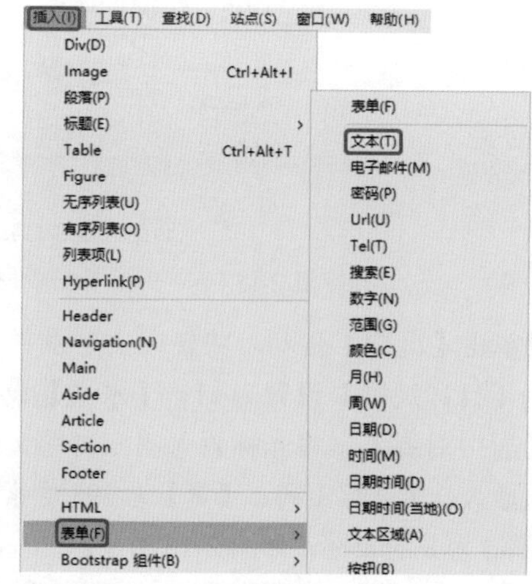

图 2-26

26 选择该命令后即可插入表单，将文字更改为“用户名：”，使用同样的方法在第三行单元格内插入表单，如图 2-27 所示。

图 2-27

27 将光标置入第四行第一列单元格内，将【水平】设置为【居中对齐】。按 Ctrl+Alt+I 组合键，弹出【选择图像源文件】对话框，在该对话框中选择“素材 \Cha02\ 招聘网网页设计 \ 登录 .png”素材图像，如图 2-28 所示。

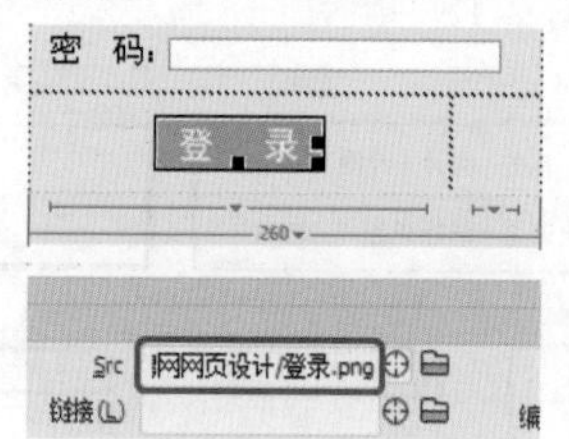

图 2-28

28 将光标置入第四行第二列单元格内，将【宽】设置为 87，在该单元格内输入文字“忘记密码？”，将【水平】设置为【居中对齐】并右击，在弹出的快捷菜单中选择【CSS 样

式】|【新建】命令，新建一个【选择器名称】为 a4 的 CSS 样式，单击【确定】按钮。再在弹出的【.a4 的 CSS 规则定义】对话框左侧的【分类】列表框中将 Font-size 设置为 13px，将 Color 设置为 #65b5ce，如图 2-29 所示。

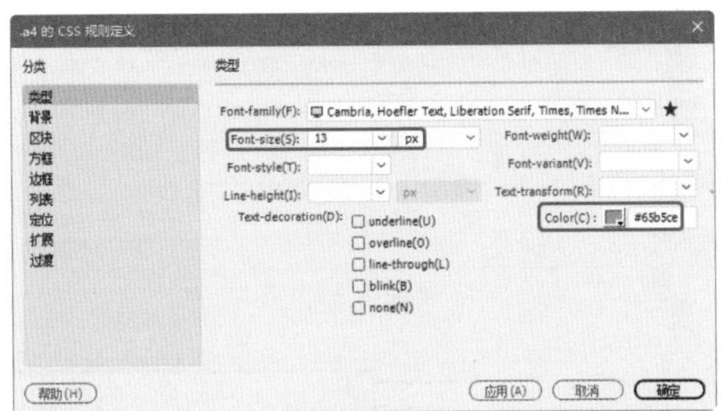

图 2-29

29 单击【确定】按钮，选择刚刚输入的文字，在【属性】面板中将【目标规则】设置为 a4，将光标置入大表格的第二列单元格内，将【水平】设置为【右对齐】，在该单元格内插入一个 1 行 3 列、【宽】为 525 像素、CellPad 为 0 的表格，如图 2-30 所示。

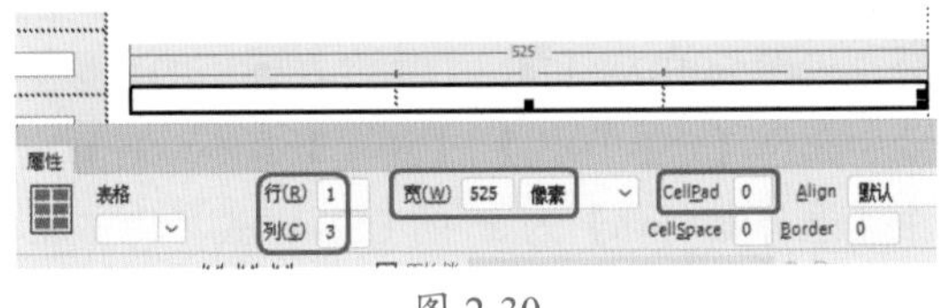

图 2-30

30 将光标置入第一列单元格内，在该单元格内插入一个 4 行 2 列、【宽】为 320 像素、【单元格边距】为 12 的表格，然后使用前面介绍的方法将相应的单元格进行合并，并在单元格内进行设置，完成后的效果如图 2-31 所示。

图 2-31

31 将光标置入第三行第一列单元格内，选择【插入】|【表单】|【选择】命令，将文字删除后选择插入的表单。在【属性】面板中单击【列表值】按钮，在弹出的【列表值】对话框中进行设置，如图 2-32 所示。

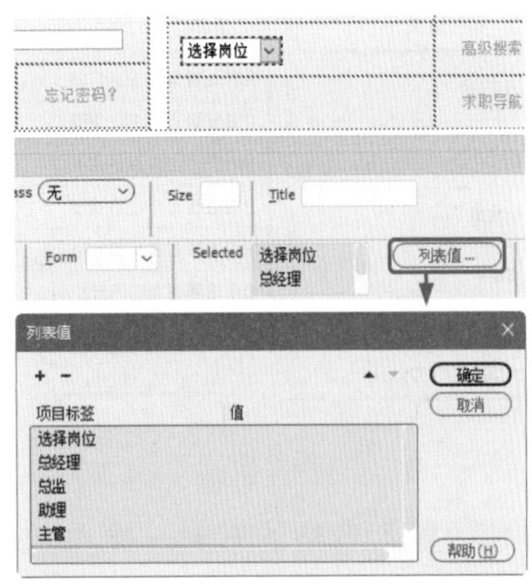

图 2-32

32 使用同样的方法设置其他表单，完成后的效果如图 2-33 所示。

图 2-33

33 将第二列单元格的【宽】设置为 13，选择第三列单元格，将其【目标规则】设置为 biaoge1，将光标置入该单元格内，插入一个 6 行 1 列、【宽】为 188 像素、CellPad 为 8 的表格，如图 2-34 所示。

图 2-34

34 将光标置入单元格内，右击并在弹出的快捷菜单中选择【CSS 样式】|【新建】命令，新建一个【选择器名称】为 a5 的 CSS 样式，将【大

小】设置为13px，单击【确定】按钮，然后在单元格内输入文字，并为输入的文字应用新建的CSS样式，完成后的效果如图2-35所示。

图 2-35

35 将光标置入表格的右侧，插入一个1行1列、【宽】为800像素、【单元格边距】为0的表格，将Align设置为【居中对齐】。将光标置入该单元格内，选择【插入】| HTML |【水平线】命令，选择插入的水平线，根据前面介绍的方法设置水平线的颜色，如图2-36所示。

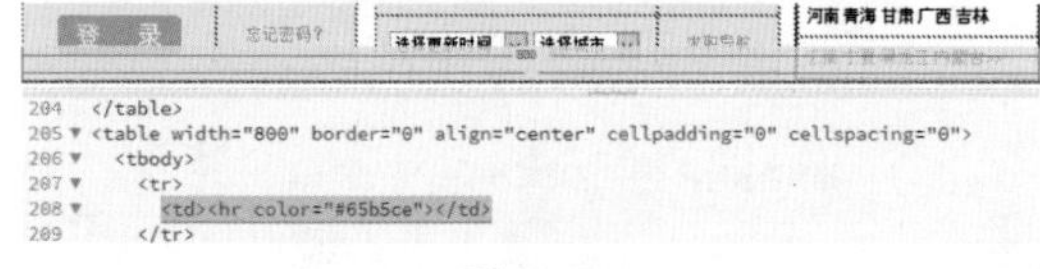

图 2-36

36 将光标置入表格的右侧，插入一个1行2列、【宽】为800像素、CellPad为10的表格，将Align设置为【居中对齐】，如图2-37所示。

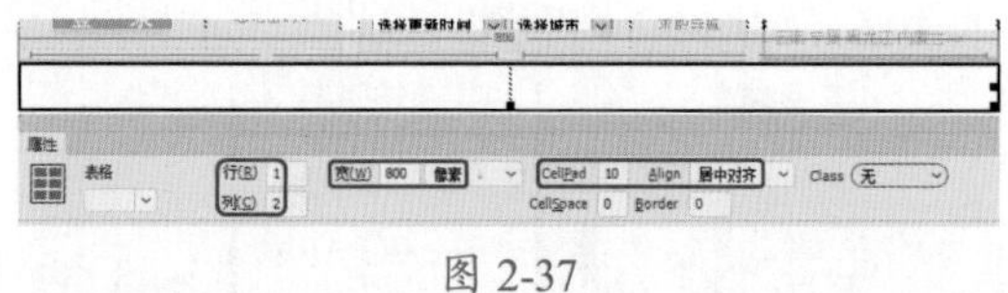

图 2-37

37 将光标置入单元格内，右击并在弹出的快捷菜单中选择【CSS样式】|【新建】命令，新建一个【选择器名称】为biaoge2的CSS样式，选择【分类】列表框中的【边框】选项，将Top右侧的Style设置为solid，将Width设置为thin，将Color设置为#8F8F8F，如图2-38所示。

38 单击【确定】按钮，将第一、二列单元格的【目标规则】设置为biaoge2，将光标置入第一列单元格内，插入一个10行2列、【宽】为376像素、CellPad为5的表格，如图2-39所示。

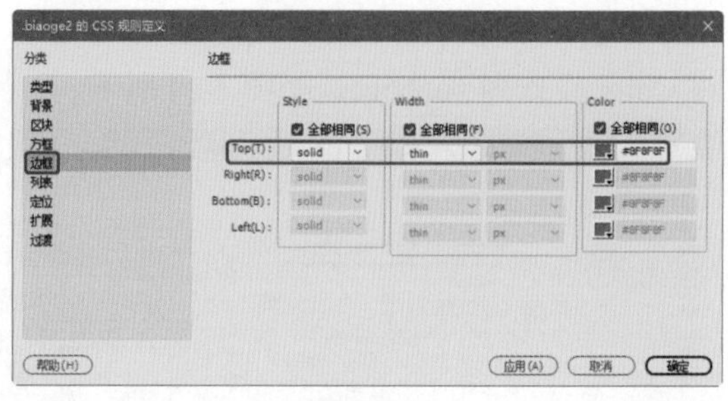

图 2-38

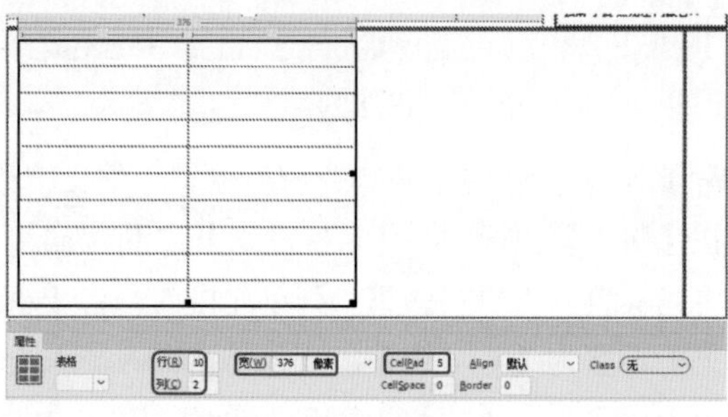

图 2-39

39 将光标置入单元格内，将第一、二列的【宽】分别设置为182、174，右击并在弹出的快捷菜单中选择【CSS样式】|【新建】命令，新建一个【选择器名称】为a6的CSS样式，将Font-weight设置为bold，Color设置为#65b5ce，单击【确定】按钮。将第一行左侧单元格的【目标规则】设置为a6并输入文字，在第二行至第十行单元格中输入文字并将【目标规则】设置为a5，完成后的效果如图2-40所示。

图 2-40

40 使用同样的方法设置其他表格，在表格中输入文字和插入水平线，并为文字应用CSS样式，完成后的效果如图2-41所示。

名企招聘>>		名企招聘>>	
诗艺文化	聘：市场营销策划	诗艺文化	聘：市场营销策划
星弘文化	聘：广告创意总监	星弘文化	聘：广告创意总监
靳星宇文化	聘：广告营销经理	靳星宇文化	聘：广告营销经理
天雅格文化	聘：设计主管	天雅格文化	聘：设计主管
彩如投资	聘：销售设计师	彩如投资	聘：销售设计师
靳卓科技	聘：人事经理	靳卓科技	聘：人事经理
北天川文化	聘：设计主管	北天川文化	聘：设计主管
创维科技	聘：广告营销经理	创维科技	聘：广告营销经理
千彩文化	聘：广告创意总监	千彩文化	聘：广告创意总监

关于我们 | 个人服务 | 学校服务 | 友情链接 | 网站合作 | 联系我们

图 2-41

2.1 创建文本与特殊文本内容

在网页中创建文本可以使网页内容更加丰富且美观，除了创建普通文字外，还可以通过插入其他内容来丰富网页内容，如水平线、日期、特殊字符等。

2.1.1 插入文本和文本属性设置

插入和编辑文本是网页制作的重要步骤，也是网页制作的重要组成部分。在 Dreamweaver 中，插入网页文本比较简单，可以直接输入，也可以将其他电子文件中的文本复制到其中。

【实战】插入文本并设置文本属性

插入文本后，通过设置文本属性可以修改文本的字体、大小等。本例将讲解如何插入文本并设置文本属性，效果如图 2-42 所示。

图 2-42

素材	素材 \Cha02\ 博客网页 \ personal blog-1.html
场景	场景 \Cha02\【实战】插入文本并设置文本属性 .html
视频	视频教学 \Cha02\【实战】插入文本并设置文本属性 .mp4

01 启动 Dreamweaver 2020 软件，按 Ctrl+O 组合键，打开“素材 \Cha02\ 博客网页 \ personal blog-1.html”素材文件，如图 2-43 所示。

图 2-43

02 将光标置入第一行的空白单元格中，输入文本“今日节选分享”，右击并在弹出的快捷菜单中选择【CSS 样式】|【新建】命令，弹出【新建 CSS 规则】对话框，在【选择器名称】文本框中输入“jx1”，单击【确定】按钮，如图 2-44 所示。

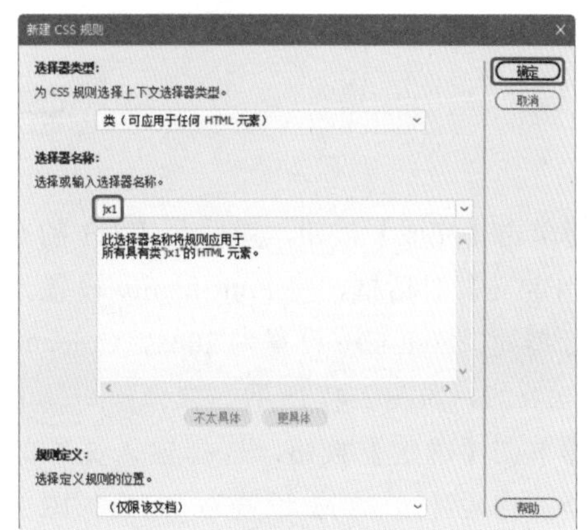

图 2-44

03 弹出【.jx1 的 CSS 规则定义】对话框，单击 Font-family 右侧的下三角按钮，在弹出的下拉列表中单击【管理字体】按钮，如图 2-45 所示。

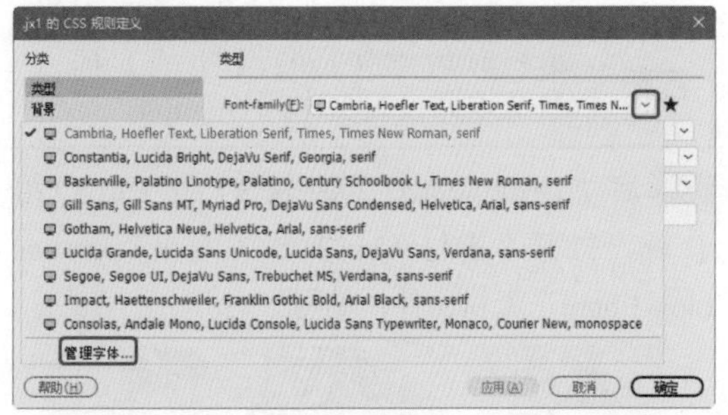

图 2-45

04 弹出【管理字体】对话框，选择【自定义字体堆栈】选项，在【可用字体】列表框下面的文本框中输入“汉仪行楷简”，单击按钮，如图 2-46 所示。

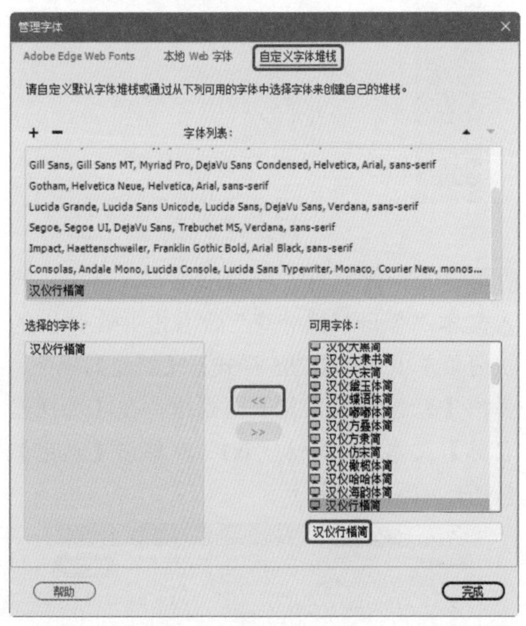

图 2-46

05 单击【完成】按钮，返回至【.jx1 的 CSS 规则定义】对话框，将 Font-family 设置为汉仪行楷简，Font-size 设置为 20px，Color 设置为 #ff4c29，如图 2-47 所示。

06 单击【确定】按钮，选择输入文本的单元格，将【目标规则】设置为 .jx1，如图 2-48 所示。

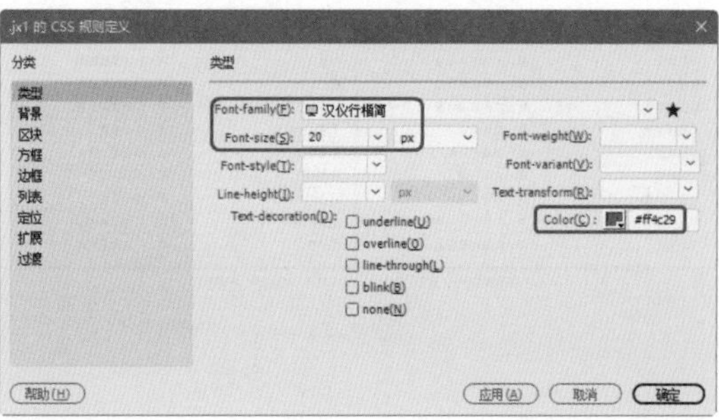

图 2-47

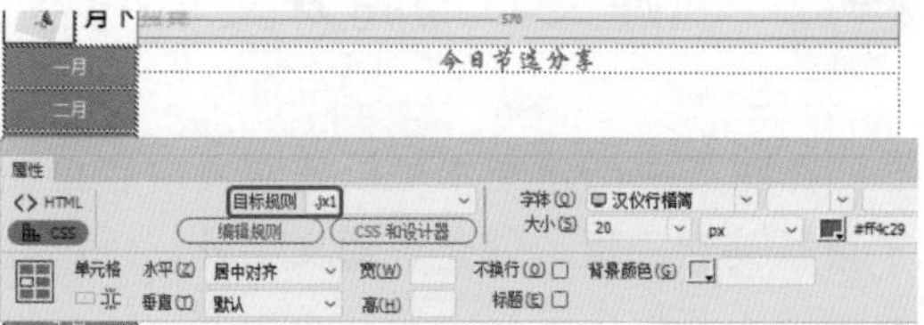

图 2-48

07 将光标置入下方单元格，先进行空格操作。操作方法为按 Ctrl+F2 组合键，打开【插入】面板，在面板中单击【不换行空格】按钮，如图 2-49 所示。

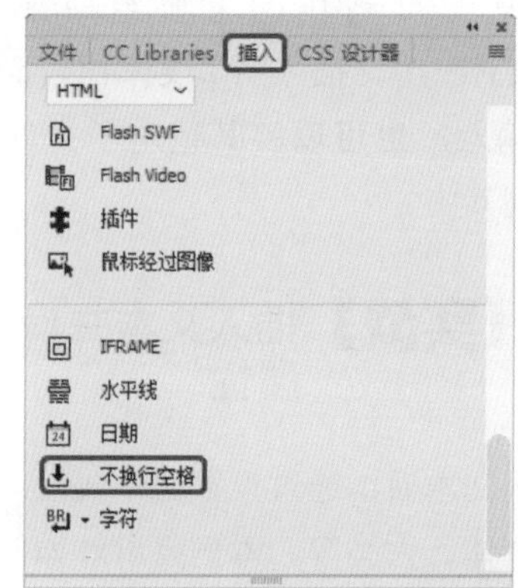

图 2-49

08 单击【不换行空格】按钮一次即空一个格，如果要多次空格可连续单击。然后在空格的后面输入文本，并根据前面的方法新建一个 CSS 样式，将【选择器名称】设置为 jx2，【字体】设置为【黑体】，【大小】设置为 15px，并为当前文本应用其 CSS 样式，如图 2-50 所示。

> 提示：按 Shift+Ctrl+ 空格组合键也可对当前文本添加空格。

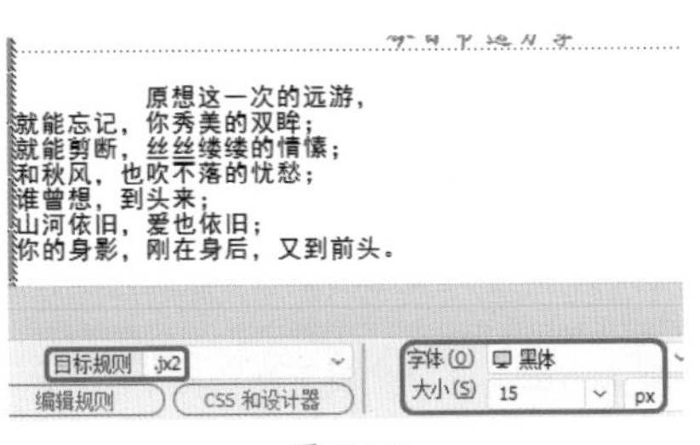

图 2-50

09 将当前单元格的【水平】设置为【居中对齐】，如图 2-51 所示。

图 2-51

10 由于第一行文字存在空格，并不会与其他文字居中对齐，所以要将前面的空格删除。按 F12 键在网页中进行预览，如图 2-52 所示。

图 2-52

在 Dreamweaver 2020 中，输入文本和编辑文本的方法与 Word 办公文档的操作方法相似，是比较容易掌握的。在实际的网页设计中，对于文字效果的处理更多的是使用 CSS 样式，本着由浅入深的原则，这部分内容留在后面进行讲解。

2.1.2 在文本中插入特殊文本

在浏览网页时，经常会看到一些特殊的字符，如◎、€、◇等。这些特殊字符在 HTML 中以名称或数字的形式表示，称为实体。HTML 包含版权符号（©）、“与”符号（&）、注册商标符号（®）等，Dreamweaver 本身拥有字符的实体名称。每个实体都有一个名称（如 —）和一个数字等效值（如 —）。

下面将对 Dreamweaver 2020 中的特殊字符进行介绍。

01 启动 Dreamweaver 2020 软件，按 Ctrl+O 组合键，打开“素材 \Cha02\ 博客网页 \ personal blog-2.html”素材文件，如图 2-53 所示。

图 2-53

02 将光标放置在背景图像上，打开【插入】面板，单击【字符：其他字符】下拉按钮，在弹出的下拉菜单中可看到 Dreamweaver 中的特殊符号，如图 2-54 所示。

03 选择其中任意一个选项，即可插入相应的符号，如图 2-55 所示是插入的几个特殊符号。

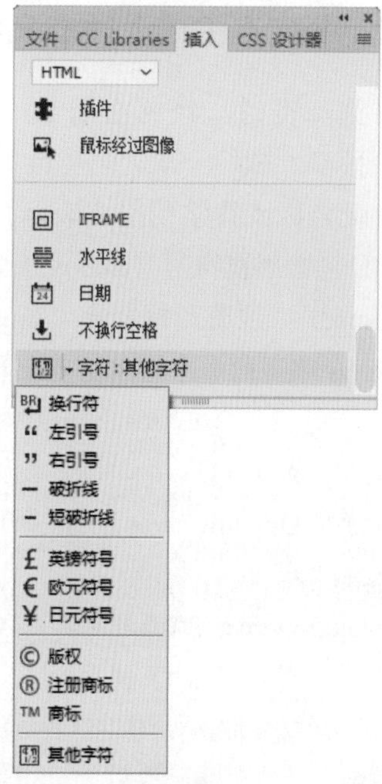

图 2-54

图 2-55

04 如果要使用Dreamweaver中的其他字符，可以在弹出的下拉列表中选择【其他字符】命令，打开【插入其他字符】对话框，如图2-56所示。

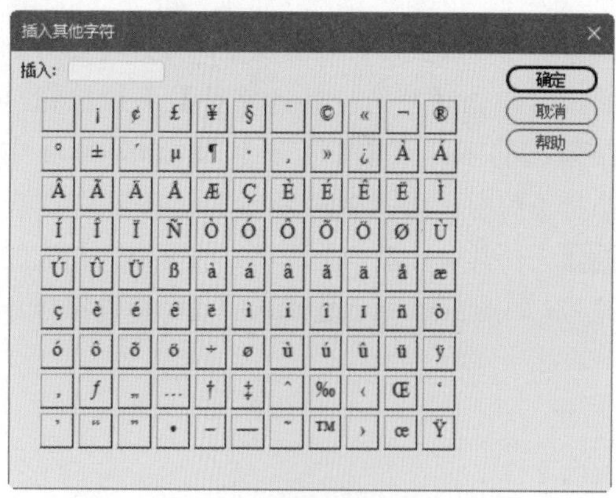

图 2-56

05 在【插入其他字符】对话框中单击想要插入的字符，然后单击【确定】按钮，即可在网页文档中插入相应的字符。图2-57所示是在网页文档中随意插入的一些特殊字符。

图 2-57

2.1.3 使用水平线

水平线用于分隔网页文档的内容，合理地使用水平线可以取得非常好的效果。在一篇复杂的文档中插入几条水平线，就会使文档变得层次分明，便于阅读。

01 启动Dreamweaver 2020软件，按Ctrl+O组合键，打开“素材\Cha02\博客网页\personal blog-3.html”素材文件，如图2-58所示。

图 2-58

02 将光标置入空白单元格，打开【插入】面板，在其中单击【水平线】按钮，如图 2-59 所示。

图 2-59

03 插入水平线后的效果如图 2-60 所示。

图 2-60

水平线属性的各项参数如下。

◎ 【宽】：在此文本框中输入水平线的宽度值，默认单位为像素，也可设置为百分比。

◎ 【高】：在此文本框中输入水平线的高度值，单位只能是像素。

◎ 【对齐】：用于设置水平线的对齐方式，有【默认】、【左对齐】、【居中对齐】和【右对齐】4 种方式。

◎ 【阴影】：选中该复选框，水平线将产生阴影效果。

◎ 【类】：在其列表中可以添加样式，或应用已有的样式到水平线。

04 在【属性】面板中将水平线的【高】设置为 1 像素，如图 2-61 所示。

05 单击【拆分】按钮，在代码中将 size="1" 更改为 size="0.1"，并按空格键输入 color="#af46ff"，如图 2-62 所示。

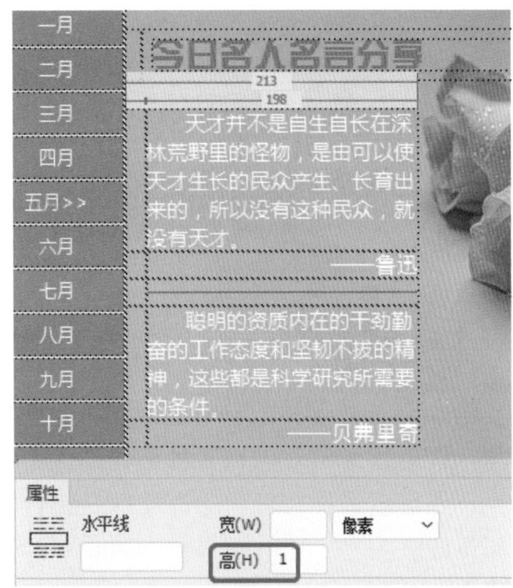

图 2-61

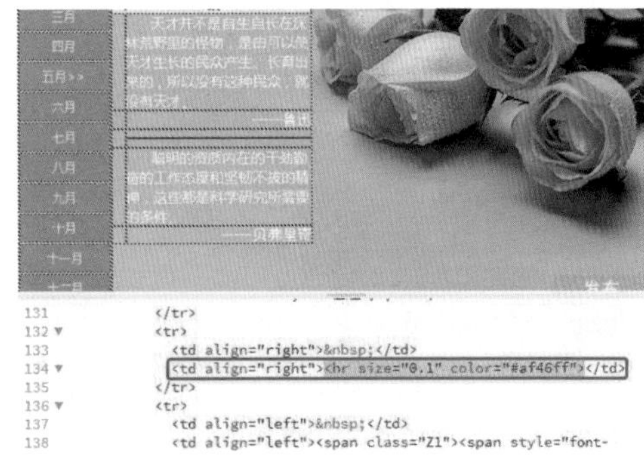

图 2-62

06 这样即可完成水平线颜色的设置。将文件保存，按 F12 键在浏览器中观看效果，如图 2-63 所示。

图 2-63

提示：在 Dreamweaver 的设计视图中无法看到设置的水平线的颜色，可以将文件保存后在浏览器中查看，或者直接单击【实时视图】按钮，在实时视图中观看效果。

2.1.4 插入日期

Dreamweaver 提供了一个方便插入日期的对象，使用该对象可以以多种格式插入当前日期，还可以选择在每次保存文件时都自动更新该日期。

01 启动 Dreamweaver 2020 软件，按 Ctrl+O 组合键，打开“素材 \Cha02\ 插入日期素材 .html”素材文件，如图 2-64 所示。

图 2-64

02 将光标置入“上次登录：”文本的右侧，打开【插入】面板，在其中单击【日期】按钮，如图 2-65 所示。

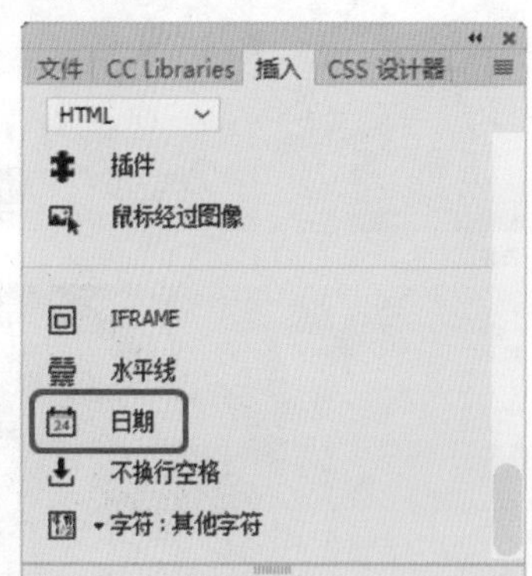

图 2-65

03 弹出【插入日期】对话框，在该对话框中根据需要设置【星期格式】、【日期格式】和【时间格式】。如果希望在每次保存文档时都更新插入的日期，可选中【储存时自动更新】复选框，如图 2-66 所示。

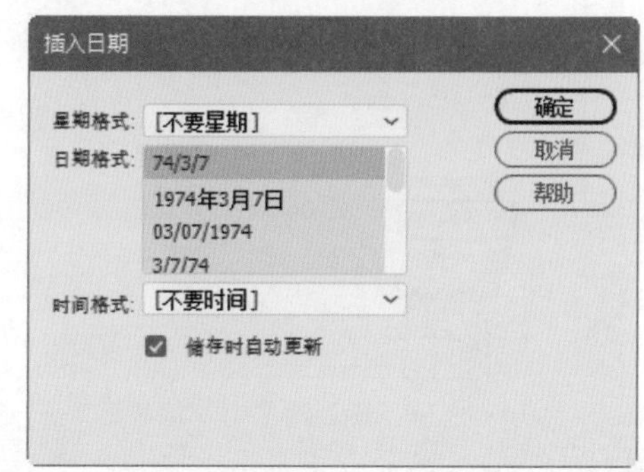

图 2-66

04 单击【确定】按钮，即可将日期插入文档中，如图 2-67 所示。

图 2-67

2.2 格式化文本

相对于纯文本而言，格式化文本可显示风格、排版等信息，如颜色、样式、字体、尺寸等。

2.2.1 设置字体样式

字体样式是指字体的外观显示样式，例如字体的加粗、倾斜、下划线等。利用 Dreamweaver 2020 可以设置多种字体样式，具体操作步骤如下。

01 选定要设置字体的样式文本，如图 2-68 所示。

图 2-68

02 右击并在弹出的快捷菜单中选择【样式】命令，会弹出子菜单，如图 2-69 所示。

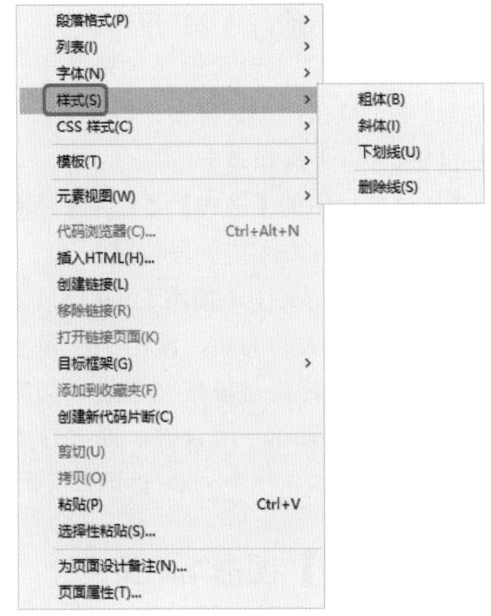

图 2-69

【样式】命令子菜单中各项参数如下。

◎ 【粗体】：可以将选中的文字加粗显示，还可以按 Ctrl+B 组合键，如图 2-70 所示。

◎ 【斜体】：可以将选中的文字显示为斜体样式，还可以按 Ctrl+I 组合键，如图 2-71 所示。

图 2-70

图 2-71

◎ 【下划线】：可以在选中的文字下方显示一条下划线，如图 2-72 所示。

◎ 【删除线】：将选定文字的中部横贯一条横线，表明文字被删除，如图 2-73 所示。

图 2-72

图 2-73

2.2.2 编辑段落

段落是指一段格式上统一的文本。在文件窗口中每输入一段文字，按下 Enter 键后，就会自动地形成一个段落。编辑段落主要是对网页中的一段文本进行设置，主要的操作包括设置段落格式、段落的对齐方式、段落缩进等。

1. 设置段落格式

设置段落格式的具体操作如下。

01 将光标放置在段落中任意位置或选择段落中的一些文本。

02 可以执行以下操作之一：

选择【格式】|【段落格式】菜单命令。

在【属性】面板的【格式】下拉列表中选择段落格式，如图 2-74 所示。

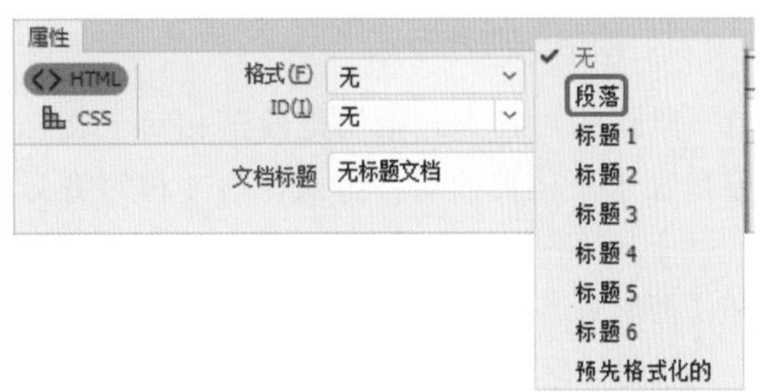

图 2-74

03 选择一个段落格式，例如标题 4，与所选格式关联的 HTML 标记将应用于整个段落。若选择【无】选项，则删除段落格式，如图 2-75 所示。

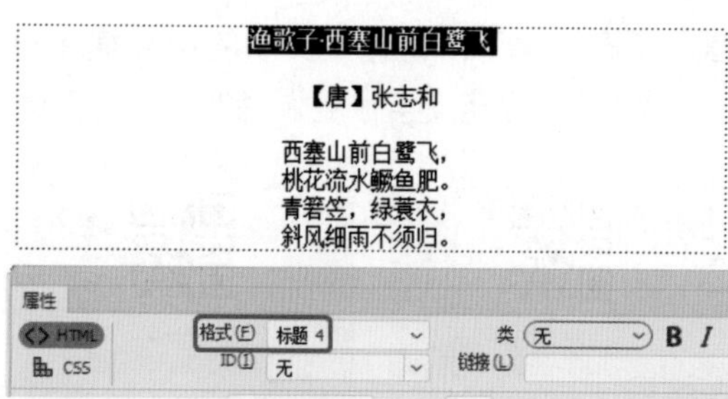

图 2-75

04 在段落格式中对段落应用标题标签时，Dreamweaver 会自动地添加下一行文本作为标准段落，若要更改此设置，可选择【编辑】|【首选项】命令，弹出【首选项】对话框，在【常规】选项设置界面的【编辑选项】区域中，取消选中【标题后切换到普通段落】复选框，如图 2-76 所示。

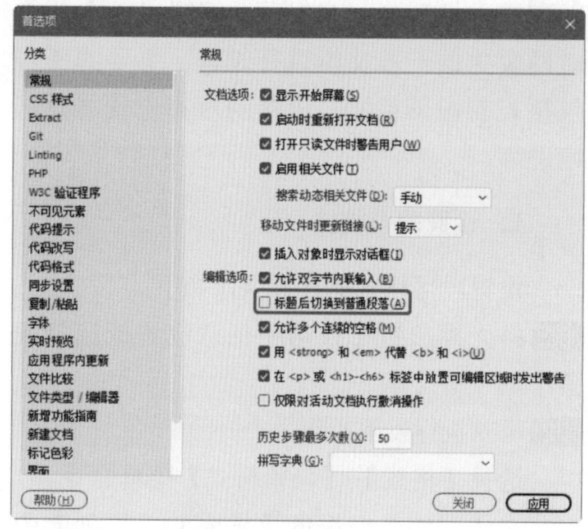

图 2-76

2．段落的对齐方式

段落的对齐方式指的是段落相对于文档窗口在水平位置的对齐方式，有 4 种对齐方式：【左对齐】、【居中对齐】、【右对齐】和【两端对齐】。

设置段落对齐方式的具体操作步骤如下。

01 将光标放置在需要设置对齐方式的段落中，如果需要设置多个段落，则需要选择多个段落。

02 单击【属性】面板中的对齐按钮，如图 2-77 所示。

图 2-77

3．段落缩进

在强调一些文字或引用其他来源的文字时，需要将文字进行段落缩进，以表示和普通段落的区别。缩进主要是指内容相对于文档窗口左端产生的间距。

设置段落缩进的具体操作步骤如下。

01 将光标放置在要设置缩进的段落中，如果要缩进多个段落，则选择多个段落。

02 可以执行以下操作之一：

选择菜单栏中的【格式】|【缩进】命令，即可将当前段落往右缩进一段位置。

在对段落的定义中，使用 Enter 键可以使段落之间产生较大的间距，即用 <p> 和 </p> 标记定义段落；若要对段落文字进行强制换行，可以按 Shift+Enter 组合键，通过在文件段落的相应位置插入一个
 标记来实现。

【实战】图书馆网页设计

图书馆是搜集、整理、收藏图书资料以供人阅览、参考的机构。下面来讲解如何对图书馆网页中的文本进行设置，效果如图 2-78 所示。

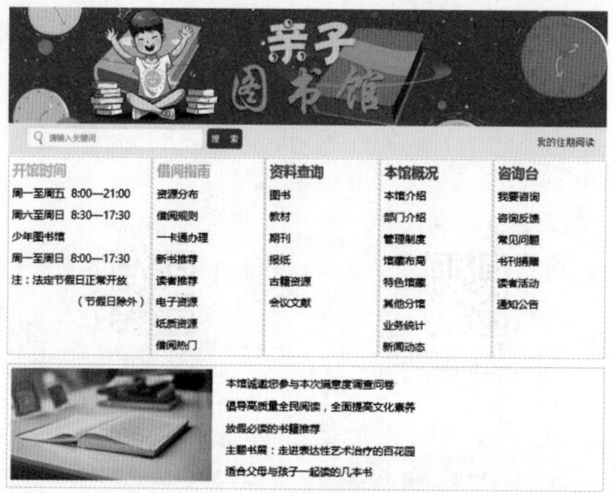

图 2-78

素材	素材 \Cha02\ 亲子图书馆 \ 亲子图书馆素材 .html
场景	场景 \Cha02\【实战】图书馆网页设计 .html
视频	视频教学 \Cha02\【实战】图书馆网页设计 .mp4

01 按 Ctrl+O 组合键，打开“素材 \Cha02\ 亲子图书馆 \ 亲子图书馆素材 .html”素材文件，如图 2-79 所示。

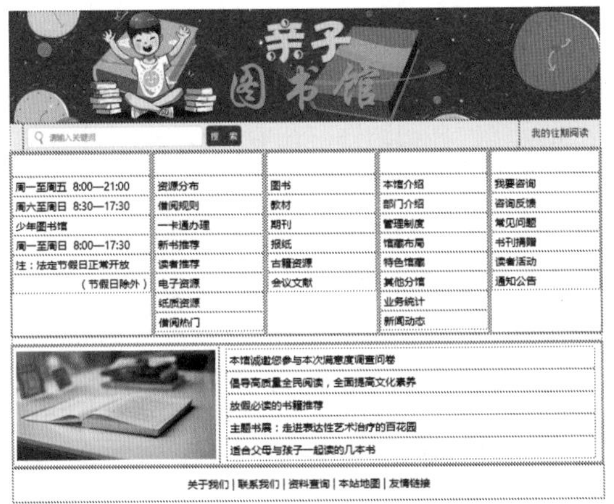

图 2-79

02 在第一个空白单元格中按空格键并输入文本，如图 2-80 所示。

图 2-80

03 在【属性】面板中将【字体】设置为【微软雅黑】，字体粗细设置为 bold，【大小】设置为 18px，字体颜色设置为 #8CD4E2，如图 2-81 所示。

图 2-81

04 在第二个空白单元格中按空格键并输入文本，将【字体】设置为【微软雅黑】，字体粗细设置为 bold，【大小】设置为 18px，字体颜色设置为 #FFCE00，如图 2-82 所示。

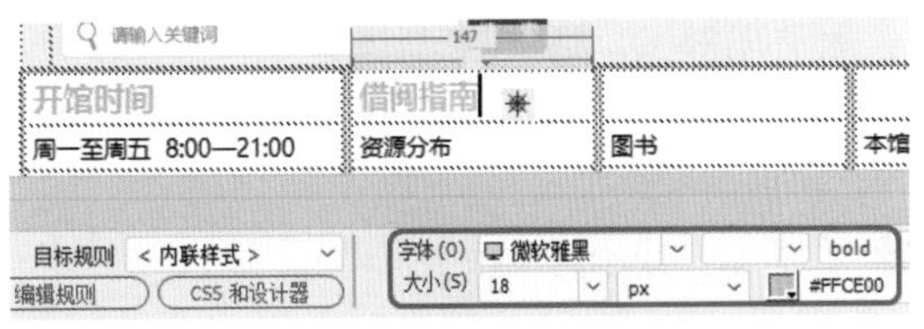

图 2-82

05 在第三个空白单元格中按空格键并输入文本，将【字体】设置为【微软雅黑】，字体粗细设置为 bold，【大小】设置为 18px，字体颜色设置为 #A54442，如图 2-83 所示。

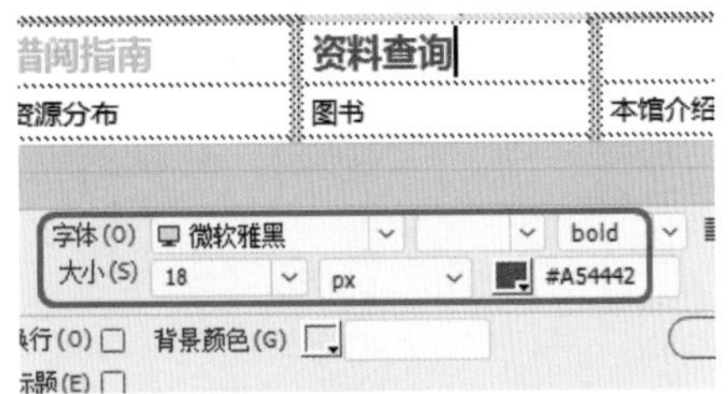

图 2-83

06 在第四个空白单元格中按空格键并输入文本，将【字体】设置为【微软雅黑】，字体粗细设置为 bold，【大小】设置为 18px，字体颜色设置为 #004D81，如图 2-84 所示。

图 2-84

07 在第五个空白单元格中按空格键并输入文本，将【字体】设置为【微软雅黑】，字体粗细设置为 bold，【大小】设置为 18px，字体颜色设置为 #BB016F，如图 2-85 所示。

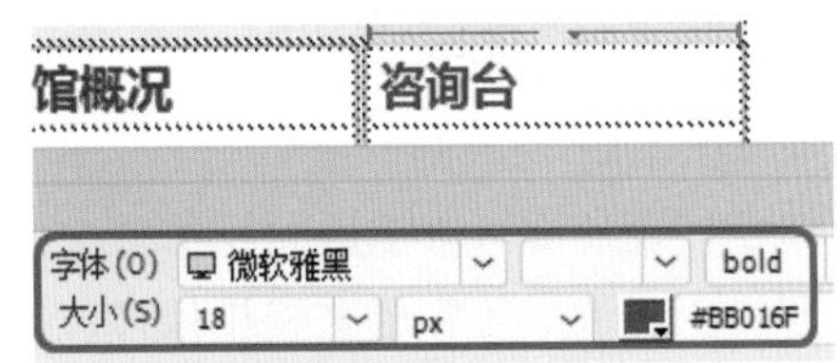

图 2-85

2.3 项目列表

项目列表可以对文本进行排列，使页面更加美观舒适。本节主要讲解如何使用项目列表。

2.3.1 认识列表

在设计面板中右击，在弹出的快捷菜单中选择【列表】命令，在其子菜单中包括【无序列表】、【有序列表】和【定义列表】命令，用户可以根据需要选择相应的命令，如图 2-86 所示。

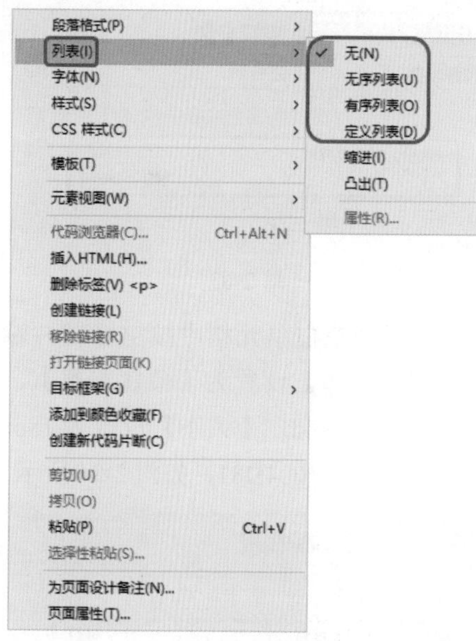

图 2-86

项目列表中各个项目之间没有顺序级别之分，通常使用一个项目符号作为每条列表项的前缀，如图 2-87 所示。

- 《终南望余雪》
- 《赋得古原草送别》
- 《望庐山瀑布》
- 《饮湖上初晴后雨》
- 《钱塘湖春行》

图 2-87

编号列表通常可以使用阿拉伯数字、英文字母、罗马数字等符号来编排项目，各个项目之间通常有先后关系，如图 2-88 所示。

在 Dreamweaver 中还有一种定义列表的方式，它的每一个列表项都带有一个缩进的定义字段，就好像解释文字一样，如图 2-89 所示。

1. 《终南望余雪》
2. 《赋得古原草送别》
3. 《望庐山瀑布》
4. 《饮湖上初晴后雨》
5. 《钱塘湖春行》

图 2-88

《终南望余雪》
　　《赋得古原草送别》
《望庐山瀑布》
　　《饮湖上初晴后雨》
《钱塘湖春行》

图 2-89

2.3.2 创建无序列表和编号列表

在网页文档中使用项目列表，可以增加内容的次序性和归纳性。在 Dreamweaver 中创建项目列表有很多种方法，显示的项目符号也多种多样。本节将介绍项目列表创建的基本操作。

01 启动 Dreamweaver 2020 软件，按 Ctrl+O 组合键，打开“素材 \Cha02\ 景点介绍 \ 景点介绍 1.html”素材文件，如图 2-90 所示。

图 2-90

02 选中大单元格中的文字，单击【属性】面板中的 HTML 按钮，单击【无序列表】按钮，即可在选中文本前显示一个无序符号，如图 2-91 所示。

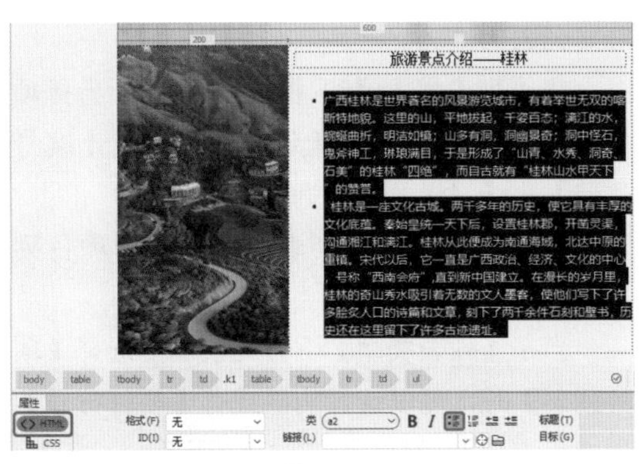

图 2-91

> 提示：创建项目列表，还可以直接单击【插入】面板中的【无序列表】按钮。

03 继续选中文字，在【属性】面板中单击【编号列表】按钮，单击该按钮后，即可将选中文本的无序符号更改为编号形式，如图 2-92 所示。

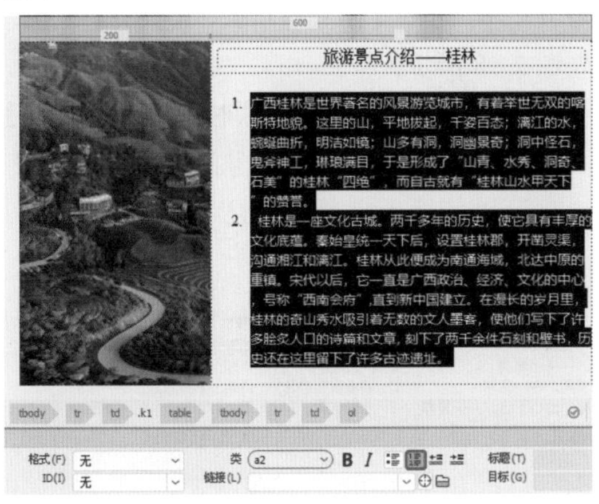

图 2-92

2.3.3 创建嵌套项目

嵌套项目是项目列表的子项目，其创建方法与创建项目的方法基本相同。下面来介绍嵌套项目的创建方法。

01 按 Ctrl+O 组合键，打开“素材\Cha02\景点介绍\景点介绍 2.html”素材文件，如图 2-93 所示。

图 2-93

02 选中表格中的文字，在【属性】面板中单击【无序列表】按钮，为选中的文字添加无序符号，如图 2-94 所示。

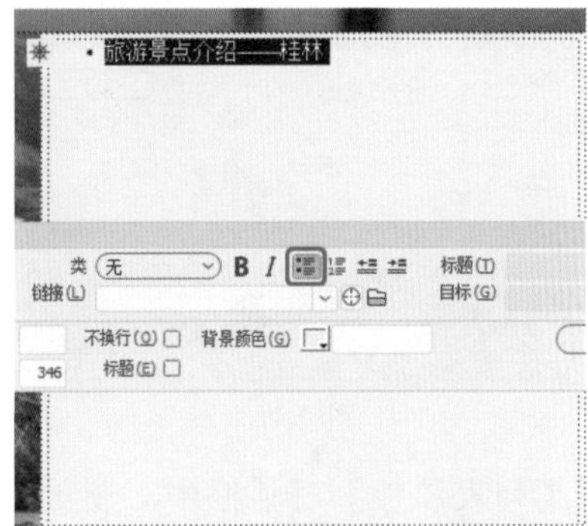

图 2-94

03 将光标置入文字的右侧，按 Enter 键新建一行，然后输入相应的文字，选中输入的文字，分别单击【编号列表】按钮和【缩进】按钮，按 Enter 键继续输入文字，完成后的效果如图 2-95 所示。

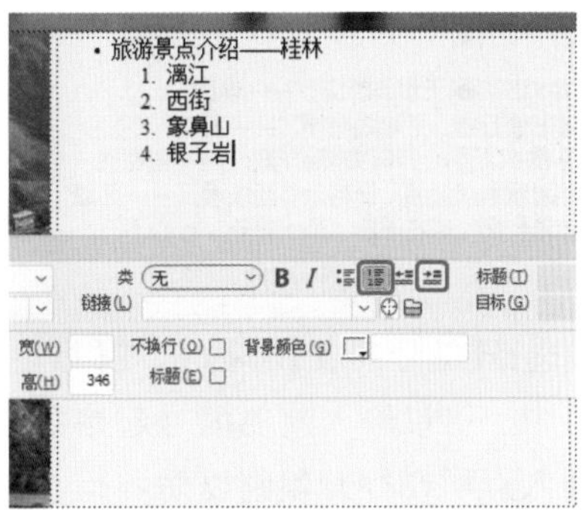

图 2-95

嵌套项目可以是项目列表，也可以是编号列表，用户如果要将已有的项目设置为嵌套项目，可以选中项目中的某个项目，然后单击【缩进】按钮，再单击【项目列表】或【编号列表】按钮，即可更改嵌套项目的显示方式。

■ 2.3.4 项目列表设置

项目列表设置主要是在项目的属性对话框中进行设置。使用【列表属性】对话框可以设置整个列表或个别列表项的外观，也可以设置编号样式、重设计数、设置个别列表项或整个列表的项目符号样式选项。

将插入点放置在列表项的文本中后，在菜单栏中选择【编辑】|【列表】|【属性】命令，打开【列表属性】对话框，如图 2-96 所示。

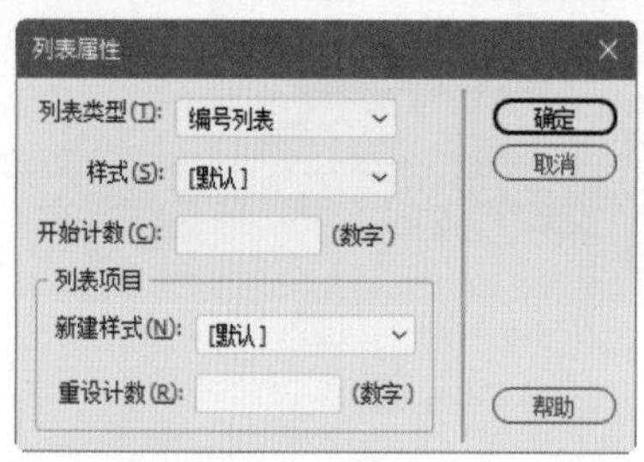

图 2-96

在【列表属性】对话框中，设置要用来定义列表的选项。

在【列表类型】下拉列表框中，选择项目列表的类型，包括【项目列表】、【编号列表】、【目录列表】和【菜单列表】。

在【样式】下拉列表框中，选择项目列表或编号列表的样式。

当在【列表类型】下拉列表框中选择【项目列表】时，可以选择的样式有【项目符号】和【正方形】两种，如图 2-97 所示。

- 清水出芙蓉,天然去雕饰。——李白
- 读书破万卷，下笔如有神。——杜甫
- 不傲才以骄人，不以宠而作威。——诸葛亮
- 路漫漫其修远兮，吾将上下而求索。——屈原
- 老骥伏枥，志在千里；烈士暮年，壮心不已。——曹操

- 清水出芙蓉,天然去雕饰。——李白
- 读书破万卷，下笔如有神。——杜甫
- 不傲才以骄人，不以宠而作威。——诸葛亮
- 路漫漫其修远兮，吾将上下而求索。——屈原
- 老骥伏枥，志在千里；烈士暮年，壮心不已。——曹操

图 2-97

将【列表类型】设置为【编号列表】时，可选择的样式有【数字】、【小写罗马字母】、【大写罗马字母】、【小写字母】和【大写字母】，如图 2-98 所示。

当选择【编号列表】选项时，在【开始计数】文本框中可以输入有序编号的起始数值。该选项可以使插入点所在的整个项目列表从第一行开始重新编号。

1. 清水出芙蓉,天然去雕饰。——李白
2. 读书破万卷，下笔如有神。——杜甫
3. 不傲才以骄人，不以宠而作威。——诸葛亮
4. 路漫漫其修远兮，吾将上下而求索。——屈原
5. 老骥伏枥，志在千里；烈士暮年，壮心不已。——曹操

数字样式

I. 清水出芙蓉,天然去雕饰。——李白
II. 读书破万卷，下笔如有神。——杜甫
III. 不傲才以骄人，不以宠而作威。——诸葛亮
IV. 路漫漫其修远兮，吾将上下而求索。——屈原
V. 老骥伏枥，志在千里；烈士暮年，壮心不已。——曹操

大写罗马字母样式

A. 清水出芙蓉,天然去雕饰。——李白
B. 读书破万卷，下笔如有神。——杜甫
C. 不傲才以骄人，不以宠而作威。——诸葛亮
D. 路漫漫其修远兮，吾将上下而求索。——屈原
E. 老骥伏枥，志在千里；烈士暮年，壮心不已。——曹操

大写字母样式

图 2-98

在【新建样式】下拉列表框中，可以为插入点所在行及其后面的行指定新的项目列表样式，如图 2-99 所示。

1. 清水出芙蓉,天然去雕饰。——李白
ii. 读书破万卷，下笔如有神。——杜甫
III. 不傲才以骄人，不以宠而作威。——诸葛亮
d. 路漫漫其修远兮，吾将上下而求索。——屈原
E. 老骥伏枥，志在千里；烈士暮年，壮心不已。——曹操

图 2-99

当选择【编号列表】选项时，在【重设计数】文本框中，可以输入新的编号起始数字。这时从插入点所在行开始到以后各行，都会从新数字开始编号，如图 2-100 所示。

8. 清水出芙蓉,天然去雕饰。——李白
9. 读书破万卷，下笔如有神。——杜甫
10. 不傲才以骄人，不以宠而作威。——诸葛亮
11. 路漫漫其修远兮，吾将上下而求索。——屈原
12. 老骥伏枥，志在千里；烈士暮年，壮心不已。——曹操

图 2-100

设置完成后，单击【确定】按钮即可。

在设置项目属性的时候，如果在【列表属性】对话框的【开始计数】文本框中输入有序编号的起始数值，那么在光标所处的位置上整个项目列表会被重新编号。如果在【重设计数】文本框中输入新的编号起始数字，那么在光标所在的项目列表处以输入的数值为起点，重新开始编号。

LESSON

课后项目练习
美化网页内容

课后项目练习效果展示

本例将介绍如何美化网页内容，效果如图 2-101 所示。

图 2-101

课后项目练习过程概要

01 打开素材，通过【无序列表】按钮对文本进行排列。

02 使用同样的方法排列右侧文本。

素材	素材 \Cha02\ 甜品网页 \ 甜品网页 .html
场景	场景 \Cha02\ 美化网页内容 .html
视频	视频教学 \Cha02\ 美化网页内容 .mp4

01 按 Ctrl+O 组合键，打开“素材\Cha02\甜品网页\甜品网页.html”素材文件，如图 2-102 所示。

图 2-102

02 选择如图 2-103 所示的文本内容。

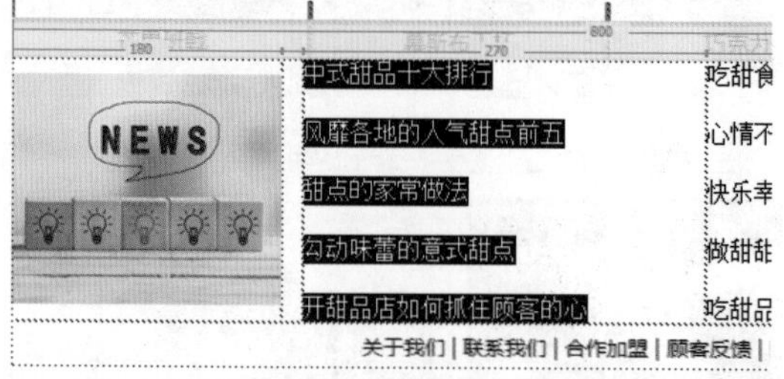

图 2-103

03 在【属性】面板中选择 HTML 选项，单击【无序列表】按钮，如图 2-104 所示。

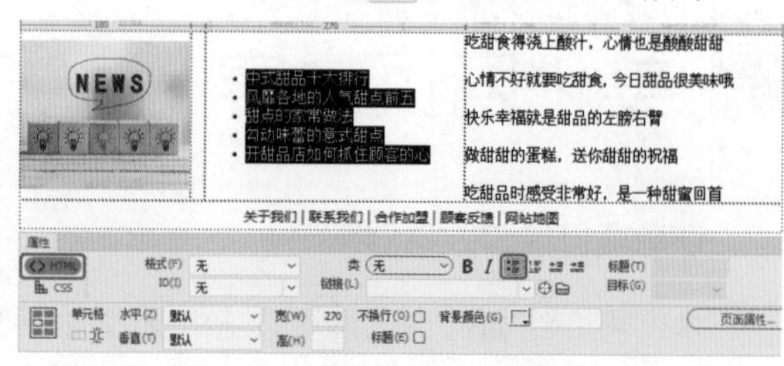

图 2-104

04 使用同样的方法排列右侧文本，如图 2-105 所示。

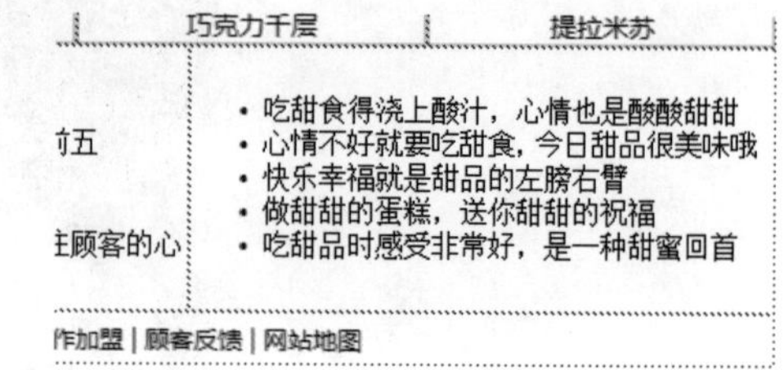

图 2-105

第 3 章

速映电影网页设计——表格化网页布局

本章导读：

在制作网页时，我们可以使用表格对网页的内容进行排版，因此我们需要掌握一些表格的基本操作方法，如选择表格、剪切表格、复制表格、添加行或列等操作。

LESSON

案例精讲 速映电影网页设计

为了更好地完成本设计案例，现对制作要求及设计内容做如下规划，如图 3-1 所示。

作品名称	速映电影网页设计
设计创意	本案例主要通过插入表格、置入图像并为图像添加交换图像效果，以及插入水平线、输入文字等操作来完成最终效果
主要元素	（1）表格 （2）图像 （3）水平线 （4）文字
应用软件	Adobe Dreamweaver 2020
素材	素材 \Cha03\ 速映电影网页设计
场景	场景 \Cha03\【案例精讲】速映电影网页设计 .html
视频	视频教学 \Cha03\【案例精讲】速映电影网页设计 .mp4
速映电影网页设计效果欣赏	图 3-1
备注	

01 启动 Dreamweaver 2020 软件后，新建一个 HTML 文档，在【属性】面板中单击【页面属性】按钮，弹出【页面属性】对话框，将【背景颜色】设置为 #F7F7F7，然后将【左边距】、【右边距】、【上边距】、【下边距】均设置为 30px，如图 3-2 所示。

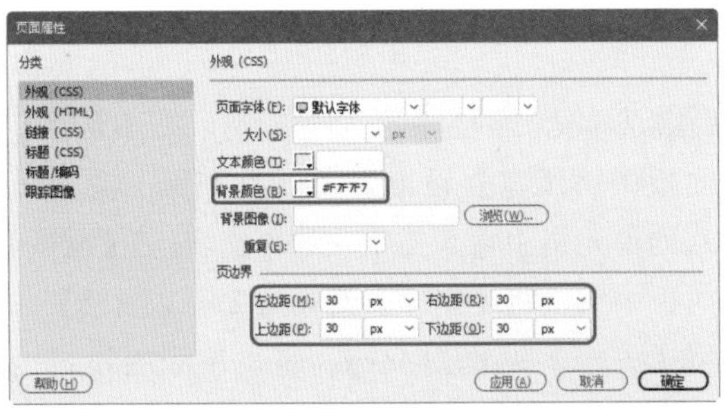

图 3-2

02 设置完成后，单击【确定】按钮，按 Ctrl+Alt+T 组合键，弹出 Table 对话框，将【行数】和【列】分别设置为 2、7，将【表格宽度】设置为 940 像素，将【单元格间距】设置为 3，单击【确定】按钮，插入表格。选择第一列的两行单元格，右击并在弹出的快捷菜单中选择【表格】|【合并单元格】命令，如图 3-3 所示。

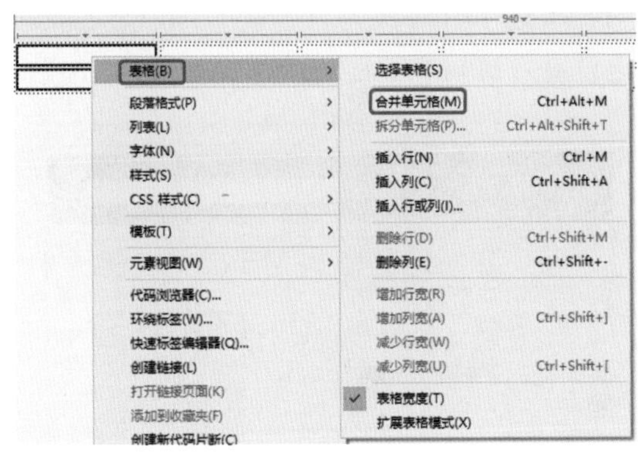

图 3-3

03 将光标置于第一列单元格中，在【属性】面板中将【宽】设置为 376，选择第一行的第二列至第七列单元格，将【宽】设置为 90，将【高】设置为 38，将【水平】、【垂直】分别设置为【右对齐】、【底部】，如图 3-4 所示。

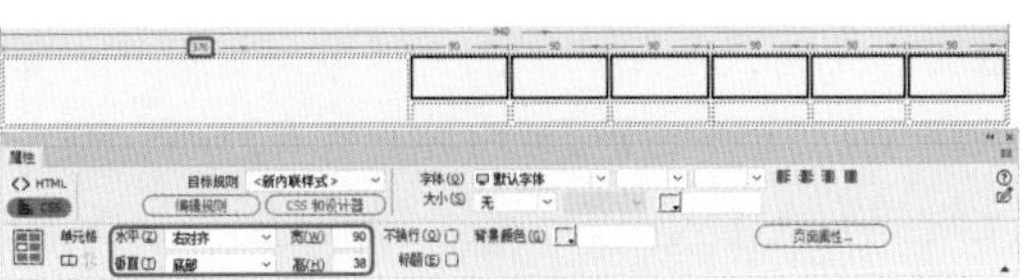

图 3-4

04 继续选中第一行的第二列至第七列单元格，按 Ctrl+Alt+M 组合键将选中的单元格进行合并，选择第二行的第二列至第七列单元格，在【属性】面板中将【宽】设置为 90，将【高】设置为 40，将【水平】、【垂直】分别设置为【右对齐】、【居中】，如图 3-5 所示。

图 3-5

05 将光标置于第一列表格中，按 Ctrl+Alt+I 组合键，在弹出的【选择图像源文件】对话框中选择“素材 \Cha03\ 速映电影网页设计 \logo.png”素材图像，单击【确定】按钮，选中插入的图像，在【属性】面板中将【宽】、【高】分别设置为 311px、80px，效果如图 3-6 所示。

图 3-6

06 使用同样的方法，在第一行的第二列单元格中插入“图标 .png”素材图像，将其【宽】、【高】分别设置为 241px、35px，如图 3-7 所示。

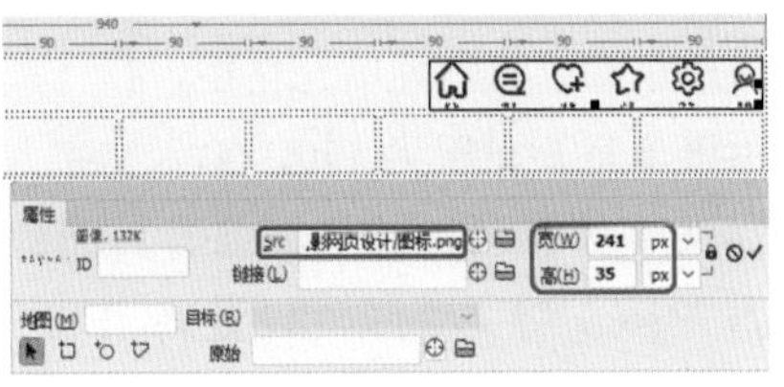

图 3-7

07 将光标置于第二行的第二列单元格中，输入文字，在【属性】面板中将【字体】设置为【华文细黑】，将【大小】设置为20px，效果如图3-8所示。

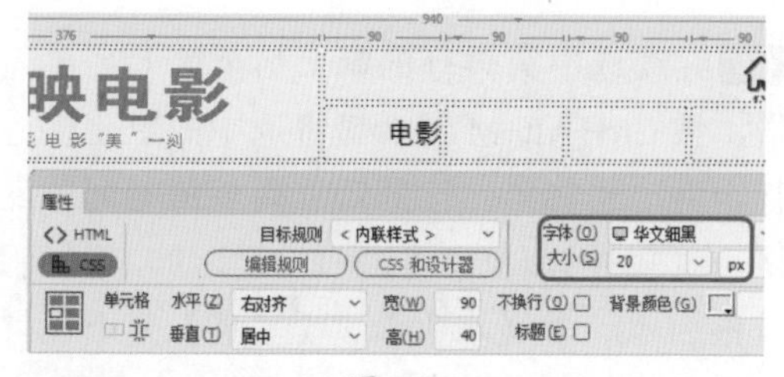

图 3-8

08 使用同样的方法在其他单元格中输入文字，并进行相应的设置，如图3-9所示。

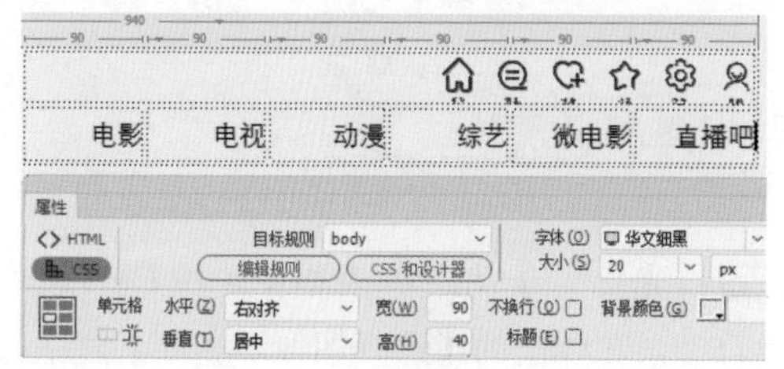

图 3-9

09 在文档底端的空白处单击，按Ctrl+Alt+T组合键，弹出Table对话框，将【行数】和【列】分别设置为1和9，将【表格宽度】设置为940像素，将【边框粗细】、【单元格边距】、【单元格间距】均设置为0，单击【确定】按钮。选中新插入表格的所有单元格，在【属性】面板中将【水平】设置为【居中对齐】，将【高】设置为45，将【背景颜色】设置为#2A2A2A，效果如图3-10所示。

图 3-10

10 将光标置于第一列单元格中，在【属性】面板中将【宽】设置为140，输入文字并选中文字，将【字体】设置为【华文细黑】，将【大小】设置为24px，将文字颜色设置为#FFFFFF，如图3-11所示。

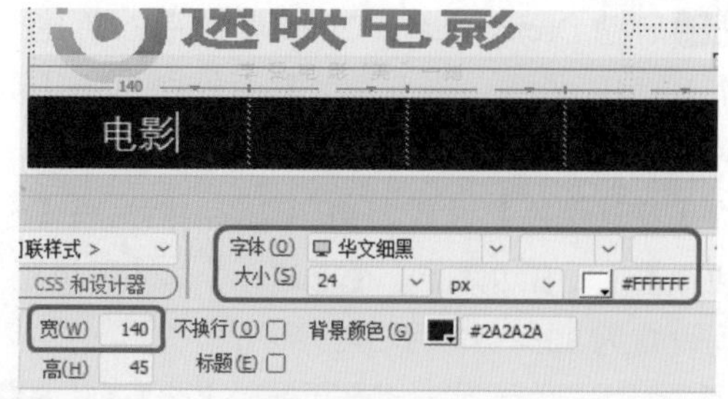

图 3-11

11 选中第二列至第八列单元格，在【属性】面板中将【宽】设置为78，并在第二列至第八列单元格中输入文字并选中文字，在【属性】面板中依次将【字体】设置为【华文细黑】，将【大小】设置为16px，将文字颜色设置为#FFFFFF，如图3-12所示。

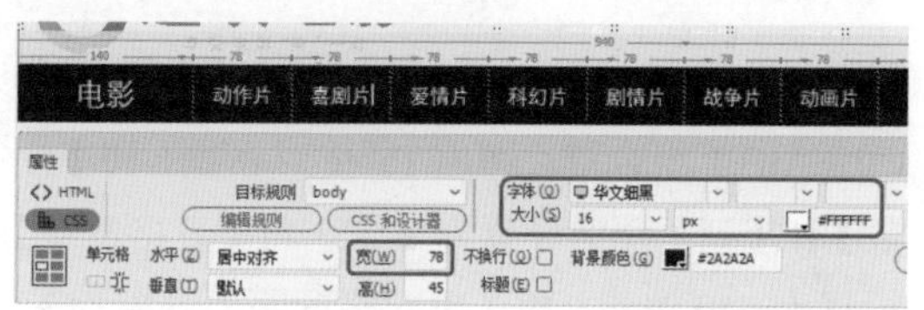

图 3-12

12 将光标置于最后一列单元格中，在菜单栏中选择【插入】|【表单】|【搜索】命令，这样就可以插入一个搜索表单，将表单前面的文字选中并修改为“搜索：”，将文字颜色设置为#FFFFFF，如图3-13所示。

图 3-13

13 在文档底端的空白处单击，插入一个1行1列，【表格宽度】为940px，【表格高度】、【边框粗细】、【单元格边距】、【单元格间距】均为0的表格。将光标置于新插入的表格中，按Ctrl+Alt+I组合键，在弹出的【选择图像源文件】对话框中选择“素

材 \Cha03\ 速映电影网页设计 \S01.jpg”素材图像，单击【确定】按钮。在【属性】面板中将【宽】、【高】分别设置为 940px、472px，如图 3-14 所示。

图 3-14

14 在文档底端的空白处单击，插入一个 4 行 6 列，【表格宽度】为 940 像素，Border、CellPad、CellSpace 均为 0 的表格，如图 3-15 所示。

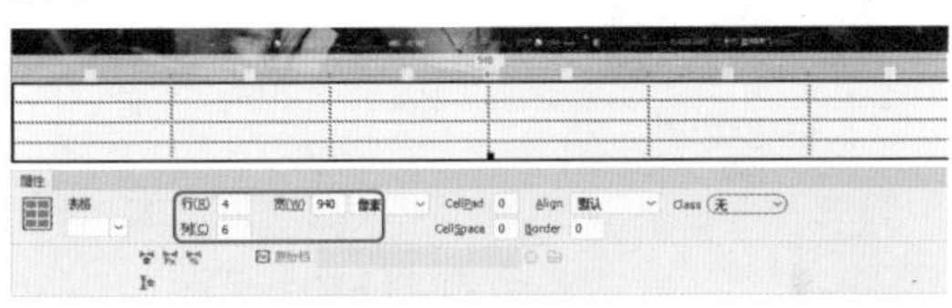

图 3-15

15 选中第一行的单元格，在【属性】面板中将【高】设置为 40，将【背景颜色】设置为 #2A2A2A，如图 3-16 所示。

图 3-16

16 选择第一行的第一列至第五列单元格，按 Ctrl+Alt+M 组合键将其合并，在合并后的单元格中输入文字。选中输入的文字，在【属性】面板中将【字体】设置为【微软雅黑】，将【大小】设置为 18px，将文字颜色设置为 #FFFFFF，如图 3-17 所示。

图 3-17

17 将光标置于第一行的第二列单元格中，输入文字并选中输入的文字，在【属性】面板中将【字体】设置为【微软雅黑】，将【大小】设置为 13px，将文字颜色设置为 #FFFFFF，将【水平】设置为【右对齐】，将【宽】设置为 160，如图 3-18 所示。

图 3-18

提示：为了使网页效果预览起来更加美观，在“最近热播”文字左侧添加空格，用户可以按 Ctrl+Shift+ 空格组合键添加空格。

18 选择第二行至第四行的所有单元格，在【属性】面板中将【水平】设置为【居中对齐】，将【背景颜色】设置为 #F0F0F0，如图 3-19 所示。

图 3-19

19 选择第二行的第一列至第六列单元格，在【属性】面板中将【高】设置为 230，将第一列至第五列单元格的【宽】设置为 156，如图 3-20 所示，将第六列单元格的【宽】设置为 160。

图 3-20

20 将光标置于第二行第一列单元格中，将S02.jpg素材图像置入单元格中。选中置入的图像文件，按Shift+F4组合键打开【行为】面板，在【行为】面板中单击【添加行为】按钮 +，在弹出的下拉菜单中选择【交换图像】命令，如图3-21所示。

图 3-21

21 在弹出的【交换图像】对话框中单击【浏览】按钮，再在弹出的对话框中选择“素材\Cha03\速映电影网页设计\S03.jpg”素材图像，单击【确定】按钮，返回至【交换图像】对话框中，如图3-22所示。

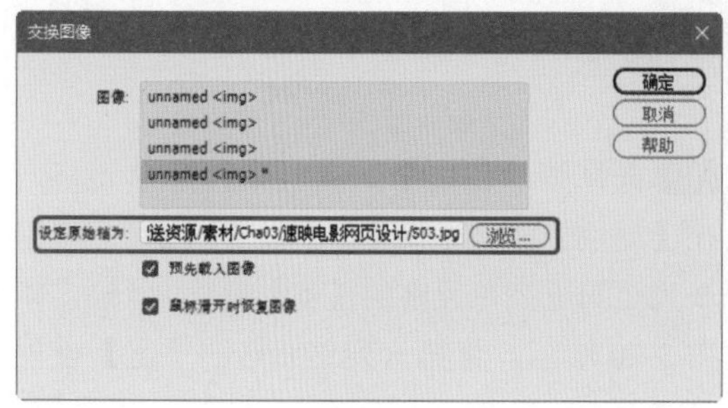

图 3-22

22 设置完成后，单击【确定】按钮，将光标置于第三行的第一列单元格中，输入文字，选中输入的文字，在【属性】面板中将【字体】设置为【华文细黑】，将【大小】设置为14px，如图3-23所示。

图 3-23

23 将光标置于第四行的第一列单元格中，将“星星01.png”素材文件置入当前单元格中，如图3-24所示。

图 3-24

24 将“星星01.png”素材文件进行复制，并将“星星02.png”素材文件置入单元格中，如图3-25所示。

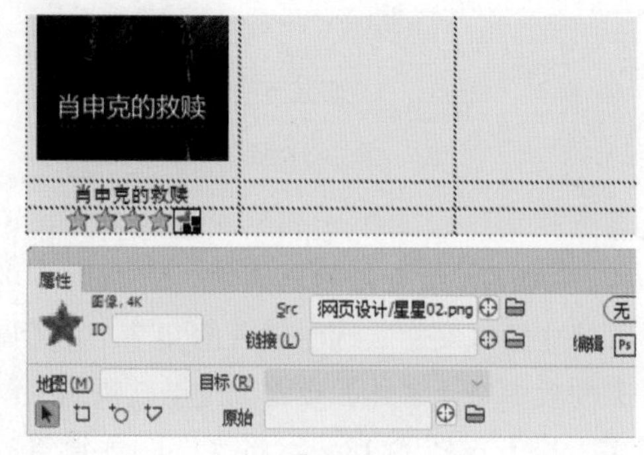

图 3-25

25 使用同样的方法在其他单元格中置入其他图像，并输入相应的文字，如图3-26所示。

图 3-26

26 在文档底端的空白处单击，在菜单栏中选择【插入】| HTML |【水平线】命令，插入水平线。选中插入的水平线，在【属性】面板中将【宽】设置为 940 像素，如图 3-27 所示。

图 3-27

提示：水平线在网页制作过程中是最为常用的，通过添加水平线可以将网页之间的不同内容分开，使网页更有条理性。

27 根据前面所介绍的方法制作其他内容，并进行相应的设置，效果如图 3-28 所示。

图 3-28

28 将光标置于最下方的水平线的右侧，插入一个 3 行 5 列，【表格宽度】为 940 像素，【边框粗细】、【单元格边距】、【单元格间距】均为 0 的表格。选中第一行的五列单元格，在【属性】面板中将【水平】设置为【左对齐】，将【宽】、【高】分别设置为 188、40，将【背景颜色】设置为 #2A2A2A，如图 3-29 所示。

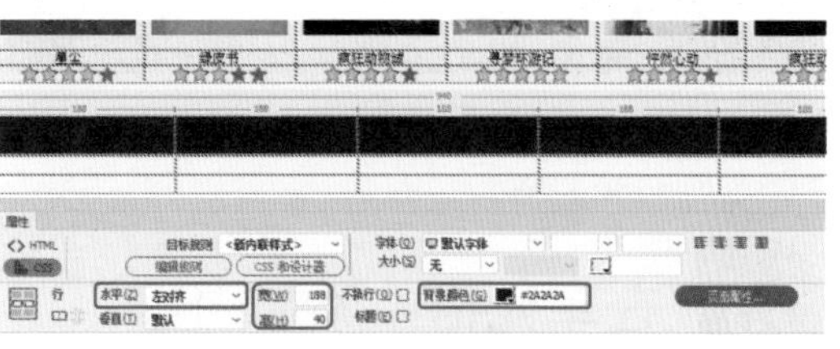

图 3-29

29 在第一行的五列单元格中输入文字并选中输入的文字，将【字体】设置为【华文细黑】，将【大小】设置为 18px，将字体颜色设置为 #FFFFFF，如图 3-30 所示。

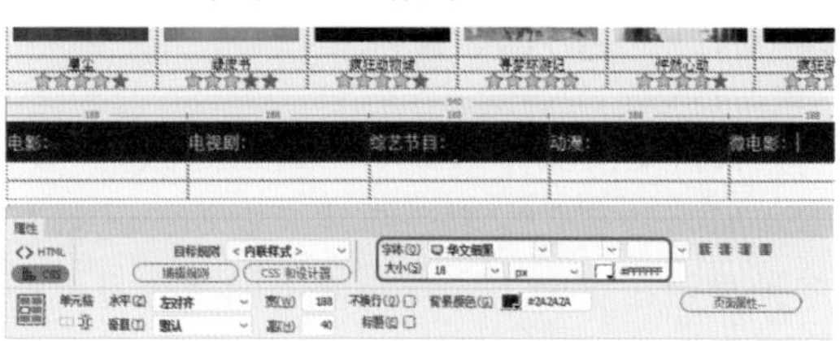

图 3-30

30 选择第二行的五列单元格，在【属性】面板中将【水平】设置为【左对齐】，将【垂直】设置为【顶端】，将【高】设置为 160，如图 3-31 所示。

图 3-31

31 在单元格中输入文字，并根据前面所介绍的方法将第三行的五列单元格进行合并，将【背景颜色】设置为 #2A2A2A，将【水平】设置为【居中对齐】，【高】设置为 180，并输入相应的文字，对文字进行设置，效果如图 3-32 所示。

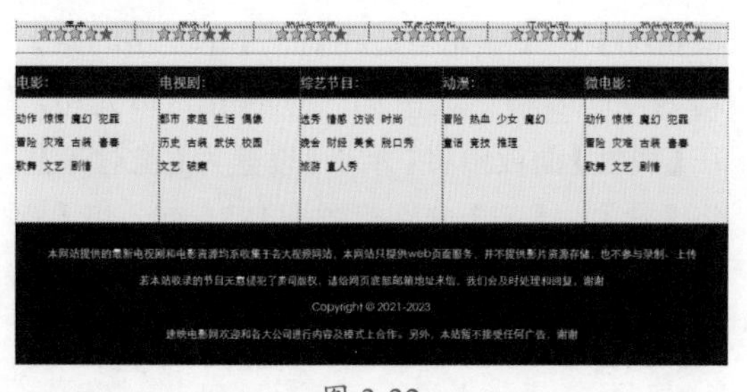

图 3-32

3.1 在单元格中添加内容

在单元格中添加不同的内容，可以使网页看起来更加完整。本节将讲解如何在单元格中添加更多的内容。

3.1.1 插入表格

表格是网页中最常用的排版方式之一，它可以将数据、文本、图片、表单等元素有序地显示在页面上，从而便于阅读信息。通过在网页中插入表格，可以对网页内容进行精确的定位。

下面我们将介绍在网页中如何插入简单的表格。

01 新建文档，在菜单栏中选择【插入】| Table 命令，如图 3-33 所示。

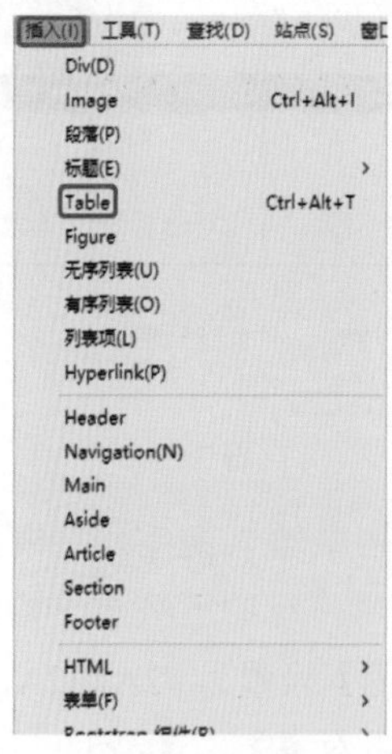

图 3-33

02 选择该命令后，系统自动弹出 Table 对话框，在该对话框中设置表格的【行数】、【列】、【表格宽度】等基本属性，如图 3-34 所示。

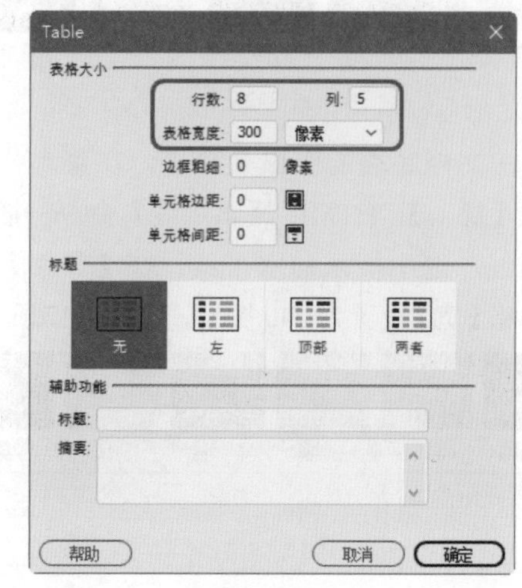

图 3-34

03 设置完成后，单击【确定】按钮，即可插入表格，如图 3-35 所示。

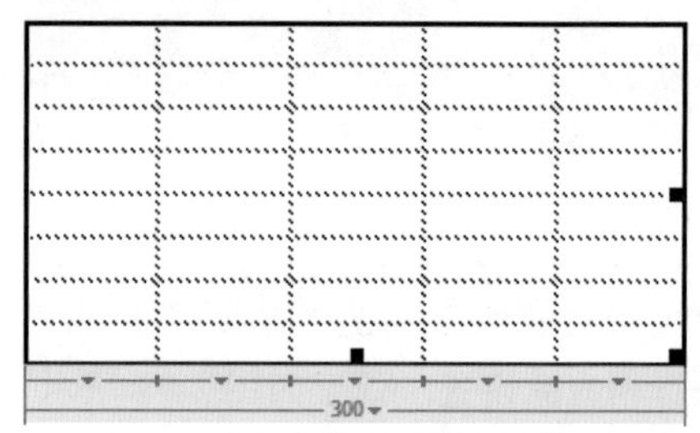

图 3-35

在 Table 对话框中各选项功能说明如下。

◎ 【行数】和【列】：用来设置插入表格的行数和列数。

◎ 【表格宽度】：该文本框用来设置插入表格的宽度。在右侧的下拉列表框中设置宽度单位，包括【像素】和【百分比】两种。

◎ 【边框粗细】：用来设置插入表格边框的粗细值。如果应用表格规划网页格式时，通常将【边框粗细】设置为 0，在浏览网页时表格将不会显示。

◎ 【单元格边距】：用来设置插入表格中单元格边界与单元格内容之间的距离。默认值为 1 像素。

◎ 【单元格间距】：用来设置插入表格中单元格与单元格之间的距离。默认值为 2 像素。

◎ 【标题】：用来设置插入表格内标题所在单元格的样式。共有四种样式可选，包括【无】、【左】、【顶部】和【两者】。

◎ 【辅助功能】：辅助功能包括【标题】和【摘要】两个选项。【标题】是指在表格上方居中显示表格外侧标题。【摘要】是指对表格的说明。【摘要】内容不会显示在【设计】视图中，只有在【代码】视图中才可以看到。

> 提示：在光标所在位置都可以插入表格，如果光标位于表格或者文本中，表格也可以插入光标位置上。

3.1.2 向表格中输入文本

下面来介绍如何在表格中输入文本。

01 运行 Dreamweaver 2020 软件，按 Ctrl+O 组合键，打开“素材 \Cha03\ 输入文本素材 .html”素材文件，效果如图 3-36 所示。

项目报名统计表

图 3-36

02 将光标放置在需要输入文本的单元格中，输入文字。单元格在输入文本时可以自动扩展，效果如图 3-37 所示。

项目报名统计表

项目	部门	人数		

图 3-37

【实战】嵌套表格

嵌套表格是指在表格的某个单元格中插入另一个表格。当单个表格不能满足布局需求时，我们可以创建嵌套表格（见图 3-38）。如果嵌套表格的宽度单位为百分比，将受它所在单元格宽度的限制；如果嵌套表格的宽度单位为像素，当嵌套表格的宽度大于所在单元格的宽度时，单元格的宽度将变大。嵌套表格的具体操作步骤如下。

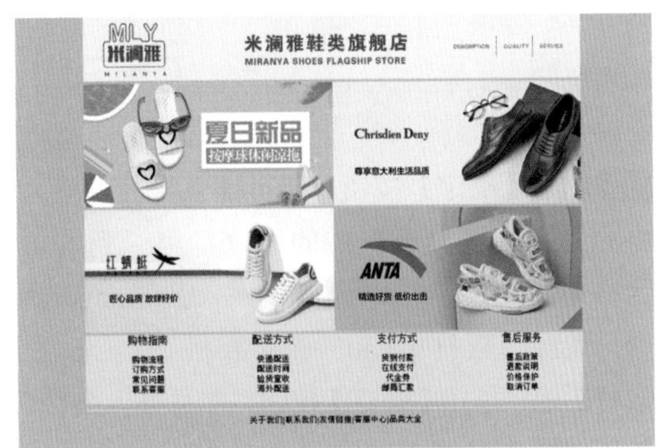

图 3-38

素材	素材 \Cha03\ 嵌套表格
场景	场景 \Cha03\【实战】嵌套表格 .html
视频	视频教学 \Cha03\【实战】嵌套表格 .mp4

01 按 Ctrl+O 组合键，打开“素材 \Cha03\ 嵌套表格 \ 嵌套表格素材 .html”素材文件，如图 3-39 所示。

图 3-39

02 将光标置入第二行单元格中，在菜单栏中选择【插入】| Table 命令，打开 Table 对话框，将【行数】设置为 2，【列】设置为 2，【表格宽度】设置为 800 像素，如图 3-40 所示。

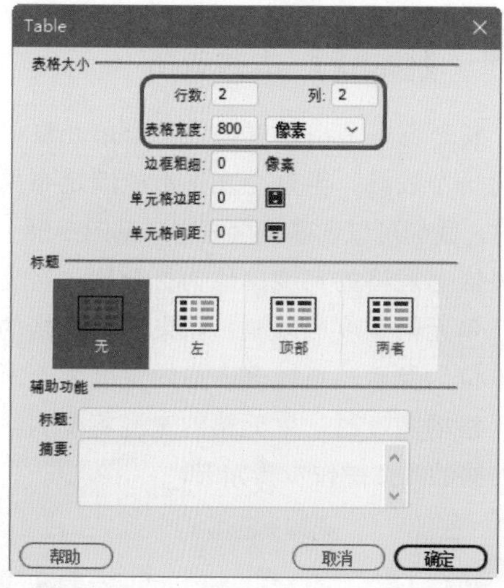

图 3-40

03 单击【确定】按钮，即可插入嵌套表格。将光标置入嵌套表格后的第一行第一列的单元格中，在菜单栏中选择【插入】| Image 命令，选择“素材\Cha03\嵌套表格\鞋 1.jpg”素材图像，单击【确定】按钮，即可插入图像，效果如图 3-41 所示。

图 3-41

04 使用同样的方法插入其他图像，完成后的效果如图 3-42 所示。

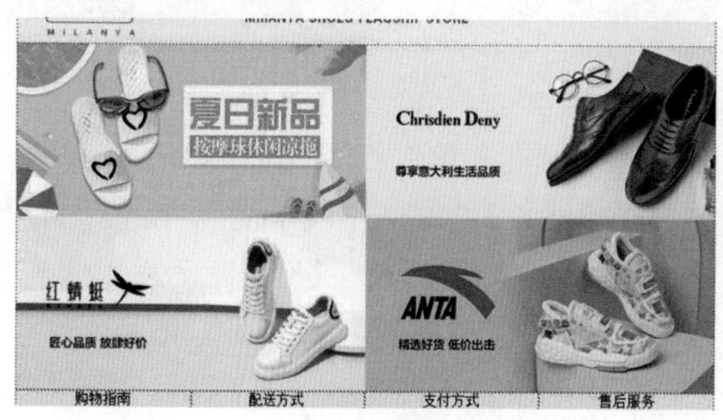

图 3-42

3.1.3 在单元格中插入图像

在制作网站时，为了使网站更加美观，我们可以在单元格中插入相应的图像，使其更加活泼生动。

下面来介绍如何在单元格中插入图像。

01 在菜单栏中选择【插入】| Table 命令，在弹出的 Table 对话框中，将【行数】设置为 1，【列】设置为 2，【表格宽度】设置为 600 像素，如图 3-43 所示。

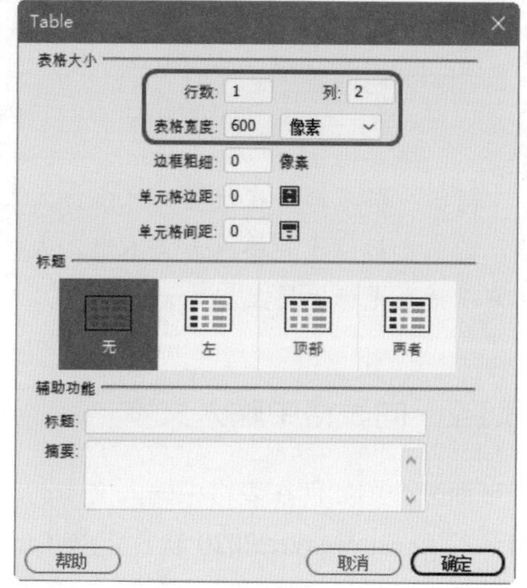

图 3-43

02 单击【确定】按钮，即可插入表格，如图 3-44 所示。

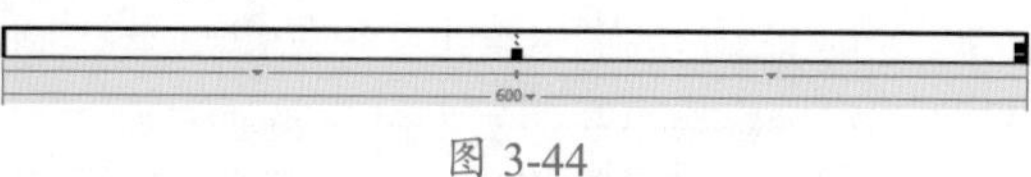

图 3-44

03 将光标置入左侧单元格中，在菜单栏中选择【插入】| Image 命令，如图 3-45 所示。

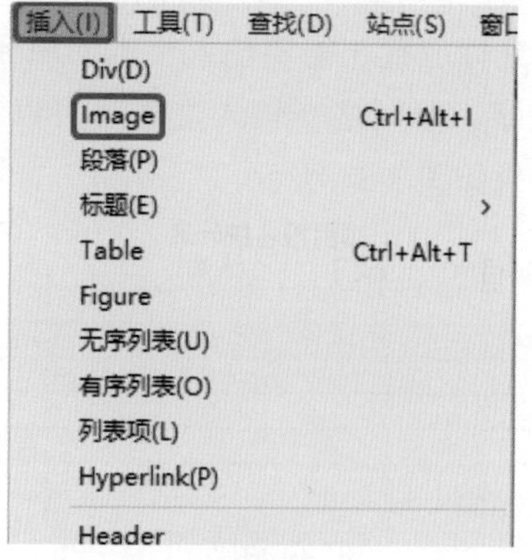

图 3-45

04 在弹出的【选择图像源文件】对话框中，选择“素材 \Cha03\ 插入图像素材 1.jpg”素材图像，单击【确定】按钮，即可在单元格中插入选择的素材图像，如图 3-46 所示。

图 3-46

05 使用同样的方法，在第二个单元格中插入图像，最终效果如图 3-47 所示。

图 3-47

3.2 表格的基本操作

了解了表格的基本操作后，可以更加熟练地对表格进行调整，以达到更好的效果。本节将简单介绍表格的基本操作。

3.2.1 设置表格属性

创建完表格后，如果对创建的表格不满意，或想要使创建的表格更加美观，我们可以对表格的属性进行设置。

下面来介绍设置表格属性的方法。

01 在菜单栏中选择【插入】| Table 命令，在弹出的 Table 对话框中，将【行数】设置为 8，【列】设置为 6，【表格宽度】设置为 600 像素，【边框粗细】设置为 1 像素，如图 3-48 所示。

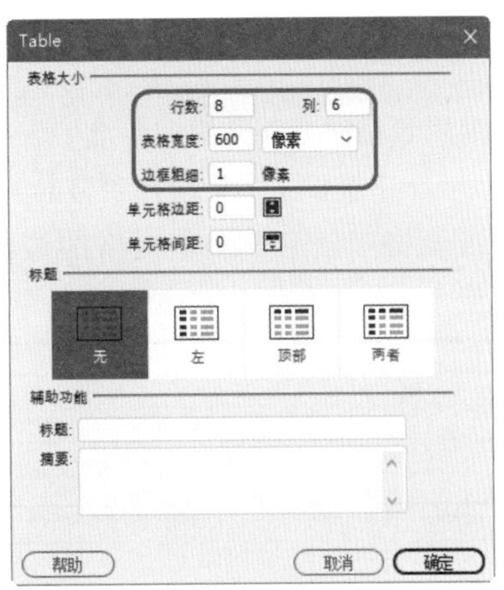

图 3-48

02 单击【确定】按钮，完成表格的创建，如图 3-49 所示。

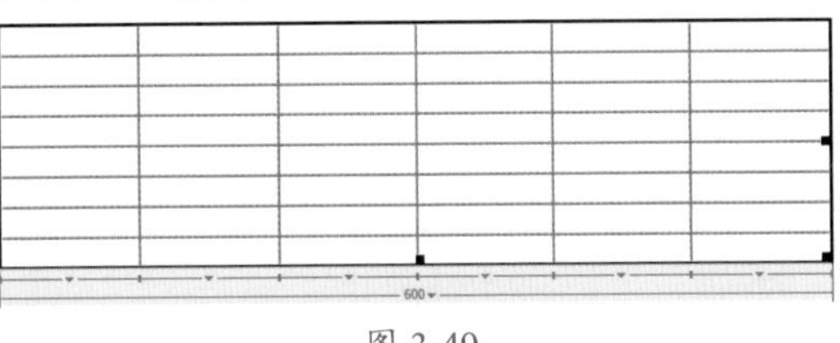

图 3-49

03 单击空白处，重新选择表格，在【属性】面板中将【宽】设置为 500 像素，CellPad 设置为 3，CellSpace 设置为 3，Align 设置为【居中对齐】，Border 设置为 2，如图 3-50 所示。

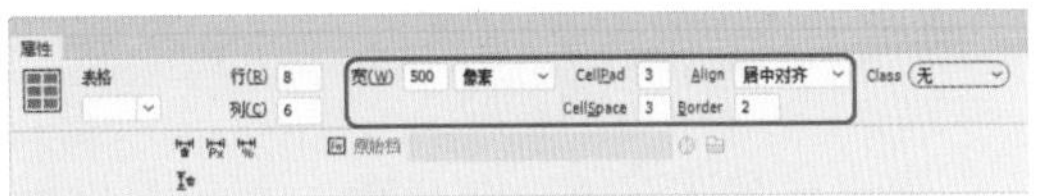

图 3-50

04 设置表格属性后的效果如图 3-51 所示。

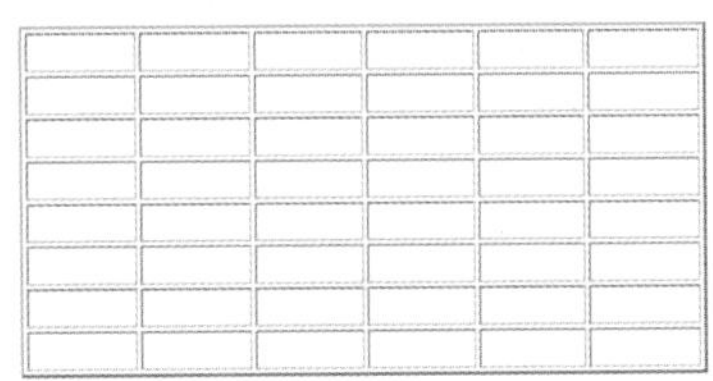

图 3-51

提示：将光标插入单元格中，在【属性】面板中也可以对单元格属性进行设置。

■ 3.2.2 选定整个表格

在编辑表格时，首先我们要选中表格，在 Dreamweaver 中提供了多种选择表格的方法。

单击表格中任意一个单元格的边框，即可选中整个表格，如图 3-52 所示。

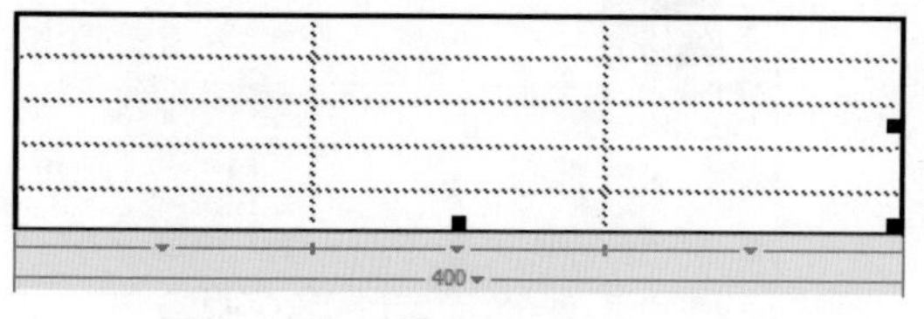

图 3-52

将光标置入表格中的任意一个单元格中，在菜单栏中选择【编辑】|【表格】|【选择表格】命令，即可选择整个表格，如图 3-53 所示。

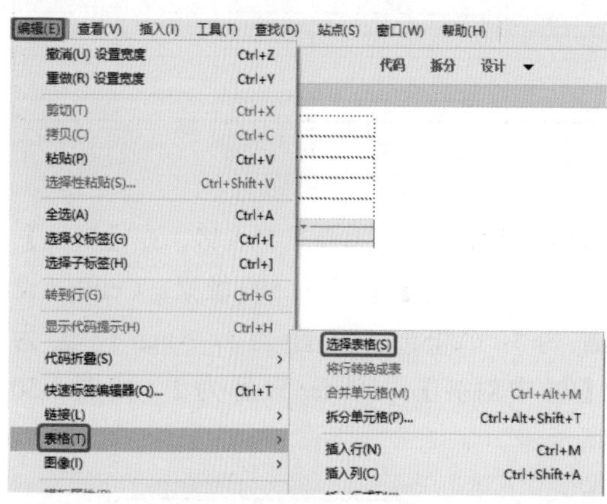

图 3-53

将光标置入任意单元格中，在状态栏中的标签选择器中单击 table 标签，即可选中整个表格，如图 3-54 所示。

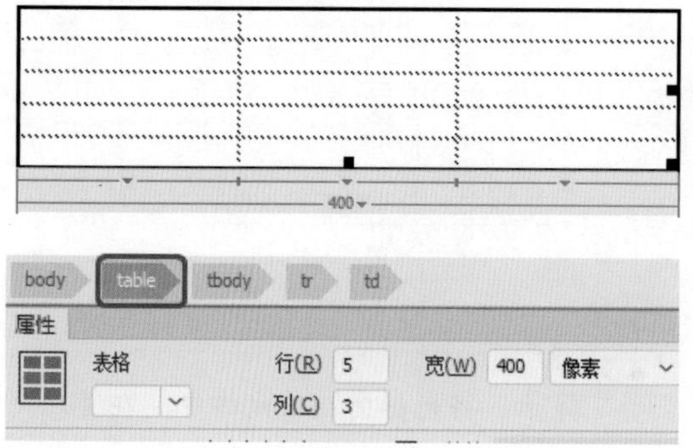

图 3-54

将光标置入任意单元格中并右击，在弹出的快捷菜单中选择【表格】|【选择表格】命令，即可选中整个表格，如图 3-55 所示。

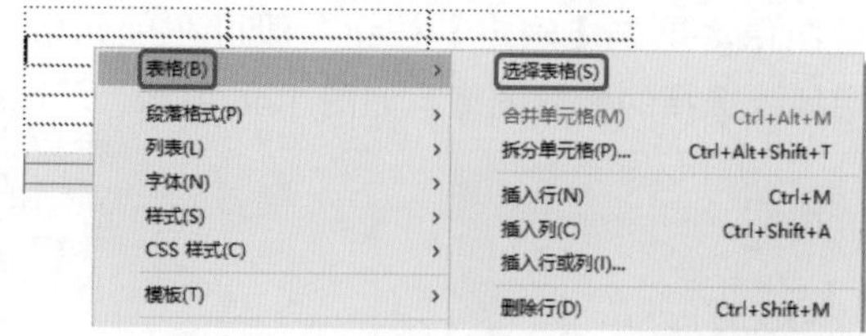

图 3-55

将光标移动到表格边框的附近位置，当光标变成时，单击即可选中整个表格，如图 3-56 所示。

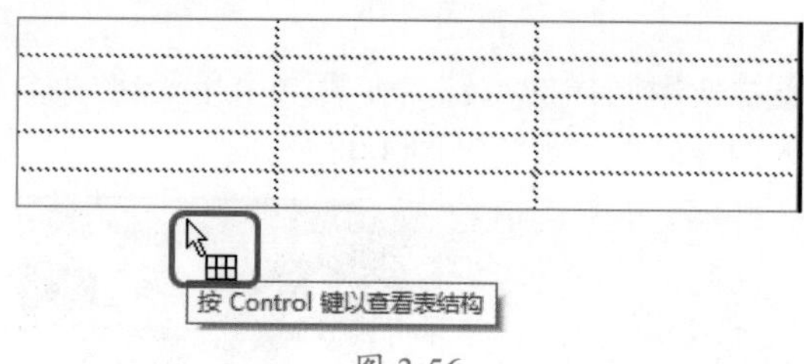

图 3-56

在代码视图中，找到表格代码区域，框选 <table> 至 </table> 标签之间的代码，即可选中整个单元格，如图 3-57 所示。

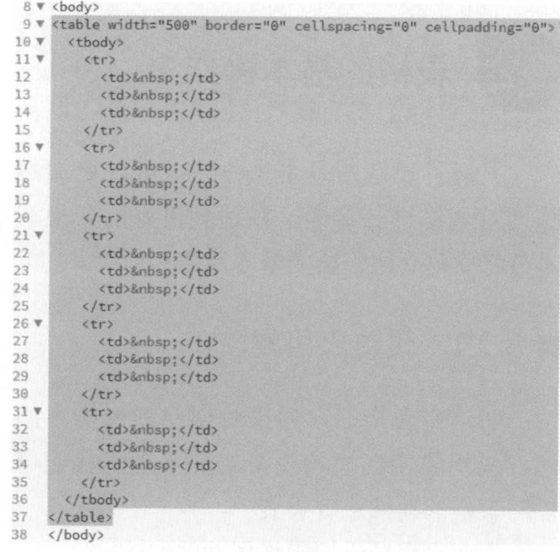

```
<body>
<table width="500" border="0" cellspacing="0" cellpadding="0">
  <tbody>
    <tr>
      <td> </td>
      <td> </td>
      <td> </td>
    </tr>
    <tr>
      <td> </td>
      <td> </td>
      <td> </td>
    </tr>
    <tr>
      <td> </td>
      <td> </td>
      <td> </td>
    </tr>
    <tr>
      <td> </td>
      <td> </td>
      <td> </td>
    </tr>
    <tr>
      <td> </td>
      <td> </td>
      <td> </td>
    </tr>
  </tbody>
</table>
</body>
```

图 3-57

■ 3.2.3 剪切、粘贴表格

在创建表格后，如果想要对表格进行移动，那么我们可以通过使用剪切和粘贴命令来完成。具体操作步骤如下。

01 选择需要移动的多个单元格，如图 3-58 所示。

02 在菜单栏中选择【编辑】|【剪切】命令，剪切选定单元格，如图 3-59 所示。

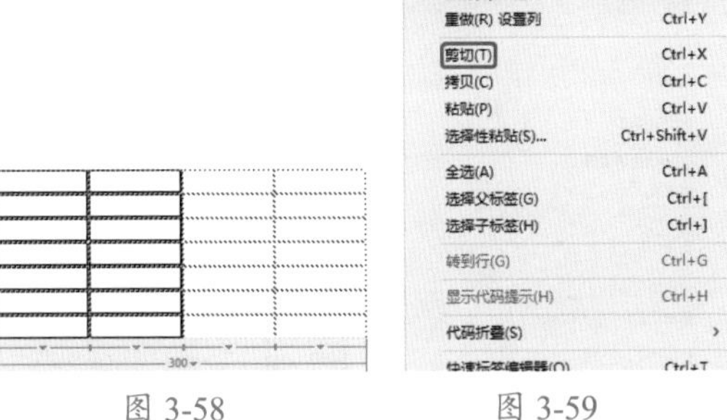

图 3-58　　图 3-59

03 将光标放置在需要粘贴的表格右侧，在菜单栏中选择【编辑】|【粘贴】命令，如图 3-60 所示。

04 选择该命令后，即可粘贴表格，效果如图 3-61 所示。

图 3-60　　图 3-61

提示：剪切多个单元格时，所选的连续单元格必须为矩形。对表格整个行或列进行剪切时，则会将整个行或列从原表格中删除，而不仅仅是剪切单元格内容。

■ 3.2.4　选择行或列

在 Dreamweaver 中提供了多种选择表格行或列的方法，下面对这些方法进行介绍。

将光标放置在表格的行首，当鼠标变成 →(向右箭头) 时单击，即可选中表格的行，如图 3-62 所示。将光标放置在列首，当鼠标变成↓(向下箭头) 时单击，即可选定表格的列，如图 3-63 所示。

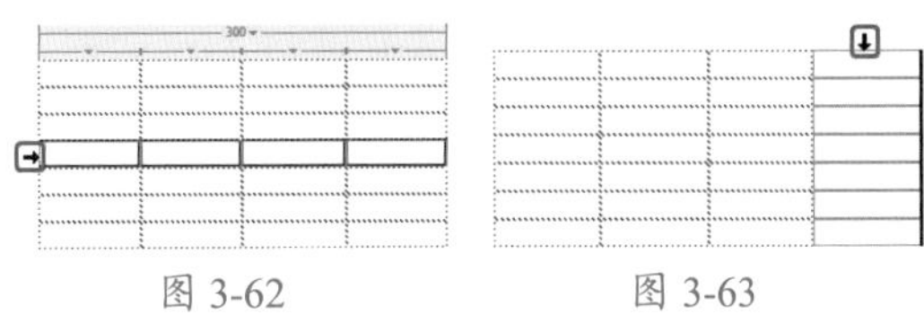

图 3-62　　图 3-63

按住鼠标左键不放，从左至右或者从上至下拖动，即可选中行或列。图 3-64 所示为选择行后的效果。

将鼠标置入某一行或列的第一个单元格中，按住 Shift 键然后单击该行或列的最后一个单元格，即可选择该行或列。图 3-65 所示为选择列后的效果。

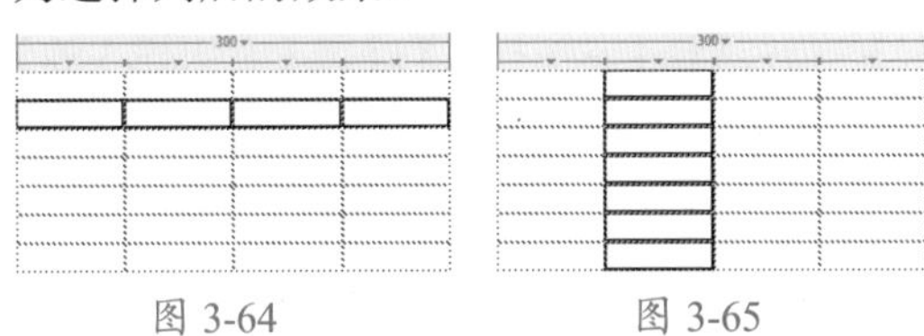

图 3-64　　图 3-65

■ 3.2.5　添加行或列

下面介绍添加行或列的几种方法。

将光标放置在单元格中，在菜单栏中选择【编辑】|【表格】|【插入行或列】命令，如图 3-66 所示。编辑完成后单击【确定】按钮，即可在插入点上方或左侧插入行或列。

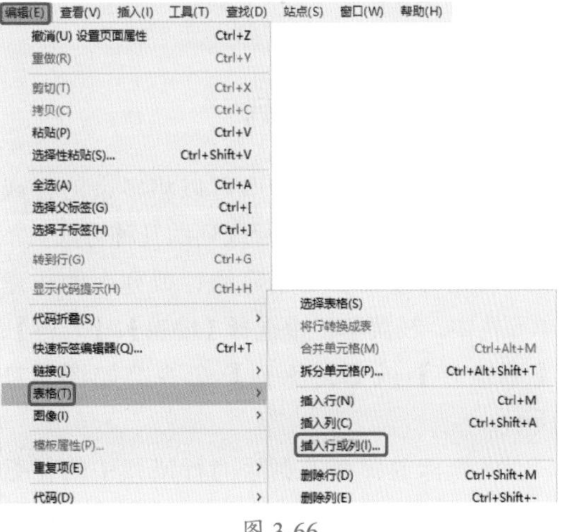

图 3-66

将光标置入任意单元格中并右击，在弹出的快捷菜单中选择【插入行或列】命令，系统将会自动弹出【插入行或列】对话框，如图3-67所示。在【插入行或列】对话框中可以选择插入行或列，并设置添加行数或列数以及插入位置。如图3-68所示，这是插入多行后的效果。

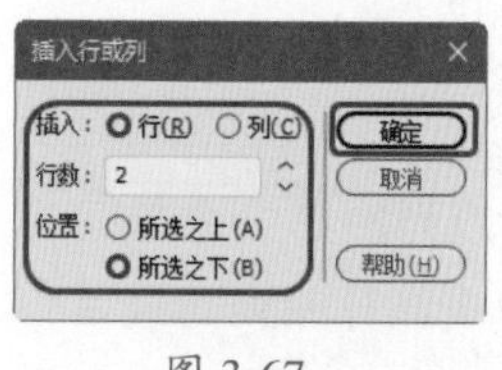

图3-67

图3-68

单击列标题菜单，根据需要在弹出的下拉菜单中选择【左侧插入列】或【右侧插入列】命令，如图3-69所示，即可插入所需的行或列。如图3-70所示，这是插入列后的效果。

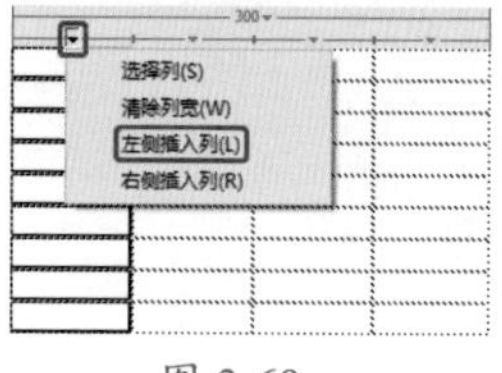

图3-69

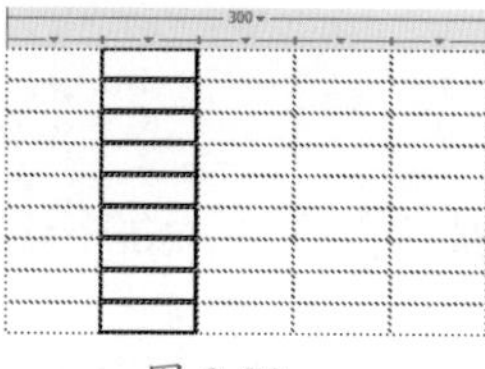

图3-70

提示：将光标放置在表格最后一个单元格中，按Tab键会自动在表格中添加一行。

3.2.6 删除行或列

表格创建完成后依旧可以将多余的行或列删除，下面介绍删除行或列的几种方法。

将光标放置在要删除的行或列中的任意单元格中，在菜单栏中选择【编辑】|【表格】|【删除行】或【删除列】命令，如图3-71所示。

将光标放置在要删除的行或列中的任意单元格中，右击并在弹出的快捷菜单中选择【表格】|【删除行】或【删除列】命令，如图3-72所示。

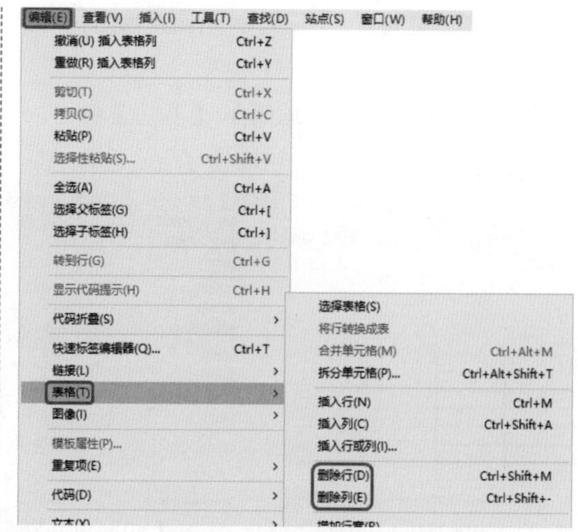

图3-71

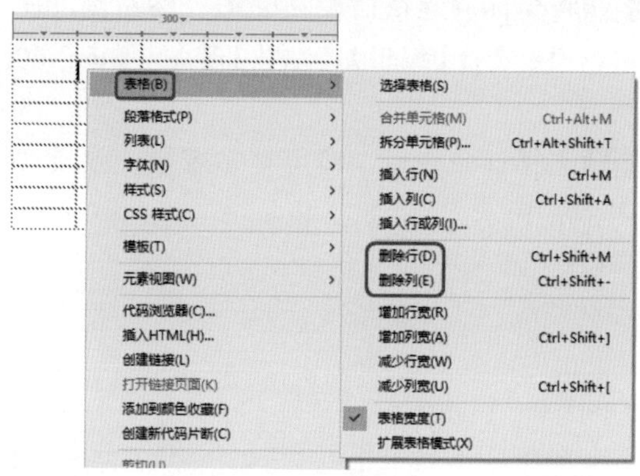

图3-72

提示：选择要删除的行或列，按Delete键可以直接删除。按Delete键删除行或列时，可以删除多行或多列，但不能删除所有行或列。

3.2.7 选择单元格

将表格选中后，表格的四周将会出现黑色的边框，选中某个单元格后，也会出现黑色的边框，选中后就可以对其进行编辑。下面介绍选择单元格的几种方法。

将光标放置在需要被选中的单元格上方，按住鼠标左键不放，从单元格的左上角拖动至右下角，即可选中一个单元格，如图3-73所示。

将光标放置在需要被选中的单元格中，

按 Ctrl+A 组合键，即可选中一个单元格，如图 3-74 所示。

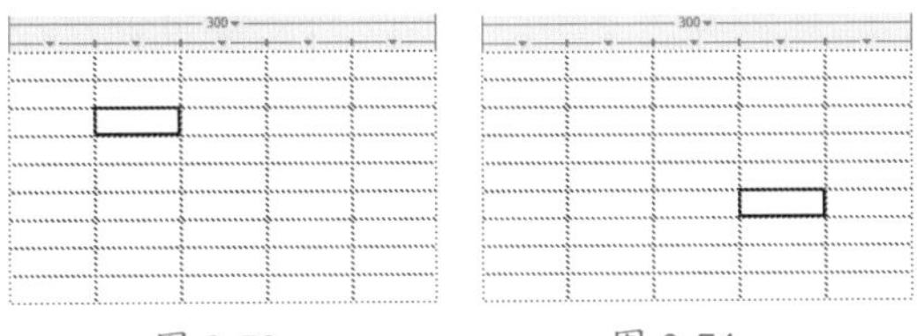

图 3-73　　图 3-74

按住 Ctrl 键，在需要选择的单元格上单击，即可选中一个单元格，如图 3-75 所示。

将光标放置在一个单元格中，在状态栏的标签选择器中单击 <td> 标签，即可选中一个单元格，如图 3-76 所示。

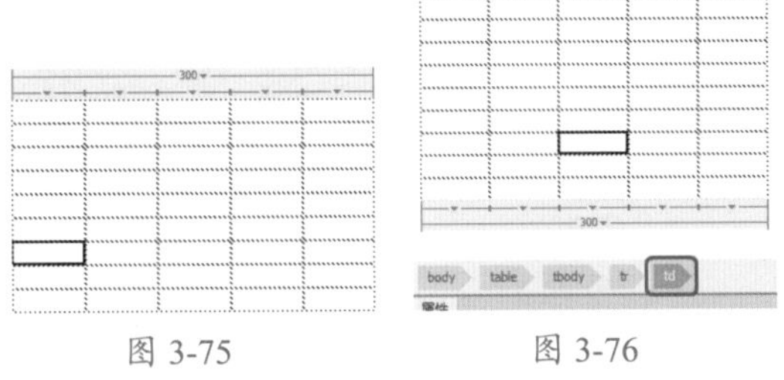

图 3-75　　图 3-76

【实战】合并单元格

合并单元格是指将多个连续的单元格合并为一个单元格。合并单元格及插入图片后的效果如图 3-77 所示。合并单元格的具体操作步骤如下。

图 3-77

素材	素材 \Cha03\ 合并单元格
场景	场景 \Cha03\【实战】合并单元格 .html
视频	视频教学 \Cha03\【实战】合并单元格 .mp4

01 按 Ctrl+O 组合键，打开“素材 \Cha03\ 合并单元格 \ 合并单元格素材 .html”素材文件，如图 3-78 所示。

图 3-78

02 将光标置入最左侧的空白单元格中，在菜单栏中选择【插入】| Table 命令，在弹出的 Table 对话框中，将【行数】、【列】均设置为 2，将【表格宽度】设置为 400 像素，如图 3-79 所示。

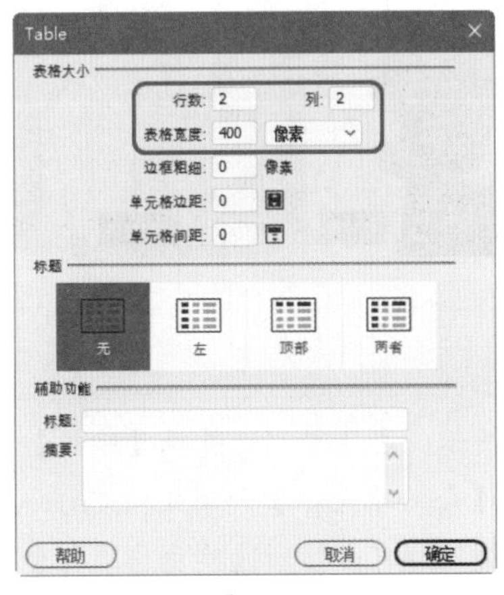

图 3-79

03 选中第一行的单元格，在【属性】面板中单击【合并所选单元格，使用跨度】按钮 ，即可将所选单元格合并，如图 3-80 所示。

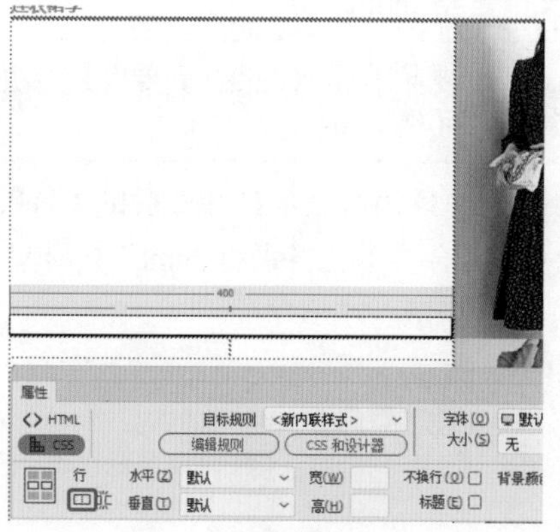

图 3-80

04 将光标置入合并后的单元格中，在菜单栏中选择【插入】| Image 命令，在弹出的【选择图像源文件】对话框中选择“素材\Cha03\合并单元格\连衣裙 1.jpg”素材图像，单击【确定】按钮，将图片插入单元格中。使用同样的方法将“连衣裙 2.jpg”“连衣裙 3.jpg”素材图像插入第二行单元格中，如图 3-81 所示。

图 3-81

提示：在菜单栏中选择【编辑】|【表格】|【合并单元格】命令或按 Ctrl+Alt+M 组合键同样可以将所选单元格进行合并。

3.2.8 拆分单元格

在拆分单元格时，可以将单元格拆分为行和列。下面介绍拆分单元格的方法。

将光标放置在需要拆分的单元格中并右击，在弹出的快捷菜单中选择【表格】|【拆分单元格】命令，如图 3-82 所示。在弹出的【拆分单元格】对话框中，设置单元格拆分成行或列的数目，单击【确定】按钮，即可拆分单元格，如图 3-83 所示。

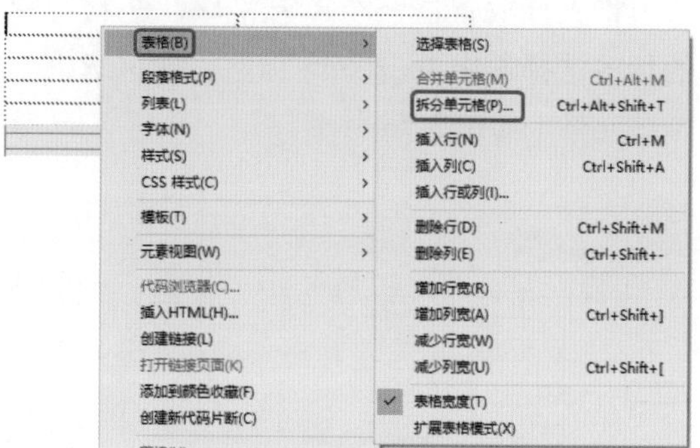

图 3-82

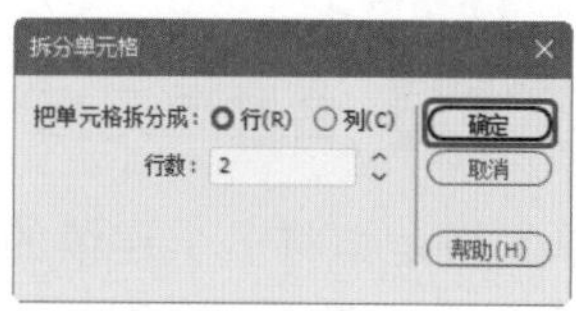

图 3-83

将光标放置在需要拆分的单元格中，在菜单栏中选择【编辑】|【表格】|【拆分单元格】命令，如图 3-84 所示。然后在弹出的【拆分单元格】对话框中进行设置。

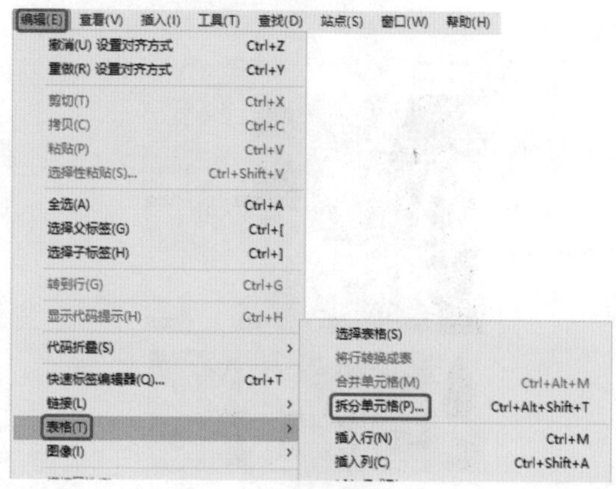

图 3-84

将光标放置在需要拆分的单元格中，在【属性】面板中单击【拆分单元格为行或列】按钮，如图 3-85 所示。然后在弹出的【拆分单元格】对话框中进行设置。

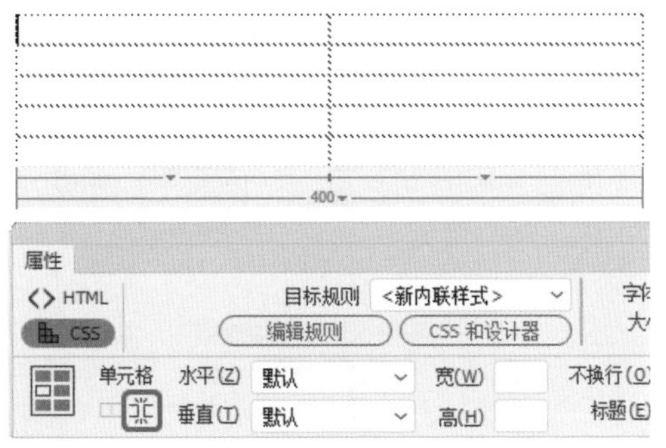

图 3-85

3.3 调整表格大小

表格创建完成后，选中表格可以继续根据需要调整表格参数。表格被调整后，表格中所有的单元格都将随之改变。

3.3.1 调整整个表格的大小

创建表格后，可以在界面中调整整个表格的大小。下面介绍调整整个表格大小的方法。

选中整个表格，在【属性】面板中，修改其宽度即可调整整个表格，如图 3-86 所示。

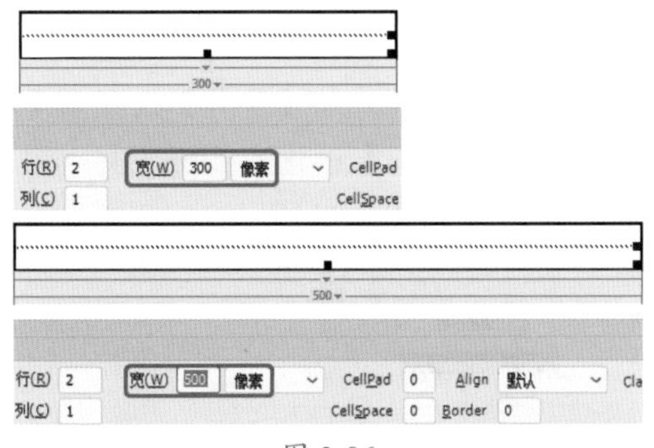

图 3-86

选中整个表格，会在表格四周出现控制点，拖动表格右侧的控制点，拖动完成后释放鼠标，即可调整表格的大小，如图 3-87 所示。

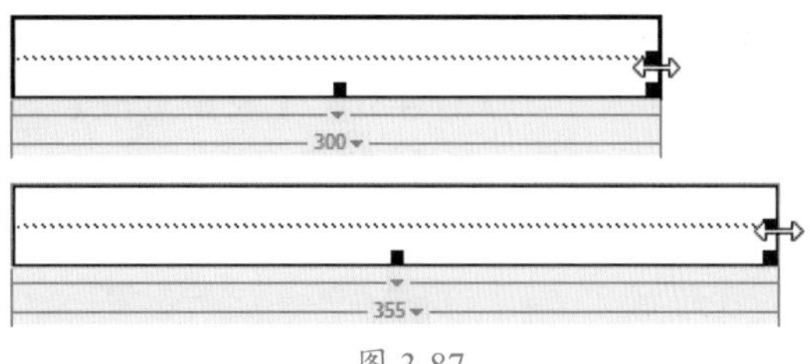

图 3-87

【实战】调整单元格的属性

创建表格后，可以对单元格的属性进行调整，如宽度、高度、对齐方式等，调整单元格属性的效果如图 3-88 所示。

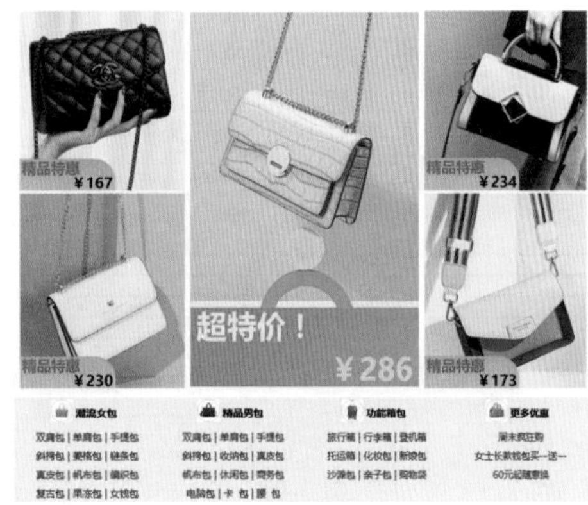

图 3-88

素材	素材 \Cha03\ 调整单元格属性
场景	场景 \Cha03\【实战】调整单元格的属性 .html
视频	视频教学 \Cha03\【实战】调整单元格的属性 .mp4

01 按 Ctrl+O 组合键，打开“素材 \Cha03\ 调整单元格属性 \ 调整单元格属性素材 .html”素材文件，如图 3-89 所示。

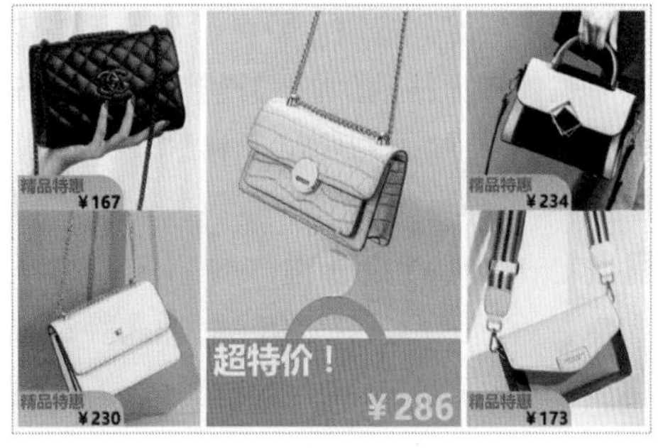

图 3-89

02 将光标置入表格右侧，按 Ctrl+Alt+T 组合键，插入一个 5 行 4 列、【表格宽度】为 800 像素的表格，在【属性】面板中将 Align 设置为【居中对齐】，如图 3-90 所示。

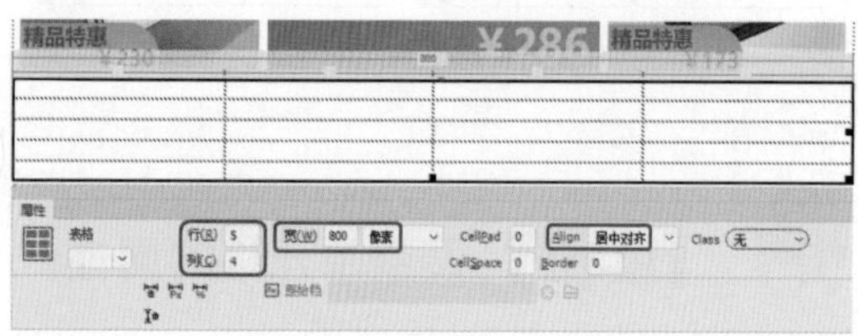

图 3-90

03 选中所有单元格，在【属性】面板中将【背景颜色】设置为 #f1f1f1，将第一行单元格的【高】设置为 40，第二行至第四行单元格的【水平】设置为【居中对齐】，【高】设置为 25，如图 3-91 所示。

图 3-91

04 将光标置入第一行第一列单元格中，单击【拆分单元格为行或列】按钮，在弹出的【拆分单元格】对话框中选中【列】单选按钮，将【列数】设置为 2，如图 3-92 所示。

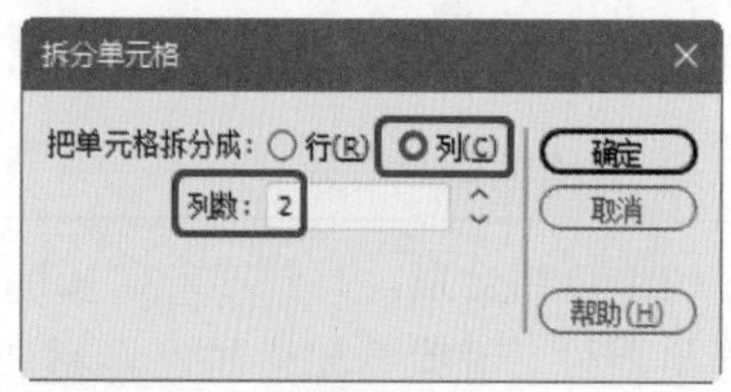

图 3-92

05 单击【确定】按钮，即可拆分单元格，将拆分后左侧单元格的【水平】设置为【右对齐】，【宽】设置为 80，右侧单元格的【宽】设置为 120，如图 3-93 所示。

06 按 Ctrl+Alt+O 组合键，弹出【选择图像源文件】对话框，选择“素材 \Cha03\ 调整单元格属性 \ 潮流女包 .jpg”素材图像，单击【确定】按钮，如图 3-94 所示。

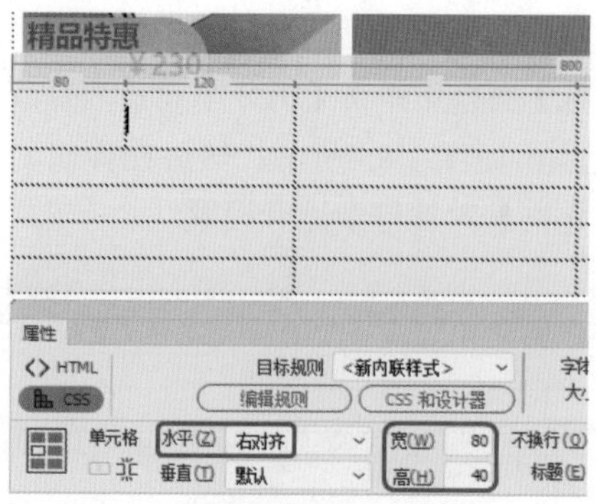

图 3-93

图 3-94

07 将光标置入拆分后单元格的第二列，空一格，输入文字并将其选中，在【属性】面板中将【字体】设置为【微软雅黑】，【大小】设置为 14px，字体粗细设置为 bold，如图 3-95 所示。

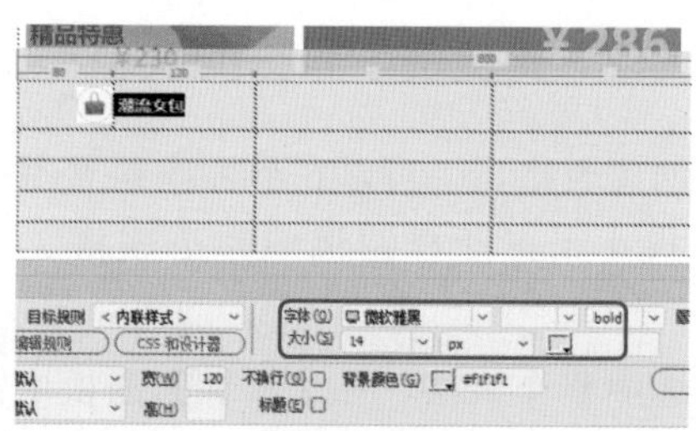

图 3-95

08 将光标置入第二行第一列单元格中，输入文字并将其选中，将【字体】设置为【微软雅黑】，【大小】设置为 13px，文字颜色设置为 #333，如图 3-96 所示。

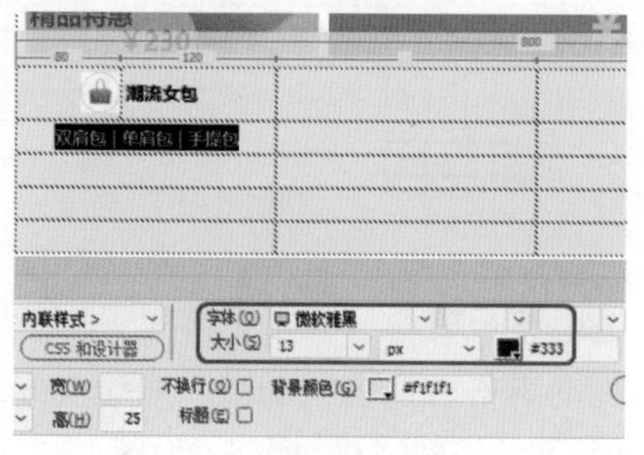

图 3-96

09 使用同样的方法拆分其他单元格，插入图片，输入文字并对其进行设置，如图 3-97 所示。

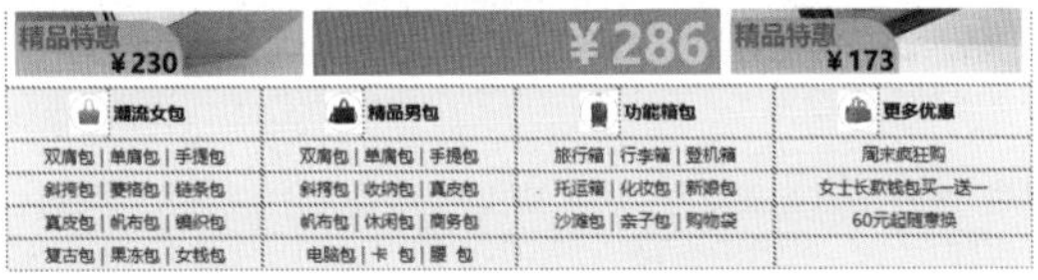

图 3-97

3.3.2 表格排序

表格中的排序功能主要针对数据表格，是根据表格列表中的数据来排列的，具体的操作步骤如下。

01 按 Ctrl+O 组合键，打开“素材 \Cha03\ 表格排序素材 .html”素材文件，如图 3-98 所示。

姓名	年龄	爱好
许	18	乒乓球
王	25	足球
刘	23	网球
张	20	羽毛球

图 3-98

02 在菜单栏中选择【编辑】|【表格】|【排序表格】命令，如图 3-99 所示。

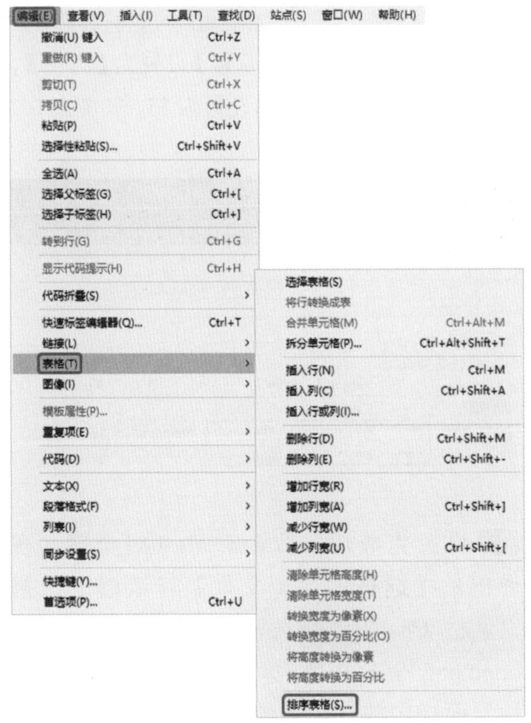

图 3-99

03 在弹出的【排序表格】对话框中，将【排序按】设置为【列 2】，【顺序】设置为【按数字顺序】，如图 3-100 所示。

图 3-100

04 单击【确定】按钮，表格即可从第二行开始按数字排列，如图 3-101 所示。

姓名	年龄	爱好
许	18	乒乓球
张	20	羽毛球
刘	23	网球
王	25	足球

图 3-101

LESSON

课后项目练习 装饰公司网页设计

本案例将介绍如何制作装饰公司网站的主页，主要通过插入表格、插入鼠标经过图像、为单元格添加阴影等操作来完成，如图 3-102 所示。

课后项目练习效果展示

图 3-102

课后项目练习过程概要

01 创建表格并设置背景颜色。

02 在表格中输入文字，新建 CSS 样式，插入 div。

素材	素材 \Cha03\ 装饰公司网页设计
场景	场景 \Cha03\ 装饰公司网页设计 .html
视频	视频教学 \Cha03\ 装饰公司网页设计 .mp4

01 按 Ctrl+N 组合键，弹出【新建文档】对话框，切换到【新建文档】选项设置界面，在【文档类型】列表框中选择 HTML 选项，在【框架】选项组中选择【无】选项，将【文档类型】设置为 HTML 4.01Transitional，如图 3-103 所示。

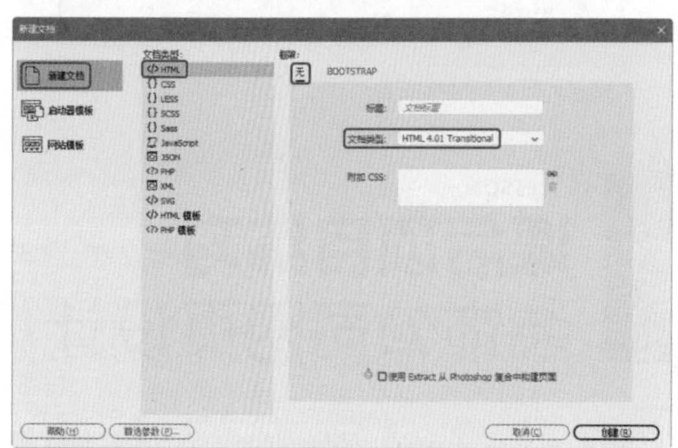

图 3-103

02 设置完成后，单击【创建】按钮，然后按 Ctrl+Alt+T 组合键，在弹出的【属性】面板中将【行】、【列】分别设置为 5、1，将【宽】设置为 972 像素，将 Align 设置为【居中对齐】，如图 3-104 所示。

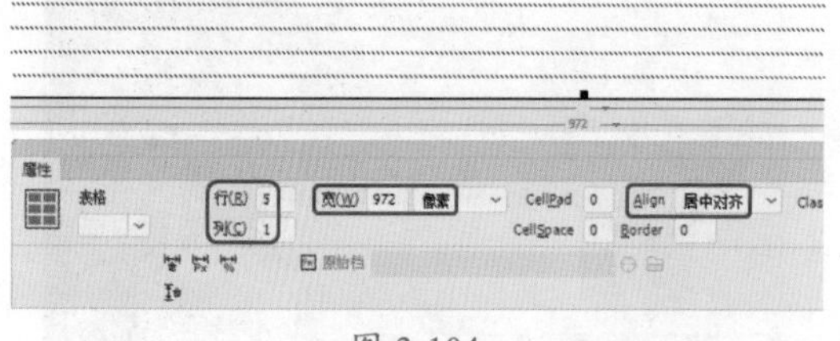

图 3-104

03 将光标置于第一行单元格中，将【水平】设置为【居中对齐】，【垂直】设置为【居中】，【高】设置为 90，【背景颜色】设置为 #333333，如图 3-105 所示。

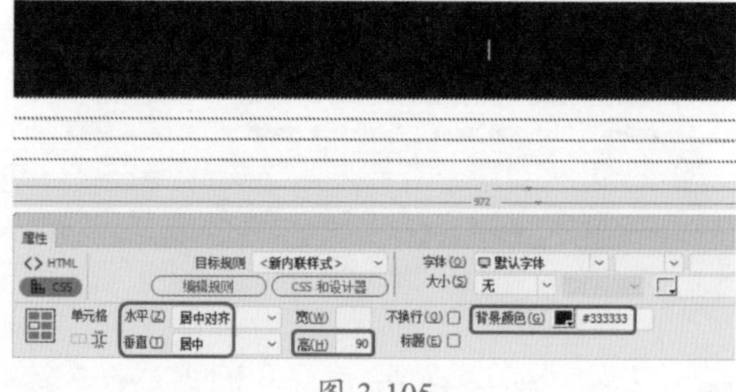

图 3-105

04 按 Ctrl+Alt+T 组合键，插入一个 1 行 6 列、【表格宽度】为 972 像素的表格，将光标置于第一列单元格中，将【宽】设置为 20，如图 3-106 所示。

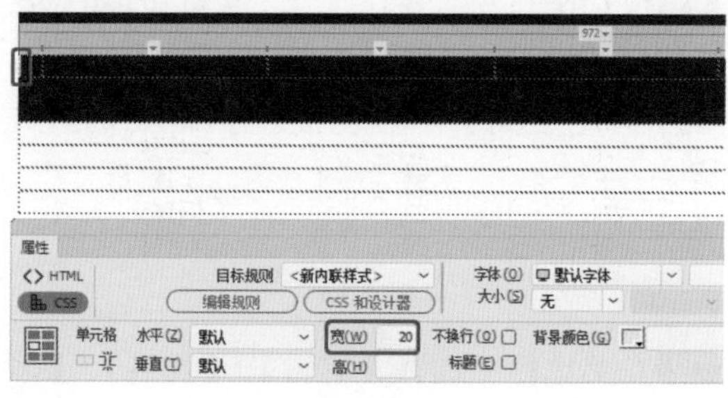

图 3-106

05 将光标置于第二列单元格中，将【水平】设置为【居中对齐】，【垂直】设置为【居中】，【宽】设置为 271，【高】设置为 55，如图 3-107 所示。

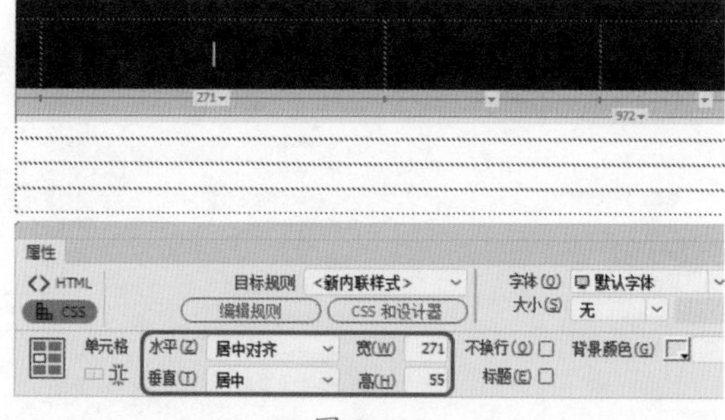

图 3-107

06 设置完成后，按 Ctrl+Alt+I 组合键，在弹出的【选择图像源文件】对话框中选择“素材 \Cha03\ 装饰公司网页设计 \ 装饰公司 Logo.png”素材图像，单击【确定】按钮。在【属性】面板中将该图像的【宽】、【高】分别设置为 232px、35px，如图 3-108 所示。

图 3-108

07 设置完成后，将光标置于该图像的右侧，按 Shift+Enter 组合键另起一行，输入文字，选中输入的文字并右击，在弹出的快捷菜单中选择【CSS 样式】|【新建】命令，如图 3-109 所示。

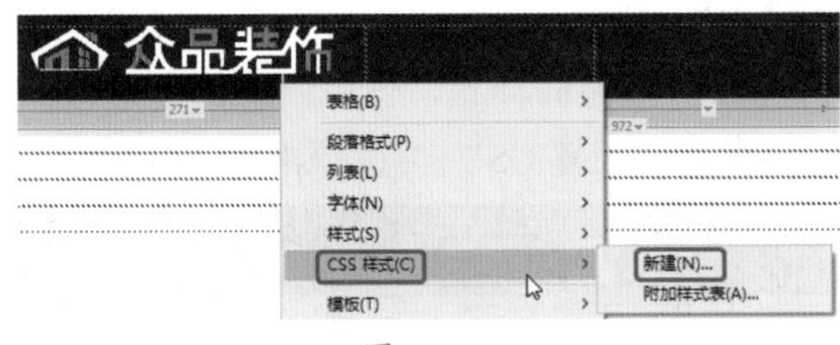

图 3-109

08 在弹出的对话框中将【选择器名称】设置为 wz1，单击【确定】按钮。在弹出的【.wz1 的 CSS 规则定义】对话框中单击 Font-family 右侧的下三角按钮，在弹出的下拉列表中单击【管理字体】按钮。在弹出的【管理字体】对话框中切换到【自定义字体堆栈】选项卡，在【可用字体】列表框下面的文本框中输入“微软雅黑”，然后单击 按钮，将字体添加至【选择的字体】列表框中，如图 3-110 所示。

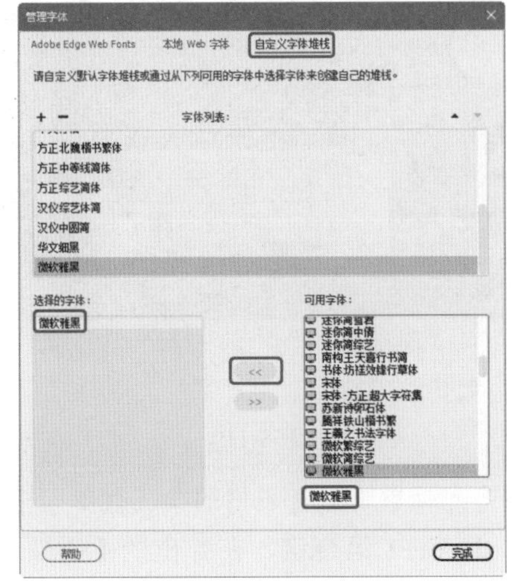

图 3-110

09 单击【完成】按钮，将 Font-family 设置为【微软雅黑】，将 Font-size 设置为 12px，将 Color 设置为 #FFFFFF，如图 3-111 所示。

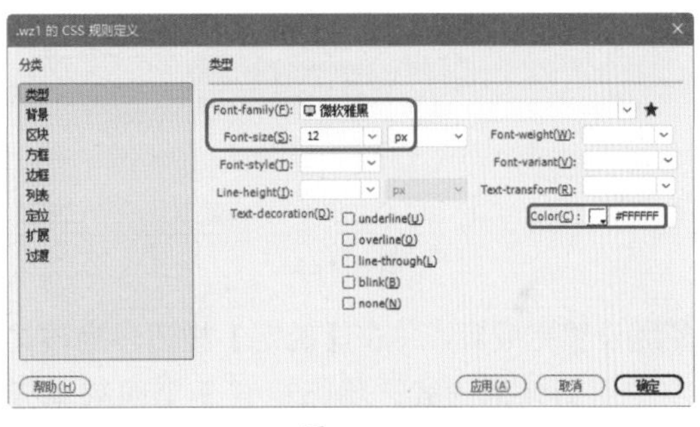

图 3-111

10 选择【分类】列表框中的【区块】选项，将 Letter-spacing 设置为 14px，如图 3-112 所示。

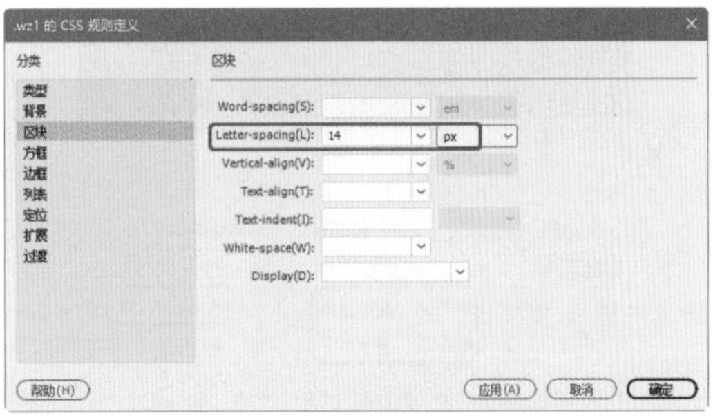

图 3-112

11 设置完成后，单击【确定】按钮，继续选中该文字，在【属性】面板中单击 CSS 按钮，将【目标规则】设置为 .wz1，如图 3-113 所示。

图 3-113

12 将光标置于第三列单元格中，将【宽】设置为 166，输入“[选择城市]”文字，选中该文字，新建一个名为 wz2 的 CSS 样式，在弹出的对话框中将 Font-size 设置为 12px，将 Color 设置为 #FFFFFF，如图 3-114 所示。

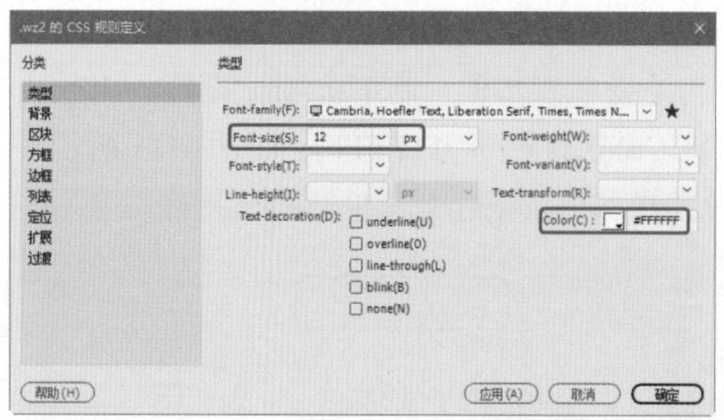

图 3-114

13 设置完成后，单击【确定】按钮，为该文字应用新建的样式。将光标置于第四列单元格中，在【属性】面板中将【水平】设置为【居中对齐】，【垂直】设置为【居中】，【宽】设置为 77，如图 3-115 所示。

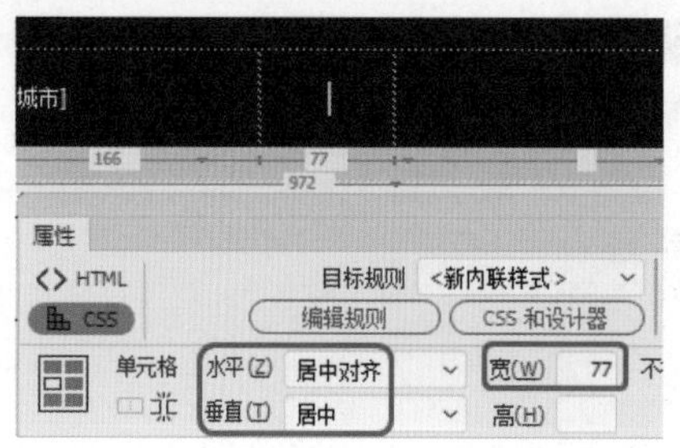

图 3-115

14 按 Ctrl+Alt+I 组合键，在弹出的【选择图像源文件】对话框中选择“素材 \Cha03\ 装饰公司网页设计 \ 电话 .png”素材图像，单击【确定】按钮，将其插入选择的单元格中。将光标置于第五列单元格中，将【宽】设置为 235，如图 3-116 所示。

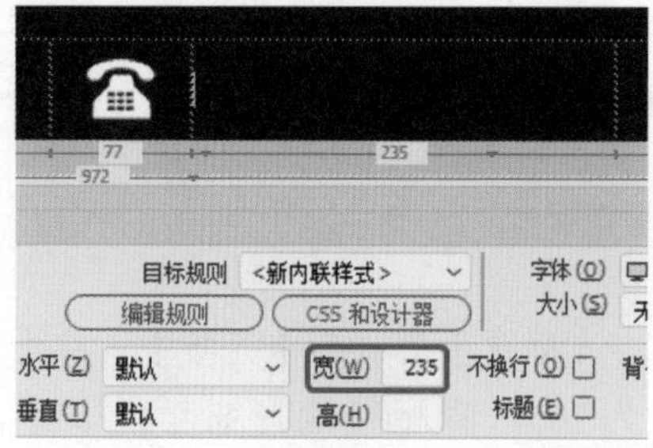

图 3-116

15 在单元格中输入文字，并为其应用 wz2 样式，按 Shift+Enter 组合键另起一行，输入文字“400-800-1234678”。新建一个名为 wz3 的 CSS 样式，在弹出的对话框中将 Font-size 设置为 20px，Font-weight 设置为 bold，Color 设置为 #FFFFFF，如图 3-117 所示。

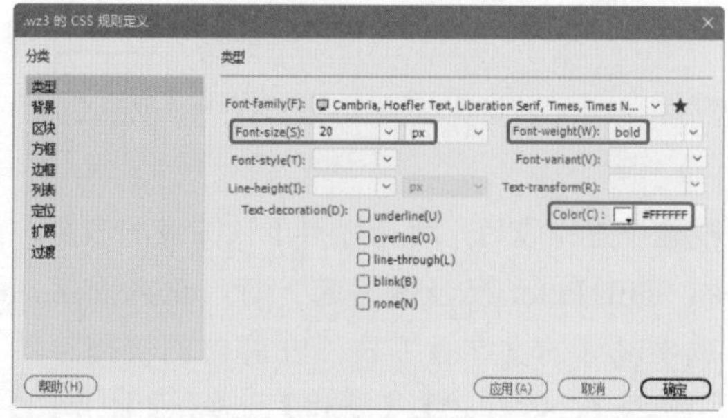

图 3-117

16 单击【确定】按钮，选中输入的文字，为其应用新建的样式，使用同样的方法输入文字并为其设置 CSS 样式，如图 3-118 所示。

图 3-118

17 将光标置于五行表格的第二行单元格中，按 Ctrl+Alt+I 组合键，在弹出的【选择图像源文件】对话框中选择“效果图 .jpg”素材图像，单击【确定】按钮。在【属性】面板中将【宽】、【高】分别设置为 972px、566px，如图 3-119 所示。

图 3-119

18 将光标置于五行表格的第三行单元格中，按 Ctrl+Alt+T 组合键，在弹出的【属性】面板中将【行】、【列】分别设置为 1、11，将

【宽】设置为 972 像素，设置完成后，单击【确定】按钮，如图 3-120 所示。

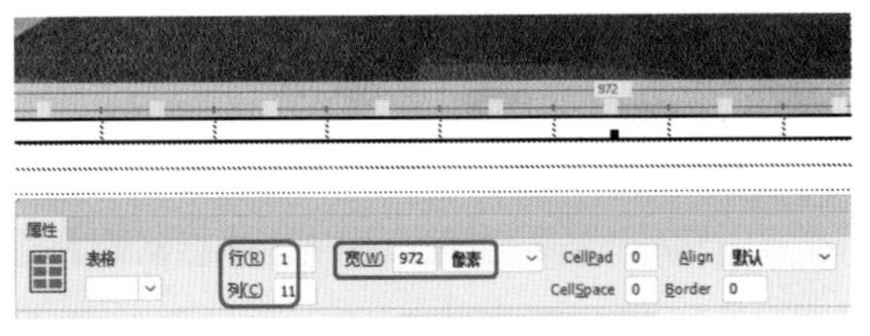

图 3-120

19 将光标置入单元格内，新建一个 bk1CSS 样式，在弹出的对话框中选择【边框】选项，取消选中 Style、Width、Color 下方的【全部相同】复选框，将 Left 的 Style、Width、Color 分别设置为 solid、thin、#CCC，如图 3-121 所示。

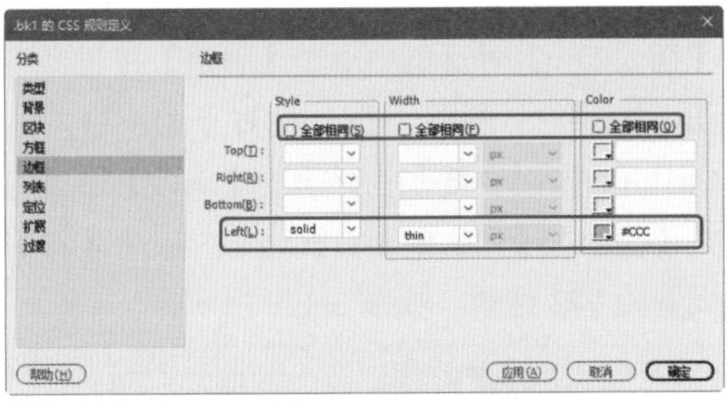

图 3-121

20 设置完成后，单击【确定】按钮，为第三列至第十列单元格依次应用该样式，将光标置于第二列单元格中，按 Ctrl+Alt+I 组合键，在弹出的【选择图像源文件】对话框中选择“素材\Cha03\装饰公司网页设计\首页 .png”素材图像，单击【确定】按钮。在【属性】面板中将【宽】、【高】分别设置为 104px、69px，如图 3-122 所示。

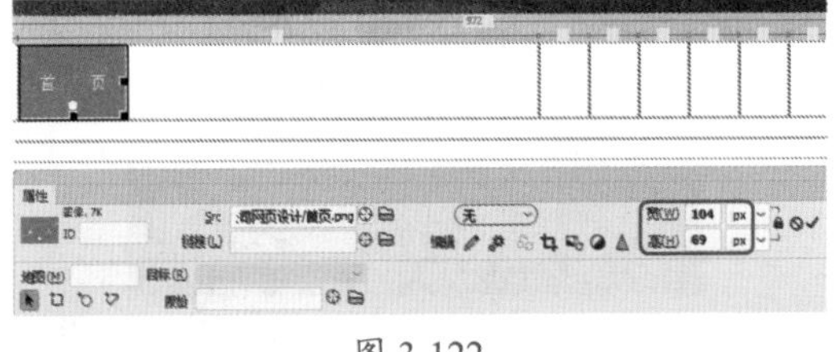

图 3-122

21 将光标置于第三列单元格中，在菜单栏中选择【插入】| HTML |【鼠标经过图像】命令，如图 3-123 所示。

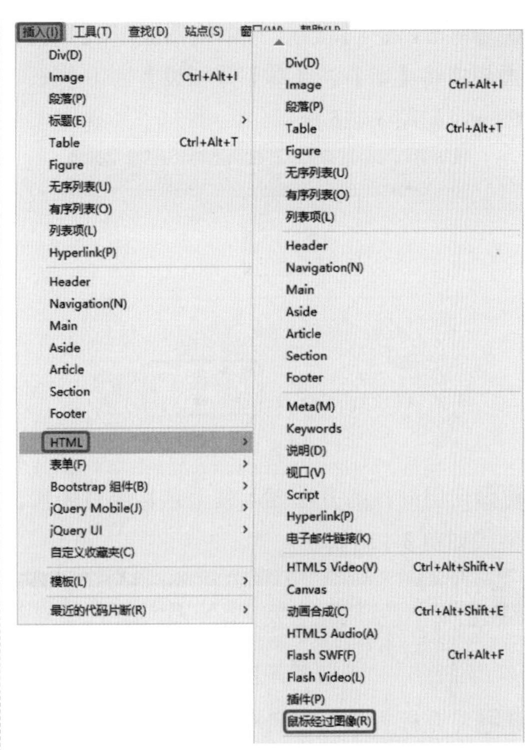

图 3-123

22 在弹出的【插入鼠标经过图像】对话框中单击【原始图像】文本框右侧的【浏览】按钮，在弹出的对话框中选择“素材\Cha03\装饰公司网页设计\环保设计 1 .png”素材图像，单击【确定】按钮。单击【鼠标经过图像】文本框右侧的【浏览】按钮，在弹出的对话框中选择“素材\Cha03\装饰公司网页设计\环保设计 2.png”素材图像，单击【确定】按钮，如图 3-124 所示。

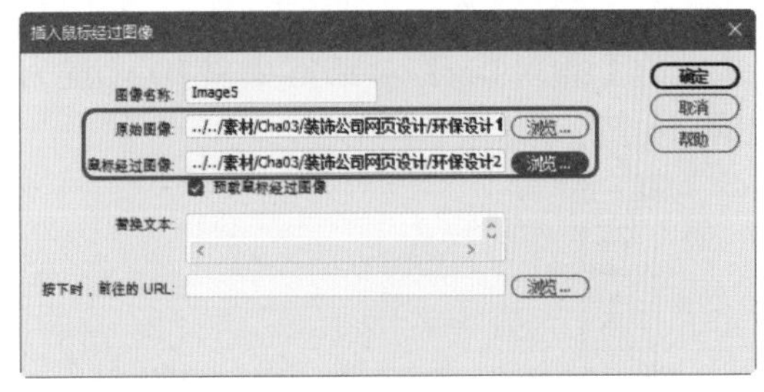

图 3-124

提示：鼠标经过图像是一种在浏览器中查看并使用鼠标指针移过它时发生变化的图像。该操作必须用两个图像来创建鼠标经过图像。

23 单击【确定】按钮，选中该图像，在【属性】面板中将【宽】、【高】分别设置为104px、69px，如图3-125所示。

图 3-125

24 使用同样的方法插入其他鼠标经过图像，效果如图3-126所示。

图 3-126

25 将光标置于五行表格的第四行单元格中，在【属性】面板中将【高】设置为80，将【背景颜色】设置为#333333，如图3-127所示。

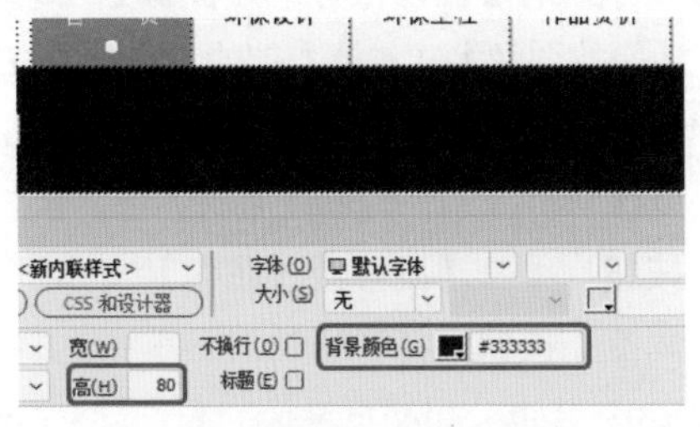

图 3-127

26 在菜单栏中选择【插入】| Div命令，在弹出的【插入Div】对话框中将ID设置为div，如图3-128所示。

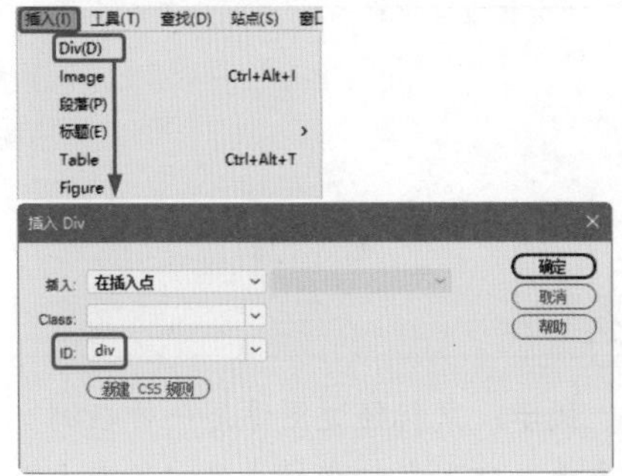

图 3-128

27 设置完成后，单击【新建CSS规则】按钮，在弹出的对话框中单击【确定】按钮，再在弹出的对话框中选择【分类】列表框中的【定位】选项，将Position设置为absolute，将Width、Height分别设置为972px、60px，将Top设置为743px，如图3-129所示。

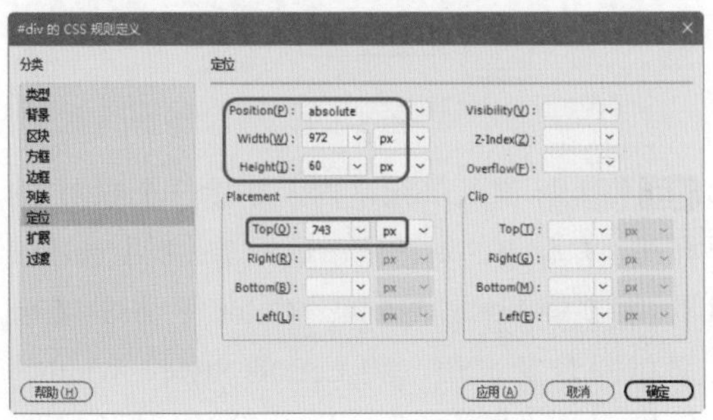

图 3-129

28 设置完成后，单击【确定】按钮，在【插入Div】对话框中单击【确定】按钮，将Div中的文字删除，将光标置于Div中。按Ctrl+Alt+T组合键，在弹出的【属性】面板中将【行】、【列】分别设置为2、7，将【宽】设置为972像素，如图3-130所示。

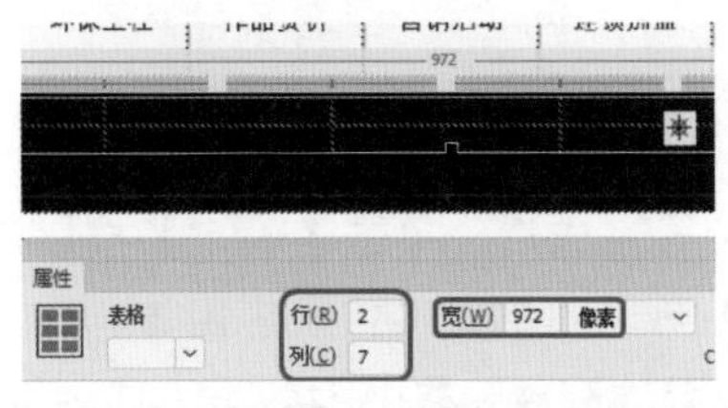

图 3-130

29 设置完成后，单击【确定】按钮。选中第一列的两行单元格，单击【合并所选单元格，使用跨度】按钮，将光标置于合并后的单元格中，将【水平】设置为【居中对齐】，【宽】设置为118，输入文字"公司新闻"，如图3-131所示。

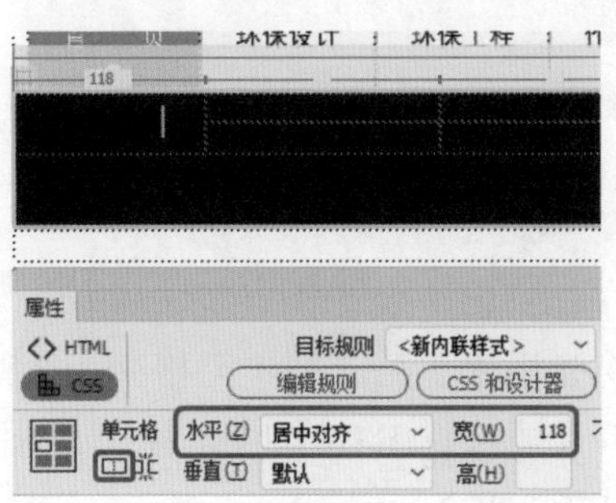

图 3-131

30 新建一个名为 gsxw 的 CSS 样式，在弹出的对话框中将 Font-family 设置为【微软雅黑】，将 Font-size 设置为 18px，将 Color 设置为 #FFF，如图 3-132 所示。

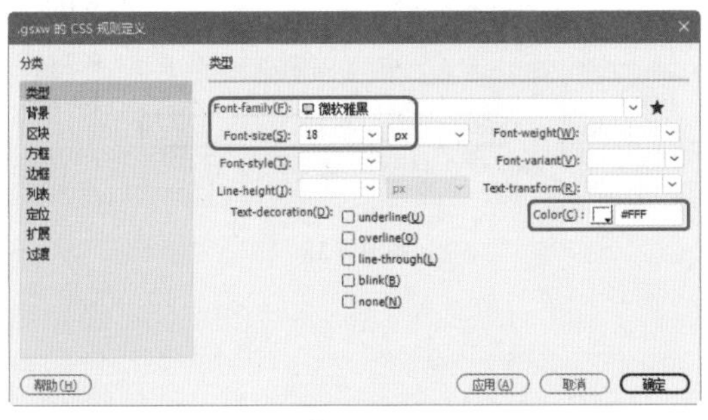

图 3-132

31 单击【确定】按钮，为文字应用新建样式，选择第二列的两行单元格，将其进行合并。在【属性】面板中将【宽】设置为 14，如图 3-133 所示。

图 3-133

32 将光标置于该单元格中，新建一个 bk2 CSS 样式，在弹出的对话框中选择【分类】列表框中的【边框】选项，取消选中 Style、Width、Color 下方的【全部相同】复选框，将 Left 的 Style、Width、Color 分别设置为 dotted、thin、#CCC，如图 3-134 所示。

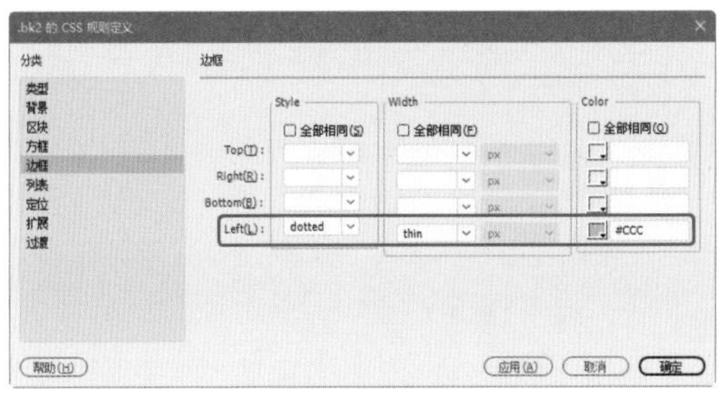

图 3-134

知识链接：边框的样式设置

◎ Style：用于设置边框的样式外观。样式的显示方式取决于浏览器。取消选中【全部相同】复选框可设置元素各个边的边框样式。

◎ Width：用于设置元素边框的粗细。取消选中【全部相同】复选框可设置元素各个边的边框宽度。

◎ Color：用于设置边框的颜色。可以分别设置每条边的颜色，但显示方式取决于浏览器。取消选中【全部相同】复选框可设置元素各个边的边框颜色。

33 设置完成后，单击【确定】按钮，为该单元格应用新建的 CSS 样式。将光标置于第三列的第一个单元格中，将【宽】、【高】分别设置为 244、30，输入文字“# 看完风景看实景 # 实景体验文化节样本房汇总”。新建一个名为 wz4 的 CSS 样式，在弹出的对话框中将 Font-size 设置为 12px，将 Color 设置为 #CCC，如图 3-135 所示。

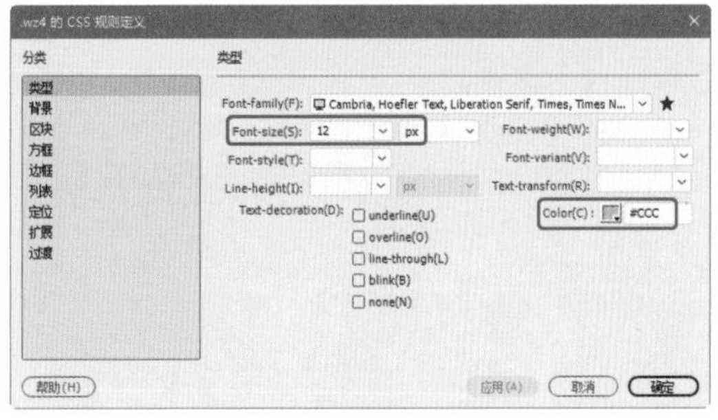

图 3-135

34 设置完成后，单击【确定】按钮，为文字应用新建样式，使用同样的方法设置其他单元格的宽和高，输入文字并应用样式，效果如图 3-136 所示。

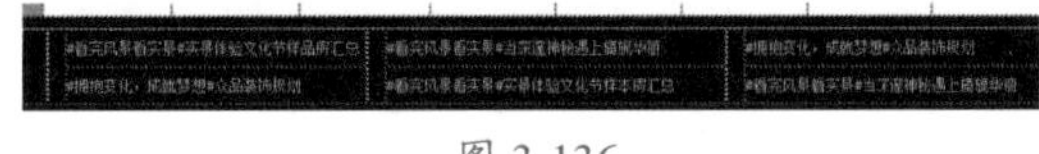

图 3-136

35 将光标置于五行表格的第五行单元格中，在【属性】面板中将【水平】设置为【居中对齐】，将【高】设置为30，将【背景颜色】设置为#60B029，如图3-137所示。

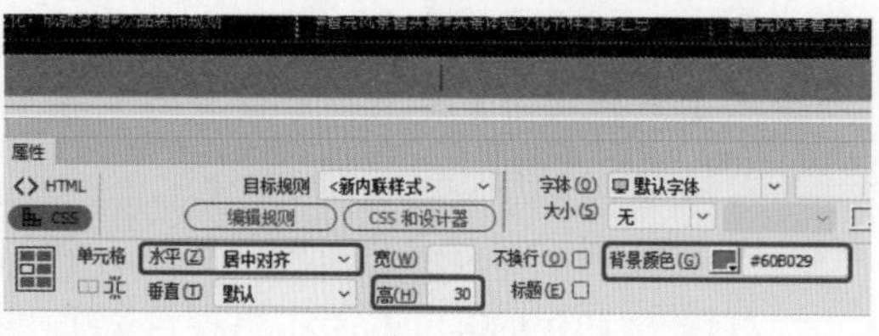

图 3-137

36 在该单元格中输入文字并选中输入的文字，将【大小】设置为12px，文字颜色设置为#FFF，效果如图3-138所示。

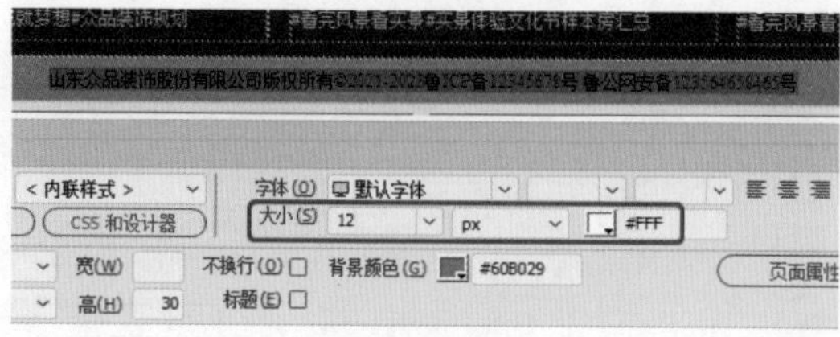

图 3-138

第 4 章

鲜花网网页设计——CSS 样式

本章导读：

在网页制作中，如果不使用 CSS 样式，那么对文档运用格式的操作将会十分烦琐。CSS 样式可以对文档进行精细的页面美化，还可以保持网页风格的一致性，达到统一的效果，并且便于调整修改，更降低了网页编辑和修改人员的工作量。

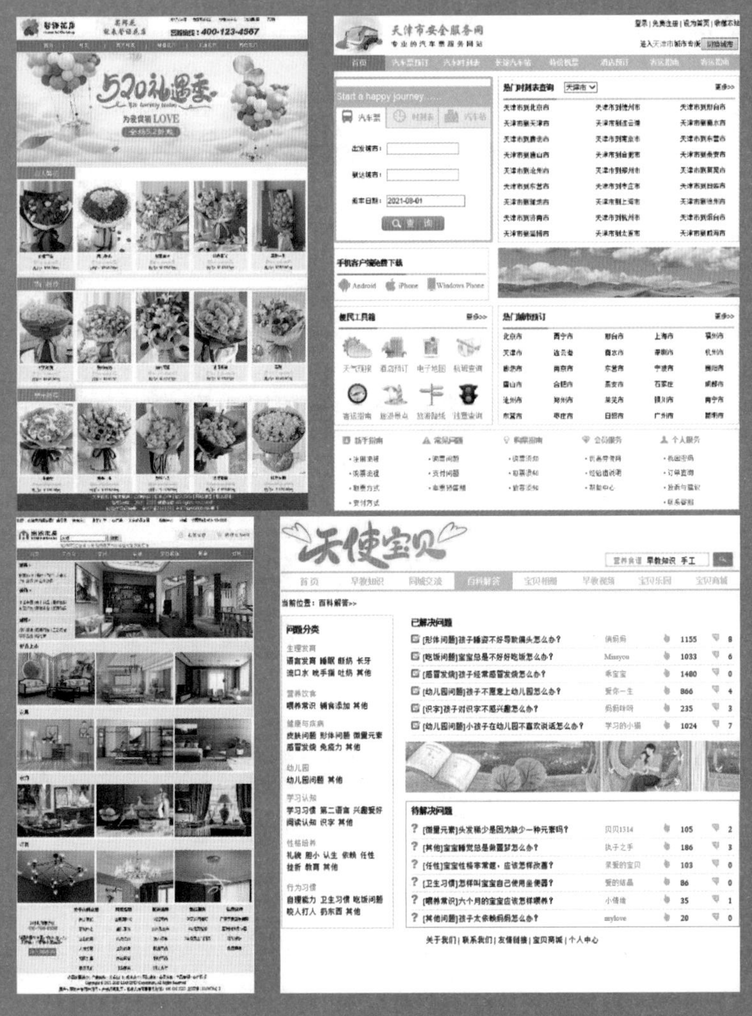

LESSON

【案例精讲】鲜花网网页设计

本案例主要介绍如何制作鲜花网网页设计，为了更好地完成本设计案例，现对制作要求及设计内容做如下规划，效果如图 4-1 所示。

作品名称	鲜花网网页设计
设计创意	该案例主要通过设置页面属性、插入表格、输入文字、创建 CSS 样式、插入图像等操作来完成最终效果
主要元素	（1）鲜花网网页 logo （2）鲜花图片 （3）鲜花网网页网宣图
应用软件	Dreamweaver 2020
素材	素材 \Cha04\ 鲜花网网页设计
场景	场景 \Cha04\【案例精讲】鲜花网网页设计 .html
视频	视频教学 \Cha04\【案例精讲】鲜花网网页设计 .mp4
鲜花网网页设计效果欣赏	图 4-1

01 按 Ctrl+N 组合键，弹出【新建文档】对话框，切换到【新建文档】选项卡，在【文档类型】下拉列表框中选择 HTML 选项，将【文档类型】设置为 HTML5，如图 4-2 所示。

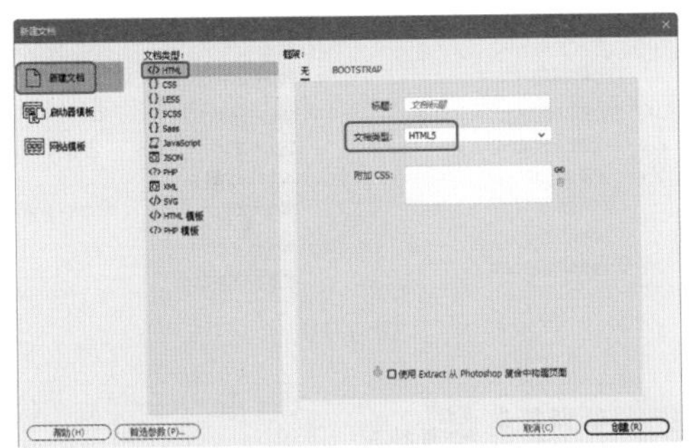

图 4-2

02 设置完成后，单击【创建】按钮，按 Ctrl+Alt+T 组合键，在弹出的 Table 对话框中将【行】、【列】分别设置为 10 和 1，将【表格宽度】设置为 956 像素，将 CellSpace 设置为 2，设置完成后，单击【确定】按钮，即可插入一个 10 行 1 列的表格，效果如图 4-3 所示。

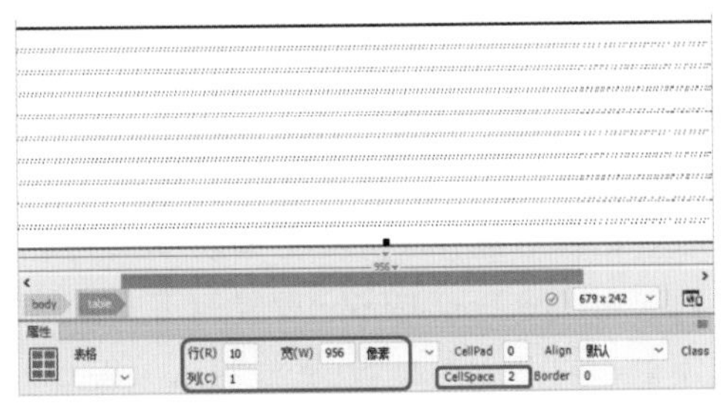

图 4-3

03 在文档窗口中的空白处单击，在【属性】面板中单击【页面属性】按钮，在弹出的【页面属性】对话框中选择【分类】列表框中的【外观（CSS）】选项，将【左边距】设置为 5px，如图 4-4 所示。

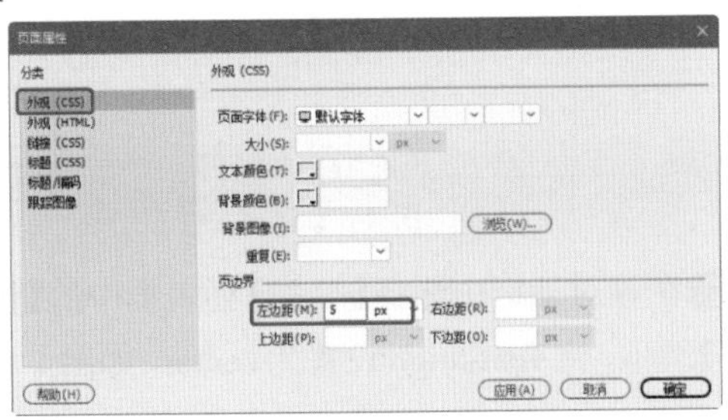

图 4-4

04 在【页面属性】对话框的【分类】下拉列表框中选择【外观（HTML）】选项，将【背景】设置为 #F0F1F1，将【左边距】、【上边距】、【边距高度】、【边距宽度】都设置为 0，如图 4-5 所示。

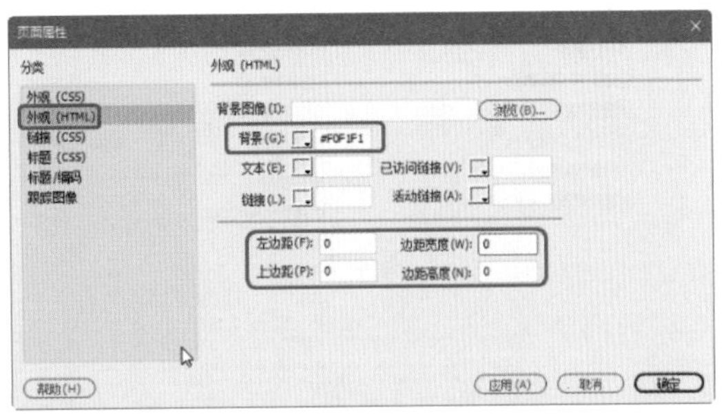

图 4-5

提示：如果在该选项中添加背景图像，则添加的图像会与浏览器一样。如果图像不能填满整个窗口，Dreamweaver 会平铺（重复）背景图像。

05 设置完成后，单击【确定】按钮，将光标置于第一行单元格中，按 Ctrl+Alt+T 组合键，在弹出的 Table 对话框中将【行】、【列】分别设置为 2、9，将【表格宽度】设置为 956 像素，将 CellSpace 设置为 0，效果如图 4-6 所示。

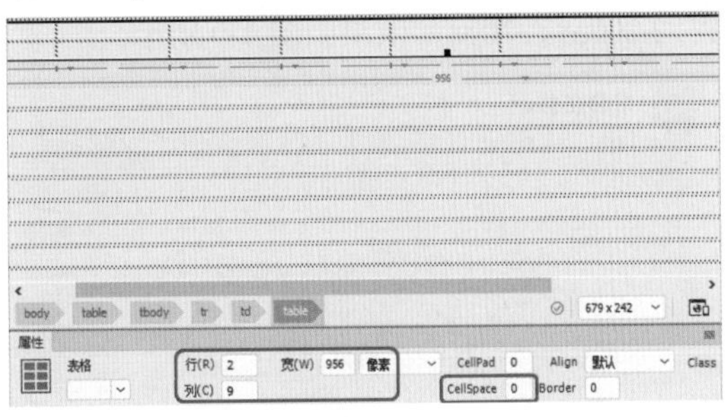

图 4-6

06 设置完成后，单击【确定】按钮，选择第一行与第二行的第一列单元格，右击并在弹出的快捷菜单中选择【表格】|【合并单元格】命令，如图 4-7 所示。

07 选中合并后的单元格，在【属性】面板中将【水平】设置为【居中对齐】，将【宽】设置为 206，如图 4-8 所示。

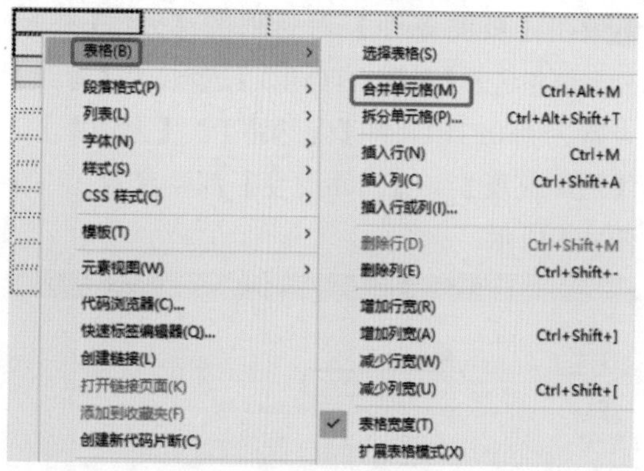

图 4-7

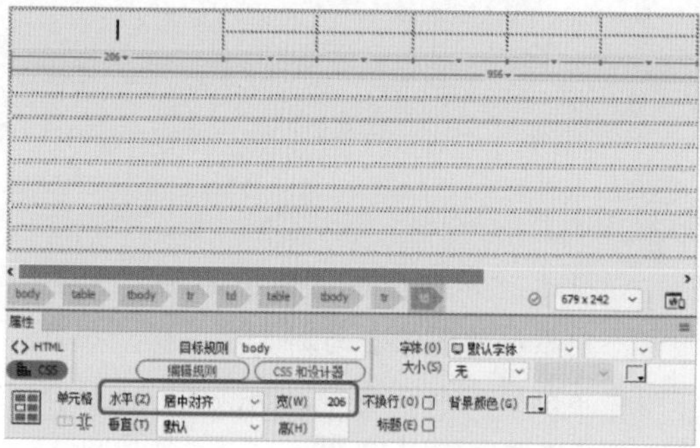

图 4-8

08 继续将光标置于该单元格中，按Ctrl+Alt+I组合键，在弹出的【选择图像源文件】对话框中选择“鲜花网logo.jpg”素材文件，单击【确定】按钮。选中插入的素材文件，在【属性】面板中将【宽】、【高】分别设置为200px、70px，效果如图4-9所示。

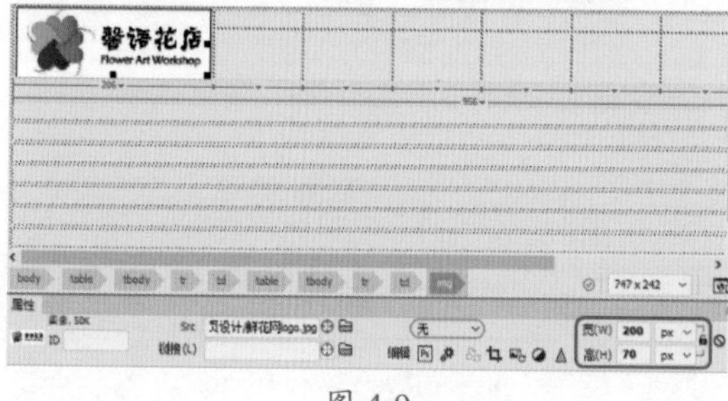

图 4-9

09 在文档窗口中选择第二列的两行单元格并右击，在弹出的快捷菜单中选择【表格】|【合并单元格】命令，如图4-10所示。

10 将光标置于合并后的单元格中，输入文字并右击，在弹出的快捷菜单中选择【CSS样式】|【新建】命令，如图4-11所示。

图 4-10

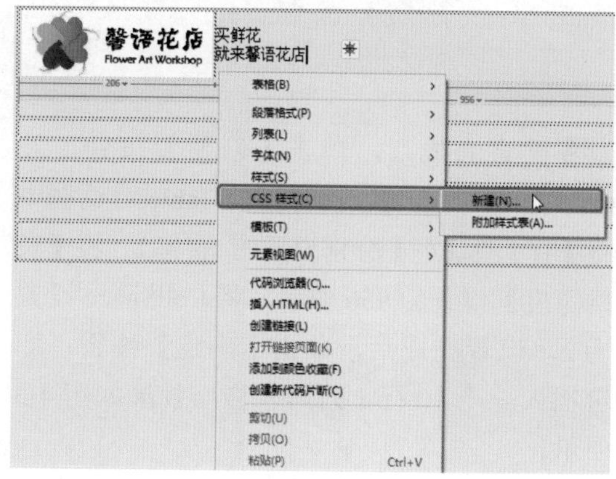

图 4-11

11 在弹出的对话框中将【选择器名称】设置为guanggaoyu，单击【确定】按钮。在弹出的对话框中选择【分类】列表框中的【类型】选项，将Font-family设置为【方正行楷简体】，将Font-size设置为24px，将Color设置为#E4300B，如图4-12所示。

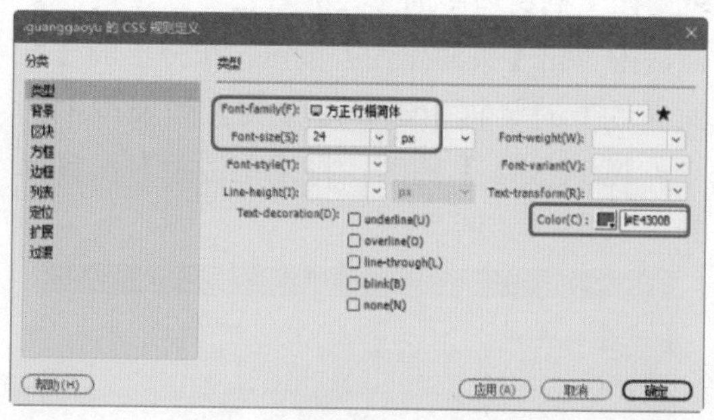

图 4-12

12 在该对话框中选择【分类】列表框中的【区块】选项，将Text-align设置为center，如图4-13所示。

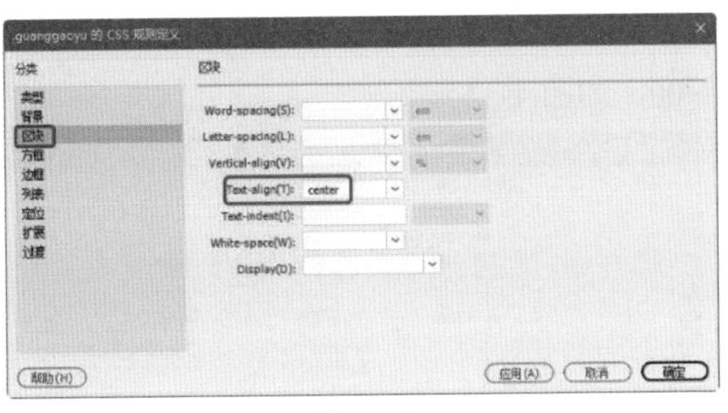

图 4-13

13 设置完成后，单击【确定】按钮。继续选中该文字，在【属性】面板中应用该样式，将【宽】设置为 301，将【背景颜色】设置为 #FFFFFF，如图 4-14 所示。

图 4-14

14 设置完成后，在文档窗口中调整其他单元格的宽度，并输入文字。选中输入的文字并右击，在弹出的快捷菜单中选择【CSS 样式】|【新建】命令，如图 4-15 所示。

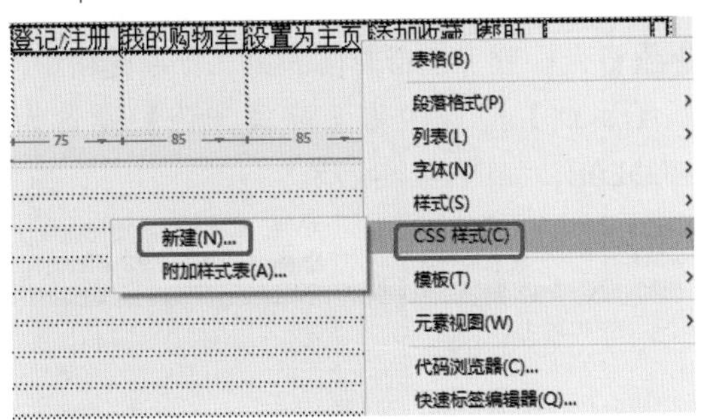

图 4-15

15 在弹出的对话框中将【选择器名称】设置为 wz1，单击【确定】按钮。在弹出的对话框中选择【分类】列表框中的【类型】选项，将 Font-size 设置为 12px，如图 4-16 所示。

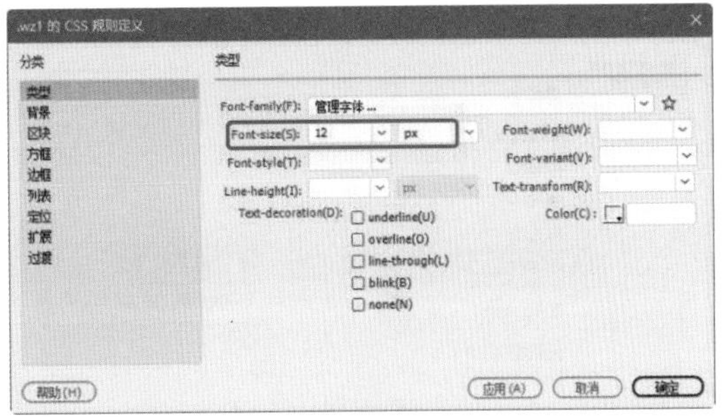

图 4-16

16 设置完成后，单击【确定】按钮。选中第一行的第三至第九列单元格，在【属性】面板中为其应用新建的 CSS 样式，将【背景颜色】设置为 #FFFFFF，如图 4-17 所示。

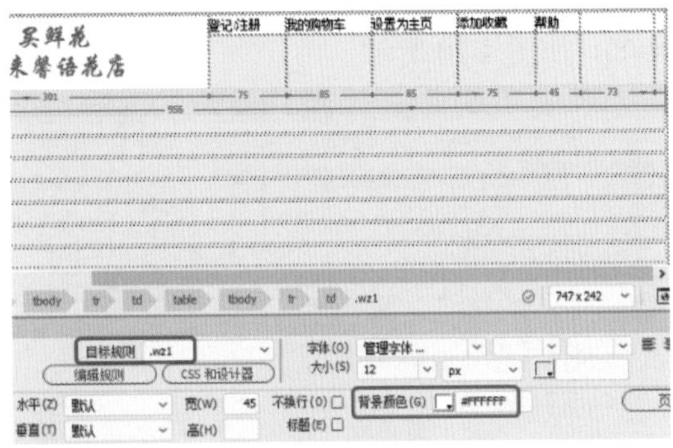

图 4-17

17 选中第二行的第三至第九列单元格并右击，在弹出的快捷菜单中选择【表格】|【合并单元格】命令，如图 4-18 所示。

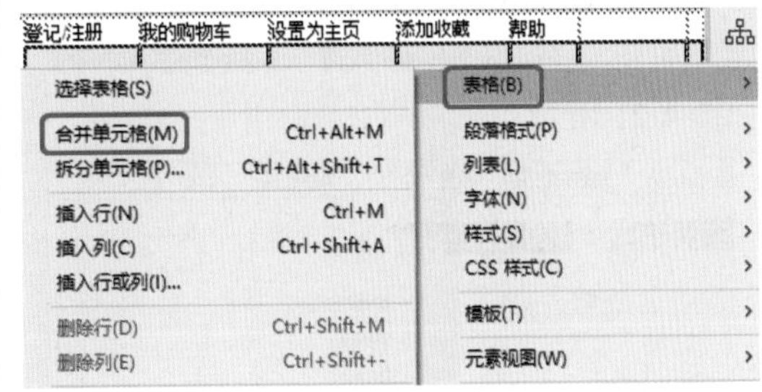

图 4-18

18 将光标置于合并后的单元格中，输入文字，选中输入的文字并右击，在弹出的快捷菜单中选择【CSS 样式】|【新建】命令，如图 4-19 所示。

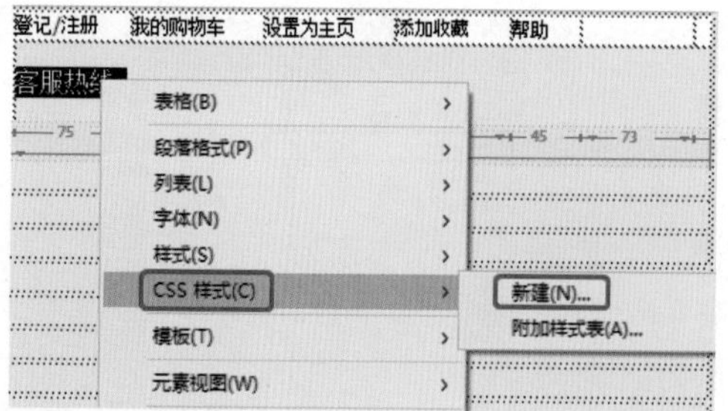

图 4-19

19 在弹出的对话框中将【选择器名称】设置为 fwrx，单击【确定】按钮。在弹出的对话框中选择【分类】列表框中的【类型】选项，将 Font-family 设置为【长城新艺体】，将 Font-size 设置为 20px，将 Color 设置为 #900，如图 4-20 所示。

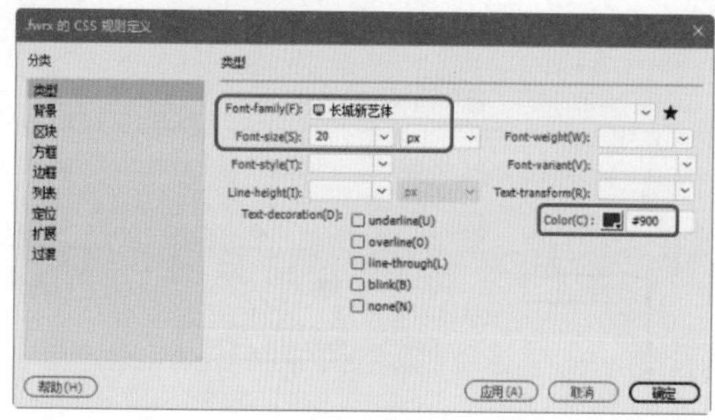

图 4-20

20 设置完成后，单击【确定】按钮，为该文字应用新建的样式，然后再在其右侧输入文字。选中输入的文字并右击，在弹出的快捷菜单中选择【CSS 样式】|【新建】命令，如图 4-21 所示。

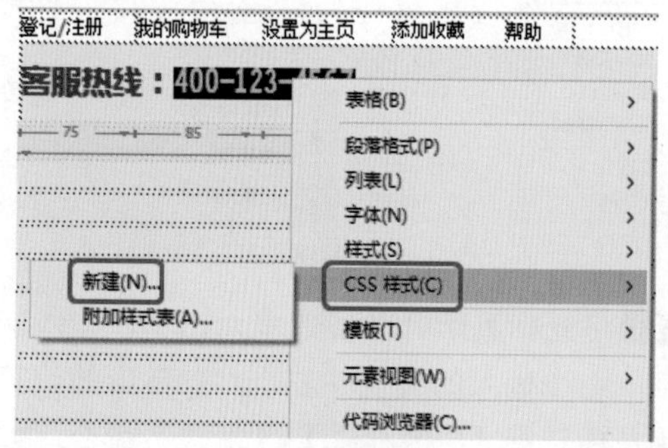

图 4-21

21 在弹出的对话框中将【选择器名称】设置为 fwrx2，单击【确定】按钮。在弹出的对话框中将 Font-family 设置为 Arial Black，将 Font-size 设置为 26px，将 Color 设置为 #900，如图 4-22 所示。

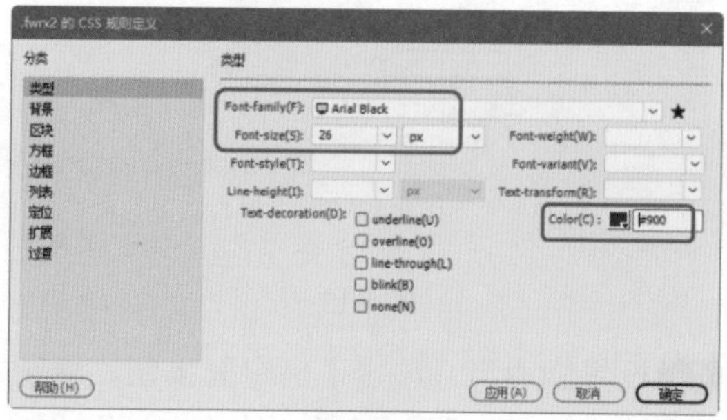

图 4-22

22 设置完成后，单击【确定】按钮。继续选中该文字，在【属性】面板中应用该样式。将【背景颜色】设置为 #FFFFFF，效果如图 4-23 所示。

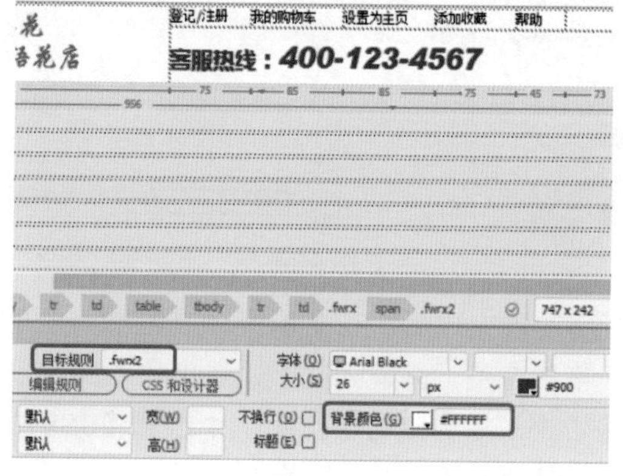

图 4-23

23 将光标置于十行表格的第二行单元格中，在【属性】面板中将【背景颜色】设置为 #F23E0B，如图 4-24 所示。

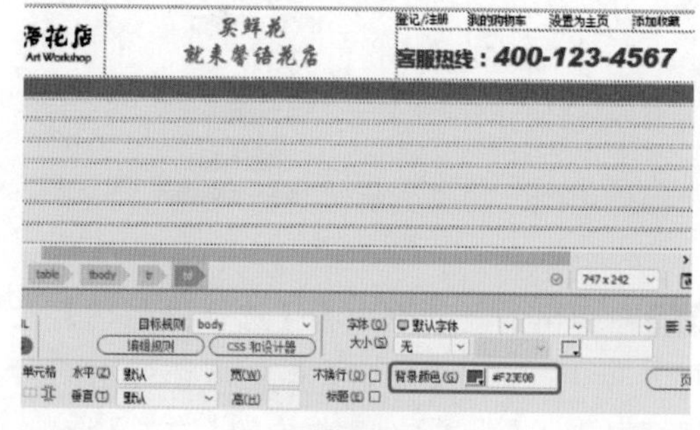

图 4-24

24 设置完成后，在第二行单元格中单击，按 Ctrl+Alt+T 组合键，在弹出的 Table 面板中将【行】、【列】分别设置为 1 和 13，将

【表格宽度】设置为 956 像素，效果如图 4-25 所示。

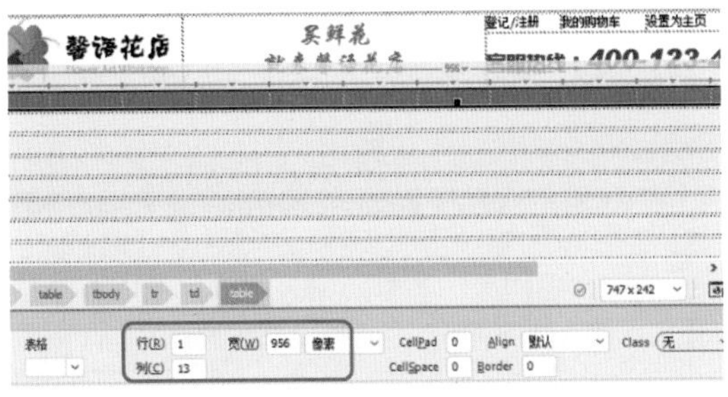

图 4-25

25 设置完成后，单击【确定】按钮。在文档窗口中调整单元格的宽度，调整完成后，将光标置入任意一列单元格中，在【属性】面板中将【高】设置为 40，然后输入相应的文字，效果如图 4-26 所示。

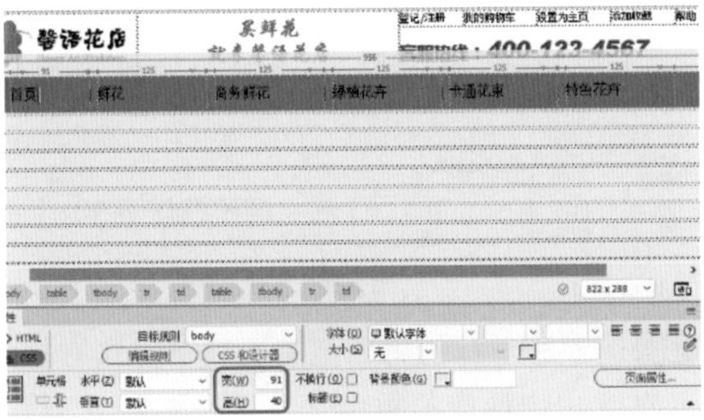

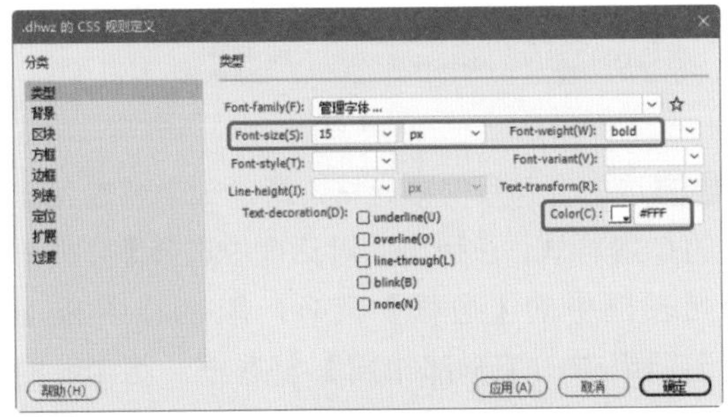

图 4-26

26 选中输入的文字，新建一个名为 dhwz 的 CSS 样式，在弹出的对话框中选择【分类】列表框中的【类型】选项，将 Font-size 设置为 15px，将 Font-weight 设置为 bold，将 Color 设置为 #FFF，如图 4-27 所示。

图 4-27

27 设置完成后，在弹出的对话框中选择【分类】列表框中的【区块】选项，将 Text-align 设置为 center，单击【确定】按钮。继续选中该文字，在【属性】面板中为其应用该样式，效果如图 4-28 所示。

图 4-28

28 将光标置于十行表格的第三行单元格中，按 Ctrl+Alt+I 组合键，在弹出的【选择图像源文件】对话框中选择“素材 \Cha04\ 鲜花网网页设计 \2.jpg”素材文件，设置完成后，单击【确定】按钮。将素材图片的【宽】和【高】分别设置为 956px、350px，如图 4-29 所示。

图 4-29

29 将光标置于十行表格的第四行单元格中，单击【拆分】按钮，将该行的代码修改为 <td height="6"></td>，效果如图 4-30 所示。

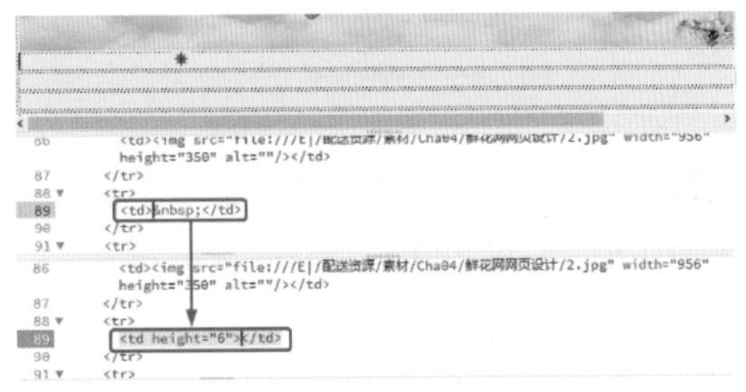

图 4-30

30 新建一个名为 biankuang 的 CSS 样式，在弹出的对话框中选择【分类】列表框中的【边框】选项，将 Top 的 Style 设置为 solid，将 Width 设置为 thin，将 Color 设置为 #CCC，如图 4-31 所示。

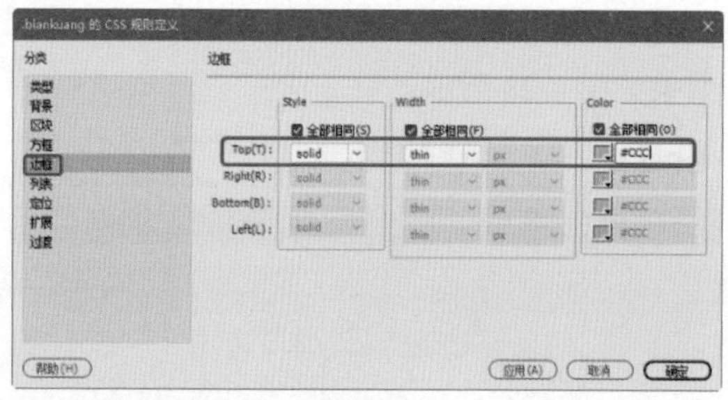

图 4-31

31 将光标置于十行表格的第五行单元格中，选中该单元格，在【属性】面板中为其应用名为 biankuang 的 CSS 样式，将【背景颜色】设置为 #FFFFFF，如图 4-32 所示。

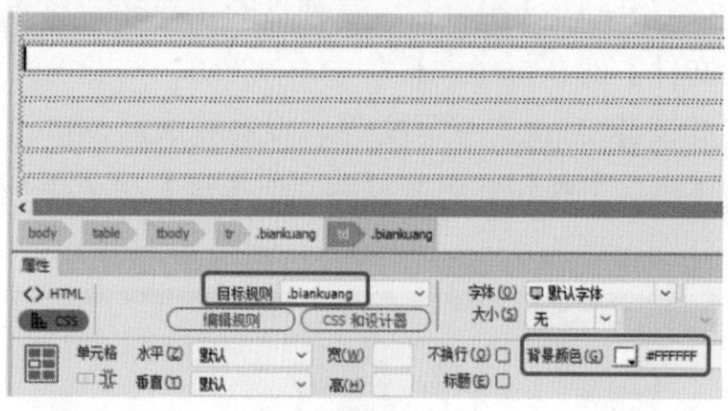

图 4-32

32 继续将光标置于该单元格中，按 Ctrl+Alt+T 组合键，在弹出的 Table 对话框中将【行】、【列】分别设置为 3、5，将【表格宽度】设置为 956 像素，如图 4-33 所示。

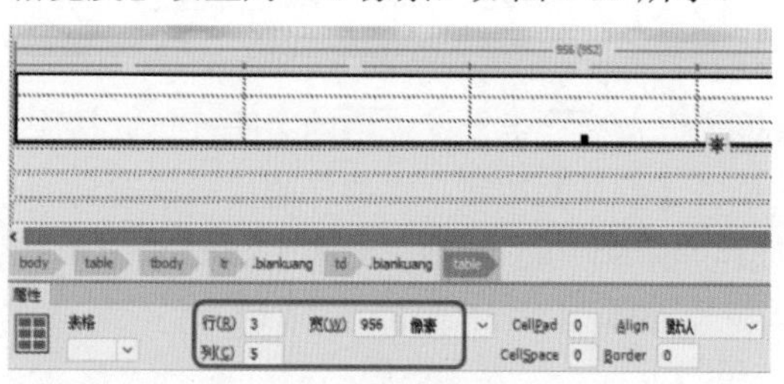

图 4-33

33 设置完成后，单击【确定】按钮。将光标置于第一行单元格中，输入“恋人鲜花”，选中输入的文字，新建一个名为 bqwz 的 CSS 样式。在弹出的对话框中将 Font-family 设置为【微软雅黑】，将 Font-size 设置为 20px，将 Color 设置为 #FFF，如图 4-34 所示。

34 再在该对话框中选择【分类】列表框中的【区块】选项，将 Text-align 设置为 center，单击【确定】按钮。继续选中该文字，为其应用该样式，在【属性】面板中将【高】设置为 40，将【背景颜色】设置为 #FF5A7B，并调整单元格的宽度为 191，效果如图 4-35 所示。

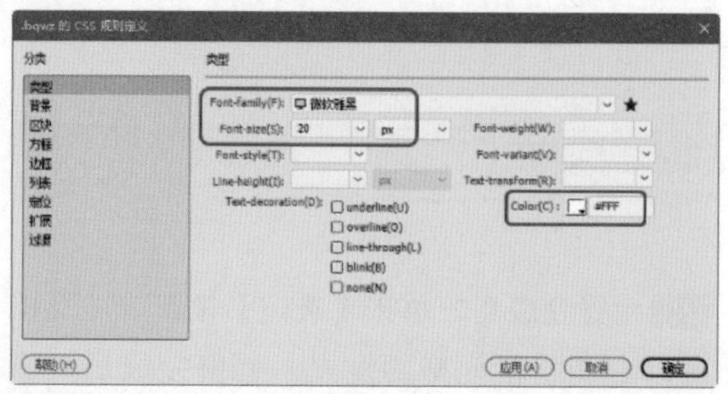

图 4-34

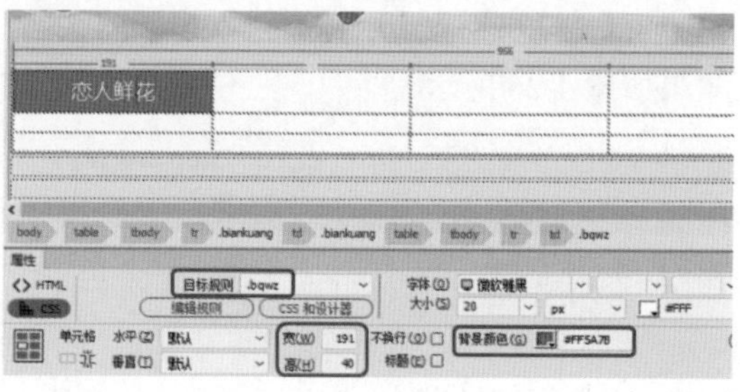

图 4-35

35 选中第一行的第二至第五列单元格右击，并在弹出的快捷菜单中选择【表格】|【合并单元格】命令，如图 4-36 所示。

图 4-36

36 选中合并后的单元格，新建一个名为 hszx 的 CSS 样式，在弹出的对话框中选择【分类】列表框中的【边框】选项，取消选中 Style 选项组中的【全部相同】复选框，将 Top 的 Style 设置为 none，将 Bottom 的 Style 设置为 solid。将 Width、Color 选项组中的【全部相同】复选框取消选中。将 Bottom 的 Width 设置为thin，将Color设置为#FF5A7B，如图4-37所示。

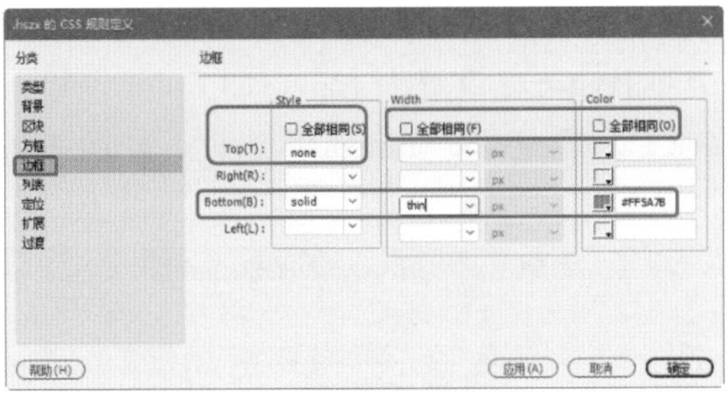

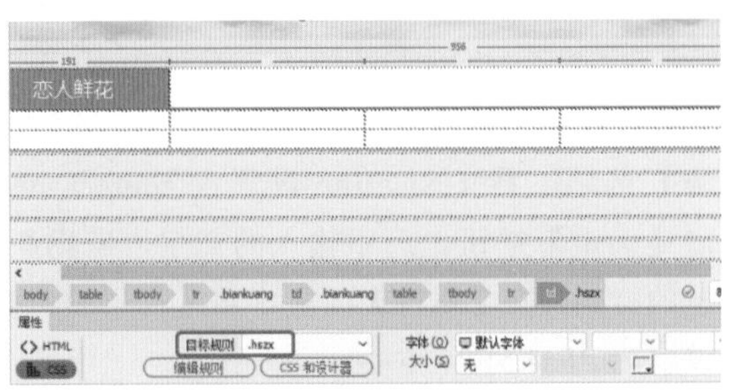

图 4-37

37 设置完成后，单击【确定】按钮，继续选中该单元格，为其应用新建的CSS样式，效果如图4-38所示。

图 4-38

38 将光标置于【恋人鲜花】下方的单元格中，在【属性】面板中将【水平】、【垂直】分别设置为【居中对齐】、【底部】，将【高】设置为238，如图4-39所示。

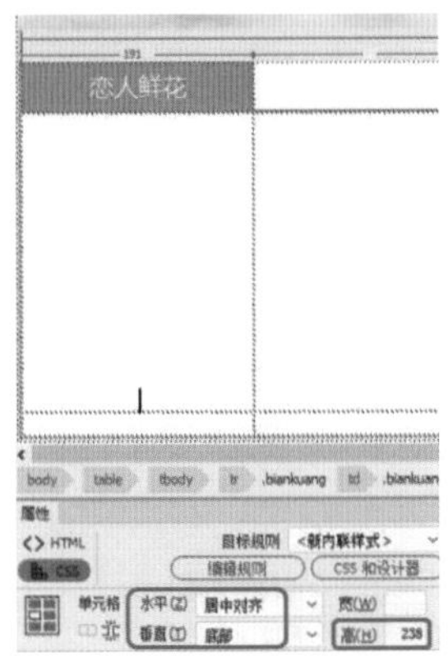

图 4-39

39 按Ctrl+Alt+I组合键，在弹出的【选择图像源文件】对话框中选择“花1.jpg”素材文件，单击【确定】按钮，将其插入单元格中，效果如图4-40所示。

图 4-40

40 将光标置于素材图像下方的单元格中，在【属性】面板中将【水平】、【垂直】分别设置为【居中对齐】、【顶端】，将【高】设置为65，如图4-41所示。

图 4-41

41 继续将光标置于该单元格中，按Ctrl+Alt+T组合键，将【行】、【列】都设置为3，将【表格宽度】设置为100%，如图4-42所示。

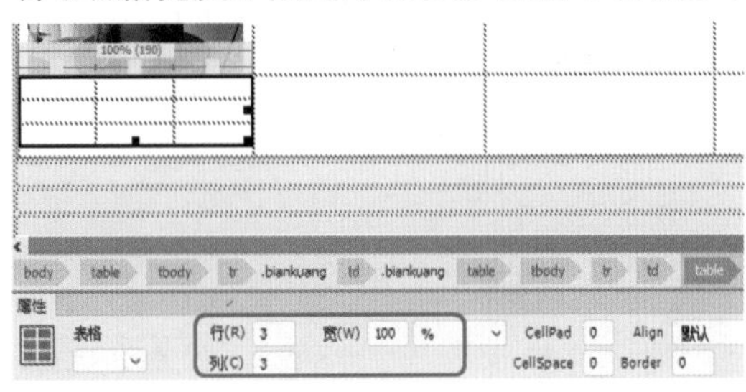

图 4-42

42 设置完成后，单击【确定】按钮，即可插入一个3行3列的单元格，将第1列单元格的【宽】设置为7，将第2列单元格的【宽】设置为176，将第3列单元格的【宽】设置为7，效果如图4-43所示。

图 4-43

43 将光标置于第一行第二列单元格中，输入“此情不渝”，选中该文字，新建一个名为ydwz1的CSS样式。在弹出的对话框中将Font-size设置为12px，将Color设置为#000，如图4-44所示。

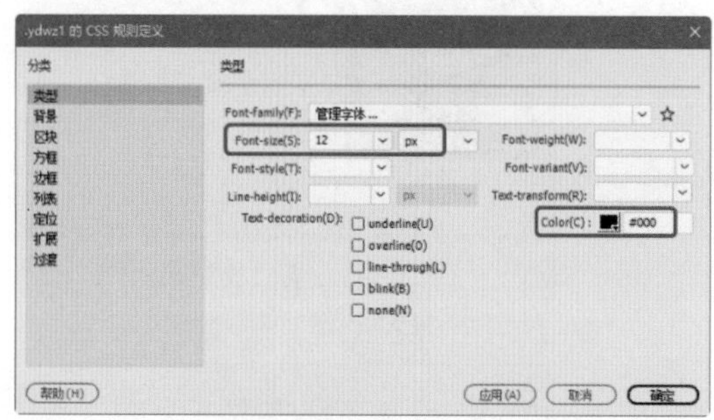

图 4-44

44 在该对话框中选择【分类】列表框中的【区块】选项，将Text-align设置为center，设置完成后，单击【确定】按钮。选中该文字，为其应用该样式。在【属性】面板中将【背景颜色】设置为#F4F5F0，如图4-45所示。

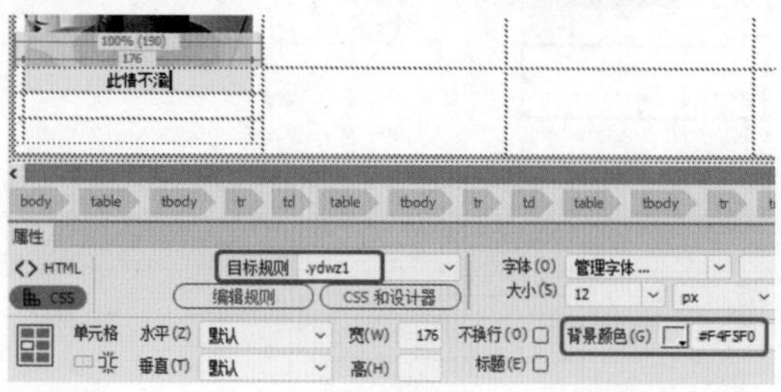

图 4-45

45 将光标置于该单元格的下方，输入“原价：¥169.00元”，选中输入的文字，新建一个名为ydwz2的CSS样式。在弹出的对话框中将Font-size设置为12px，将Color设置为#CCC，选中line-through复选框，如图4-46所示。

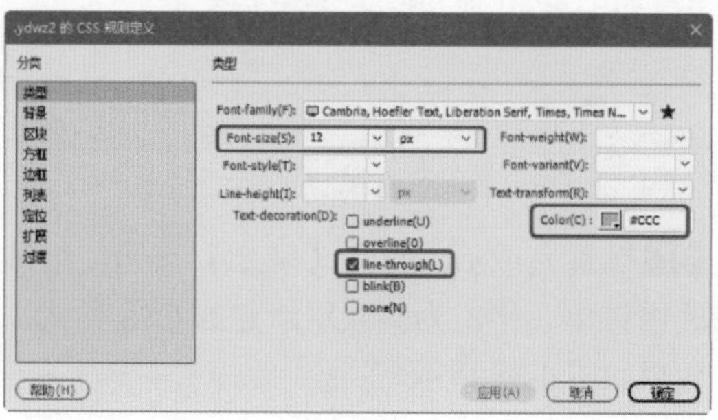

图 4-46

46 在该对话框的【分类】列表框中选择【区块】选项，将Text-align设置为center，单击【确定】按钮。选中输入的文字，应用新建的样式。在【属性】面板中将【背景颜色】设置为#F4F5F0，如图4-47所示。

提示：了解line-through复选框的作用，选中该复选框后，将会在应用该样式的对象上添加删除线。

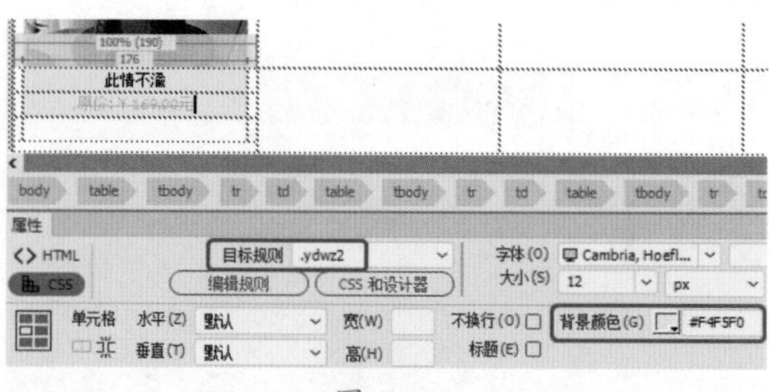

图 4-47

47 根据相同的方法，再在其下方的单元格中输入其他文字，并进行相应的设置，效果如图4-48所示。

48 根据相同的方法在其右侧的单元格中插入图像和表格，并输入文字，效果如图4-49所示。

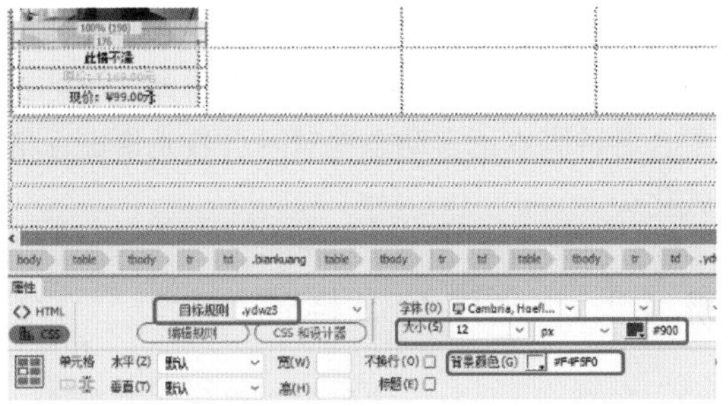

图 4-48

图 4-49

49 根据前面介绍的方法制作网页中的其他内容，效果如图 4-50 所示。

图 4-50

4.1 初识 CSS

CSS 是一种重要的网页设计语言，其作用是定义各种网页标签的样式属性，从而丰富网页的表现力。此外，使用层叠样式表，可以让样式和代码分离开来，让整个网页代码更清晰。

4.1.1 CSS 基础

CSS 是 Cascading Style Sheet 的简称，被译作【层叠样式表单】或【级联样式表】，用于控制网页中内容的外观，可以制作出很多绚丽、美观的页面效果，可以实现 HTML 标记无法表现的效果。

对于用户来说，CSS 是一个非常灵活、方便的工具，我们可以不用再将烦琐的样式编写在文档的结构中，而是可以将所有有关文档的样式指定内容全部脱离出来，在行内定义、标题定义中，甚至可以作为外部样式文件供 HTML 调用。

默认情况下，Dreamweaver 均使用 CSS 样式表设置文本格式。使用属性面板或菜单命令应用于文本的样式将自动创建为 CSS 规则。当 CSS 样式更新后，所有应用了该样式的文档格式都会自动更新。

CSS 样式表的特点如下：

◎ 使用 CSS 样式表可灵活地设置网页中文字的字体、颜色、大小、间距等。

◎ 使用 CSS 样式表可灵活地设置一段文本的间距、行高、缩进及对齐方式等不同样式。

◎ 使用 CSS 样式表可灵活、方便地为网页中的元素设置不同的背景颜色、背景图像以及位置。

◎ 使用 CSS 样式表可为网页中的元素设置各种过滤器，从而产生透明、模糊、阴影的效果。

◎ 使用 CSS 样式表可灵活地与脚本语言相结合，从而产生各种动态效果。

◎ 使用 CSS 样式表几乎在所有浏览器中都可以使用，由于 CSS 样式是直接的 HTML 格式的代码，因此网页打开的速度非常快。

◎ 使用 CSS 样式表可便于修改、维护和更新大量网页。

4.1.2 【CSS 设计器】面板

在 CSS 面板中可以创建、编辑和删除

CSS 样式，还可以添加外部样式到文档中。使用【CSS 样式】面板可以查看文档所有的 CSS 规则和属性，也可以查看所选择页面元素的 CSS 规则和属性。

在菜单栏中选择【窗口】|【CSS 设计器】命令，即可打开【CSS 设计器】面板，如图 4-51 所示。在【CSS 设计器】面板中会显示已有的 CSS 样式，如图 4-52 所示。

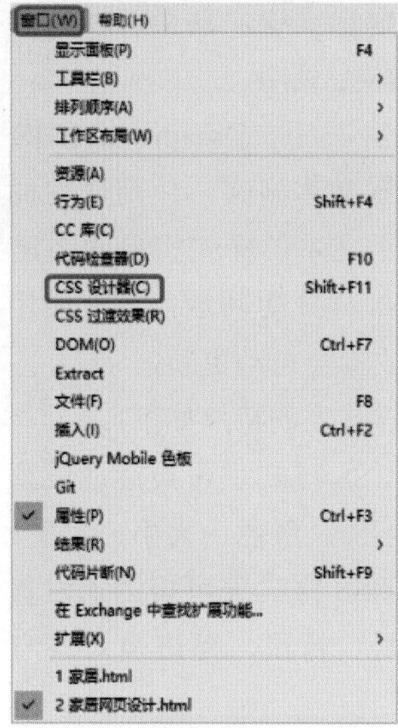

图 4-51

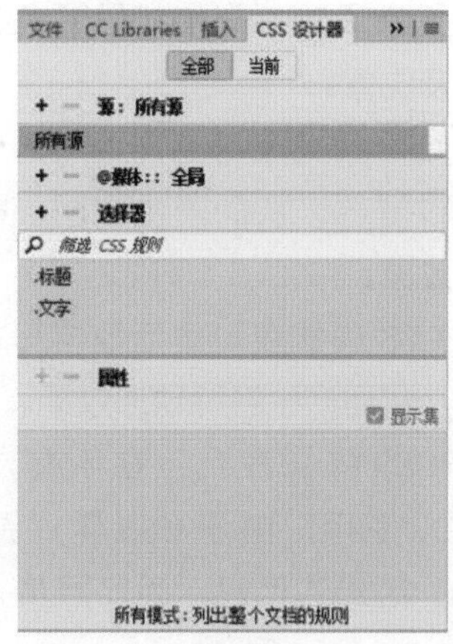

图 4-52

4.2 定义 CSS 样式的属性

层叠样式表是一种用来表现 HTML（标准通用标记语言的一个应用）或 XML（标准通用标记语言的一个子集）等文件样式的计算机语言。CSS 不仅可以静态地修饰网页，还可以配合各种脚本语言动态地对网页各元素进行格式化。

4.2.1 创建 CSS 样式

在 Dreamweaver 中要想实现页面的布局、字体、颜色、背景等效果，首先要创建CSS样式。下面来介绍如何创建 CSS 样式。

01 选中需要更改样式的内容并右击，在弹出的快捷菜单中选择【CSS 样式】|【新建】命令，如图 4-53 所示。

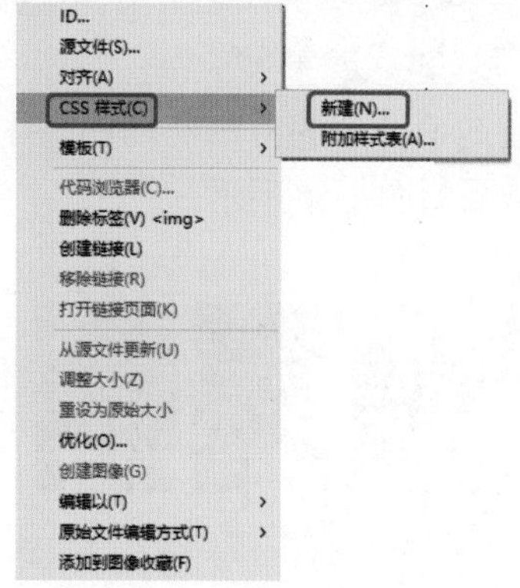

图 4-53

02 系统将自动弹出【新建 CSS 规则】对话框，如图 4-54 所示。

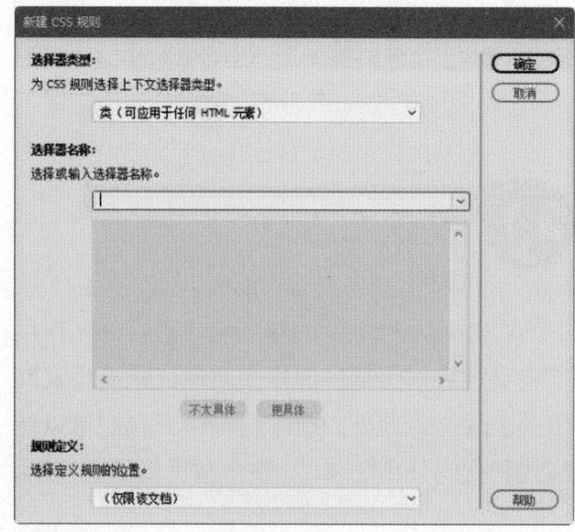

图 4-54

03 在该对话框中将【选择器类型】设置为：复合内容（基于选择的内容），设置选择器名称，将【规则定义】设置为【（仅限该文档）】，如图 4-55 所示。

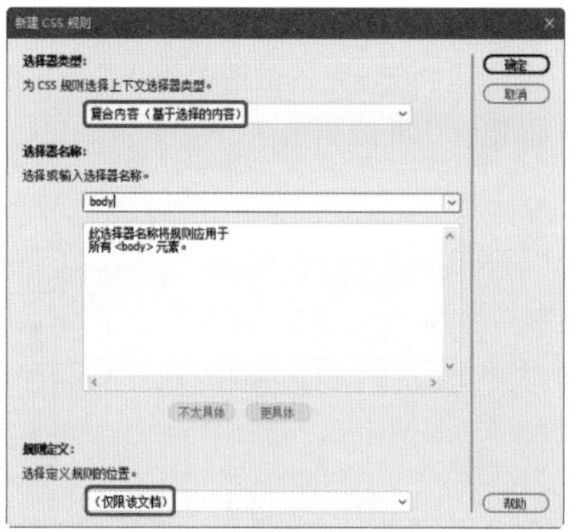

图 4-55

04 单击【确定】按钮，可以在弹出的对话框中对 CSS 样式进行设置，然后单击【确定】按钮即可，如图 4-56 所示。

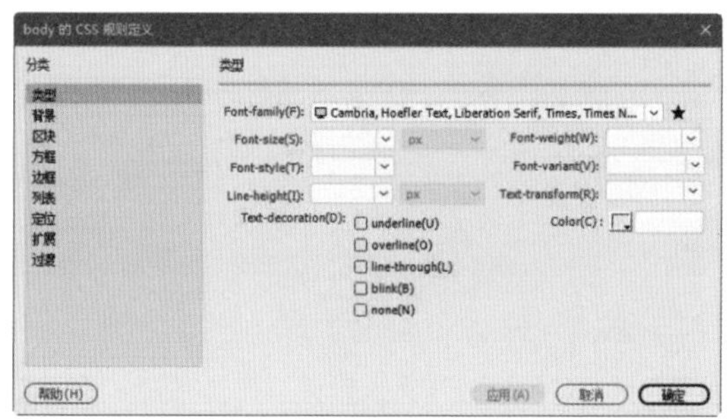

图 4-56

【新建 CSS 规则】对话框中各选项功能如下。

◎ 【类（可应用于任何 HTML 元素）】：可以创建一个作为 class 属性应用于任何 HTML 元素的自定义样式。类名称必须以英文字母或句点开头，不可包含空格或其他符号。

◎ 【ID（仅应用于一个 HTML 元素）】：定义包含特定 ID 属性的标签的格式。ID 名称必须以英文字母开头，Dreamweaver 将自动在名称前添加 #，不可包含空格或其他符号。

◎ 【标签（重新定义 HTML 元素）】：重新定义特定 HTML 标签的默认格式。

◎ 【复合内容（基于选择的内容）】：定义同时影响两个或多个标签、类或 ID 的复合规则。

◎ 【仅限该文档】：在当前文档中嵌入样式。

◎ 【新建样式表文件】：创建外部样式表。

4.2.2 类型属性

在 CSS 规则定义对话框中选择【分类】列表框中的【类型】选项，在该类别中主要包含文字的字体、颜色及字体的风格等设置，如图 4-57 所示。

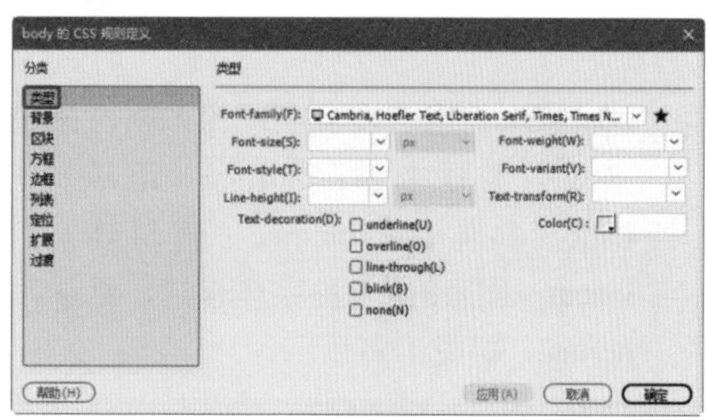

图 4-57

在【类型】选项界面可以对以下内容进行设置。

◎ Font-family：在该下拉列表框中选择所需字体。用户可以选择列表中的【管理字体】选项，在弹出的【管理字体】对话框中添加需要的字体，如图 4-58 所示。

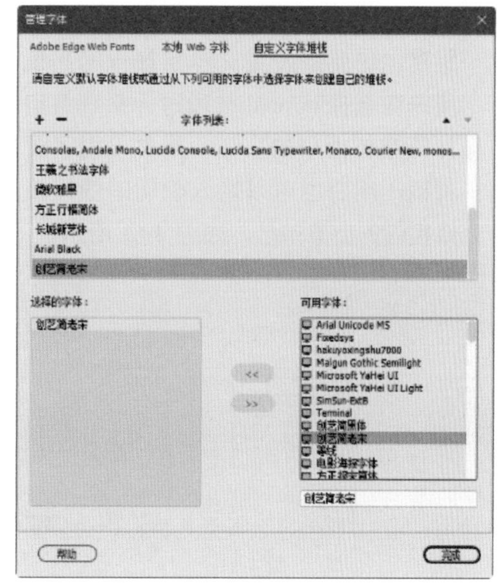

图 4-58

◎ Font-size：用于调整文本的大小，常用的单位是【像素】（px），可以通过选择数字和度量单位选择特定的大小，也可以选择相对大小，如图 4-59 所示。

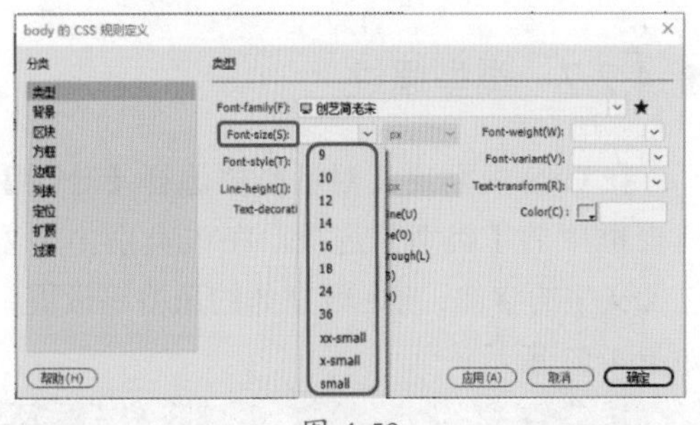

图 4-59

◎ Font-style：用于设置字体的风格，在该下拉列表框中包含 normal（正常）、italic（斜体）和 oblique（偏斜体）、inhent（固有的）4 种字体样式，默认为 normal，如图 4-60 所示。

图 4-60

◎ Line-height：用于控制行与行之间的垂直距离，也就是设置文本所在行的高度。用户在选择 normal 选项时，系统将自动计算字体大小的行高。当然，为了更加精确，用户也可以输入确切的值以及选择相应的度量单位，如图 4-61 所示。

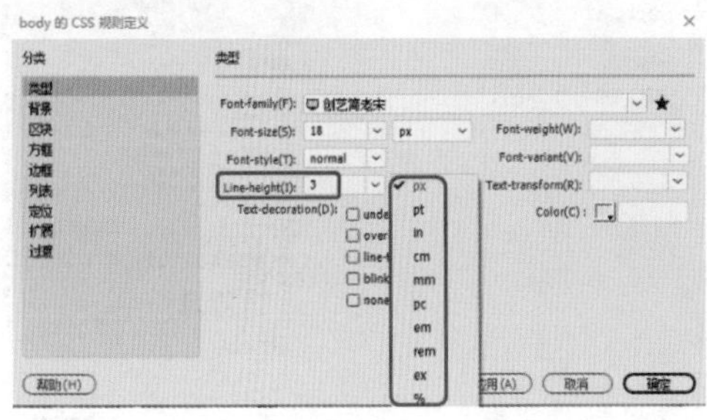

图 4-61

◎ Font-weight：对字体应用特定或相对的粗体量。在该下拉列表框中可以根据用户所需对其进行相应的设置，如图 4-62 所示。其中在设置的数值中 400 是正常值，而值为 700 属于粗体。

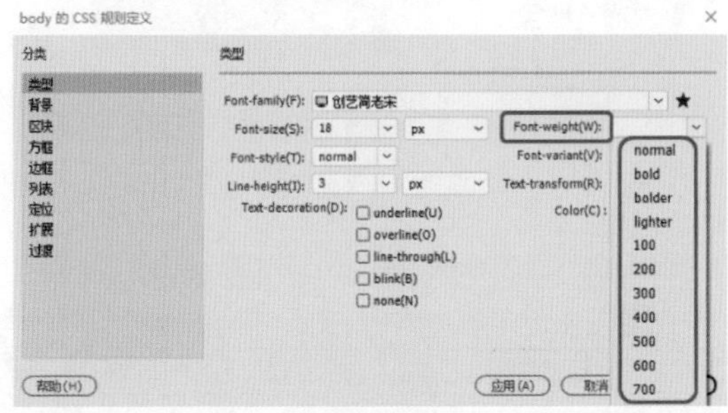

图 4-62

◎ Font-variant：用于设置文本的小型大写字母。用户可根据所需进行设置，如图 4-63 所示。

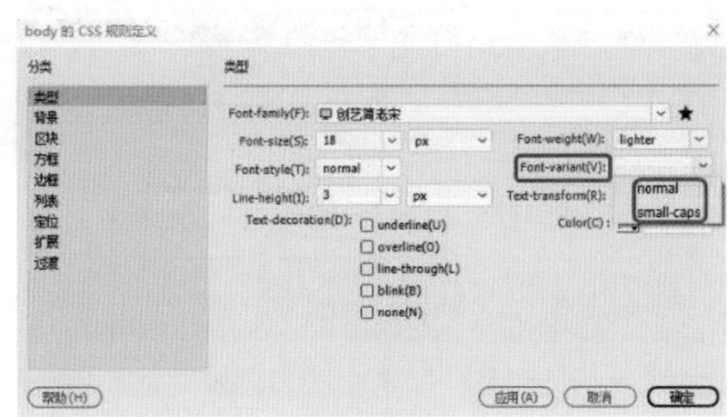

图 4-63

◎ Text-transform：将所选内容中的每个单词的首字母大写或将文本设置为全部大写或小写。用户可根据所需进行设置，如图 4-64 所示。

图 4-64

◎ Color：用于设置文本颜色。用户可根据所需进行设置，如图 4-65 所示。

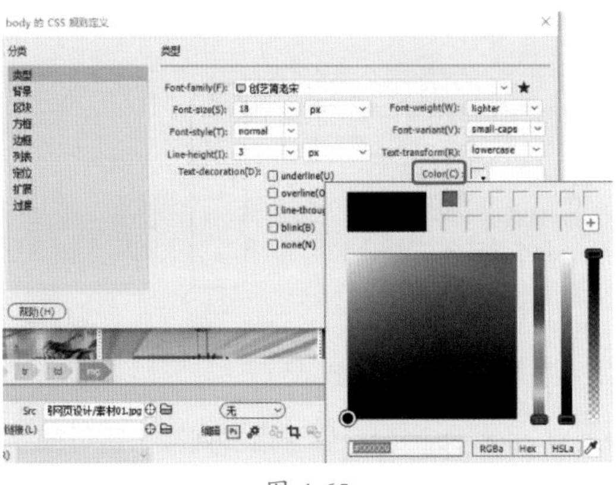

图 4-65

◎ Text-decoration：控制链接文本的显示状态，可向文本中添加下划线、上划线、删除线或使文本闪烁。用户可根据所需进行设置，如图 4-66 所示。

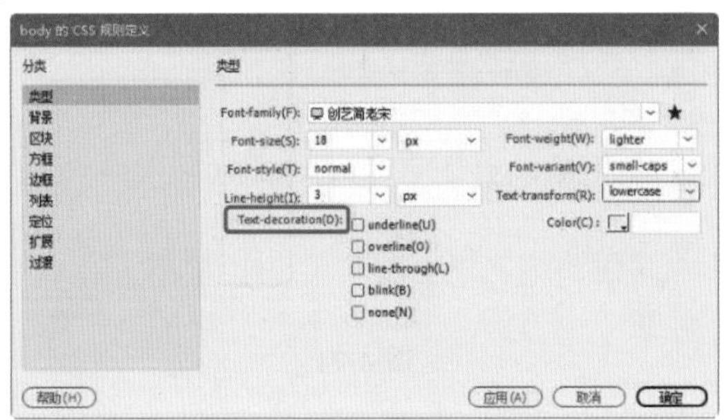

图 4-66

■ 4.2.3 背景样式的定义

在 CSS 规则定义对话框中选择【分类】列表框中的【背景】选项，在该类别中主要用于在网页元素后面添加背景色或图像，如图 4-67 所示。

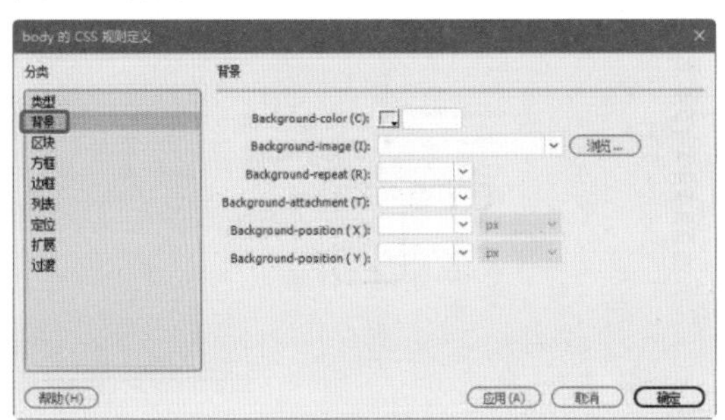

图 4-67

在【背景】选项界面可以对以下内容进行设置。

◎ Background-color：设置背景颜色，用户可根据所需进行设置，如图 4-68 所示。

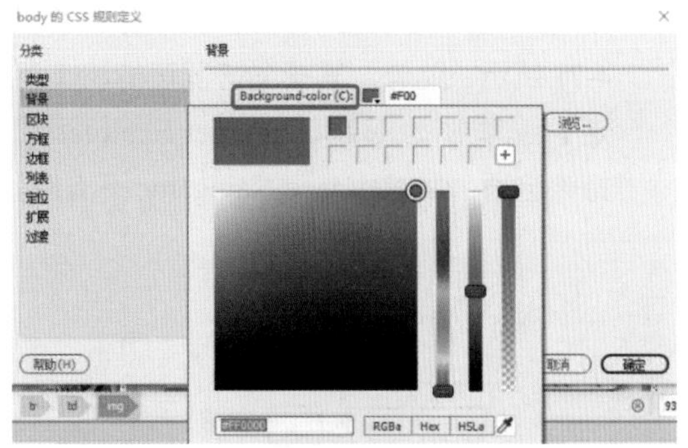

图 4-68

◎ Background-image：用于设置背景图像。用户可根据所需进行设置，如图 4-69 所示。

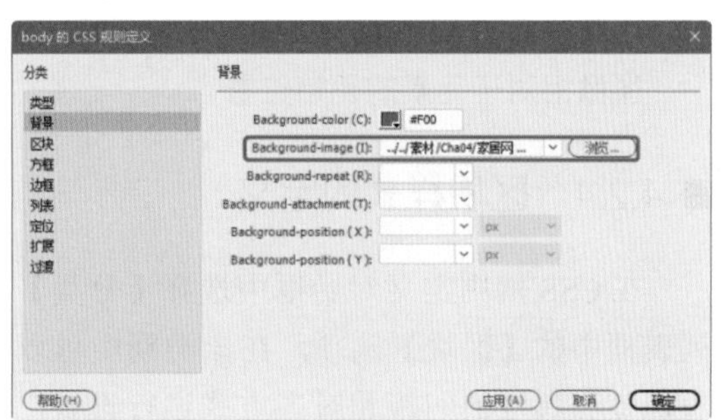

图 4-69

◎ Background-repeat：用于设置是否以及如何重复背景图像。在其下拉列表中包含 4 个选项。no- repeat（不重复）：只在元素开始处显示一次图像；repeat（重复）：在元素后面水平和垂直平铺图像；repeat-x（横向重复）和 repeat-y（纵向重复）：分别显示图像的水平带区和垂直带区。图像被剪裁以适合元素的边界。用户可根据所需进行设置，如图 4-70 所示。

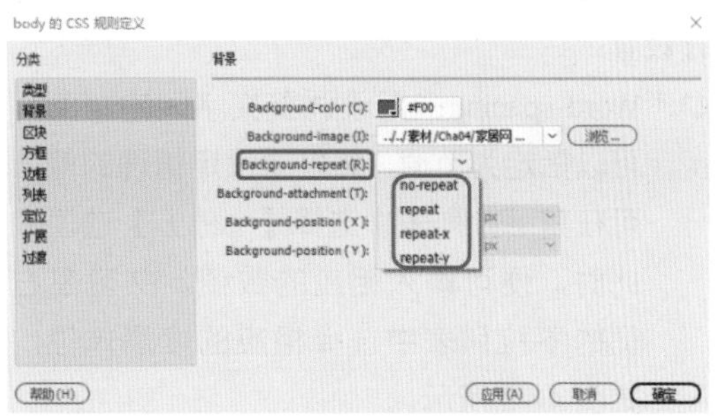

图 4-70

◎ Background-attachment：用于设置背景图像是固定在其原始位置还是随内容一起滚动。用户可根据所需进行设置，如图4-71 所示。此外，某些浏览器可能将【固定】选项视为滚动。Internet Explorer 支持该选项，但 Netscape Navigator 不支持。

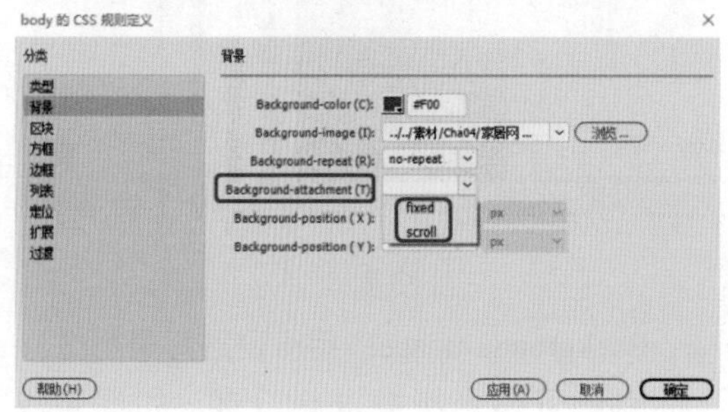

图 4-71

◎ Background-position（X/Y）：指定背景图像相对于元素的初始位置。

4.2.4 区块样式的定义

在 CSS 规则定义对话框中选择【分类】列表框中的【区块】选项，在该类别中可以对标签和属性的间距和对齐方式进行设置，如图 4-72 所示。

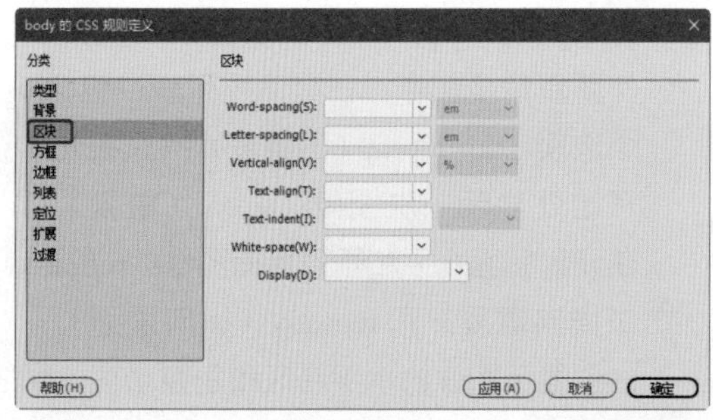

图 4-72

在【区块】选项界面可以对以下内容进行设置：

◎ Word-spacing：用于调整文字间的距离。可以指定为负值，如果要设定精确的值，可在其下拉列表中选择【（值）】选项，此时，便可输入相应的数值，并可在右侧的下拉列表中选择相应的度量单位，如图 4-73 所示。

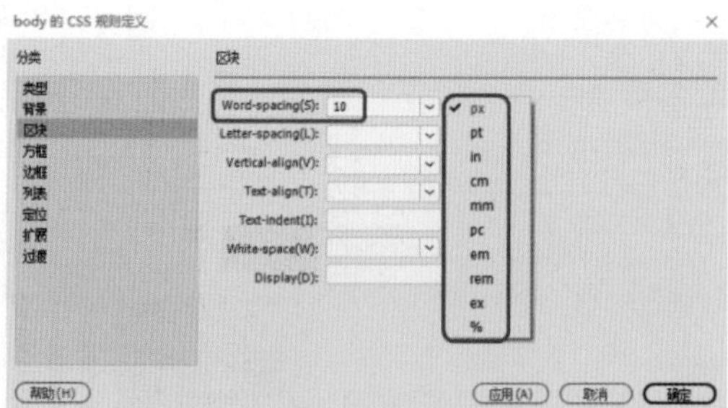

图 4-73

◎ Letter- spacing：用于增加或减小字母或字符的间距。输入正值增加间距，输入负值减小间距。字母间距设置覆盖对齐的文本设置，其作用与字符间距相似。用户可根据所需进行设置，如图 4-74 所示。

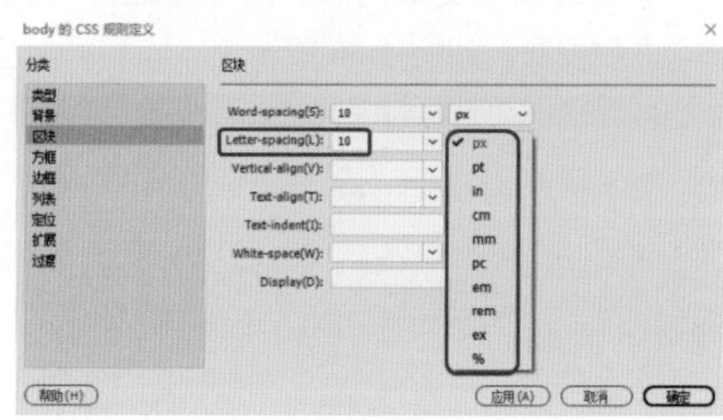

图 4-74

◎ Vertical-align：用于指定应用此属性的元素的垂直对齐方式。

◎ Text-align：用于设置文本在元素内的对齐方式。在其下拉列表中，包括四个选项，left 是指左对齐，right 是指右对齐，center 是指居中对齐，justify 是指调整使全行排满，使每行排齐。用户可根据所需进行设置，如图 4-75 所示。

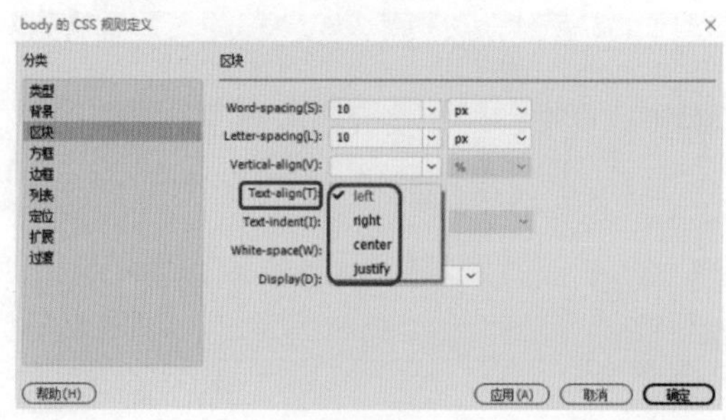

图 4-75

◎ Text-indent：用于指定第一行文本的缩进程度。可以使用负值创建凸出，用户可根据所需进行设置，如图 4-76 所示。但显示方式取决于浏览器。仅当标签应用于块级元素时，Dreamweaver 才在文档窗口中显示。

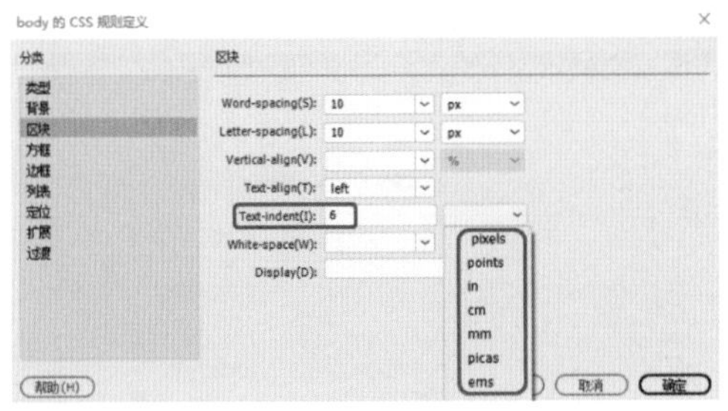

图 4-76

◎ White-space：用于确定如何处理元素中的空白。Dreamweaver 不在文档窗口中显示此属性。在其下拉列表框中可以选择以下 3 个选项。normal：收缩空白；pre：其处理方式与文本被括在 pre 标签中一样（即保留所有空白，包括空格、制表符和回车符）；nowrap：指定仅当遇到 br 标签时文本才换行。用户可根据所需进行设置，如图 4-77 所示。

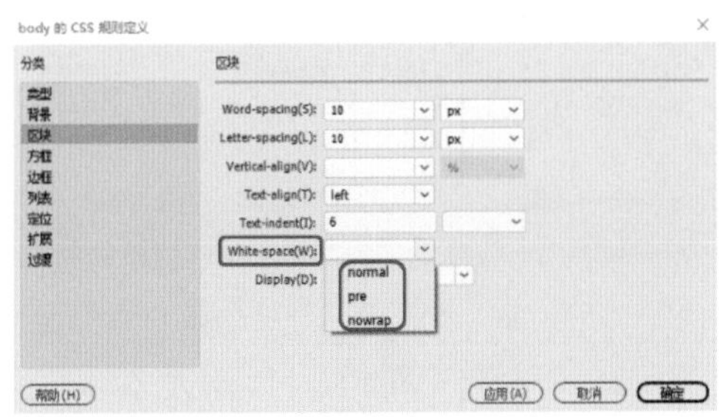

图 4-77

◎ Display：用于指定是否显示以及如何显示元素。none 选项表示禁用该元素的显示。用户可根据所需进行设置，如图 4-78 所示。

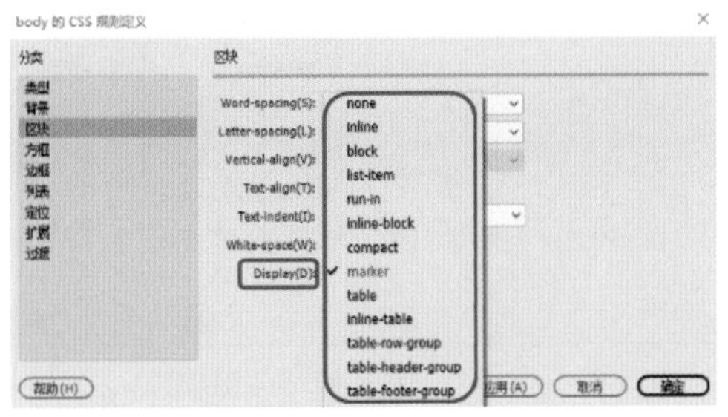

图 4-78

■ 4.2.5 方框样式的定义

在 CSS 规则定义对话框中选择【分类】列表框中的【方框】选项，在该类别中主要用于设置元素在页面上的放置方式的标签和属性，如图 4-79 所示。

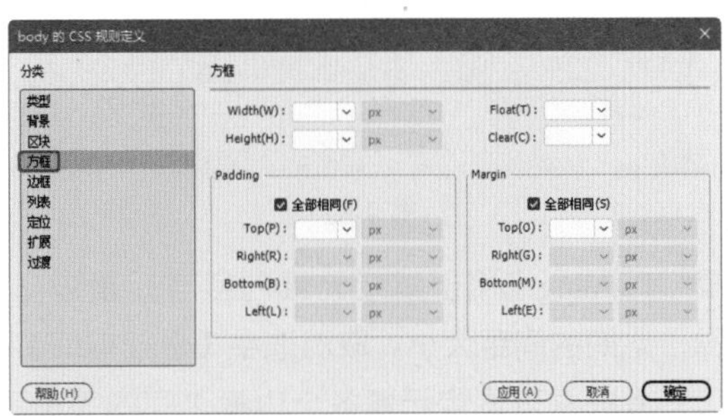

图 4-79

在【方框】选项界面中，可以对以下内容进行设置。

◎ Width 和 Height：用于设置元素的宽度和高度。用户可根据所需进行设置，如图 4-80 所示。

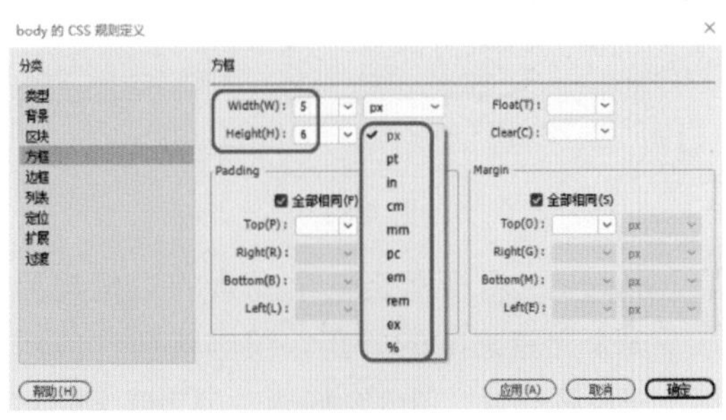

图 4-80

◎ Float：用于设置其他元素（如文本、AP Div、表格等）围绕元素的哪个边浮动。其他元素按通常的方式环绕在浮动元素的周围。用户可根据所需进行设置，如图 4-81 所示。

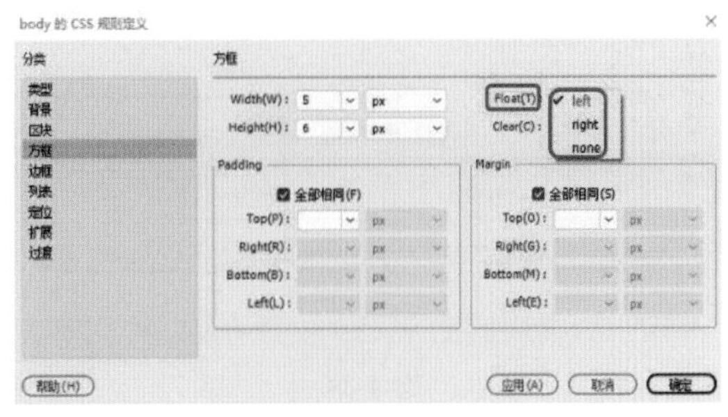

图 4-81

◎ Clear：用于清除设置的浮动效果。用户可根据所需进行设置，如图 4-82 所示。

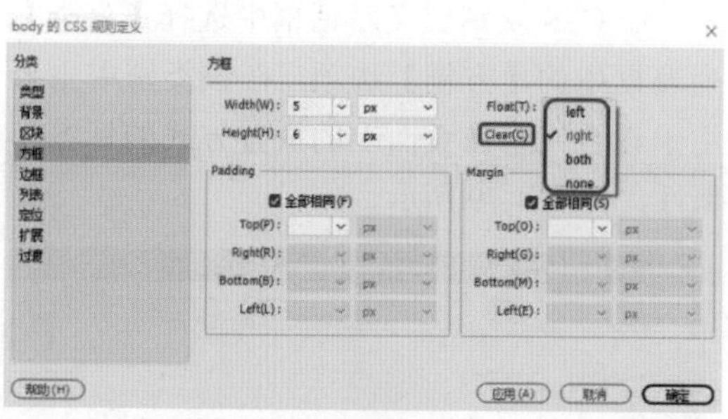

图 4-82

◎ Padding：用于指定元素内容与元素边框之间的间距大小。取消选中【全部相同】复选框可设置元素各个边框之间的大小。用户可根据所需进行设置，如图 4-83 所示。

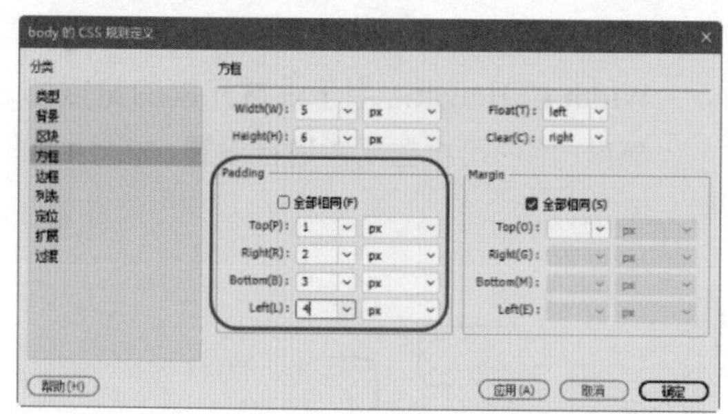

图 4-83

◎ Margin：用于指定一个元素的边框与另一个元素之间的间距。仅当该属性应用于块级元素（段落、标题、列表等）时，Dreamweaver 才会在文档窗口中显示它。取消选中【全部相同】复选框可设置元素的 Top、Right、Bottom、Left 各个边的边距。用户可根据所需进行设置，如图 4-84 所示。

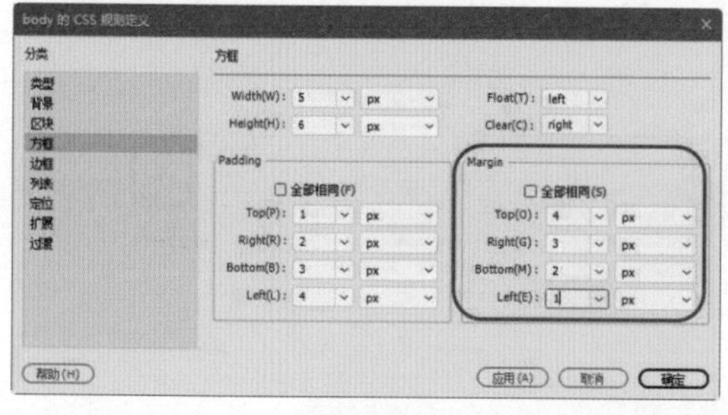

图 4-84

4.2.6 边框样式的定义

在 CSS 规则定义对话框中选择【分类】列表框中的【边框】选项，在该类别中主要设置元素周围的边框，如图 4-85 所示。

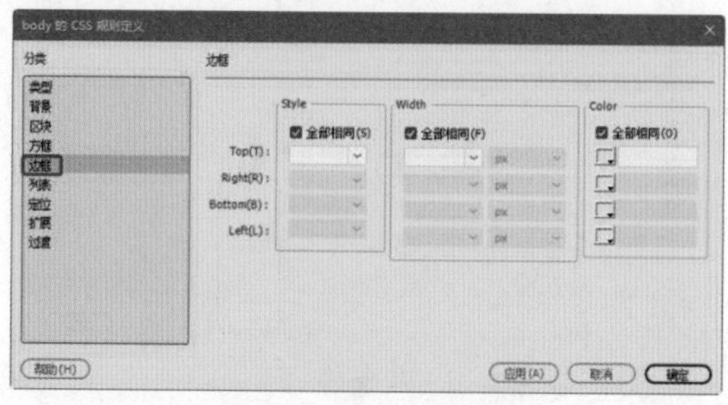

图 4-85

在【边框】选项界面可以对以下内容进行设置。

◎ Style：用于设置边框的样式外观。样式的显示方式取决于浏览器。取消选中【全部相同】复选框，可设置元素各个边的边框样式。用户可根据所需进行设置，如图 4-86 所示。

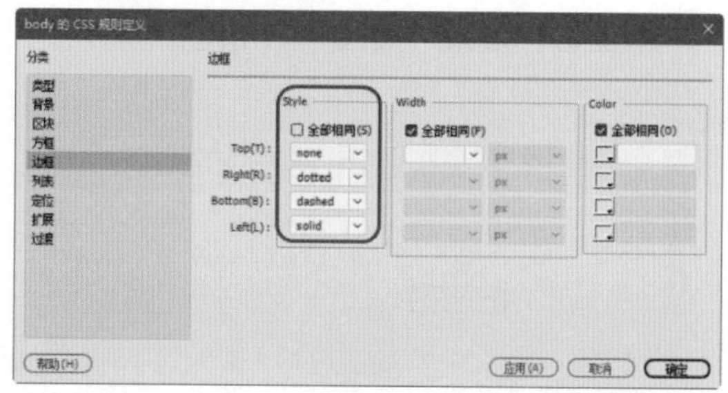

图 4-86

◎ Width：用于设置元素边框的粗细。取消选中【全部相同】复选框，可设置元素各个边的边框宽度。用户可根据所需进行设置，如图 4-87 所示。

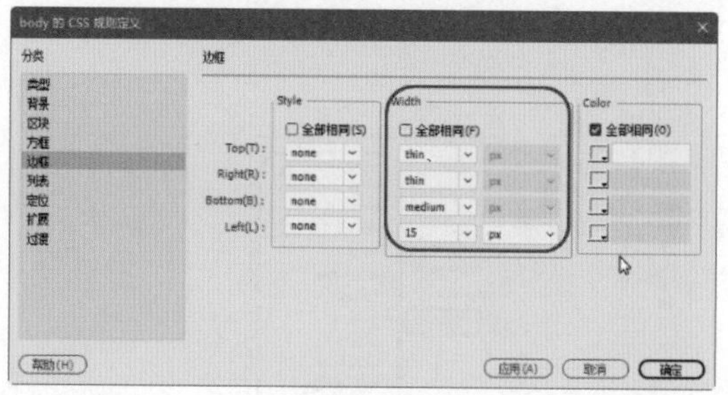

图 4-87

◎ Color：用于设置边框的颜色。可以分别设置每条边的颜色，但显示方式取决于浏览器。取消选中【全部相同】复选框，可设置元素各个边的边框颜色。用户可根据所需进行设置，如图 4-88 所示。

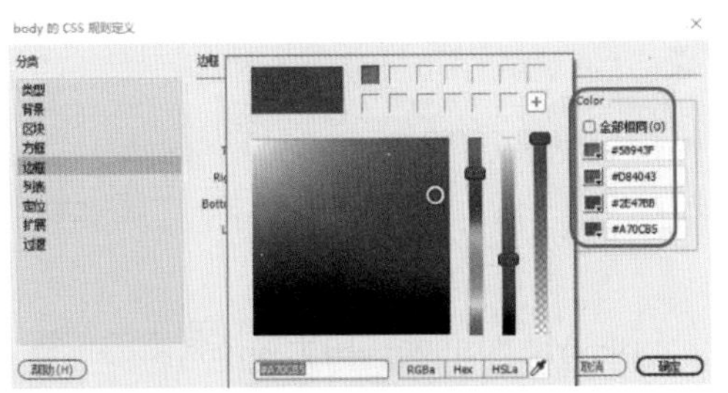

图 4-88

【实战】为表格添加边框

使用 CSS 中的 border-style、border-width、border-color 属性可以设定边框的样式、宽度和颜色，效果如图 4-89 所示。

图 4-89

素材	素材 \Cha04\ 天津市安全服务网网页设计 .html
场景	场景 \Cha04\【实战】为表格添加边框 .html
视频	视频教学 \Cha04\【实战】为表格添加边框 .mp4

01 按 Ctrl+O 组合键，打开“素材 \Cha04\ 天津市安全服务网网页设计 .html”素材文件，选中第三行第一列单元格并右击，在弹出的快捷菜单中选择【CSS 样式】|【新建】命令，如图 4-90 所示。

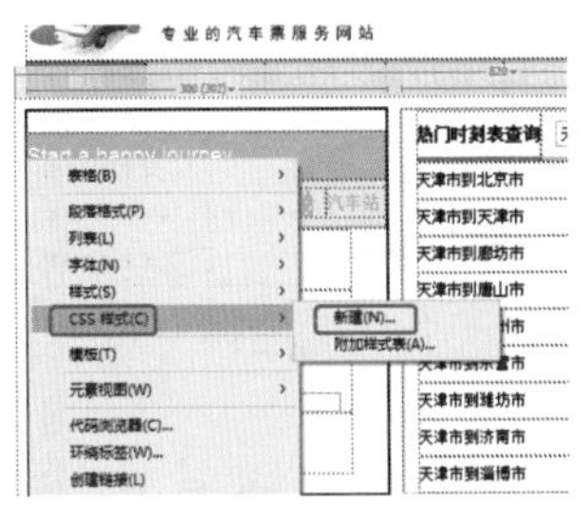

图 4-90

02 在弹出的【新建 CSS 规则】对话框中，将【选择器类型】设置为【类（可应用于任何 HTML 元素）】，在【选择器名称】文本框中输入 g1，然后单击【确定】按钮，如图 4-91 所示。

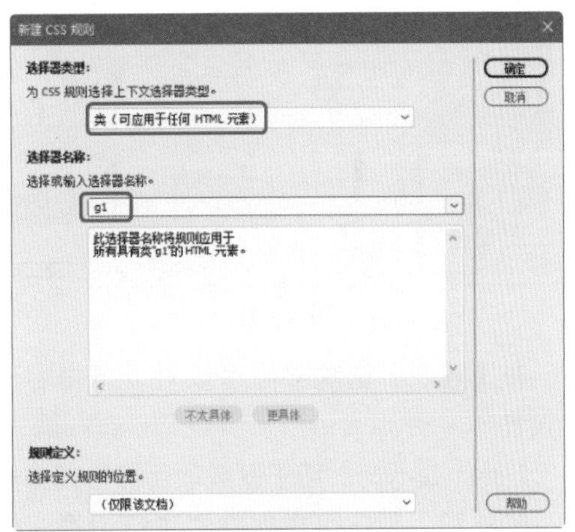

图 4-91

03 在【分类】列表框中选择【边框】选项，将 Top 中的 Style 设置为 solid、Width 设置为 5px、Color 设置为 #77D4F6，单击【确定】按钮，如图 4-92 所示。

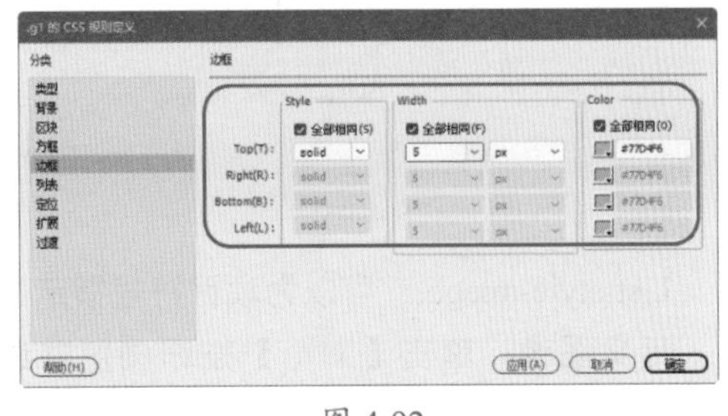

图 4-92

04 将光标插入第一列单元格中，将【目标规则】设置为 g1，如图 4-93 所示。

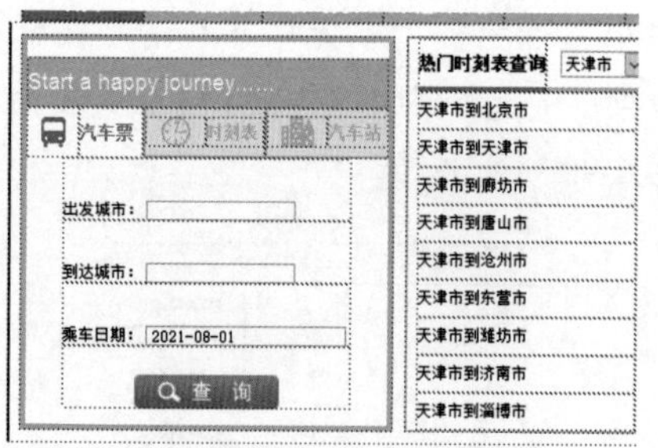

图 4-93

■ 4.2.7 列表样式的定义

在 CSS 规则定义对话框中选择【分类】列表框中的【列表】选项，在该类别中主要定义 CSS 规则的列表样式，如图 4-94 所示。

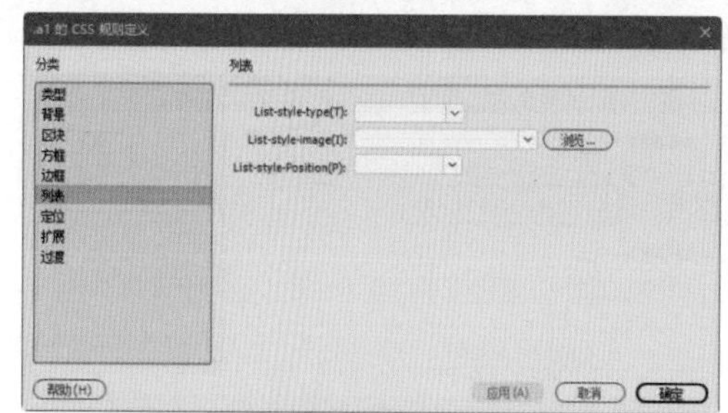

图 4-94

在【列表】选项界面可以对以下内容进行设置。

◎ List-style-type：用于设置项目符号或编号的外观。用户可根据需要进行设置，如图 4-95 所示。

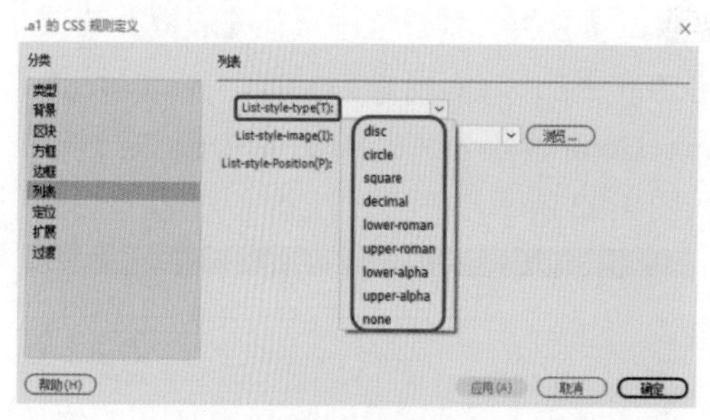

图 4-95

◎ List-style-image： 可以为项目符号指定自定义图像。单击【浏览】按钮浏览并选择图像，或在文本框中输入图像的路径，即可指定自定义图像。用户可根据需要进行设置，如图 4-96 所示。

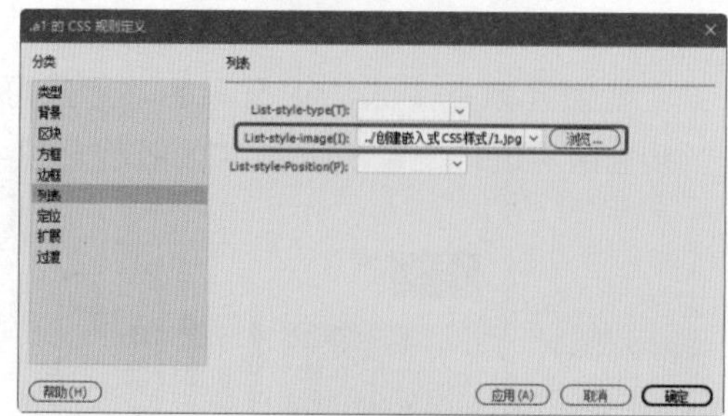

图 4-96

◎ List-style-Position：用于描述列表的位置。用户可根据需要进行设置，如图 4-97 所示。

图 4-97

■ 4.2.8 定位样式的定义

在 CSS 规则定义对话框中选择【分类】列表框中的【定位】选项，在该类别中可以定义 CSS 规则的定位样式，使其能够精确地控制网页中的元素，如图 4-98 所示。

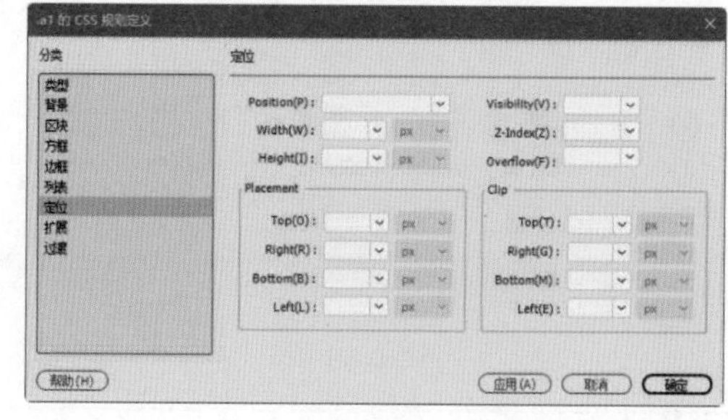

图 4-98

在【定位】选项界面可以对以下内容进行设置。

◎ Position：用于确定浏览器应如何来定位选定的元素。在其下拉列表框中，包括 4 个选项：absolute 是指使用定位框中输入的、相对于最近的绝对或相对定位上级元素的坐标（如果不存在绝对或相对定位的上级元素，则为相对于页面左上角的坐标）来放置内容；fixed 是指使用定位框中输入的、相对于区块在文档文本流中的位置的坐标来放置内容区块；relative 是指使用定位框中输入的坐标（相对于浏览器的左上角）来放置内容。当用户滚动页面时，内容将在此位置保持固定；static 是指将内容放在其在文本流中的位置。这是所有可定位的 HTML 元素的默认位置。用户可根据所需进行设置，如图 4-99 所示。

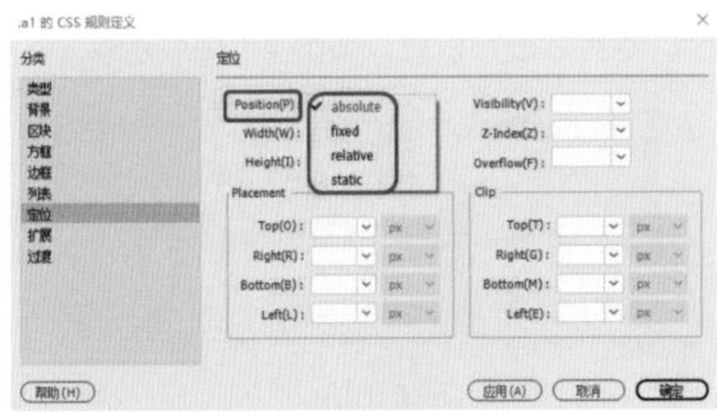

图 4-99

◎ Visibility：用于设置网页中元素的隐藏或显示。用户可以根据需要对其进行设置，如图 4-100 所示。inherit：继承内容父级的可见性属性。visible：将显示内容，而与父级的值无关。hidden：将隐藏内容，而与父级的值无关。

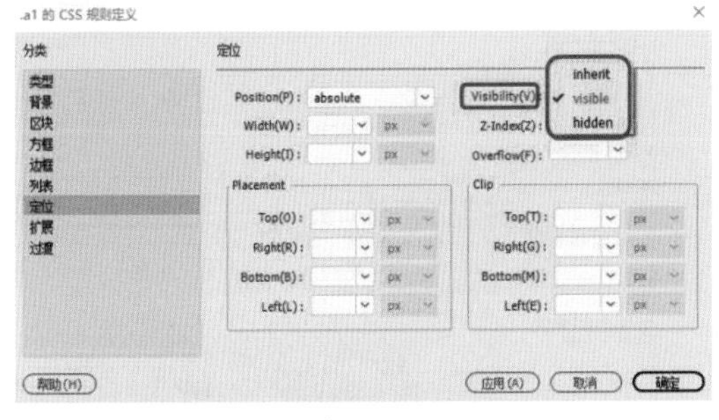

图 4-100

◎ Z-Index：用于网页中内容的叠放顺序，并可设置重叠效果。用户可以根据需要对其进行设置，如图 4-101 所示。

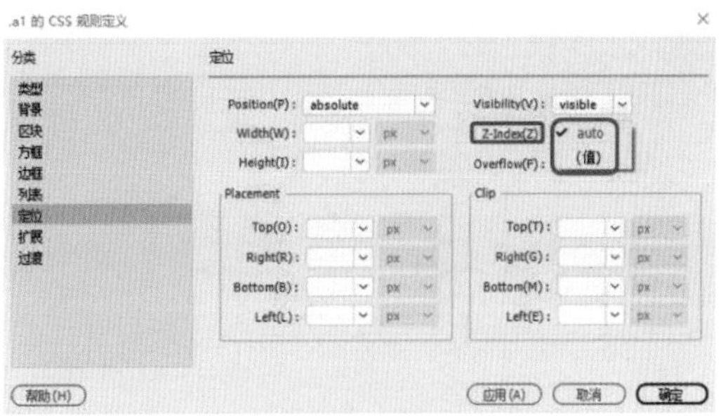

图 4-101

◎ Overflow：用于确定当容器的内容超出容器的显示范围时的处理方式。这些属性按以下方式控制扩展：visible 将增加容器的大小，以使其所有内容都可见。容器将向右下方扩展。hidden 保持容器的大小并剪辑任何超出的内容。不提供任何滚动条。scroll 将在容器中添加滚动条，而不论内容是否超出容器的大小。明确提供滚动条可避免滚动条在动态环境中出现或消失所引起的混乱。该选项不显示在文档窗口中。auto 将使滚动条仅在容器的内容超出容器的边界时才出现。该选项不显示在文档窗口中。用户可以根据需要对其进行设置，如图 4-102 所示。

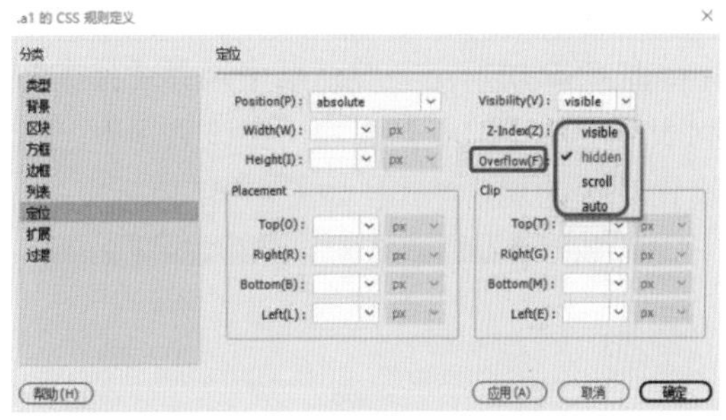

图 4-102

◎ Placement：用于设置元素的绝对定位的类型，并且在设定完该类型后，该组属性将决定元素在网页中的具体位置。用户可以根据需要对其进行设置，如图 4-103 所示。

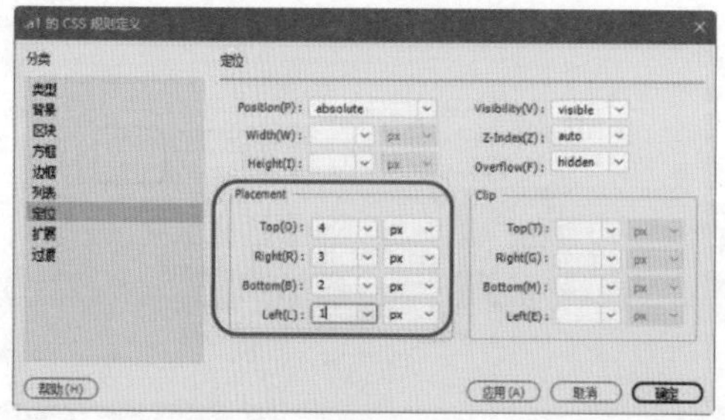

图 4-103

◎ Clip：定义内容的可见部分。如果指定了剪辑区域，可以通过脚本语言访问它，并操作属性以创建像擦除这样的特殊效果。使用【改变属性】行为可以设置擦除效果。用户可以根据需要对其进行设置，如图 4-104 所示。

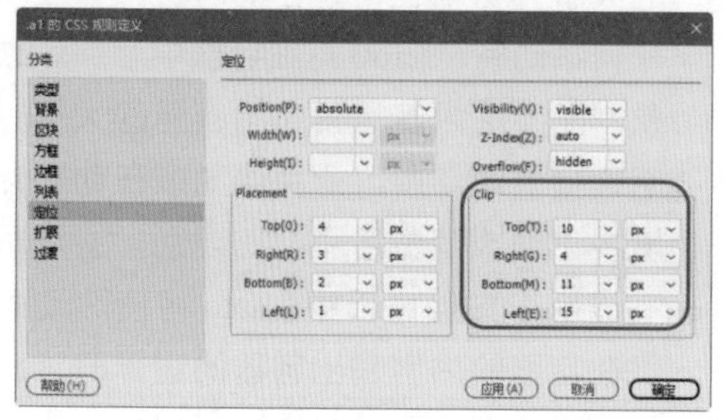

图 4-104

■ 4.2.9　扩展样式的定义

在 CSS 规则定义对话框中选择【分类】列表框中的【扩展】选项，在该类别中可以设置 CSS 的规则样式，如图 4-105 所示。

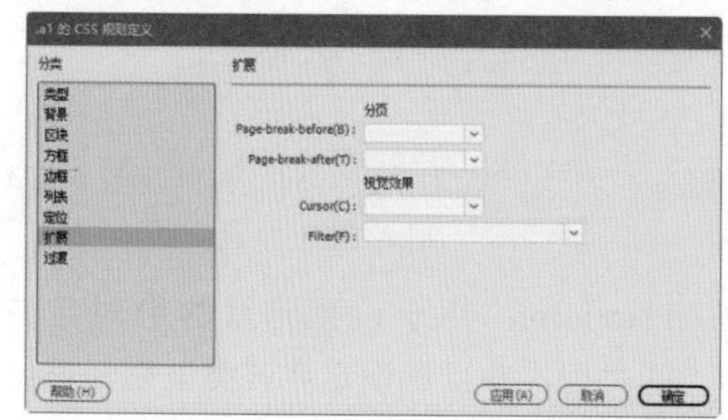

图 4-105

在【扩展】选项界面可以对以下内容进行设置。

◎ Page-break-before、Page-break-after：属性名为之前、属性名为之后。

◎ Cursor：当指针位于样式所控制的对象上时改变指针图像。用户可以根据需要对其进行设置，如图 4-106 所示。

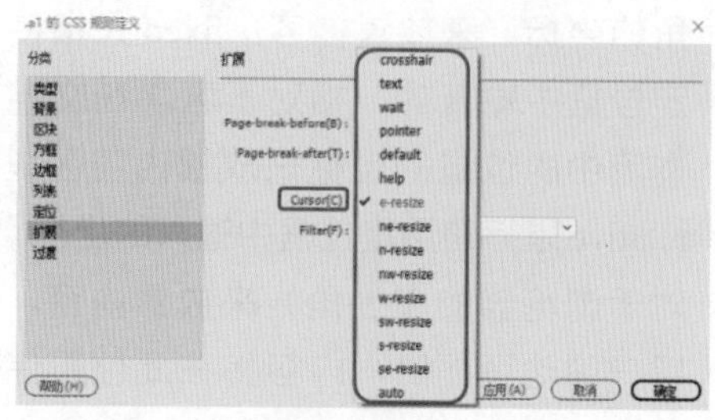

图 4-106

◎ Filter：用于对样式所控制的对象应用特殊效果。从弹出的下拉列表框中添加各种特殊的过滤器效果。用户可以根据需要对其进行设置，如图 4-107 所示。

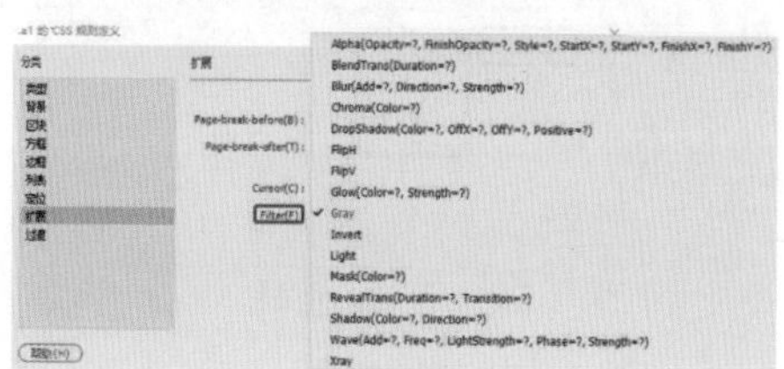

图 4-107

【实战】创建嵌入式 CSS 样式

通常我们把在 HTML 页面内部定义的 CSS 样式表，叫作嵌入式 CSS 样式表，使用 style 标签并在该标签中可以定义一系列 CSS 规则，效果如图 4-108 所示。下面介绍创建嵌入式 CSS 样式的具体操作方法。

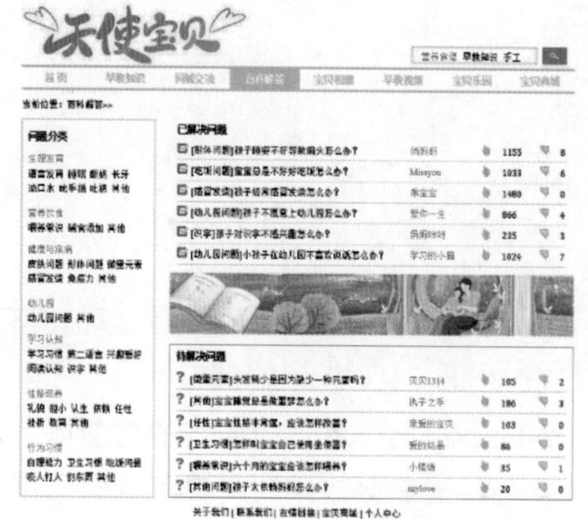

图 4-108

素材	素材 \Cha04\ 天使宝贝网页设计 \ 天使宝贝网页设计 .html
场景	场景 \Cha04\【实战】创建嵌入式 CSS 样式 .html
视频	视频教学 \Cha04\【实战】创建嵌入式 CSS 样式 .mp4

01 运行 Dreamweaver 2020 软件，打开“素材 \Cha04\ 天使宝贝网页设计 \ 天使宝贝网页设计 .html”素材文件，如图 4-109 所示。

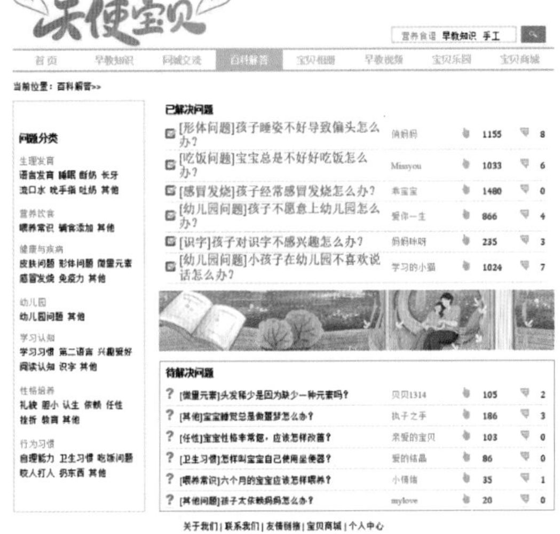

图 4-109

02 在菜单栏中选择需要更改样式的内容并右击，在弹出的快捷菜单中选择【CSS 样式】|【新建】命令，如图 4-110 所示。

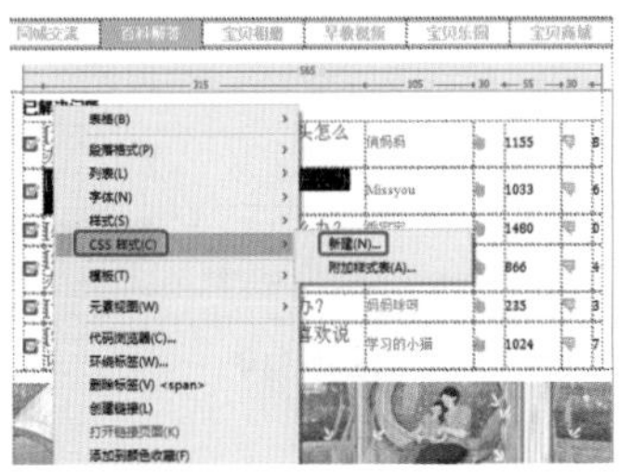

图 4-110

03 在弹出的【新建 CSS 规则】对话框中，将【选择器类型】设为【类（可应用于任何 HTML 元素）】，【选择器名称】命名为 .ct，如图 4-111 所示。

04 单击【确定】按钮，系统将会自动弹出【. ct 的 CSS 规则定义】对话框，如图 4-112 所示。

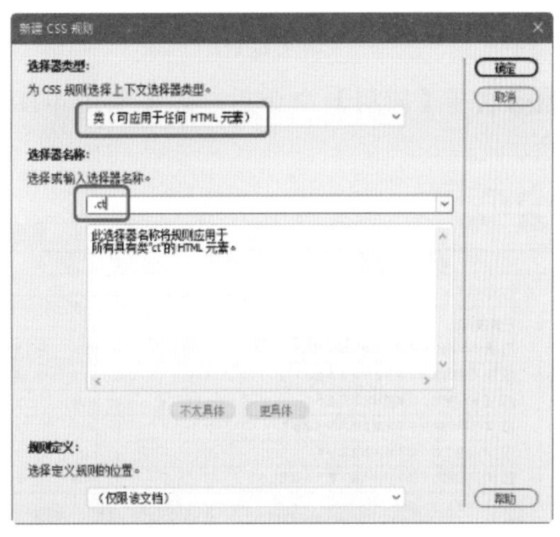

图 4-111

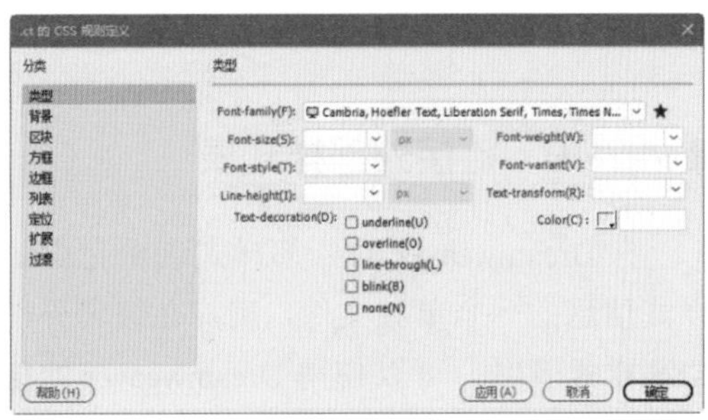

图 4-112

05 在该对话框中的【分类】列表框中选择【类型】选项，然后在右侧的设置区域中将 Font-family 设置为默认字体，将 Font-size 设置为 13px，将 Color 设置为 #000000，如图 4-113 所示。

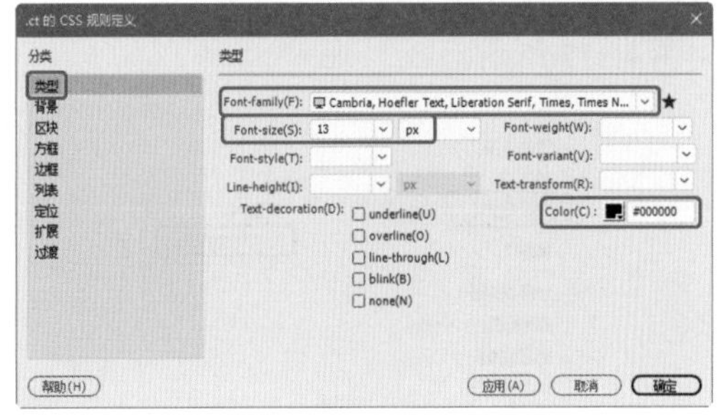

图 4-113

06 单击【确定】按钮，可以在【CSS 样式】面板中进行查看。选择需要应用样式的文字，在【属性】面板中的【目标规则】下拉列表框中选择应用样式，如图 4-114 所示。

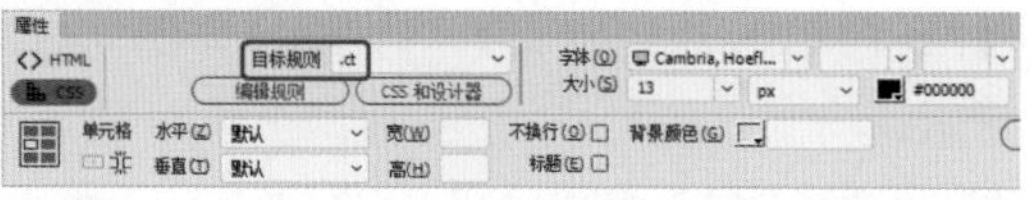

图 4-114

07 选择【应用】命令后，效果如图 4-115 所示。

图 4-115

4.2.10 链接外部样式表

在 Dreamweaver 的外部样式表中包含了样式信息的一个单独文件，用户在编辑外部 CSS 样式表时，可以使用 Dreamweaver 的链接外部 CSS 样式功能，将其他页面的样式应用到当前页面中。具体操作步骤如下。

01 选中需要使用【CSS 规则样式】的内容并右击，在弹出的快捷菜单中选择【CSS 样式】|【附加样式表】命令，如图 4-116 所示。系统将自动弹出【使用现有的 CSS 文件】对话框，如图 4-117 所示。

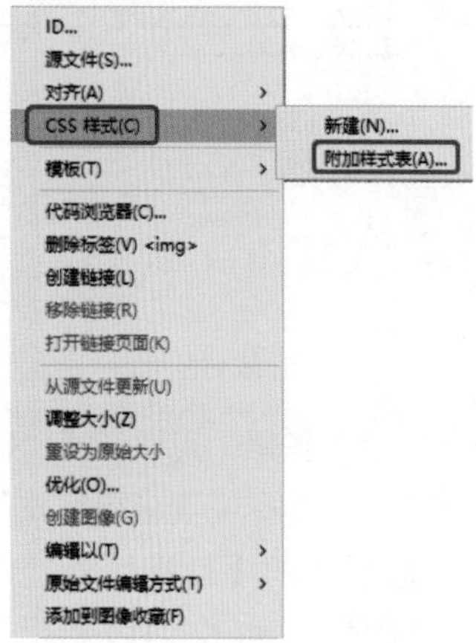

图 4-116

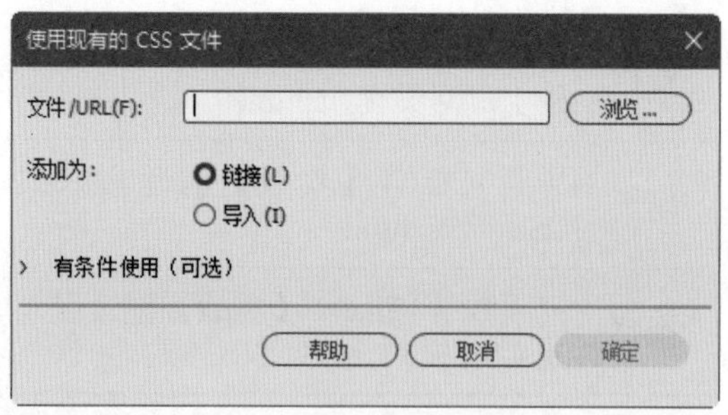

图 4-117

02 在该对话框中，单击【浏览】按钮，如图 4-118 所示。在弹出的【选择样式表文件】对话框中选择需要链接的样式，单击【确定】按钮，如图 4-119 所示。返回到【链接外部样式表】对话框，单击【确定】按钮，外部样式表链接完成，在【CSS 样式】面板中可以进行查看。

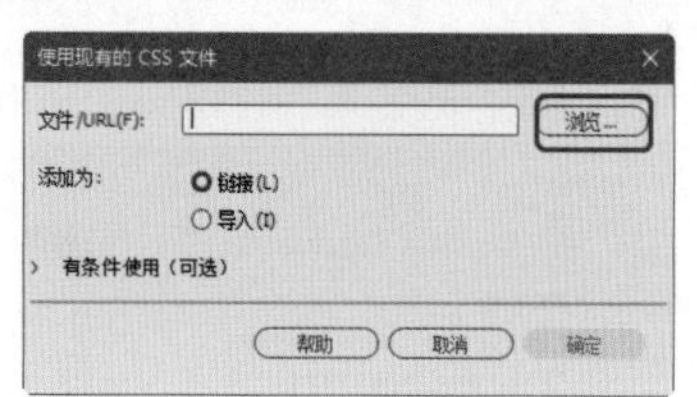

图 4-118

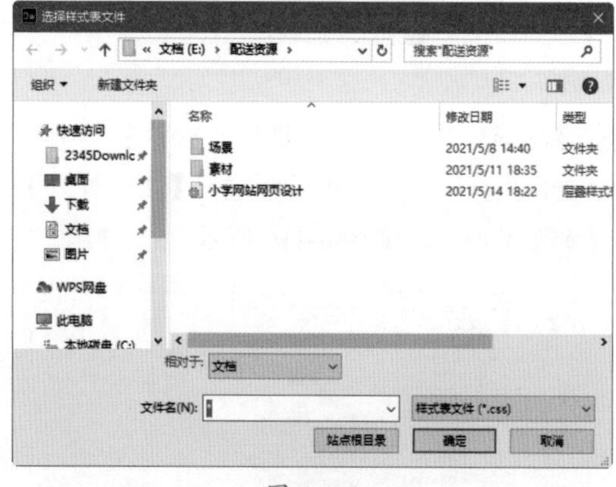

图 4-119

4.3 编辑 CSS 样式

使用在线 CSS 样式编辑工具可以直观地看到某个属性对样式的影响。只需在 CSS 样式选项区设置 CSS 的任何属性，即可在 CSS 样式预览区实时显示效果。要从代码窗口中删除属性，只需将滑块移至零或将下拉框移至空白处即可。

4.3.1　修改 CSS 样式

使用以下方法可以对 CSS 样式进行修改。

在【属性】面板中的【目标规则】下拉列表中选择需要修改的样式，然后单击【编辑规则】按钮，如图 4-120 所示，在弹出的 CSS 规则定义对话框中进行修改。

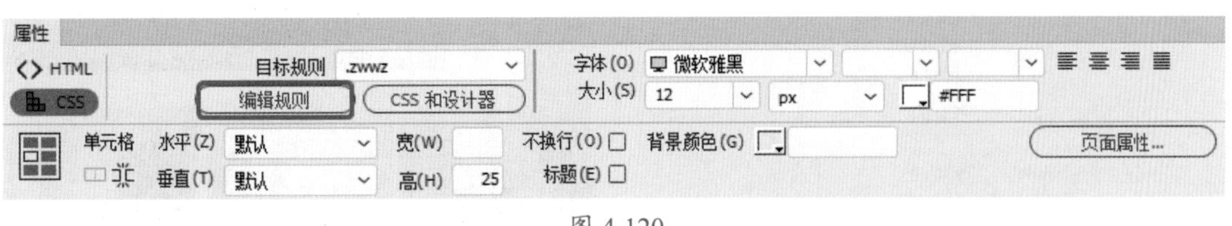

图 4-120

在【CSS 设计器】面板中选择需要修改的 CSS 样式，在【属性】卷展栏中对其进行修改，如图 4-121 所示。

图 4-121

在文档中选择需要进行修改的 CSS 样式的文本。切换【CSS 设计器】面板到【当前】模式下，在【属性】卷展栏中可以对 CSS 样式进行修改，如图 4-122 所示。

图 4-122

4.3.2　删除 CSS 样式

使用以下方法可以将已有的CSS样式删除。

在【CSS 设计器】面板中，选择需要删除的样式，按 Delete 键删除。

在【CSS 设计器】面板中，切换到【全部】模式下，选择需要删除的样式，单击【删除 CSS 规则】按钮 − 即可，如图 4-123 所示。

图 4-123

4.3.3　复制 CSS 样式

使用以下方法可以将已有CSS样式复制。

01 在【CSS 设计器】面板中，右击需要复制的样式，在弹出的快捷菜单中选择【直接复制】命令，如图 4-124 所示。

02 弹出【复制 CSS 规则】对话框，可以更改复制出的 CSS 样式名称，CSS 样式复制完成。返回【CSS 设计器】面板中进行查看，如图 4-125 所示。

图 4-124

图 4-125

LESSON 课后项目练习 家居网页设计

家居指的是家庭装修、家具配置、电器摆放等，甚至包括地理位置（家居风水）。家居效果如图 4-126 所示。

课后项目练习效果展示

图 4-126

课后项目练习过程概要

01 新建【文档类型】为 HTML5 的文档，插入表格后输入文本，并为输入的文本设置 CSS 样式，插入图片，制作出网页的表头内容。

02 通过插入表格输入文本内容制作网页导航栏，并插入公司 logo。

03 根据前面介绍的方法输入信息标题，为对象设置 CSS 样式，将图片插入表格中，制作出家居专区。

素材	素材 \Cha04\ 家居网页设计
场景	场景 \Cha04\ 家居网页设计 .html
视频	视频教学 \Cha04\ 家居网页设计 .mp4

01 启动 Dreamweaver 2020 软件后，按 Ctrl+N 组合键打开【新建文档】对话框，选择【新建文档】| HTML | HTML5 选项，如图 4-127 所示。

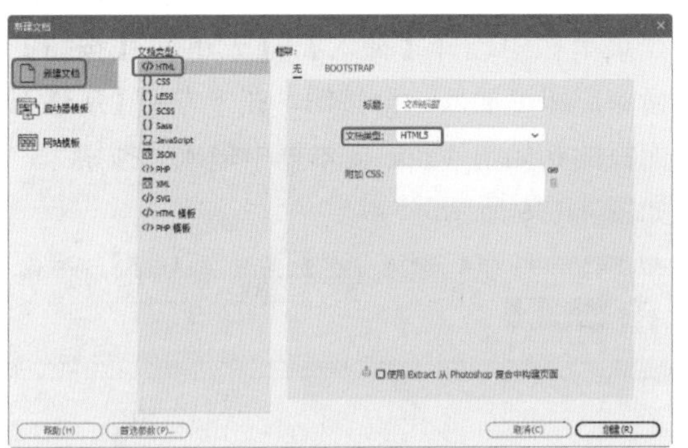

图 4-127

02 单击【创建】按钮，进入工作界面后，在菜单栏中选择【插入】| Table 命令，如图 4-128 所示。另外，也可以按 Ctrl+Alt+T 组合键打开 Table 对话框。

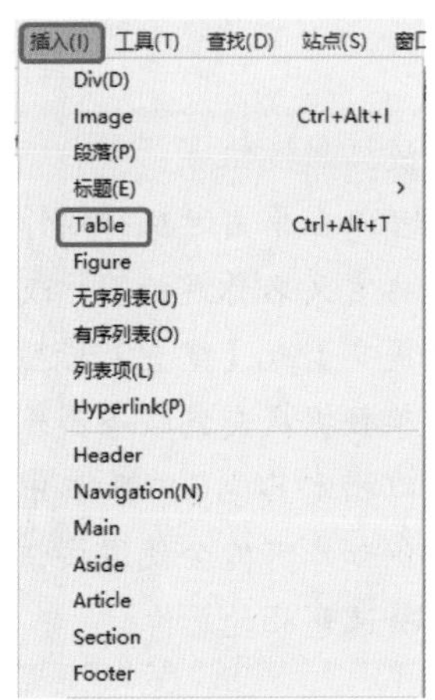

图 4-128

03 在 Table 对话框中将【行】设置为 1，【列】设置为 9，【表格宽度】设置为 800 像素，其他参数均设置为 0，单击【确定】按钮，如图 4-129 所示。

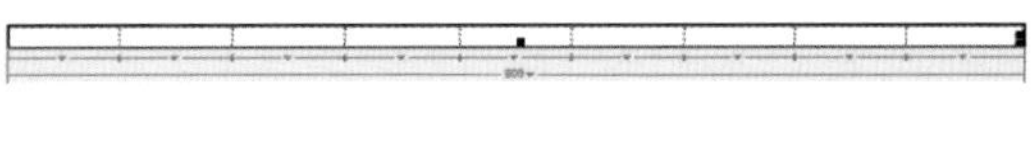

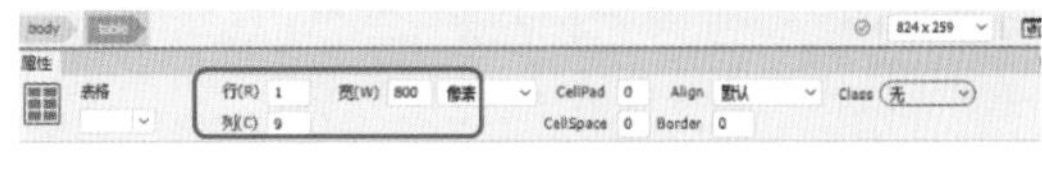

图 4-129

04 将光标置于第一列单元格中，在【属性】面板中将【宽】设置为 135，如图 4-130 所示。

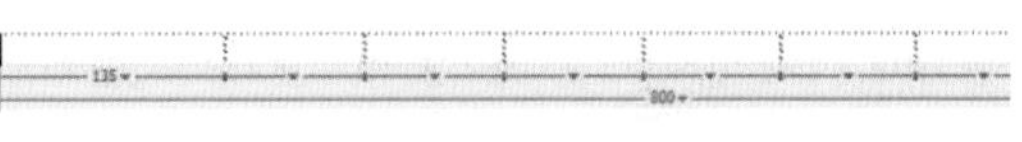

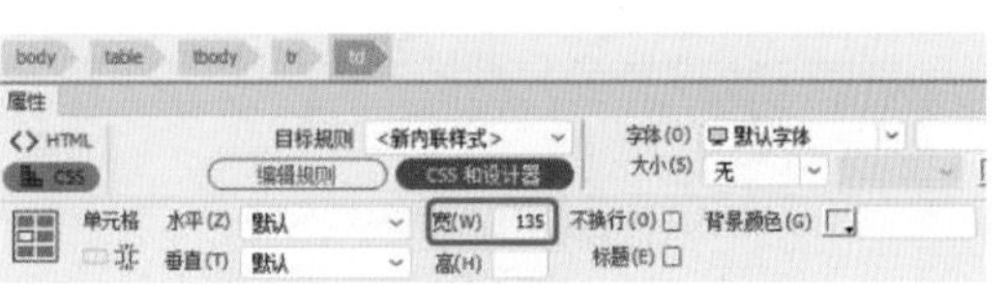

图 4-130

05 在其他单元格中输入文字，适当地调整表格的宽度，并选中带有文字的单元格。在【属性】面板中将【大小】设置为 12 px，如图 4-131 所示。

图 4-131

06 将光标插入右侧的表格外，按 Enter 键换至下一行，再次按 Ctrl+Alt+T 组合键，打开 Table 对话框，在该对话框中将【行】设置为 1，【列】设置为 4，【表格宽度】设置为 800 像素，CellSpace 设置为 2，其他参数均设置为 0，单击【确定】按钮，如图 4-132 所示。

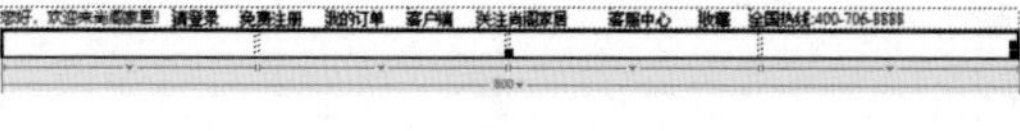

图 4-132

07 将光标置于第一列单元格中，按 Ctrl+Alt+I 组合键，在弹出的【选择图像源文件】对话框中选择“素材\Cha04\家居网页设计\标志.jpg”素材文件，单击【确定】按钮。确认光标还在上一步插入的单元格中，在【属性】面板中将【宽】设置为 144，如图 4-133 所示。

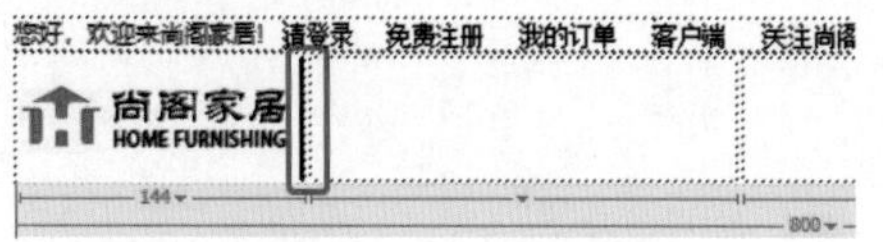

图 4-133

08 选中第二列单元格，在【属性】面板中单击【拆分单元格为行或列】按钮，即可弹出【拆分单元格】对话框，选中【行】单选按钮，设置【行数】为 2，单击【确定】按钮，如图 4-134 所示。

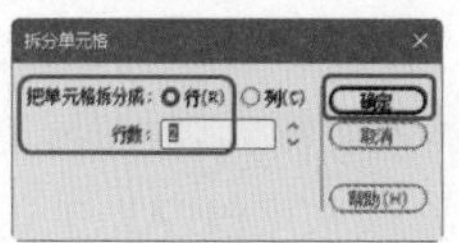

图 4-134

09 将光标插入上一步拆分的第一行中，在菜单栏中选择【插入】|【表单】|【文本】命令，删除表单左侧的文本内容。在【属性】面板中的 Value 文本框中输入“衣柜”，如图 4-135 所示。

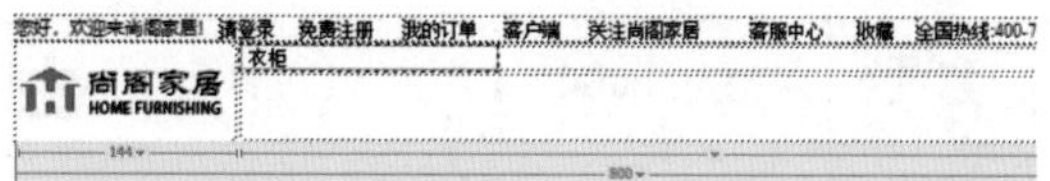

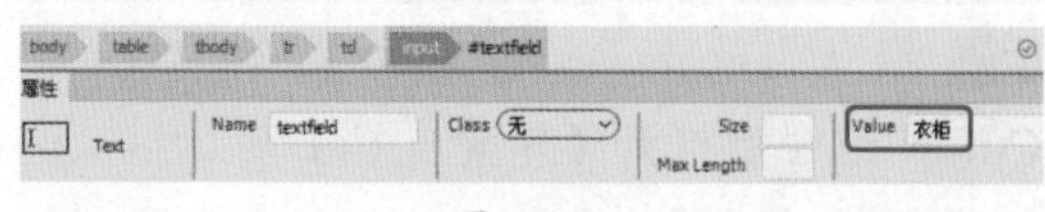

图 4-135

10 确认光标还在上一步插入的单元格中，在菜单栏中选择【插入】|【表单】|【按钮】命令，即可插入一个按钮，在下方的【属性】面板的初始值 Value 文本框中输入“搜索”，如图 4-136 所示。

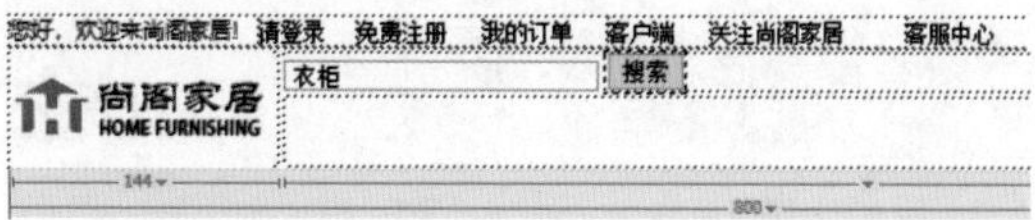

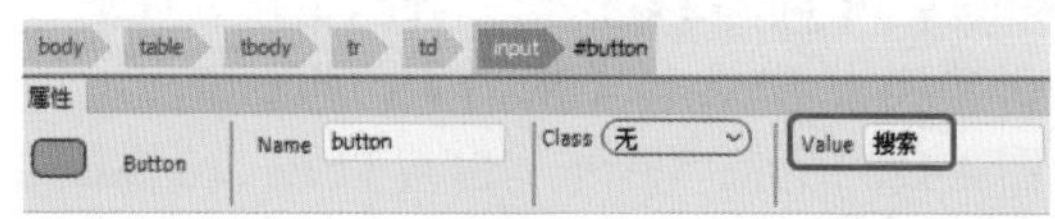

图 4-136

知识链接：按钮

按钮可以在单击时执行操作。可以为按钮添加自定义名称或标签，或者使用预定义的【提交】或【重置】标签。使用按钮可将表单数据提交到服务器或者重置表单，还可以指定其他已在脚本中定义的处理任务。例如，可能会使用按钮根据指定的值计算所选商品的总价。

11 确认光标还在上一步插入的单元格中，在【属性】面板中将【垂直】设置为【底部】，【宽】设置为 402，【高】设置为 59，如图 4-137 所示。

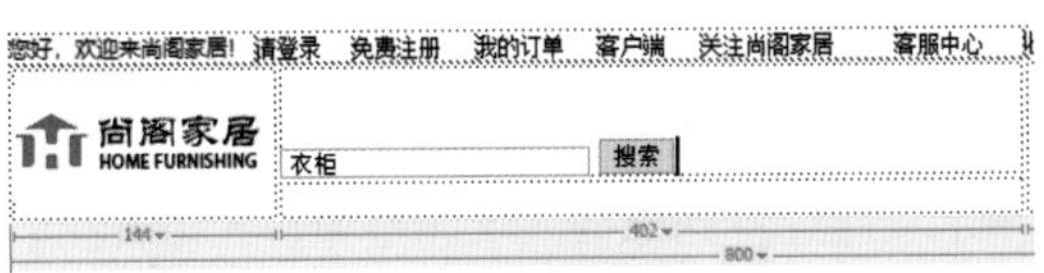

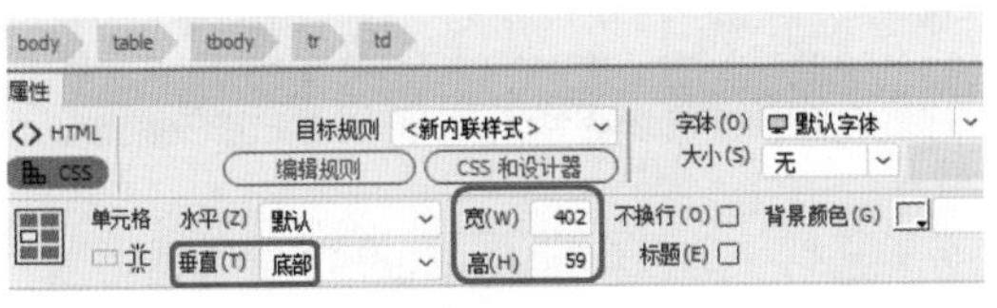

图 4-137

12 在下一行单元格中输入文字，选中文字，将【垂直】设置为【顶端】，【大小】设置为12 px，将颜色设置为#F60，如图4-138所示。

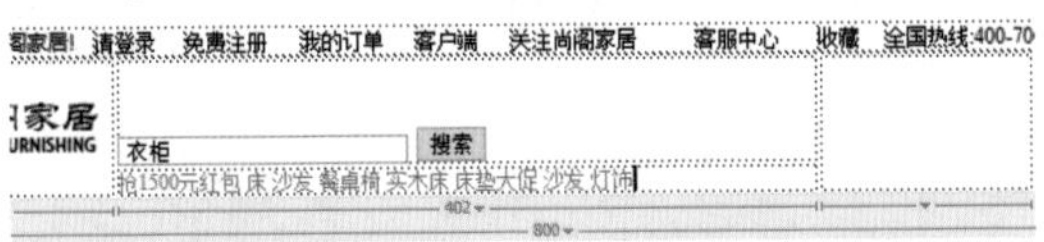

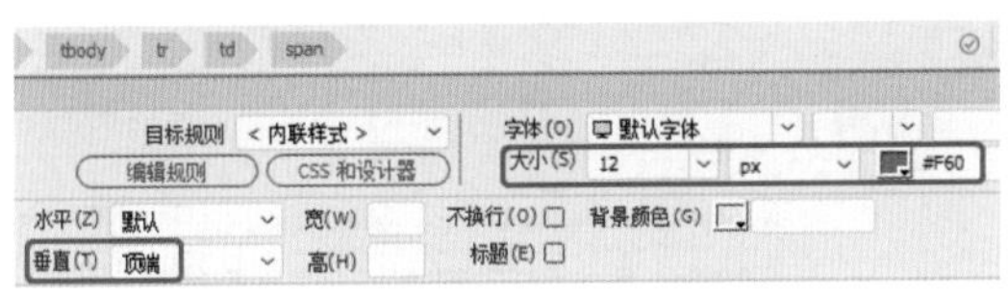

图 4-138

13 选中第三列单元格，使用前面介绍的方法将其拆分成三行单元格，并将光标插入拆分后的第二行单元格中。在【属性】面板中将【宽】、【高】分别设置为130px、30px，插入“底图 1.jpg”图片，如图 4-139 所示。

图 4-139

14 使用同样的方法，制作右侧单元格插入相应的素材图像，效果如图 4-140 所示。

图 4-140

15 使用前面介绍的方法插入一个 1 行 7 列、【单元格间距】为 0 的表格，并设置单元格的【宽】和【高】分别为 114、38。继续选中新插入的单元格，在【属性】面板中【背景颜色】右侧文本框中输入 #DF241B，按 Enter 键确认，效果如图 4-141 所示。

图 4-141

16 使用前面介绍的方法，在各个单元格中输入文字。选中新输入的文字，在【属性】面板中，将颜色设置为白色，然后单击 HTML 按钮，切换面板，单击【粗体】按钮 B，如图 4-142 所示。

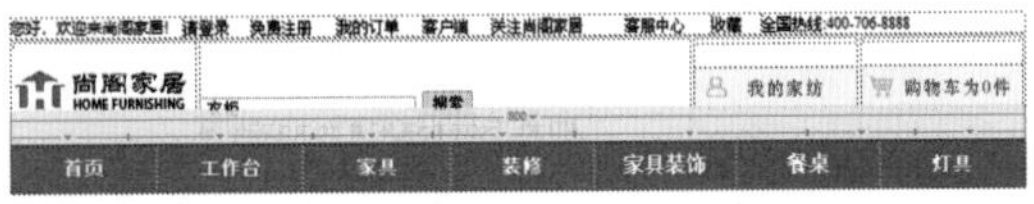

图 4-142

提示：除此之外，用户还可以按 Ctrl+B 组合键对文字进行加粗，或在菜单栏中选择【格式】|【HTML 样式】|【加粗】命令来加粗文字。

17 使用同样方法设置其他文字，并使用同样方法插入表格，制作具有类似效果的单元格，效果如图 4-143 所示。

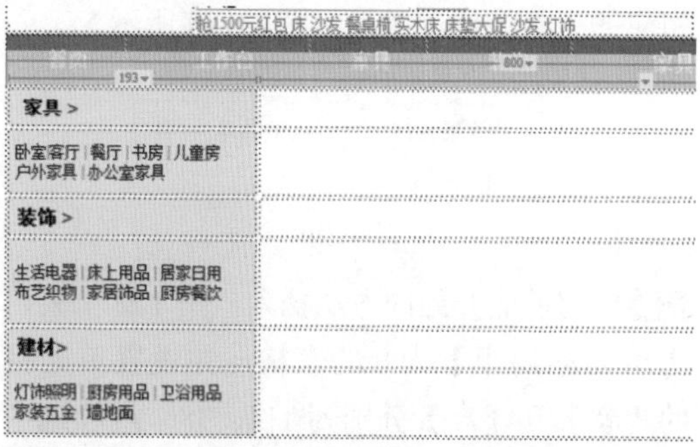

家具 >

卧室客厅 | 餐厅 | 书房 | 儿童房
户外家具 | 办公室家具

装饰 >

生活电器 | 床上用品 | 居家日用
布艺织物 | 家居饰品 | 厨房餐饮

建材>

灯饰照明 | 厨房用品 | 卫浴用品
家装五金 | 墙地面

图 4-143

18 在新插入表格中的空白单元格中单击，插入光标，按 Ctrl+Alt+I 组合键，在弹出的【选择图像源文件】对话框中，选择“素材01.jpg”素材文件，单击【确定】按钮，将图片的【宽】、【高】分别设置为 601px、252px，如图 4-144 所示。

图 4-144

19 根据前面介绍的方法，插入表格和图像，输入并设置文字，制作出其他的效果，如图 4-145 所示。通过将光标插入单元格中，在【属性】栏中设置文字的居中效果。

图 4-145

第 5 章

卫浴网页设计——图像与多媒体

本章导读：

无论是个人网站还是企业网站，图像和文本都是网页中不可缺少的基本元素，通过图像美化后的网页能够更加活泼、简洁，能吸引更多浏览者的注意力。

本章将根据网页的制作效果，介绍网页图像的基础知识，使读者能够灵活地掌握和运用网页图像的使用方法和技巧。

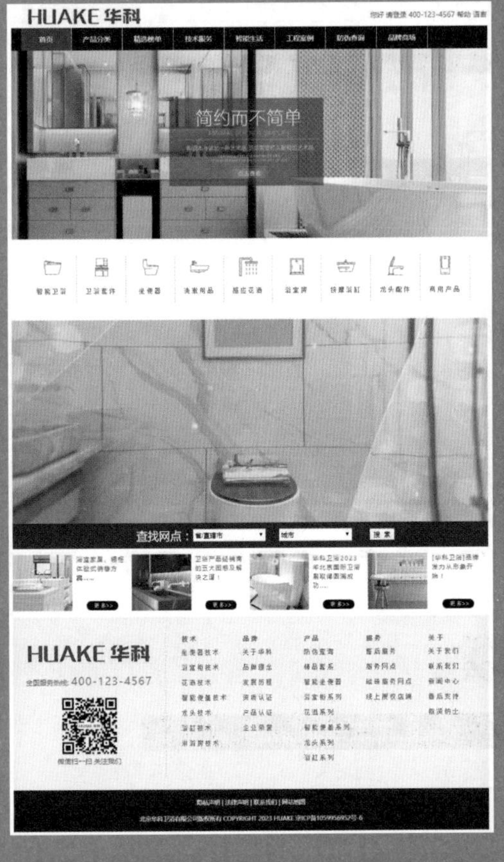

LESSON

【案例精讲】卫浴网页设计（一）

为了更好地完成本设计案例，现对制作要求及设计内容做如下规划，效果如图 5-1 所示。

作品名称	卫浴网页设计（一）
设计创意	（1）创建网页框架 （2）插入图像与视频美化网页 （3）添加背景音乐使网页内容更加生动
主要元素	（1）logo （2）产品展示 （3）视频 （4）背景音乐
应用软件	Dreamweaver 2020
素材	无
场景	场景 \Cha05\【案例精讲】卫浴网页设计（一）.html
视频	视频教学 \Cha05\【案例精讲】卫浴网页设计（一）.mp4
卫浴网页设计效果欣赏	图 5-1
备注	

01 新建一个 HTML 4.01 Transitional 的文档，插入一个 7 行 1 列，【表格宽度】为 970 像素，【边框粗细】、【单元格边距】、【单元格间距】均为 0 的表格。选中插入的表格，在【属性】面板中将 Align 设置为【居中对齐】，如图 5-2 所示。

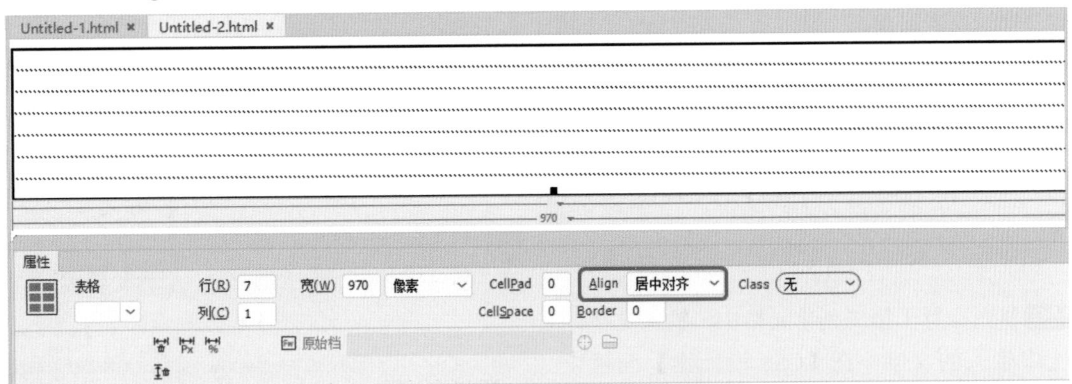

图 5-2

02 将光标置于第一行单元格中，插入一个 1 行 2 列，【表格宽度】为 970 像素，【边框粗细】、【单元格边距】、【单元格间距】均为 0 的表格。选中插入的表格，在【属性】面板中将 Align 设置为【居中对齐】，如图 5-3 所示。

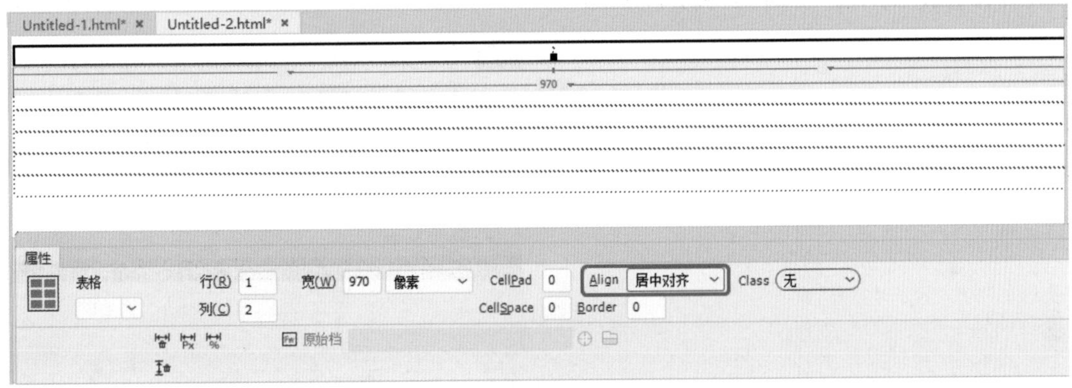

图 5-3

03 将光标置于第一列单元格中，在【属性】面板中将【水平】设置为【居中对齐】，将【宽】、【高】分别设置为 300、45，如图 5-4 所示。

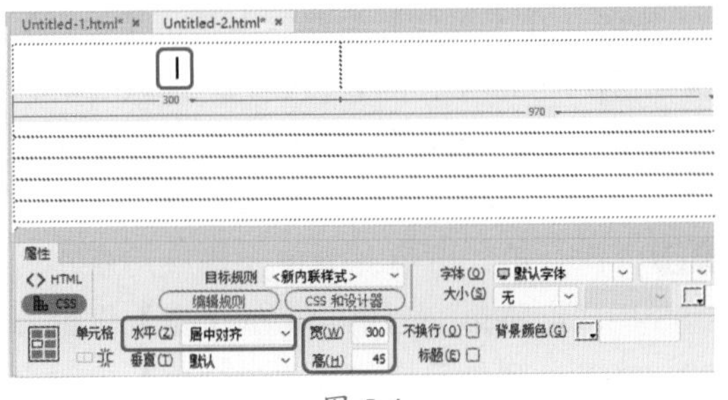

图 5-4

04 按 Ctrl+Alt+I 组合键，在弹出的【选择图像源文件】对话框中选择“素材 \Cha05\ 华科卫浴网页设计 \logo.png”素材文件，如图 5-5 所示。

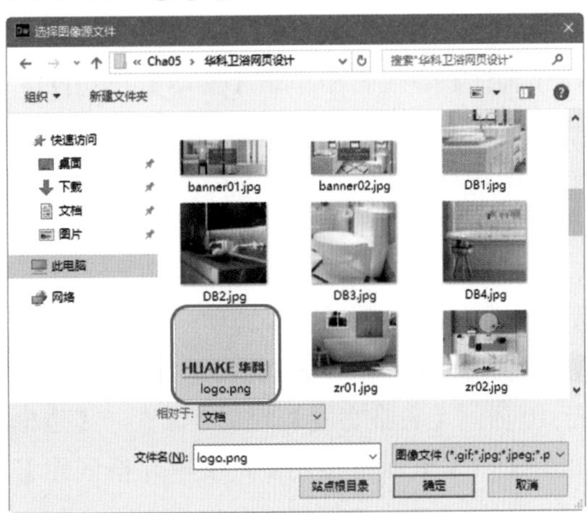

图 5-5

05 单击【确定】按钮，选中插入的图像，在【属性】面板中将【宽】、【高】分别设置为239px、45px，如图5-6所示。

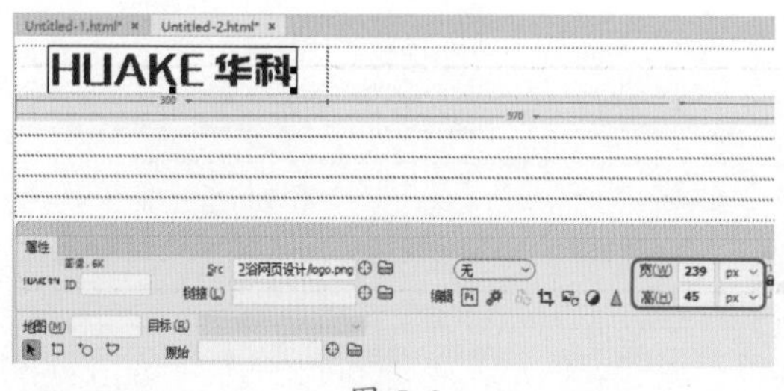

图 5-6

06 将光标置于第二列单元格中，输入文字，选中输入的文字，在【CSS设计器】面板中单击【源】左侧的【添加】按钮+，在弹出的下拉列表中选择【在页面中定义】选项，如图5-7所示。

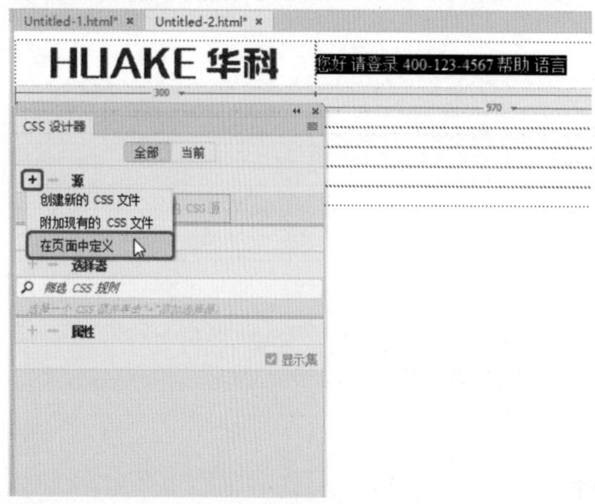

图 5-7

07 再在【CSS设计器】面板中单击【选择器】左侧的【添加】按钮+，将其名称设置为.dhwz。在【属性】卷展栏中单击【文本】按钮T，将color设置为#5C5C5C，将font-family设置为【微软雅黑】，将font-size设置为14px。在【属性】面板中为输入的文字应用新建的CSS样式，将【水平】设置为【右对齐】，如图5-8所示。

08 将光标置入第二行单元格中，插入一个2行10列，【表格宽度】为970像素，【边框粗细】、【单元格边距】、【单元格间距】均为0的表格。选中插入的表格，在【属性】面板中将Align设置为【居中对齐】，如图5-9所示。

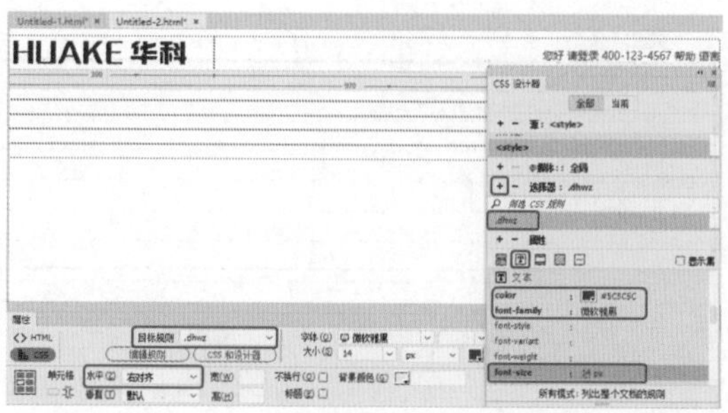

图 5-8

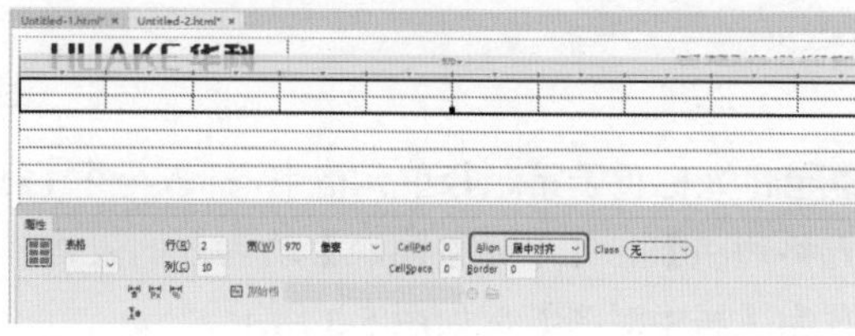

图 5-9

09 选中第一行的十列单元格，在【属性】面板中将【水平】设置为【居中对齐】，将【高】设置为45，将【背景颜色】设置为#212020，如图5-10所示。

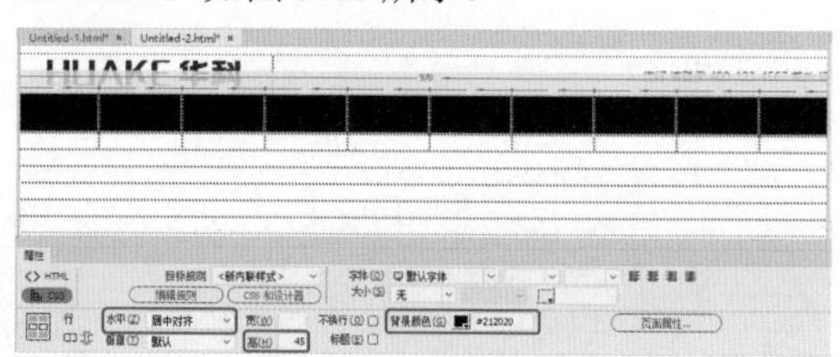

图 5-10

10 在【CSS设计器】面板中单击【选择器】左侧的【添加】按钮+，将其名称设置为.bk01。在【属性】卷展栏中单击【边框】按钮，单击【右侧】按钮，将width设置为thin，将style设置为solid，将color设置为#FFFFFF，如图5-11所示。

11 依次为第二至第九列单元格应用新建的CSS样式，将第一列单元格的【宽】设置为20，将第二列单元格的【背景颜色】更改为#444444，如图5-12所示。

图 5-11

图 5-12

12 在各列单元格中输入文字，并调整单元格的宽度，在【CSS 设计器】面板中单击【选择器】左侧的【添加】按钮 +，将其名称设置为 .t01。在【属性】卷展栏中单击【文本】按钮 T，将 color 设置为 #FFFFFF，将 font-size 设置为 14px。在【属性】面板中依次为输入的文字应用新建的 CSS 样式，如图 5-13 所示。

图 5-13

13 选择第二行的第一至第十列单元格，按 Ctrl+Alt+M 组合键，将选中的单元格进行合并。将光标置于合并后的单元格中，按 Ctrl+Alt+I 组合键，在弹出的【选择图像源文件】对话框中选择“素材 \Cha05\ 华科卫浴网页设计 \banner01.jpg”素材文件，单击【确定】按钮。选中插入的图像，在【属性】面板中将【宽】、【高】分别设置为 970px、375px，如图 5-14 所示。

图 5-14

14 将光标置入大表格的第三行单元格中，在【属性】面板中将【高】设置为 160，如图 5-15 所示。

图 5-15

15 在第三行单元格中插入一个 2 行 11 列、【表格宽度】为 970 像素、CellSpace 为 2 的表格，如图 5-16 所示。

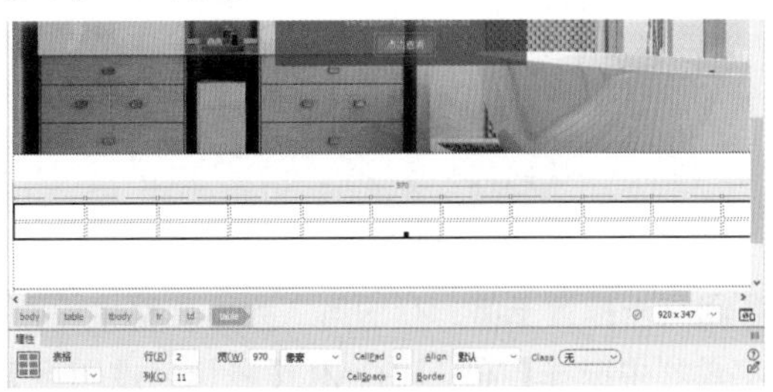

图 5-16

16 在【CSS 设计器】面板中单击【选择器】左侧的【添加】按钮+，将其名称设置为 .bk02。在【属性】卷展栏中单击【边框】按钮，再单击【右侧】按钮，将 width 设置为 1px，将 style 设置为 dashed，将 color 设置为 #B8B8B8，将 border-spacing 设置为 1px、0px，如图 5-17 所示。

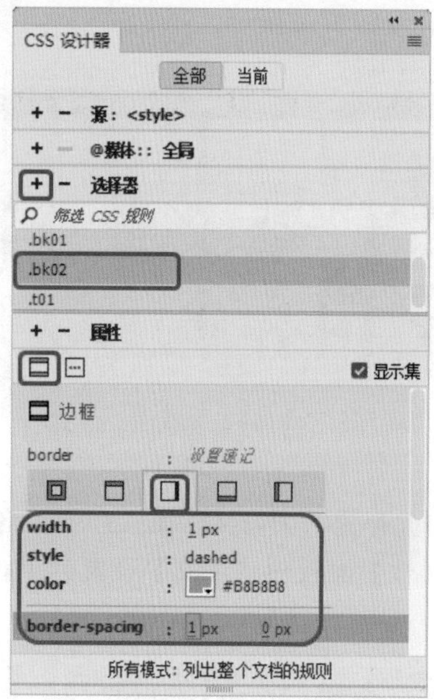

图 5-17

17 为第二列至第十列单元格应用新建的 CSS 样式，并将第一列与第十一列单元格的【宽】设置为 30，将第二列至第十列单元格的【宽】设置为 96，将两行十一列单元格的【水平】设置为【居中对齐】，将【高】设置为 45，如图 5-18 所示。

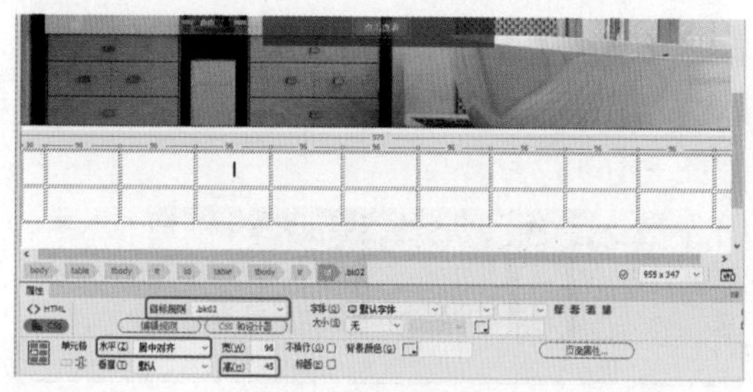

图 5-18

18 将光标置于第一行的第二列单元格中，在菜单栏中选择【插入】|HTML|【鼠标经过图像】命令，如图 5-19 所示。

图 5-19

19 在弹出的【插入鼠标经过图像】对话框中单击【原始图像】右侧的【浏览】按钮，在弹出的对话框中选择"01.png"素材文件，单击【确定】按钮。单击【鼠标经过图像】右侧的【浏览】按钮，在弹出的对话框中选择"01- 副本 .png"素材文件，单击【确定】按钮，如图 5-20 所示。

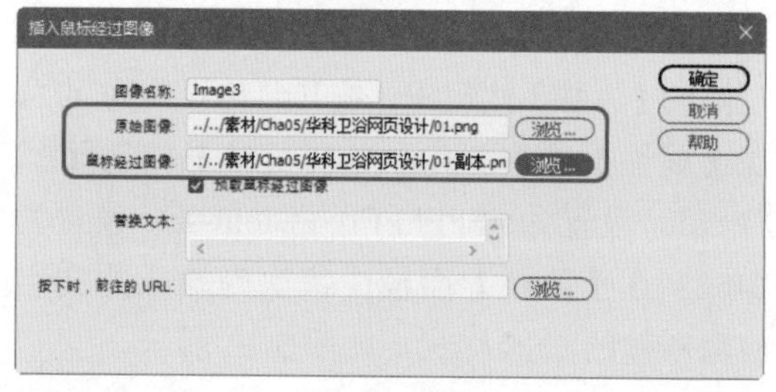

图 5-20

20 设置完成后，单击【确定】按钮，将光标置于第二行第二列单元格中，输入文字，在【CSS 设计器】面板中单击【选择器】左侧的【添加】按钮+，将其名称设置为 .t02。在【属性】卷展栏中单击【文本】按钮，将 color 设置为 #5B5B5B，将 font-family 设置为 Cambria, Hoefler Text, Liberation... 将 font-size 设置为 12px，将 letter-spacing 设置为 4px，为输入的文字应用新建的 CSS 样式，如图 5-21 所示。

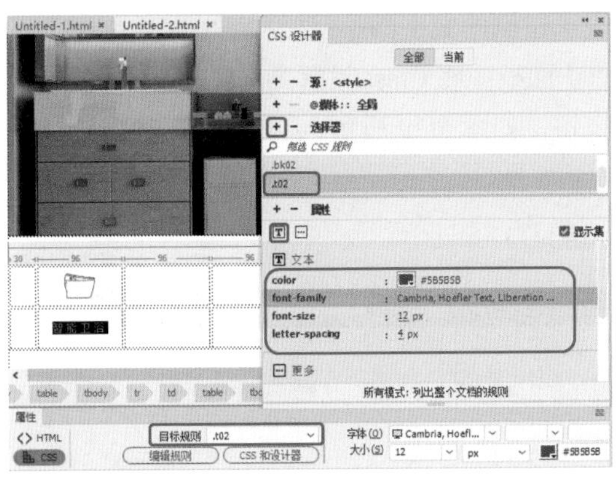

图 5-21

21 根据前面所介绍的方法在其他单元格中插入鼠标经过图像，并输入相应的位置内容，效果如图 5-22 所示。

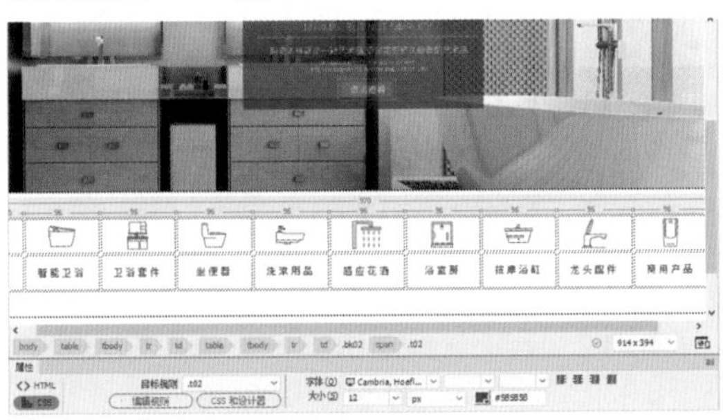

图 5-22

22 将光标置于第四行单元格中，在菜单栏中选择【插入】|HTML| HTML5 Video 命令，如图 5-23 所示。

图 5-23

23 选中插入的 HTML5 Video 图标，在【属性】面板中选中 AutoPlay、Loop、Muted 复选框，将 W、H 分别设置为 970 像素、404 像素，单击【源】右侧的【浏览】按钮，在弹出的对话框中选择“卫浴展示 .mp4”素材文件，单击【确定】按钮，如图 5-24 所示。

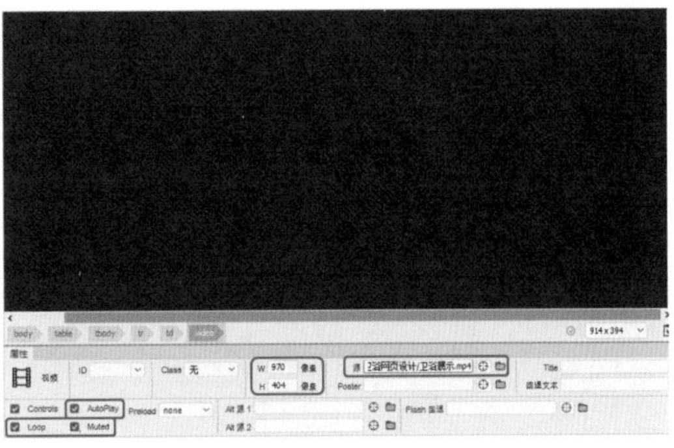

图 5-24

24 将光标置于第五行单元格中，插入一个 1 行 4 列，【表格宽度】为 970 像素，【边框粗细】、【单元格边距】、【单元格间距】均为 0 的表格。选中插入的表格，在【属性】面板中将 Align 设置为【居中对齐】，如图 5-25 所示。

图 5-25

25 选中插入的表格中的四列单元格，在【属性】面板中将【高】设置为 50，将【背景颜色】设置为 #313030，将光标置于第一列单元格中，将【水平】设置为【右对齐】，并设置每列单元格的宽度，如图 5-26 所示。

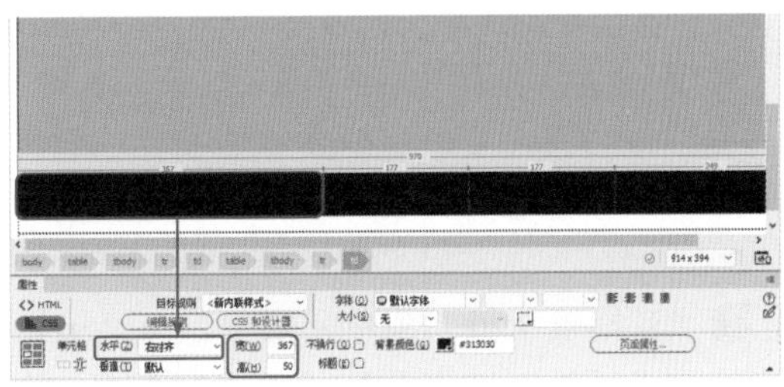

图 5-26

26 将光标置于第一列单元格中，输入文字，选中输入的文字，在【CSS 设计器】面板中单击【选择器】左侧的【添加】按钮+，将其名称设置为 .t03。在【属性】卷展栏中单击【文本】按钮T，将 color 设置为 #FFFFFF，将 font-family 设置为【微软雅黑】，将 font-size 设置为 23px，为输入的文字应用新建的 CSS 样式，如图 5-27 所示。

图 5-27

27 在【CSS 设计器】面板中单击【选择器】左侧的【添加】按钮+，将其名称设置为 .bd。在【属性】卷展栏中单击【布局】按钮，将 width、height 分别设置为 150px、25px，如图 5-28 所示。

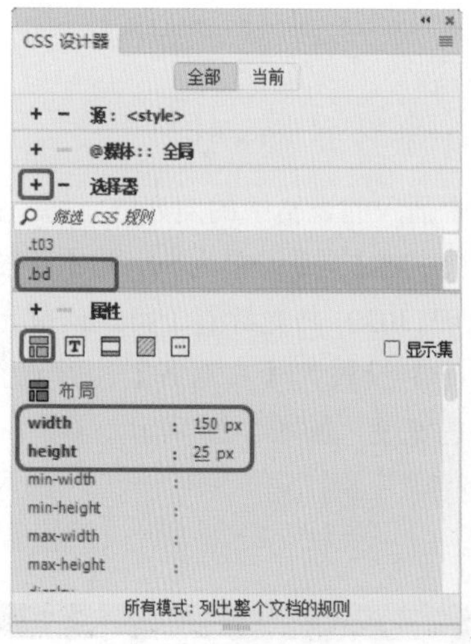

图 5-28

28 将光标置于第二列单元格中，在菜单栏中选择【插入】|【表单】|【选择】命令，将表单左侧的文字删除。选中插入的表单，在【属性】面板中将 Class 设置为 bd，单击【列表值】按钮，如图 5-29 所示。

图 5-29

29 在弹出的【列表值】对话框中设置项目标签，单击【添加】按钮+，并设置添加的项目标签，效果如图 5-30 所示。

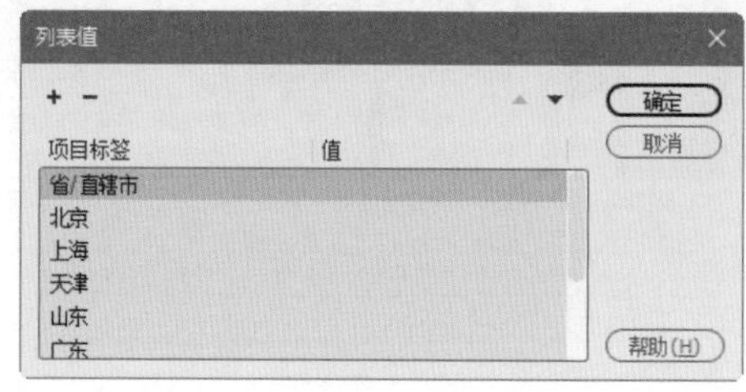

图 5-30

30 设置完成后，单击【确定】按钮。使用同样的方法在第三列单元格中插入表单，并进行相应的设置，如图 5-31 所示。

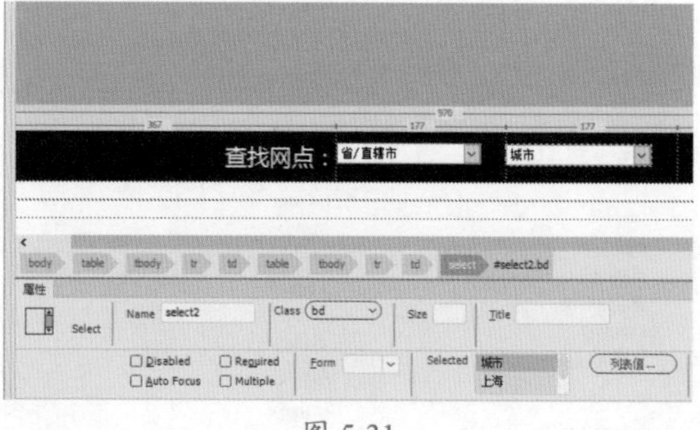

图 5-31

31 将光标置于第四列单元格中，按 Ctrl+Shift+空格组合键添加一个空格，然后在菜单栏中选择【插入】|【表单】|【按钮】命令。选中插入的按钮，在【属性】面板中将 Value 设置为“搜索”，如图 5-32 所示。

图 5-32

32 根据前面所介绍的方法在剩余单元格中制作其他内容，并进行相应的设置，如图 5-33 所示。

图 5-33

33 单击【拆分】按钮，在如图 5-34 所示的位置输入 <bgsound。

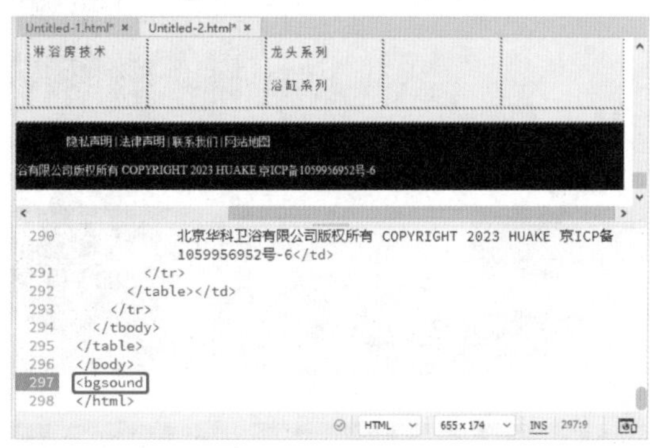

图 5-34

34 按空格键，在弹出的列表框中选择 src 命令，如图 5-35 所示。

35 选择该命令后，再在弹出的列表框中选择【浏览】命令，如图 5-36 所示。

图 5-35

图 5-36

36 在弹出的对话框中选择“素材 \Cha05\ 华科卫浴网页设计 \ 背景音乐 .mp3”素材文件，单击【确定】按钮，然后在如图 5-37 所示的位置输入 >。

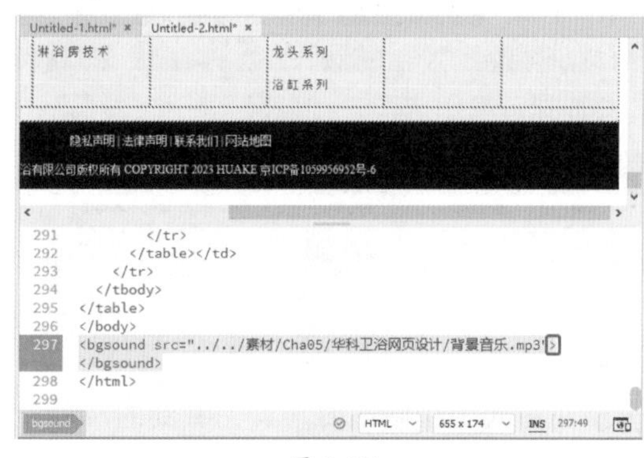

图 5-37

知识链接：网页的认识、设计与制作

网站是由网页组成的，而大家通过浏览器看到的画面就是网页。网页是一个 HTML 文件。

1. 对网页的认识

网页是构成网站的基本元素，是将文字、图形、声音及动画等各种多媒体信息相互链接起来而构成的一种信息表达方式，也是承载各种网站应用的平台。网页一般由站标、导航栏、广告栏、信息区和版权区等部分组成，如图 5-38 所示。

图 5-38

在访问一个网站时，首先看到的网页一般称为该网站的首页。网站首页是一个网站的入口网页，应便于浏览者了解该网站，如图 5-39 所示。

首页只是网站的开场页，单击页面上的文字或图片，即可打开网站的子页，而首页也随之关闭，如图 5-40 所示。

图 5-39

图 5-40

网站主页与首页的区别在于：主页设有网站的导航栏，是所有网页的链接中心。但多数网站的首页与主页通常合为一体，即省略了首页而直接显示主页，在这种情况下，它们指的是同一个页面，如图 5-41 所示。

图 5-41

2. 网站的认识

网站就是在 Internet 上通过超级链接的形式构成的相关网页的集合。人们可以通过网页浏览器来访问网站，获取自己需要的资源或享受网络提供的服务。如果一个企业建立了自己的网站，那么就可以更加直观地在 Internet 中宣传公司产品，展示企业形象。

根据网站用途的不同，可以将网站分为以下几个类型。

◎ 门户网站：是指通向某类综合性互联网信息资源并提供有关信息服务的应用系统，是涉及领域非常广泛的综合性网站，如图 5-42 所示。

图 5-42

◎ 行业网站：行业网站即所谓行业门户，其拥有丰富的资讯信息和强大的搜索引擎功能，如图 5-43 所示。

图 5-43

◎ 个人网站：所谓个人网站就是由个人开发建立的网站，它在内容和形式上具有很强的个性化，通常用来宣传自己或展示个人的兴趣爱好。

3. 网站的设计及制作

对于一个网站来说，除了网页内容外，还要对网站进行整体规划设计。要设计出一个精美的网站，前期的规划是必不可少的。决定网站成功与否的很重要的一个因素是它的构思，好的创意及丰富翔实的内容才能够让网页焕发出勃勃生机。

1）确定网站的风格和布局

在对网页插入各种对象、修饰效果前，要先确定网页的总体风格和布局。

网站风格就是网站的外衣，是指网站给浏览者的整体形象，包括站点的 CI(标志、色彩、字体和标语)、版面布局、浏览交互性、文字、内容、网站荣誉等诸多因素。

制作好网页风格后，要对网页的布局进行调整规划，也就是网页上的网站标志、导航栏及菜单等元素的位置。不同网页的各种网页元素所处的位置也不同。一般情况下，重要的元素放在突出的位置。

常见的网页布局有【同】字型、【厂】字型、标题正文型、封面型等。

【同】字型：也可以称为【国】字型，是一些大型网站常用的页面布局，特点是内容丰富、链接多、信息量大。网站的最上面是网站的标题以及横幅广告条，接下来是网站的内容，被分为 3 列，中间是网站的主要内容，最下面是版权信息等，如图 5-44 所示。

图 5-44

【厂】字型：【厂】字型布局的特点是内容清晰、一目了然，网站的最上面是网站的标题以及横幅广告条，左侧是导航链接，右侧是正文信息区，如图 5-45 所示。

图 5-45

◎ 标题正文型：标题正文型布局的特点是内容简单，上部是网站标志和标题，下部是网站正文，如图 5-46 所示。

图 5-46

◎ 封面型：封面型布局更接近于平面设计艺术，这种类型基本上是出现在一些网站的首页，一般为设计精美的图片或动画，多用于个人网页。如果处理得好，它会给人带来赏心悦目的感觉。

2）搜集资料和素材

先根据网站建设的基本要求来搜集资料和素材，包括文本、音频动画、视频及图片等。资料搜集得越充分，制作网站就越容易。搜集素材的时候不仅可以在网站上搜索，还可以自己制作 。

3）规划站点

资料和素材搜集完成后，就需要规划网站的布局和划分结构。对站点中所使用的素材和资料进行管理和规划，对网站中栏目的设置、颜色的搭配、版面的设计、文字图片的运用等进行规划，便于日后管理。

4）制作网页

制作网页是一个复杂而细致的过程，一定要按照先大后小、先简单后复杂的顺序来制作。所谓先大后小，就是在制作网页时，先把大的结构设计好，然后再逐步完善小的结构设计。所谓先简单后复杂，就是先设计出简单的内容，然后再设计复杂的内容，以便出现问题时及时修改。

在网页排版时，要尽量保持网页风格的一致性，不至于在网页跳转时产生不协调的感觉。在制作网页时灵活运用模板，可以大大提高制作效率。将相同版面的网页做成模板，基于此模板创建网页，以后想改变网页时，只需修改模板就可以了。

5）测试站点

网页制作完成后，上传到测试空间进行网站测试。网站测试的内容主要是检查浏览器的兼容性、链接是否正确、多余标签、语法错误等。

6）发布站点

在发布站点之前，首先应该申请域名和网络空间，同时还要对本地计算机进行相应的配置，以完成网站的上传。

可以利用上传工具将其发布到 Internet 上供大家浏览、观赏和使用。上传工具有很多，有些网页制作工具本身就带有 FTP 功能，利用这些 FTP 工具，可以很方便地把网站发布到所申请的网页服务器上。

7）更新站点

网站要经常更新内容，只有不断地补充新内容，才能够吸引更多的浏览者。

如果一个网站都是静态的网页，在网站更新时就需要增加新的页面，更新链接；如果一个网站都是动态的页面，只需要在后台进行信息的发布和管理就可以了。

5.1 在网页中添加图像

在制作网页的过程中，图像是必不可少的一部分。从网页的视觉效果而言，恰当地使用图像才会使网页充满勃勃生机和说服力，而网页的风格也是需要依靠图像才能得以体现。不过，在网页中使用图像也不是没有任何限制的。准确地使用图像来体现网页的风格，同时又不会影响浏览网页的速度，这是在网页中插入图像的基本要求。

5.1.1 常用的网页图像格式

在应用图像时，首先使用图像素材要贴近网页风格，能够明确表达所要说明的内容，并且图片要富于美感，能够吸引浏览者的注意力，并能够通过图片对网站产生兴趣。最好是用自己所制作的图片来体现设计意图，当然选择其他合适的图片经过加工和修改之后再运用到网页中也是可以的，但一定要注意版权问题。

其次，在选择美观、得体的图片的同时，还要注意图片的大小。相对而言，图像所占文件大小往往是文字的数百至数千倍，所以图像是网页文件过大的主要原因。过大的网页文件往往会造成浏览速度过慢等问题，所以尽量使用小一些的图像文件也是很重要的。

图像文件包含很多种格式，但是在网页中通常使用的只有三种，即 GIF、JPEG 和 PNG。下面来详细介绍 3 种格式的特点。

1. GIF 格式

GIF 是一种压缩的 8 位图像文件，是用于压缩具有单调颜色和清晰细节的图像（如线状图、徽标或带文字的插图）的标准格式。它所采用的压缩方式是无损的，可以方便地解决跨平台的兼容性问题。所以这种格式的文件大多用在网络传输上，速度要比传输其他格式的图像文件快得多。

此格式的文件的最大缺点是最多只能处理 256 种色彩。图像占用磁盘空间小，支持透明背景并且支持动画效果，曾经一度被应用在计算机教学、娱乐等软件中，也是人们较为喜爱的 8 位图像格式，在网页中多数用于图标、按钮、滚动条和背景等的设计与制作。

2. JPEG 格式

JPEG 是最常用的图像文件格式，是一种有损压缩格式，能够将图像压缩在很小的存储空间，图像中重复或者不重要的资料会被丢失，因此容易造成图像数据的损伤。

JPEG 格式支持大约 1670 万种颜色，因此主要应用于摄影图片的存储和显示，尤其是色彩丰富的大自然照片。在压缩前，可以从对话框中选择所需图像的最终质量，这样，就有效地控制了 JPEG 在压缩时的损失数据量。通常可以通过压缩 JPEG 文件在图像品质和文件大小之间达到良好的平衡。

另外，用 JPEG 格式，可以将当前所渲染的图像输入 Macintosh 机上做进一步处理，或将 Macintosh 制作的文件以 JPEG 格式再现于 PC 机上。总之，JPEG 是一种极具价值的文件格式。

3. PNG 格式

PNG 是 20 世纪 90 年代中期开始开发的图像文件存储格式。PNG 图像可以是灰阶的（位深可达 16bit）或彩色的（位深可达 48bit），为缩小文件尺寸，它还可以是 8-bit 的索引色。PNG 使用新的高速的交替显示方案，可以迅速地显示，只要下载 1/64 的图像信息就可以显示出低分辨率的预览图像。与 GIF 不同，PNG 格式不支持动画文件。

PNG 用于存储 Alpha 通道定义文件中的透明区域，以确保将文件存储为 PNG 格式之前，删除那些除了想要的 Alpha 通道以外的所有的 Alpha 通道。

另外，PNG 采用无损压缩方式来减少文件的大小，能把图像文件大小压缩到极限，以利于网络的传输，却不失真。PNG 格式文件可保留所有原始层、向量、颜色和效果信息，并且在任何时候所有元素都是可以完全编辑的。

■ 5.1.2　插入网页图像

了解了网页中常用的图像格式之后，下面来介绍如何在网页中插入图像。

01 按 Ctrl+O 组合键，在弹出的【打开】对话框中选择“素材 \Cha05\ 投资网页设计 \ 投资网页素材 .html”素材文件，单击【打开】按钮，如图 5-47 所示。

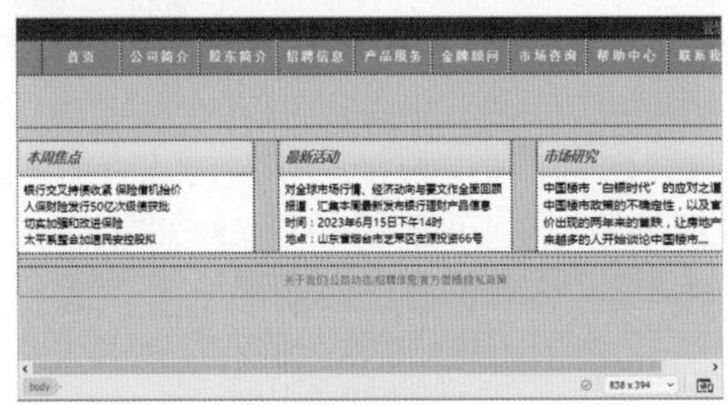

图 5-47

02 将光标置入要插入图像的单元格中，如图 5-48 所示。

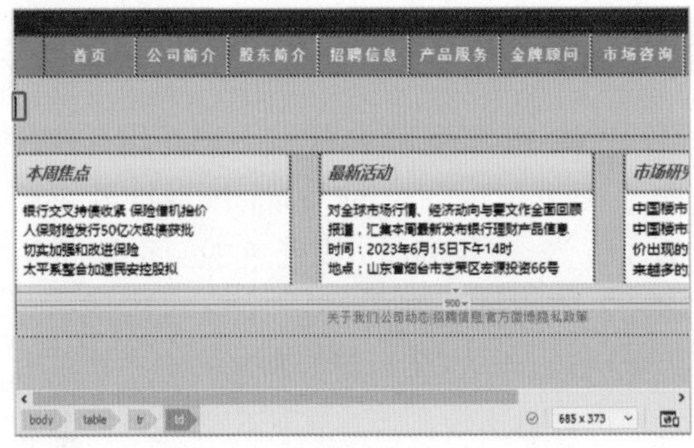

图 5-48

03 在菜单栏中选择【插入】| Image 命令，如图 5-49 所示。

04 在弹出的【选择图像源文件】对话框中选择“素材 \Cha05\ 投资网页设计 H1.jpg”素材文件，如图 5-50 所示。

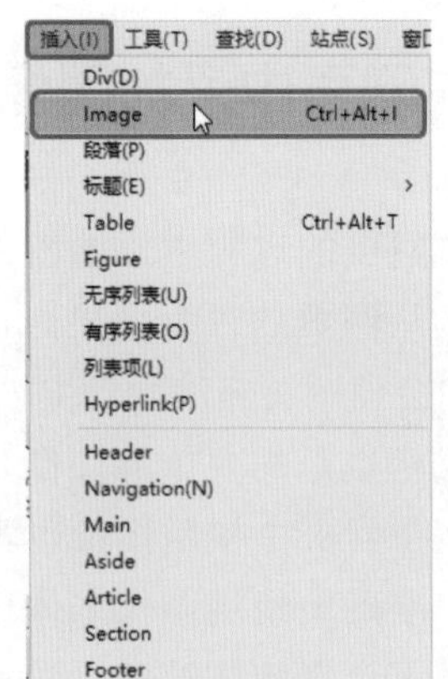

图 5-49

图 5-50

05 单击【确定】按钮，即可将选中的素材文件插入单元格中。选中插入的图像，在【属性】面板中将【宽】、【高】分别设置为 900px、484px，效果如图 5-51 所示。

图 5-51

06 插入完成后，单击【文件】|【另存为】命令保存文件，按 F12 键预览效果，效果如图 5-52 所示。

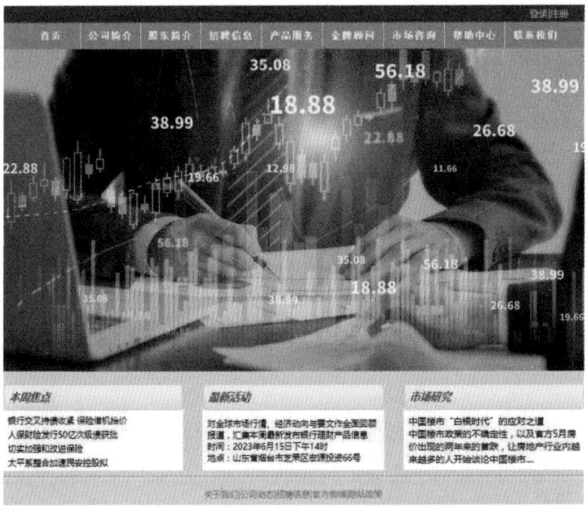

图 5-52

提示：如果所选图片位于当前站点的根文件夹中，则直接将图片插入；如果图片文件不在当前站点的根文件夹中，系统会出现提示对话框，询问是否希望将选定的图片复制到当前站点的根文件夹中。

执行以下操作方式之一，可以完成图像的插入。

在菜单栏中选择【插入】| Image 命令，如图 5-53 所示。

在【插入】面板中单击 Image 按钮，如图 5-54 所示。

按 Ctrl+Alt+I 组合键，打开【选择图像源文件】对话框。

图 5-53　　图 5-54

5.2 编辑和更新网页图像

在 Dreamweaver 中，提供了多种编辑图像的方法，其中包括优化图像、裁剪图像、锐化图像等，本节将对其进行简单介绍。

5.2.1 设置图像大小

将图像插入文档中之后，图像的大小可能会不符合文档的需求，用户可以在 Dreamweaver 2020 中设置图像的大小，从而达到所需的效果。下面将介绍如何设置图像的大小，其操作步骤如下。

01 启动 Dreamweaver 2020 软件，按 Ctrl+O 组合键，在弹出的【打开】对话框中选择“素材\Cha05\靓图王网页设计\靓图王网页素材.html”素材文件，单击【打开】按钮，如图 5-55 所示。

图 5-55

02 打开素材文件后，将光标置于空白的第一列单元格中，如图 5-56 所示。

图 5-56

03 按 Ctrl+Alt+I 组合键，在弹出的【选择图像源文件】对话框中选择“素材 \Cha05\ 靓图王网页设计 \ 图 01.jpg”素材文件，如图 5-57 所示。

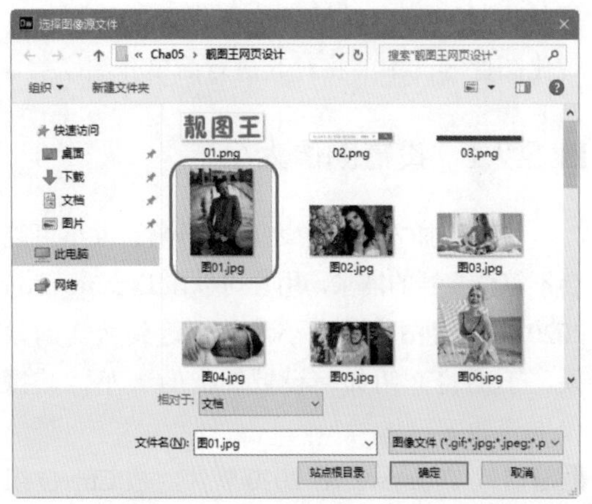

图 5-57

04 单击【确定】按钮，选中插入的图像，在【属性】面板中将【宽】、【高】分别设置为 269px、352px，如图 5-58 所示。

图 5-58

提示：用户还可以在文档窗口中选择需要调整的图像文件，在图像的底部、右侧以及右下角会出现控制点，用户可以通过拖动控制点来调整图像的高度和宽度。

5.2.2 使用 Photoshop 软件更新网页图像

在使用 Dreamweaver 制作网页时，可以通过外部编辑器对网页中的图像进行编辑修改。使用外部编辑器修改后的图像能直接保存，可以直接在【文档】窗口中查看编辑后的图像。在 Dreamweaver 2020 版本中默认 Photoshop 软件为外部图像编辑器。下面将详细介绍外部编辑器的使用方法。

01 继续上面的操作，将光标置入第二列的第一行单元格中，如图 5-59 所示。

图 5-59

02 按 Ctrl+Alt+I 组合键，在弹出的【选择图像源文件】对话框中选择“素材 \Cha05\ 靓图王网页设计 \ 图 02.jpg”素材文件，按 Ctrl+C 组合键对选中的图像进行复制，再按 Ctrl+V 组合键进行粘贴，选中粘贴的“图 02 - 副本.jpg”素材文件，单击【确定】按钮。在【属性】面板中将【宽】、【高】分别设置为 363px、176px，如图 5-60 所示。

图 5-60

提示：在 Dreamweaver 中对图像进行编辑时，会替换源图像，为了不使源图像发生改变，在此我们复制一个副本进行操作。

03 此时，新插入的图像被拉伸变形，并且图像颜色偏暗，可以通过 Photoshop 软件对插入的图像进行调整。继续选中该图像，在菜单栏中选择【编辑】|【图像】|【编辑以】| Photoshop 命令，如图 5-61 所示。

图 5-61

04 执行该操作后，即可启动 Photoshop 软件，并在软件中自动打开选中的图像文件。在工具箱中单击【裁剪工具】按钮，在选项栏中将工具预设设置为【比例】，将裁剪框的长度、宽度分别设置为 363px、176px，并在工作区中调整裁剪框的大小，如图 5-62 所示。

图 5-62

05 按 Enter 键对选中的图像进行裁剪，裁剪完成后，按 Ctrl+M 组合键，在弹出的【曲线】对话框中添加一个编辑点，将【输出】设置为 168，将【输入】设置为 151，如图 5-63 所示。

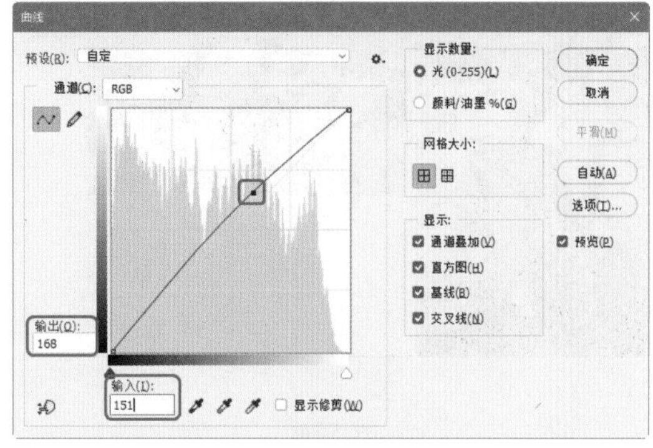

图 5-63

06 在【曲线】对话框中再添加一个编辑点，将【输出】设置为 133，将【输入】设置为 111，如图 5-64 所示。

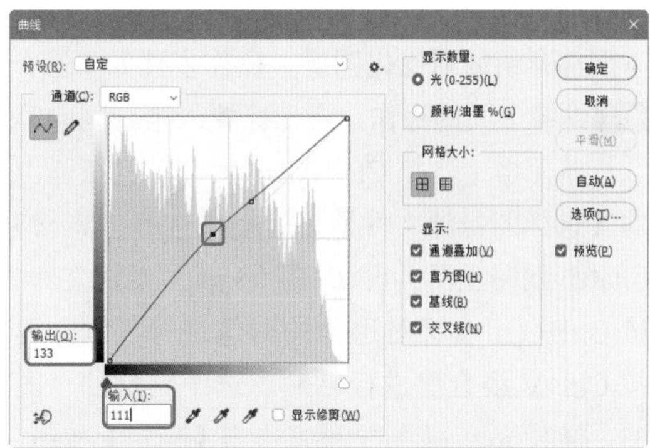

图 5-64

07 设置完成后，单击【确定】按钮，即可发现图像色调变亮了，效果如图 5-65 所示。

图 5-65

08 按Ctrl+S组合键，对图像文件进行保存，关闭Photoshop软件。在Dreamweaver网页中可以看到更新的网页图像，如图5-66所示。

图 5-66

■ 5.2.3 优化图像

优化图像可以对图像的大小进行优化，可以通过选择不同的预设来缩小图像的内存。下面将介绍如何优化图像，操作步骤如下。

01 继续上面的操作，将光标置入第二列的第二行单元格中，按Ctrl+Alt+I组合键，在弹出的【选择图像源文件】对话框中选择“素材\Cha05\靓图王网页设计\图03.jpg”素材文件，按Ctrl+C组合键对选中的图像进行复制，再按Ctrl+V组合键进行粘贴，选中粘贴的“图03 - 副本.jpg”素材文件，单击【确定】按钮，如图5-67所示。

图 5-67

02 选中新插入的图像，在菜单栏中选择【编辑】|【图像】|【优化】命令，如图5-68所示。

图 5-68

03 打开【图像优化】对话框，单击【预置】右侧的下拉按钮，在弹出的下拉列表中选择【高清JPEG以实现最大兼容性】选项，此时【格式】将自动默认为JPEG，【品质】将自动默认为80，如图5-69所示。

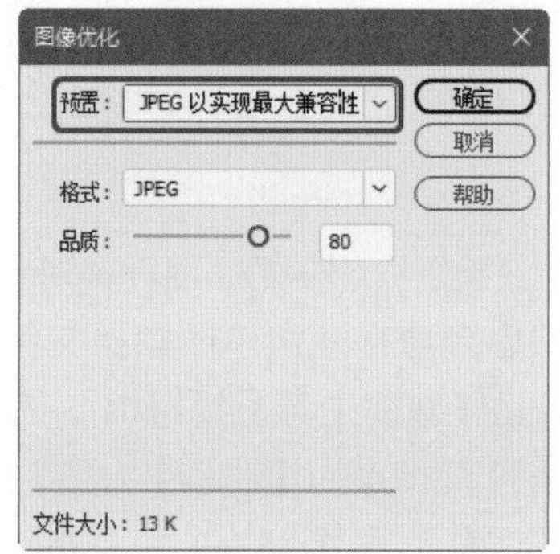

图 5-69

04 设置完成后，即可在【图像优化】对话框的左下角发现文件大小发生了变化，单击【确定】按钮，图像优化完成，效果如图5-70所示。

提示：在【属性】面板中单击【编辑图像设置】按钮，也可打开【图像优化】对话框，可对选中的图像进行优化设置。与在菜单栏中选择【编辑】|【图像】|【优化】命令作用相同。

图 5-70

■ 5.2.4 裁剪图像

以下是裁剪图像的具体操作步骤。

01 继续上面的操作，将光标置于第三列的第一行单元格中，按 Ctrl+Alt+I 组合键，在弹出的【选择图像源文件】对话框中选择“素材 \Cha05\ 靓图王网页设计 \ 图 04.jpg”素材文件，复制并粘贴出“图 04- 副本 .jpg”素材文件，单击【确定】按钮，如图 5-71 所示。

图 5-71

02 选中新插入的图像，在菜单栏中选择【编辑】|【图像】|【裁剪】命令，如图 5-72 所示。

03 系统将自动弹出提示对话框，并在该对话框中选中【不要再显示该消息（D）。】复选框，如图 5-73 所示。

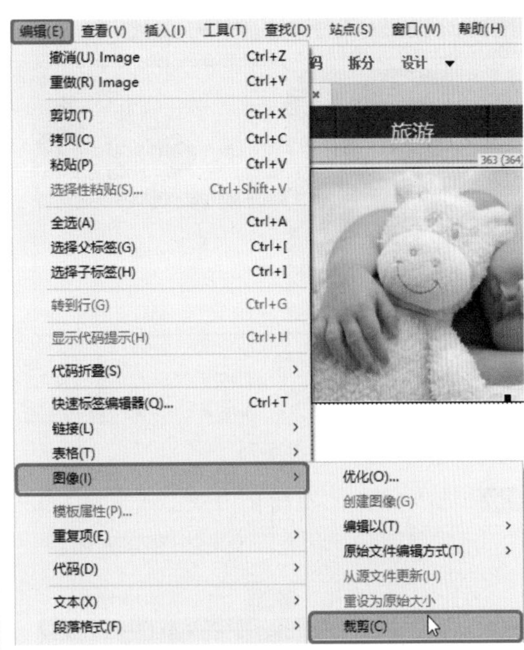

图 5-72

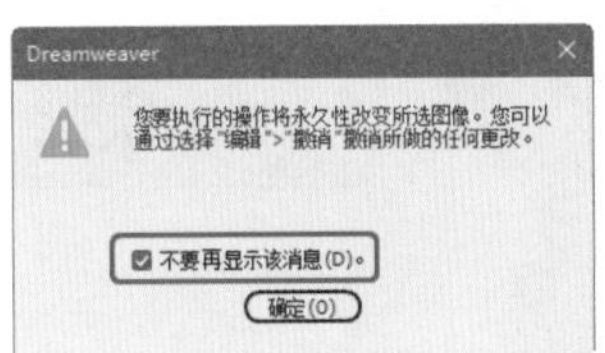

图 5-73

04 单击【确定】按钮，图像进入裁剪编辑状态，如图 5-74 所示。

图 5-74

05 在【属性】面板中将【宽】、【高】分别设置为 363px、176px，并调整裁剪窗口的位置，效果如图 5-75 所示。

图 5-75

06 调整完成后，在窗口中双击或者按 Enter 键，退出裁剪编辑状态，效果如图 5-76 所示。

图 5-76

提示：在【属性】面板中单击【裁剪】按钮，也可对选中的图像进行裁剪设置。与在菜单栏中选择【编辑】|【图像】|【裁剪】命令的作用相同。

5.2.5 调整图像的亮度和对比度

下面来介绍设置图像的亮度和对比度的方法，具体的操作步骤如下。

01 继续上面的操作，在窗口中选择要进行调整的图像，如图 5-77 所示。

图 5-77

02 选择需要调整的图像，在菜单栏中选择【编辑】|【图像】|【亮度 / 对比度】命令，如图 5-78 所示。

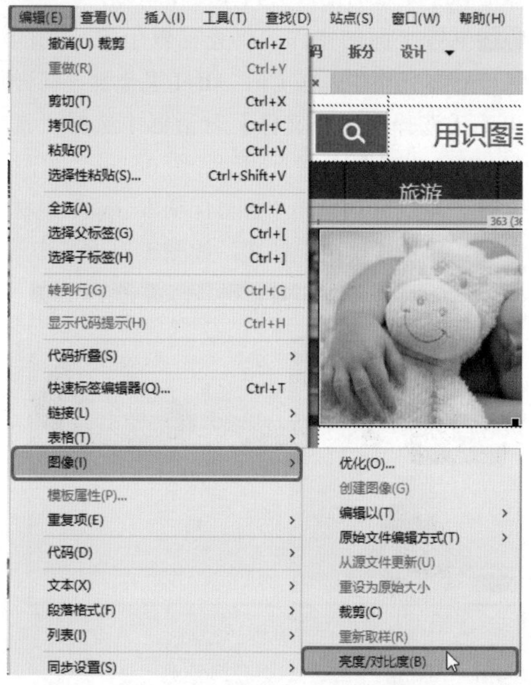

图 5-78

03 执行该命令后，系统将自动弹出【亮度 / 对比度】对话框，在该对话框中，将【亮度】设置为 10，【对比度】设置为 6，如图 5-79 所示。

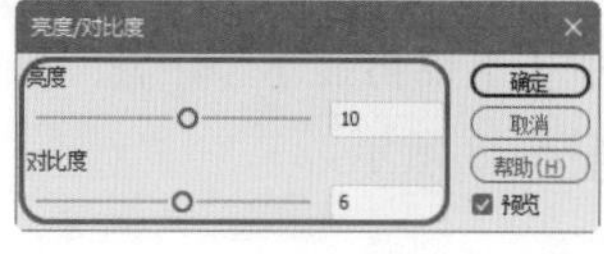

图 5-79

提示：在【亮度 / 对比度】对话框中选中【预览】复选框，可以查看调整【亮度 / 对比度】后的图像效果，再调整图像清晰度到理想的效果后，单击【确定】按钮即可。

04 设置完成后，单击【确定】按钮，即可完成亮度和对比度的调整，如图 5-80 所示。

图 5-80

提示：在【属性】面板中单击【亮度和对比度】按钮，也可打开【亮度 / 对比度】对话框，可对选中的图像进行亮度、对比度的设置。与在菜单栏中选择【编辑】|【图像】|【亮度 / 对比度】命令作用相同。在【亮度 / 对比度】对话框中，亮度和对比度的数值范围为 -100~100。

5.2.6 锐化图像

锐化能增加对象边缘的像素的对比度，使图像模糊的地方层次分明，从而增加图像的清晰度。

01 继续上面的操作，将光标置于第三列第二行单元格中，按 Ctrl+Alt+I 组合键，在弹出的【选择图像源文件】对话框中选择“素材 \Cha05\ 靓图王网页设计 \ 图 05.jpg”素材文件，复制并粘贴出“图 05- 副本 .jpg”素材文件，单击【确定】按钮，如图 5-81 所示。

图 5-81

02 选择该图像对象，在菜单栏中选择【编辑】|【图像】|【锐化】命令，如图 5-82 所示。

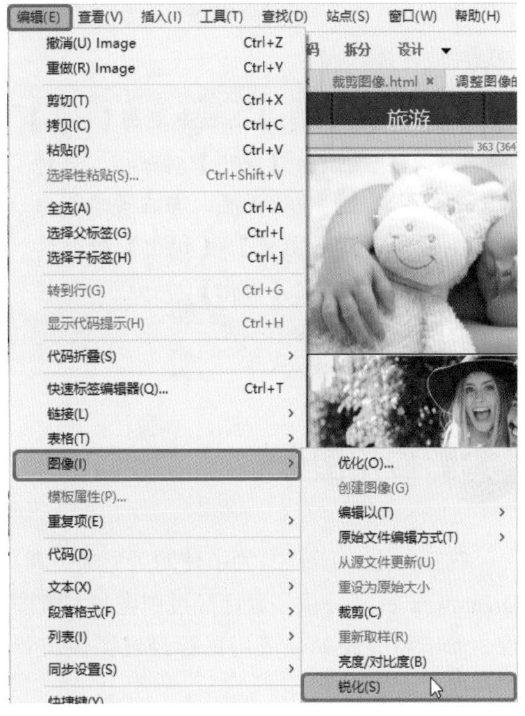

图 5-82

03 执行该命令后，系统将自动弹出【锐化】对话框，在该对话框中将【锐化】设置为 2，如图 5-83 所示。

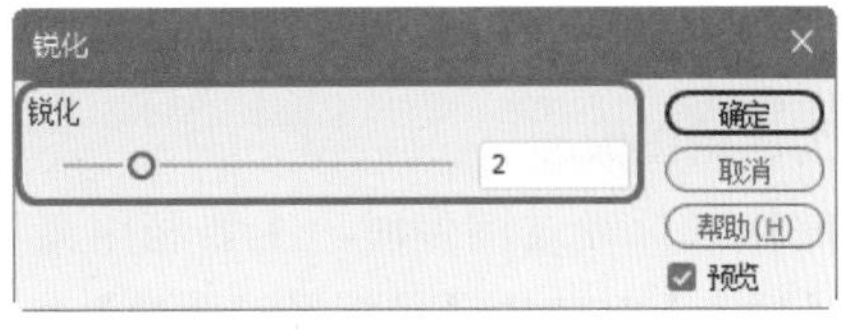

图 5-83

04 设置完成后，单击【确定】按钮，即可完成对图像的设置，效果如图 5-84 所示。

图 5-84

提示：在【属性】面板中单击【锐化】按钮，也可打开【锐化】对话框，可对选中的图像进行锐化设置。与在菜单栏中选择【编辑】|【图像】|【锐化】命令的作用相同，并且在【锐化】对话框中，锐化的数值范围为 0~10。

5.3 应用图像

在 Dreamweaver 中，为了使网页更加美观，Dreamweaver 还提供了鼠标经过图像与背景图像。本节将介绍如何应用鼠标经过图像与背景图像。

5.3.1 鼠标经过图像

鼠标经过图像效果是由两张图片组成，在浏览器浏览网页时，当光标移至原始图像时会显示鼠标经过的图像，当光标离开后又恢复为原始图像。

制作鼠标经过图像时，主要利用菜单栏中的【插入】|HTML|【鼠标经过图像】命令，如图 5-85 所示。选择该命令后，系统将自动弹出【插入鼠标经过图像】对话框，如图 5-86 所示。

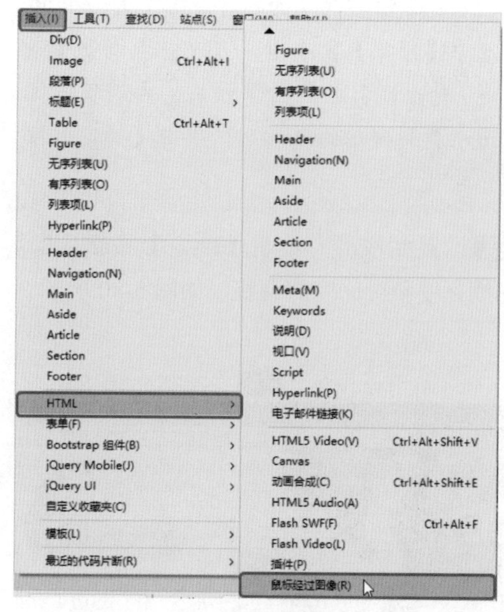

图 5-85

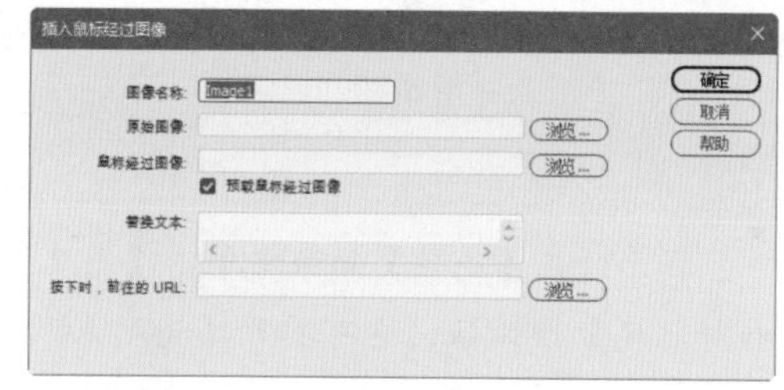

图 5-86

当单击【原始图像】文本框后的【浏览】按钮时，系统将自动弹出【原始图像】对话框，如图 5-87 所示。在该对话框中可选择原始的图像，并单击【确定】按钮。

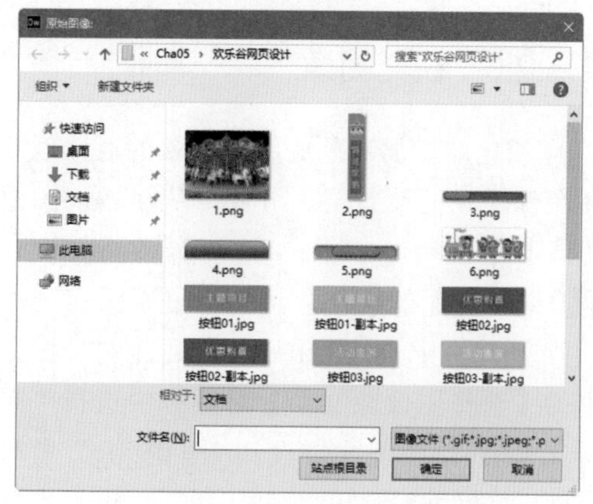

图 5-87

当单击【鼠标经过图像】文本框后的【浏览】按钮时，系统将自动弹出【鼠标经过图像】对话框，如图 5-88 所示。在该对话框中可选择鼠标经过的图像，并单击【确定】按钮即可。

图 5-88

在【插入鼠标经过图像】对话框中各选项功能如下。

◎ 【图像名称】：输入鼠标经过的图像名称。

◎ 【原始图像】：当单击【浏览】按钮时，在弹出的【原始图像】对话框中可选择图像文件或直接输入图像的路径。

◎ 【鼠标经过图像】：当单击【浏览】按钮时，在弹出的【鼠标经过图像】对话框中可选择鼠标经过显示的图像或直接输入图像路径。

◎ 【预载鼠标经过图像】：当选中该复选框时，可使图像预先载入浏览器的缓存中，可方便用户将光标划过图像时，不会延迟。

◎ 【替换文本】：为只使用显示文本的浏览器，浏览者可输入描述该图像的文本。

◎ 【按下时，前往的 URL】：单击【浏览】按钮，选择图像文件，或直接输入当单击鼠标经过图像时打开的网页路径或网站地址。

5.3.2 背景图像

背景图像不但可以丰富页面内容，还可以使网页更加生动。

添加背景图像的具体操作步骤如下。

01 启动 Dreamweaver 2020，在【属性】面板中，单击【页面属性】按钮，如图 5-89 所示。

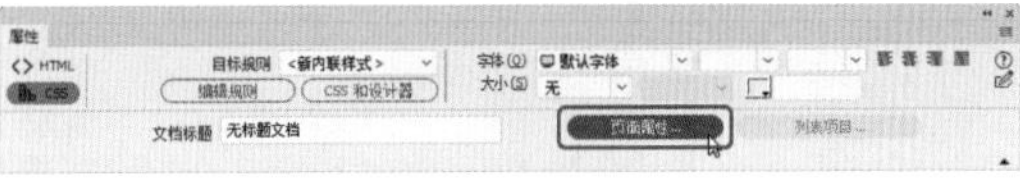

图 5-89

02 打开【页面属性】对话框，在【分类】列表框中选择【外观（HTML）】选项，单击【背景图像】右侧的【浏览】按钮，如图 5-90 所示。

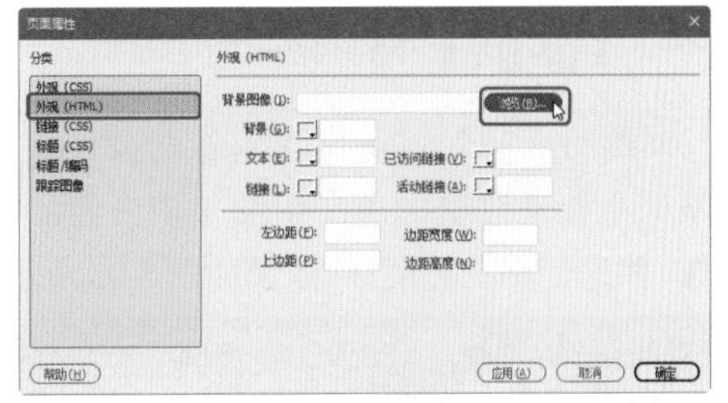

图 5-90

03 在打开的【选择图像源文件】对话框中选择一个背景图像，如图 5-91 所示。

图 5-91

04 单击【确定】按钮，返回到【页面属性】对话框中，继续单击【确定】按钮，背景图像会在文档窗口中显示出来，如图 5-92 所示。

提示：在菜单栏中选择【文件】|【页面属性】命令，即可打开【页面属性】对话框，其作用与在【属性】面板中单击【页面属性】按钮相同。

图 5-92

【实战】欢乐谷网页设计

本例将介绍如何制作欢乐谷网页设计。本案例主要通过前面所介绍的知识内容添加图像，并进行相应的设置，效果如图 5-93 所示。

图 5-93

素材	素材 \Cha05\ 欢乐谷网页设计
场景	场景 \Cha05\【实战】欢乐谷网页设计 .html
视频	视频教学 \Cha05\【实战】欢乐谷网页设计 .mp4

01 按 Ctrl+O 组合键，在弹出的对话框中选择“素材 \Cha05\ 欢乐谷网页设计 \ 欢乐谷网页素材 .html”素材文件，单击【打开】按钮，如图 5-94 所示。

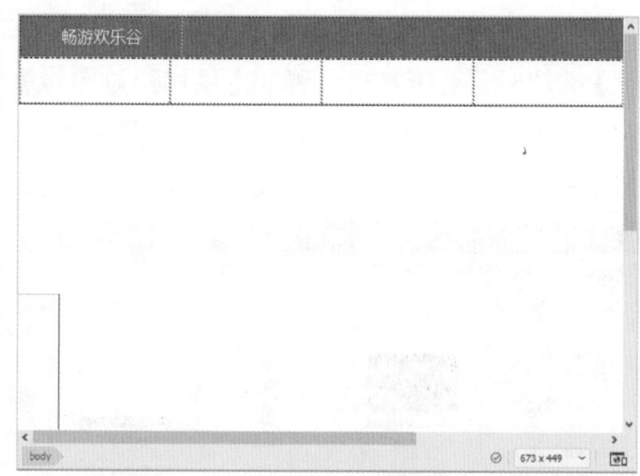

图 5-94

02 将光标置于“分享”右侧，按 Ctrl+Alt+I 组合键，在弹出的【选择图像源文件】对话框中选择“素材 \Cha05\ 欢乐谷网页设计 \ 图标 1.png”素材文件，单击【确定】按钮。选中插入的图像，在【属性】面板中将【宽】、【高】均设置为 22px，如图 5-95 所示。

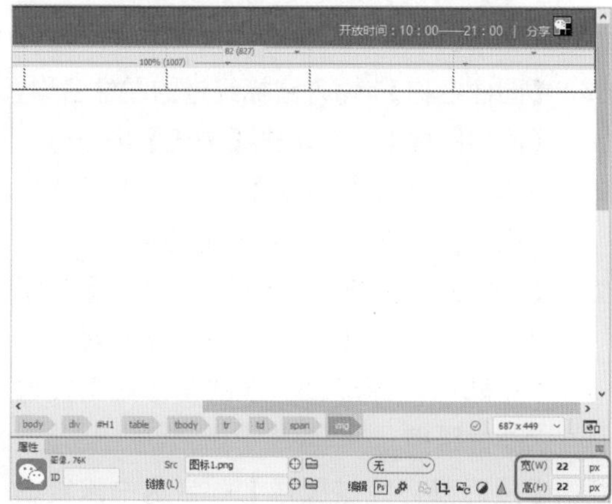

图 5-95

03 将光标置于插入图像的右侧，按 Ctrl+Alt+I 组合键，在弹出的【选择图像源文件】对话框中选择“素材 \Cha05\ 欢乐谷网页设计 \ 图标 2.png”素材文件，单击【确定】按钮，使用其默认大小即可，如图 5-96 所示。

04 将光标置于“畅游欢乐谷”下方的第一列单元格中，在菜单栏中选择【插入】|HTML|【鼠标经过图像】命令，如图 5-97 所示。

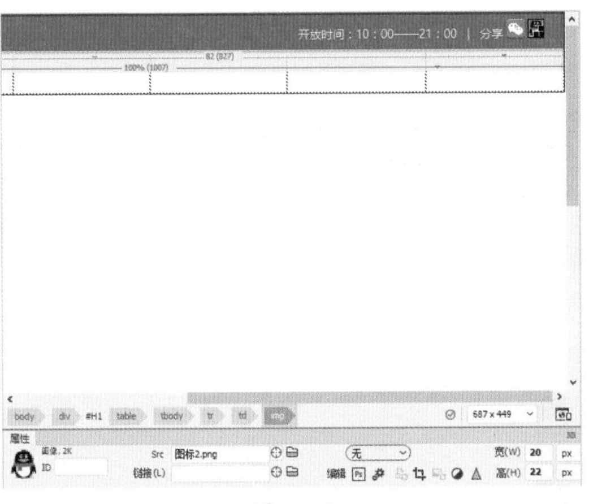

图 5-96

图 5-97

05 在弹出的对话框中单击【原始图像】右侧的【浏览】按钮，在弹出的【原始图像】对话框中选择“按钮 01.jpg”素材文件，如图 5-98 所示。

图 5-98

06 单击【确定】按钮，在返回的【插入鼠标经过图像】对话框中单击【鼠标经过图像】右侧的【浏览】按钮，在弹出的【鼠标经过图像】对话框中选择“按钮 01- 副本 .jpg”素材文件，如图 5-99 所示。

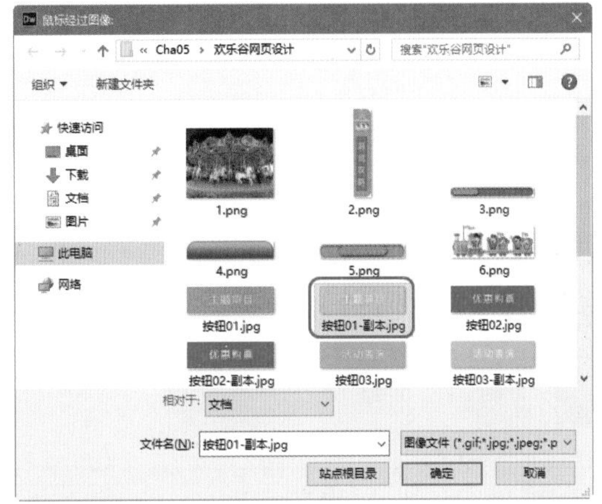

图 5-99

07 单击【确定】按钮，在【鼠标经过图像】对话框中单击【确定】按钮，即可插入鼠标经过图像，如图 5-100 所示。

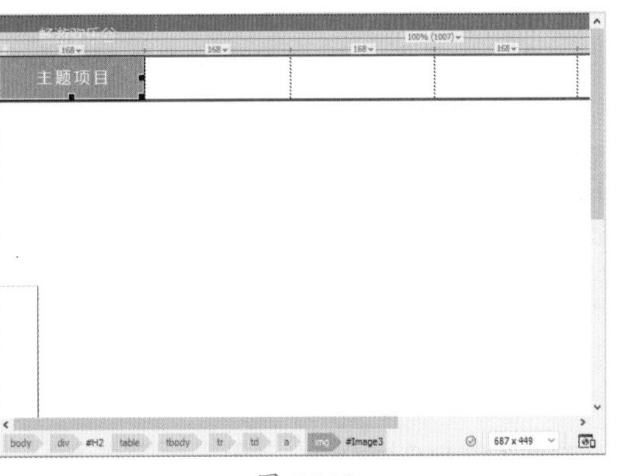

图 5-100

08 使用同样的方法在其他单元格中插入鼠标经过图像，效果如图 5-101 所示。

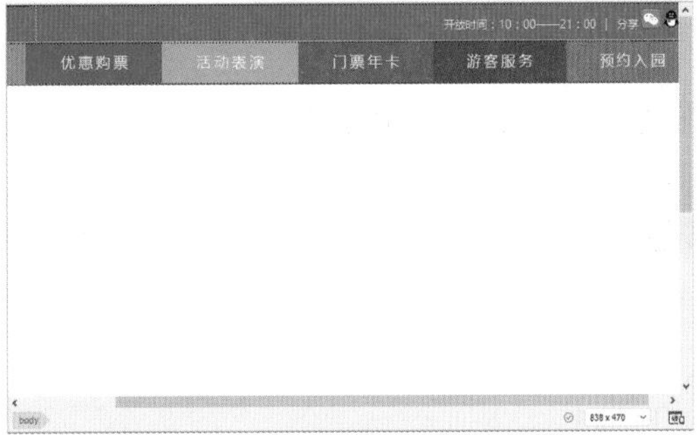

图 5-101

09 将光标置于左侧空白Div中，按Ctrl+Alt+I组合键，在弹出的【选择图像源文件】对话框中选择“2.png”素材文件，单击【确定】按钮。选中插入的图像，在【属性】面板中将【宽】、【高】分别设置为45px、230px，如图5-102所示。

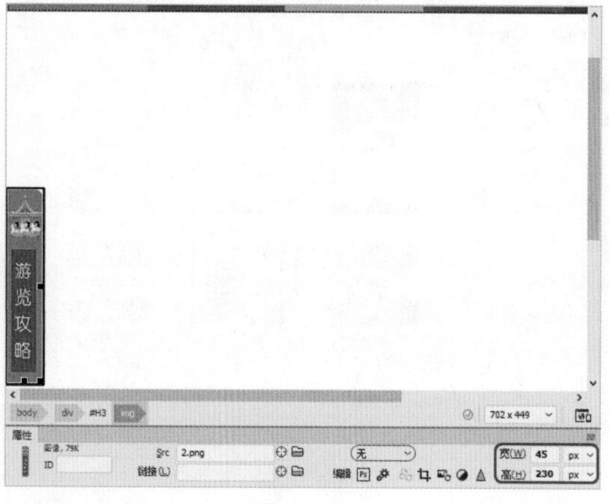

图 5-102

10 将光标置于“欢乐谷公告”下方的空白单元格中，按Ctrl+Alt+I组合键，在弹出的对话框中选择“6.png”素材文件。选中插入的图像，在【属性】面板中将【宽】、【高】分别设置为150px、52px，如图5-103所示。

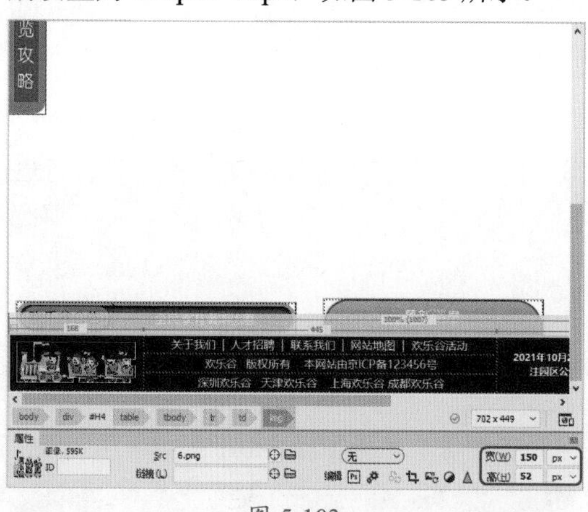

图 5-103

11 在空白处单击，在【属性】面板中单击【页面属性】按钮，如图5-104所示。

12 在弹出的【页面属性】对话框中选择【分类】列表框中的【外观（HTML）】选项，单击【背景图像】右侧的【浏览】按钮，如图5-105所示。

图 5-104

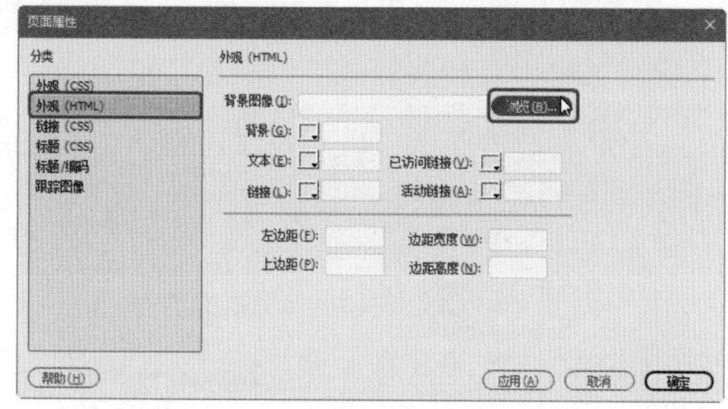

图 5-105

13 在弹出的【选择图像源文件】对话框中选择“1.png”素材文件，单击【确定】按钮，返回到【页面属性】对话框，即可添加背景图像，如图5-106所示。

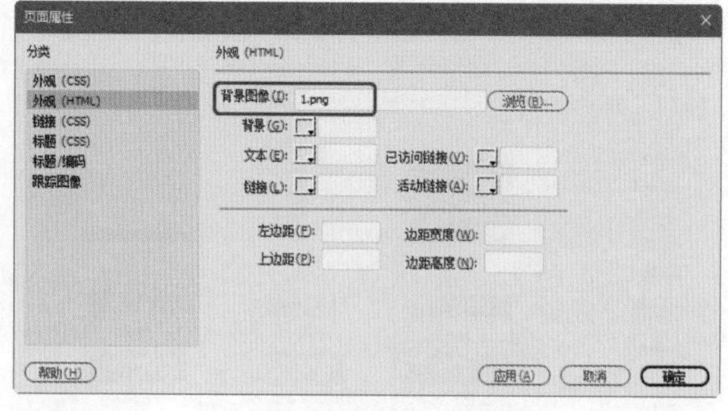

图 5-106

14 继续单击【确定】按钮，即可完成背景图像的插入，效果如图5-107所示。

图 5-107

知识链接：网页色彩的搭配

色彩对人的视觉效果非常明显，一个网站设计得成功与否，在某种程度上取决于设计者对色彩的运用和搭配，因为网页设计属于一种平面效果设计。在平面图上，色彩的冲击力是最强的，它最容易给客户留下深刻的印象，如图 5-108 所示。

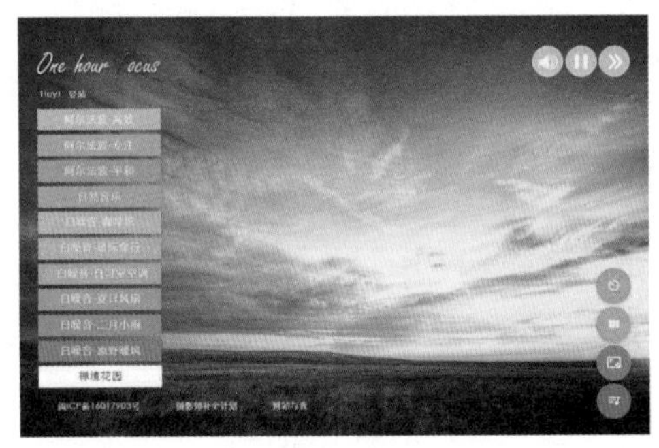

图 5-108

1. 色彩处理

人的视觉对色彩最敏感，主页的色彩处理得好，可以锦上添花，达到事半功倍的效果。

1）色彩的感觉

（1）色彩的冷暖感：色彩的冷暖感觉主要取决于色调。在色彩的各种感觉中，首先感觉到的是冷暖感。一般来说，看到红、橙、黄等时感到温暖，而看到蓝、蓝紫、蓝绿时感到冷。

（2）色彩的软硬感：决定色彩轻重感觉的主要是明度，明度高的色彩感觉轻，明度低的色彩感觉重。在同明度、同色相条件下，纯度高的感觉轻。

（3）色彩的强弱感：亮度高的明亮、鲜艳，色彩感觉强，反之则色彩感觉弱。

（4）色彩的兴奋与沉静：这与色相、明度、纯度都有关，其中纯度的作用最为明显。在色相方面，凡是偏红、橙的暖色系具有兴奋感，凡属蓝、青的冷色系具有沉静感；在明度方面，明度高的色彩具有兴奋感，明度低的色彩具有沉静感；在纯度方面，纯度高的色彩具有兴奋感，纯度低的色彩具有沉静感。

（5）色彩的华丽与朴素：这与纯度的关系最大，其次是与明度有关。凡是鲜艳而明亮的色彩具有华丽感，凡是浑浊而深暗的色彩具有朴素感。有彩色系具有华丽感，无彩色系具有朴素感。

（6）色彩的进退感：对比强、暖色、明快、高纯度的色彩代表前进，反之代表后退。

2）色彩的季节性

春季处处一片生机，通常会流行一些活泼跳跃的色彩；夏季气候炎热，人们希望凉爽，通常流行以白色和浅色调为主的清爽亮丽的色彩；秋季秋高气爽，流行的是沉重的暖色调；冬季气候寒冷，深颜色有吸光、传热的作用，人们希望能暖和一点，喜欢穿深色衣服。这就很明显地形成了四季的色彩流行趋势，春夏以浅色、明艳色调为主；秋冬以深色、稳重色调为主，每年色彩的流行趋势都会因此而分成春夏和秋冬两大色彩趋向。

3）颜色的心理感觉

不同的颜色会给浏览者不同的心理感受。

（1）红色：红色是一种激奋的色彩，代表热情、活泼、温暖、幸福和吉祥。红色的色感温暖，性格刚烈而外向，是一种对人刺激性很强的颜色。红色容易引起人们的注意，也容易使人兴奋、激动、热情、紧张和冲动，而且还是一种容易造成人视觉疲劳的颜色。图 5-109 所示，这是以红色为主色调的网页。

图 5-109

（2）橙色：橙色是十分活泼的色彩，与红色同属暖色，具有红色与黄色之间的色性，它容易使人联想起火焰、灯光、霞光、水果等物象，是最温暖、明亮的色彩。它给人活泼、华丽、辉煌、跃动、甜蜜、愉快的感觉，但也有疑惑、嫉妒等消极倾向性表现。图 5-110 所示，这是以橙色为主色调的网页。

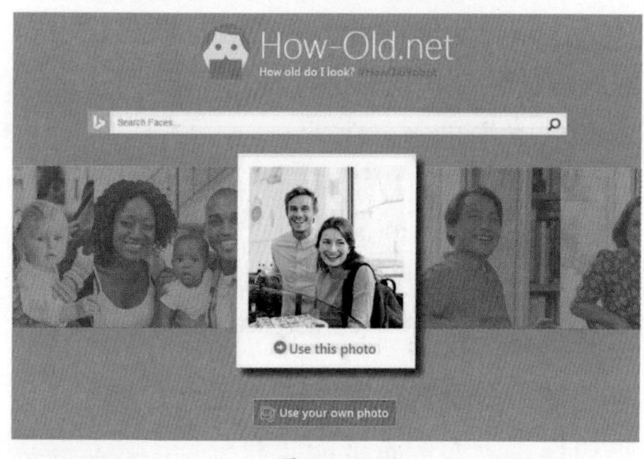

图 5-110

（3）黄色：黄色是亮度最高的颜色，在高明度下能够保持很强的纯度，是各种色彩中最为娇气的一种颜色，它具有快乐、希望、智慧和轻快的个性。它的明度最高，代表明朗、愉快和高贵。图 5-111 所示，这是以黄色为主色调的网页。

（4）绿色：绿色是一种表达柔顺、恬静、满足、优美的颜色，代表新鲜、充满希望、和平、柔和、安逸和青春，显得和睦、宁静、健康。绿色是具有黄色和蓝色两种成分的颜色。在绿色中，将黄色的扩张感和蓝色的收缩感相中和，并将黄色的温暖感与蓝色的寒冷感相抵消。绿色和金黄色、淡白色相搭配，可产生优雅、舒适的气氛。图 5-112 所示，这是以绿色为主色调的网页。

图 5-111

图 5-112

（5）蓝色：蓝色与红色、橙色相反，是典型的寒色，代表深远、永恒、沉静、理智、诚实、公正、权威，是最具凉爽、清新特点的色彩。浅蓝色系明朗而富有青春朝气，为年轻人所钟爱，但也有不够成熟的感觉。深蓝色系沉着、稳定，为中年人普遍喜爱的色彩。其中，群青色充满动人的深邃魅力，藏青色则给人以大度、庄重的印象。靛蓝色、普蓝色因在民间广泛应用，似乎成了民族特色的象征。在蓝色中分别加入少量的红、黄、黑、橙、白等色，均不会对蓝色的表达效果构成较明显的影响。图 5-113 所示，这是以蓝色为主色调的网页。

（6）紫色：紫色具有神秘、高贵、优美、庄重、奢华的气质，有时也感孤寂、消极。尽管它不像蓝色那样冷，但红色的渗入使它显得复杂、矛盾。它处于冷暖色之间游离不定的状态，加上它的低明度的性质，也许就构成了这一色彩在心理上引起的消极感。图 5-114 所示，这是以紫色为主色调的网页。

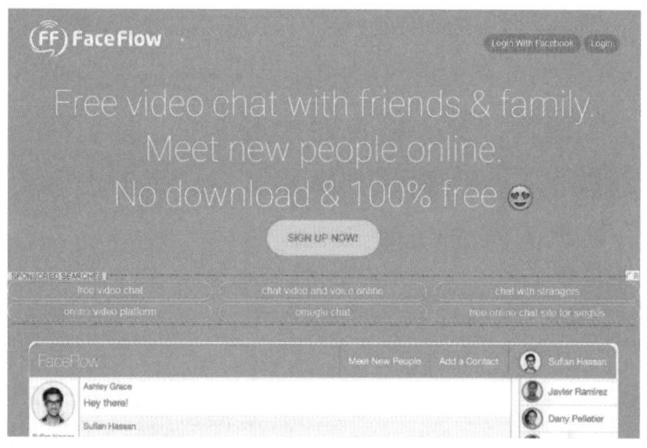

图 5-113

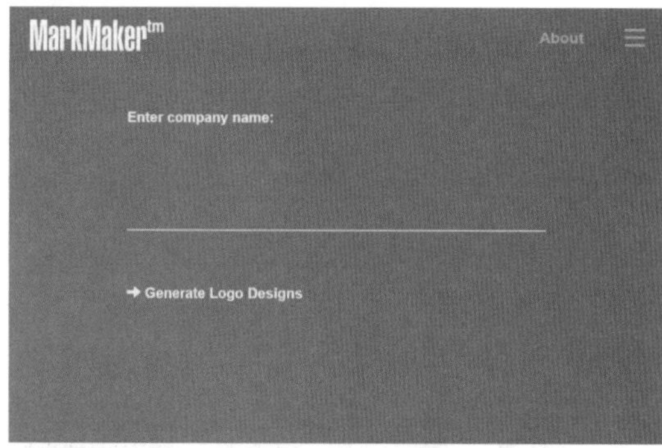

图 5-114

（7）黑色：黑色是最具有收敛性的、沉郁的、难以捉摸的色彩，给人以神秘感。同时黑色还表达凄凉、悲伤、忧愁、恐怖甚至死亡的感情色彩，但若运用得当，还能产生黑铁金属质感，可表达时尚前卫、科技等。图 5-115 所示，这是以黑色为主色调的网页。

图 5-115

（8）白色：白色的色感光明，代表纯洁、纯真、朴素、神圣和明快，具有洁白、明快、纯真、清洁的感觉。如果在白色中加入其他任何颜色，都会影响其纯洁性，使其性格变得含蓄。图 5-116 所示，这是以白色为主色调的网页。

图 5-116

（9）灰色：灰色在商业设计中，具有柔和、高雅的意象，属中性色彩，男女皆能接受，所以灰色也是永远流行的主要颜色。在许多的高科技产品中，尤其是和金属材料有关的产品中，几乎都采用灰色来传达高级、科技的形象。使用灰色时，大多利用不同的层次变化组合或搭配其他色彩，才不会产生过于平淡、沉闷、呆板、僵硬的感觉。图 5-117 所示，这是以灰色为主色调的网页。

图 5-117

2. 网页色彩搭配原理

色彩搭配既是一项技术性工作，也是一项艺术性很强的工作，因此，在设计网页时，除了要考虑网站本身的特点外，还要遵循一定的艺术规律，从而设计出色彩鲜明、性格独特的网站。

网页的色彩是树立网站形象的关键要素

之一，色彩搭配却是网页设计初学者感到头疼的问题。网页的背景、文字、图标、边框、链接等应该采用什么样的色彩，应该搭配什么样的色彩才能更好地表达出网站的内涵和主题呢？下面介绍网页色彩搭配的一些原理。

（1）色彩的鲜明性：网页的色彩要鲜明，这样容易引人注目。一个网站的用色必须有自己独特的风格，这样才能显得个性鲜明，给浏览者留下深刻的印象，如图 5-118 所示。

图 5-118

（2）色彩的独特性：要有与众不同的色彩，使得大家对网站印象强烈。

（3）色彩的艺术性：网站设计也是一种艺术活动，因此必须遵循艺术规律。在考虑到网站本身特点的同时，按照内容决定形式的原则，大胆进行艺术创新，设计出既符合网站要求，又有一定艺术特色的网站，如图 5-119 所示。

图 5-119

（4）色彩搭配的合理性：网页设计虽然属于平面设计的范畴，但又与其他平面设计不同，它在遵循艺术规律的同时，还考虑人的生理特点。色彩搭配一定要合理，色彩和表达的内容气氛相适合，给人一种和谐、愉快的感觉，避免采用纯度很高的单一色彩，这样容易造成视觉疲劳，如图 5-120 所示。

（5）色彩的联想性：不同色彩会使人产生不同的联想，蓝色联想到天空、黑色联想到黑夜、红色联想到喜事等，选择的色彩要和网页的内涵相关联。

图 5-120

3. 网页中色彩的搭配

色彩在人们的生活中都是有丰富的感情和含义的。在特定的场合下，同种色彩可以代表不同的含义。色彩总的应用原则应该是“总体协调，局部对比”，就是主页的整体色彩效果是和谐的，局部、小范围的地方可以有一些强烈色彩的对比。在色彩的运用上，可以根据主页内容的需要，分别采用不同的主色调。

人常常感受到色彩对自己心理的影响，这些影响总是在不知不觉中发挥作用，左右人们的情绪。色彩的心理效应发生在不同层次中，有些属于直接的刺激，有些要通过间接的联想，更高层次则涉及人的观念、信仰，对于艺术家和设计者来说，无论是哪一层次的作用都是不能忽视的。

对于网页设计者来说，色彩的心理作用尤其重要，因为用网络是在一种特定的历史与社会条件的环境下，即高效率、快节奏的现代生活方式的条件，这就需要做网页时把握人们在这种生活方式用网络的一种心理需求。

1）彩色的搭配

（1）相近色：色环中相邻的 3 种颜色。相近色的搭配给人的视觉效果很舒适、很自然，所以相近色在网站设计中极为常用，如图 5-121 所示。

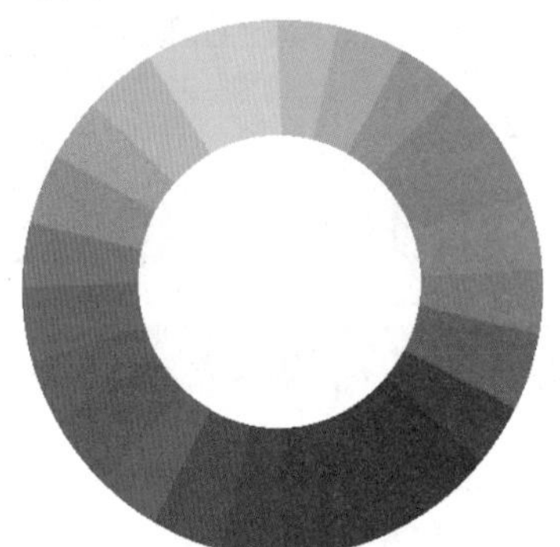

图 5-121

（2）互补色：色环中相对的两种色彩。对互补色调整一下补色的亮度，有时候是一种很好的搭配，如图 5-122 所示。

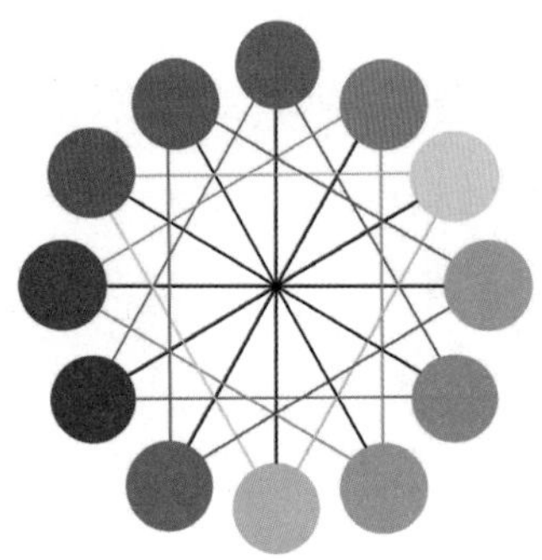

图 5-122

（3）暖色：黄色、橙色、红色和紫色等都属于暖色系列。暖色跟黑色调和可以达到很好的效果。暖色一般应用于购物类网站、电子商务网站、儿童类网站等，用以体现商品的琳琅满目，儿童类网站的活泼、温馨等效果，如图 5-123 所示。

图 5-123

（4）冷色：绿色、蓝色和蓝紫色等都属于冷色系列。冷色一般跟白色调和可以达到一种很好的效果。冷色一般应用于一些高科技、游戏类网站，主要表达严肃、稳重等效果，绿色、蓝色、蓝紫色等都属于冷色系列，如图 5-124 所示。

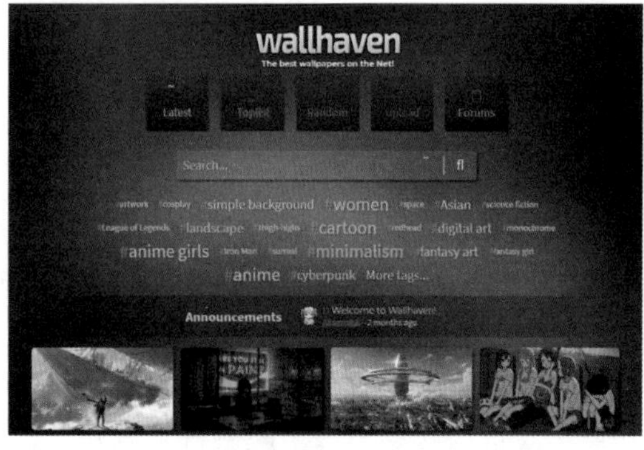

图 5-124

（5）色彩均衡：网站要让人看上去舒适、协调，除了文字、图片等内容的合理排版外，色彩均衡也是相当重要的一部分。比如一个网站不可能单一运用一种颜色，所以色彩的均衡问题是设计者必须考虑的问题。

提示：色彩的均衡包括色彩的位置、每种色彩所占的比例、面积等。比如鲜艳明亮的色彩面积应小一点，让人感觉舒适、不刺眼，这就是一种均衡的色彩搭配，如图 5-125 所示。

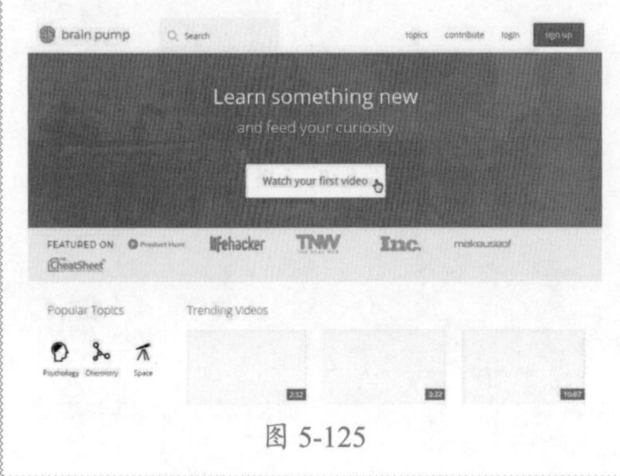

图 5-125

2）非彩色的搭配

黑色、白色是最基本和最简单的搭配，白字黑底、黑底白字都非常清晰明了。灰色是万能色，可以和任何色彩搭配，也可以帮助两种对立的色彩和谐过渡。如果实在找不出合适的色彩，那么用灰色试试，效果绝对不会太差。

4. 网页元素的色彩搭配

为了让网页设计得更亮丽、更舒适，增强页面的可阅读性，必须合理、恰当地运用与搭配页面各元素间的色彩。

1）网页导航条

网页导航条是网站的指路方向标，浏览者要在网页间跳转，要了解网站的结构，要查看网站的内容，都必须使用导航条。可以使用稍微具有跳跃性的色彩吸引浏览者的视线，使其感觉网站清晰明了、层次分明，如图 5-126 所示。

2）网页链接

一个网站不可能只有一个网页，所以文字与图片的链接是网站中不可缺少的部分。尤其是文字链接，因为链接区别于文字，所以链接的颜色不能跟文字的颜色一样。要让浏览者快速地找到网站链接，设置独特的链接颜色是一种驱使浏览者点击链接的好办法，如图 5-127 所示。

图 5-126

图 5-127

3）网页文字

如果网站中使用了背景颜色，就必须考虑到背景颜色的用色与前景文字的搭配问题。一般的网站侧重的是文字，所以背景颜色可以选择纯度或者明度较低的色彩，文字用较为突出的亮色，让人一目了然，如图 5-128 所示。

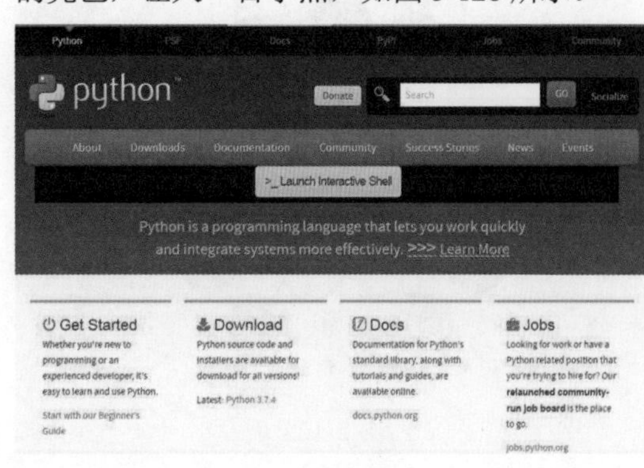

图 5-128

4）网页标志

网页标志是宣传网站最重要的部分之一，所以这部分一定要在页面上突出、醒目，可以将logo和横幅（banner）做得鲜亮一些。也就是说，在色彩方面与网页的主题色分离开来，如图5-129所示。

图 5-129

5. 网页色彩搭配的技巧

色彩的搭配是一门艺术，灵活地运用它能让你的主页更具亲和力。要想制作出漂亮的主页，需要灵活运用色彩再加上自己的创意和技巧。下面是网页色彩再搭配的一些常用技巧。

（1）使用单色：尽管网站设计要避免采用单一色彩，以免产生单调的感觉，但通过调整色彩的饱和度和透明度，也可以产生变化，使网站避免单调，做到色彩统一，有层次感，如图5-130所示。

图 5-130

（2）使用邻近色：所谓邻近色，就是在色带上相邻近的颜色，如绿色和蓝色、红色和黄色就互为邻近色。采用邻近色设计网页，可以使网页避免色彩杂乱，以达到页面艺术的和谐与统一，如图5-131所示。

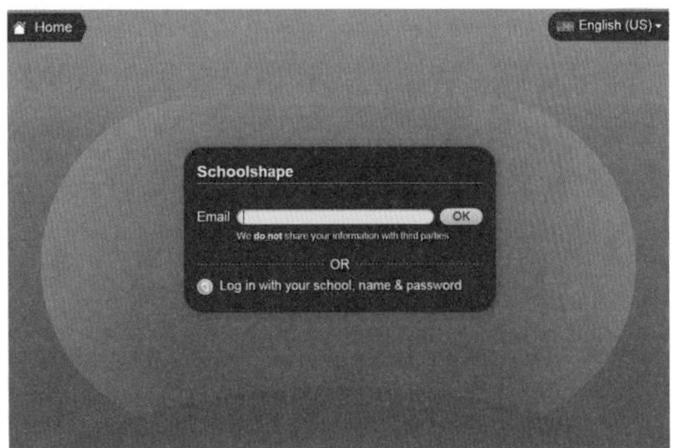

图 5-131

（3）使用对比色：对比色可以突出重点，产生强烈的视觉效果，通过合理地使用对比色，能够使网站特色鲜明、重点突出。在设计时，一般以一种颜色作为主色调，对比色作为点缀，可以起到画龙点睛的作用，如图5-132所示。

图 5-132

（4）黑色的使用：黑色是一种特殊的颜色，如果使用恰当、设计合理，往往能产生很强的艺术效果。黑色一般用来作为背景色，与其他纯度色彩搭配使用，如图5-133所示。

图 5-133

（5）背景色的使用：背景的颜色不要太深，否则会显得过于厚重，这样会影响整个页面的显示效果。一般采用素淡清雅的色彩，避免采用花纹复杂的图片和纯度很高的色彩作为背景色，同时，背景色要与文字的色彩对比搭配好，使之与文字色彩对比强烈一些，如图 5-134 所示。

图 5-134

（6）色彩的数量：一般初学者在设计网页时往往使用多种颜色，使网页变得很花，缺乏统一和协调，缺乏内在的美感，给人一种繁杂的感觉。实质上，网站用色并不是越多越好，一般应控制在 3 种色彩以内，可以通过调整色彩的各种属性来产生颜色的变化，保持整个网页的色调统一，如图 5-135 所示。

图 5-135

（7）要和网站内容相匹配：了解网站所要传达的信息和品牌，选择可以加强这些信息的颜色，如在设计一个强调稳健的金融机构时，就要选择冷色系、柔和的颜色，像蓝色、灰色或绿色。在这样的状况下，如果使用暖色系或活泼的颜色，可能会破坏该网站的品牌。

（8）围绕网页主题：色彩要能烘托出主题。根据主题确定网站颜色，同时还要考虑网站的访问对象，文化的差异也会使色彩产生非预期的反应。另外，不同地区与不同年龄层对颜色的反应亦会有所不同。年轻人一般比较喜欢饱和色，但这样的颜色却引不起高年龄层人群的兴趣。

5.4 插入多媒体

在 Dreamweaver 中，除了可以插入图像、鼠标经过图像等，还可以插入视频、音乐对网页进行美化。本节将介绍如何插入多媒体。

5.4.1 插入 HTML5 Video

在网页中为了使网页更加有趣、富有美感，可以插入 HTML5 Video 视频效果，插入相应的位置，使网页更加美观。

提示：在插入 HTML5 Video 时也可按 Ctrl+Alt+Shift+V 组合键，即可插入 HTML5 Video。

在菜单栏中选择【插入】|HTML| HTML5 Video 命令，选择插入的 HTML5 Video 视频图标，打开【属性】面板，如图 5-136 所示。

【属性】面板可以对以下内容进行设置。

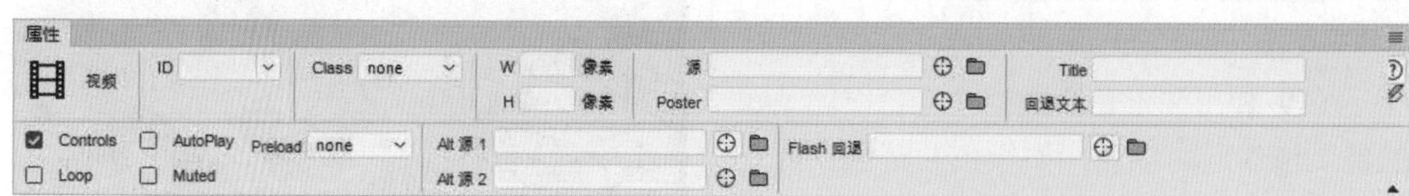

图 5-136

◎ ID：用于为视频指定标题。

◎ Controls：用于控制是否显示视频播放控件，例如播放、暂停等。

◎ Loop：用于控制视频是否连续地重复播放。

◎ AutoPlay：用于控制视频是否一旦在网页上加载后便开始播放。

◎ Muted：用于控制视频在播放期间是否静音。

◎ Preload：用于设置在页面加载时用于高速缓存视频的方法。

◎ W：用于设置视频的宽度（像素）。

◎ H：用于设置视频的高度（像素）。

◎ 【源】/【Alt 源 1】/【Alt 源 2】：用于设置输入视频文件的位置。

◎ Poster：用于设置视频未播放时显示的图像效果。当插入图像时，宽度和高度值是自动填充的。

◎ 【Flash 回退】：用于对不支持 HTML5 视频的浏览器设置选择 SWF 文件。

◎ Title：用于设置元素的说明。

◎ 【回退文本】：用于设置浏览器不支持 HTML5 时显示的文本。

5.4.2 插入声音

在上网时，有时打开一个网站就会响起动听的音乐，是因为该网页中添加了背景音乐，添加背景音乐需要在代码视图中进行。

在 Dreamweaver 2020 中可以插入的声音文件类型有 mp3、wav、midi 等。其中，mp3 为压缩格式的音乐文件；midi 是通过电脑软件合成的音乐，其文件较小，不能被录制；wav 和 aif 文件可以进行录制。在网页中添加背景音乐的具体操作步骤如下。

01 单击【拆分】按钮，将在文档窗口中显示出代码，拖动代码右侧的滑块至最底部，并将光标置入 </body> 标记的后面，按 Enter 键，这时将在 </body> 标记下方新建一行，如图 5-137 所示。

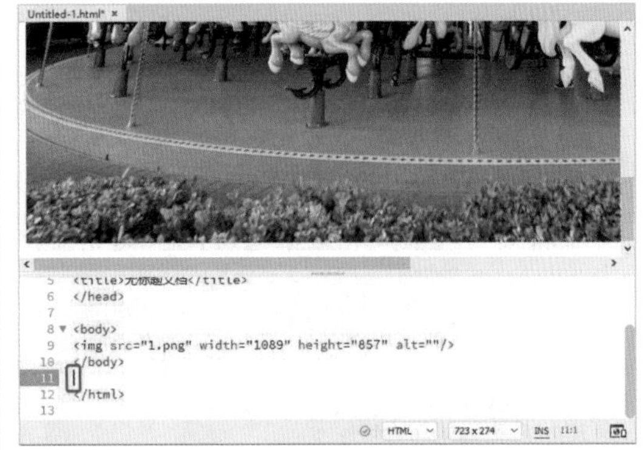

图 5-137

02 在代码中输入 <bgsound，按空格键，在弹出的列表中选择 src 命令，再在弹出的列表中选择【浏览】命令。在弹出的对话框中选择要添加的背景音乐，单击【确定】按钮，在代码中输入 >，执行该操作后即可完成音乐的插入，如图 5-138 所示。

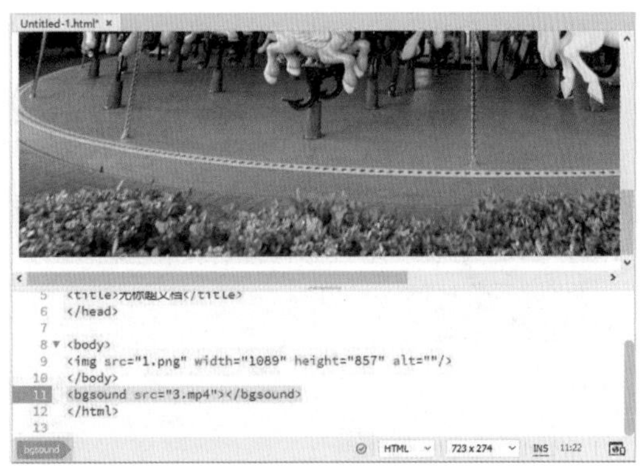

图 5-138

【实战】博客网页设计

本例将介绍如何制作博客网页设计。本例主要为网页添加视频与音频美化网页效果，效果如图 5-139 所示。

素材	素材 \Cha05\ 个人博客网站
场景	场景 \Cha05\【实战】博客网页设计 .html
视频	视频教学 \Cha05\【实战】博客网页设计 .mp4

图 5-139

01 按 Ctrl+O 组合键，在弹出的对话框中选择“素材\Cha05\个人博客网站\博客网页素材.html”素材文件，单击【打开】按钮，如图 5-140 所示。

图 5-140

02 将光标置于【视频·相册】下方的空白单元格中，在菜单栏中选择【插入】| HTML | HTML5 Video 命令，如图 5-141 所示。

03 执行该操作后，即可插入 HTML5 Video 图标。选中插入的 HTML5 Video 图标，在【属性】面板中取消选中 Controls 复选框，选中 AutoPlay、Loop、Muted 复选框，将 W、H 分别设置为 638 像素、369 像素，如图 5-142 所示。

04 单击【源】右侧的【浏览】按钮 ，在弹出的【选择视频】对话框中选择“素材\Cha05\个人博客网站\视频 01.mp4”素材文件，如图 5-143 所示。

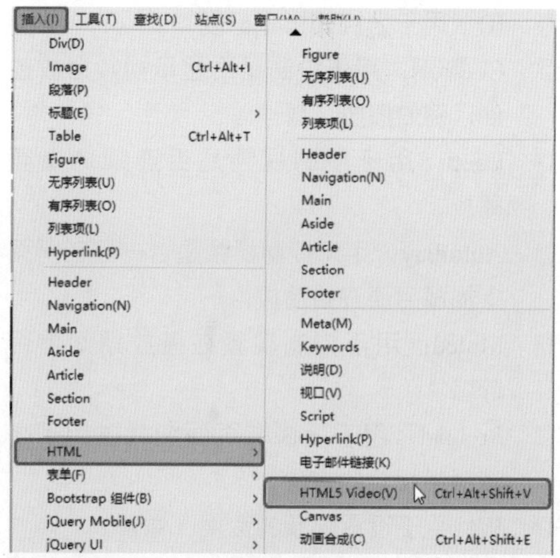

图 5-141

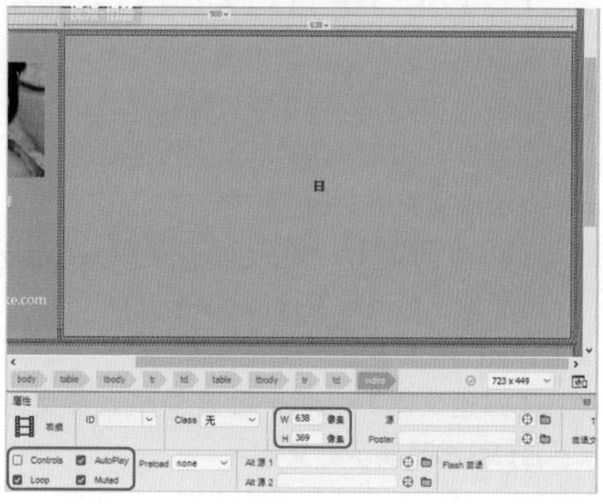

图 5-142

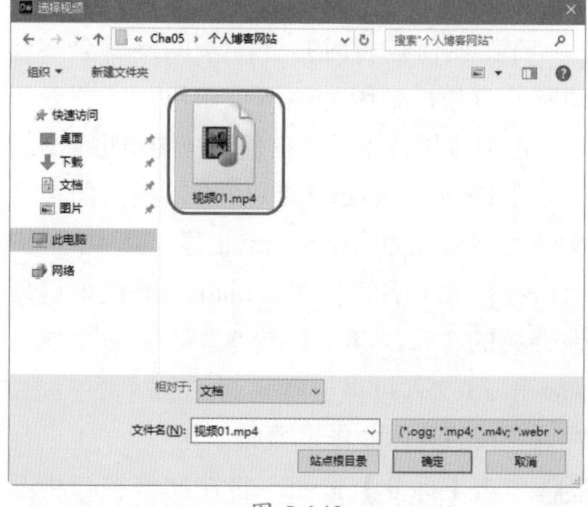

图 5-143

05 单击【确定】按钮，即可插入视频，按 F12 键即可观察插入视频后的效果，如图 5-144 所示。

图 5-144

06 单击【拆分】按钮，即可显示代码，拖动代码右侧的滑块至最底部，并将光标置入</body>标记的右侧，按 Enter 键，这时鼠标将自动置入</body>标记的下一行，如图 5-145 所示。

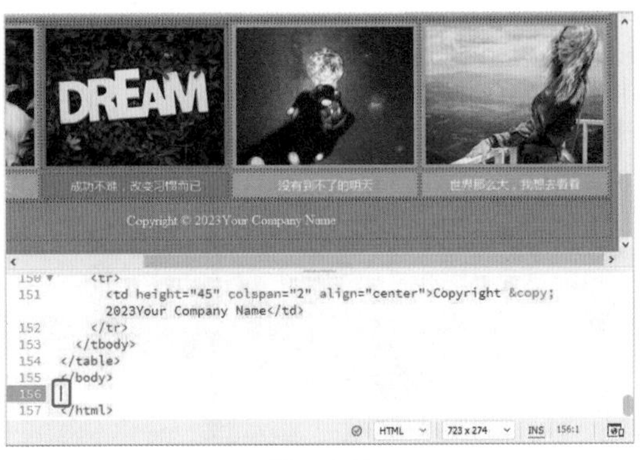

图 5-145

07 在代码中输入<bgsound，按空格键，在弹出的列表中选择 src 命令，如图 5-146 所示。

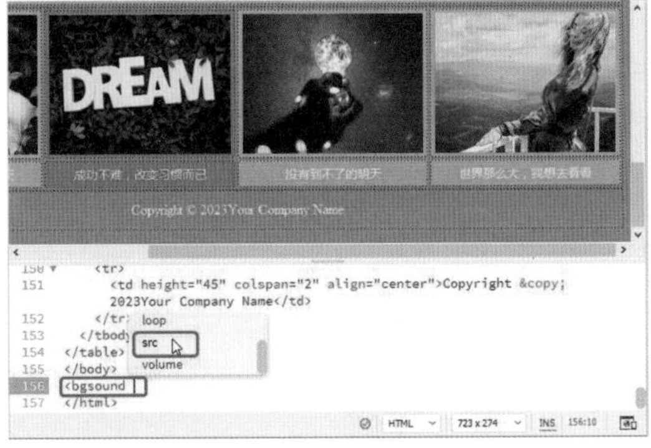

图 5-146

08 在弹出的列表中选择【浏览】命令，如图 5-147 所示。

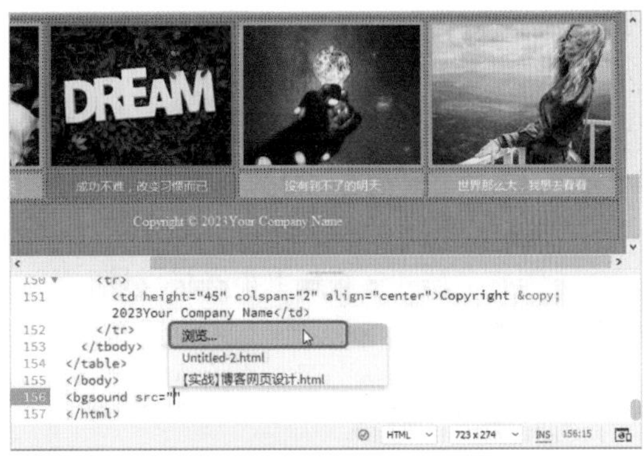

图 5-147

09 在弹出的【选择文件】对话框中选择“素材\Cha05\个人博客网站\背景音乐.mp3”素材文件，如图 5-148 所示。

图 5-148

10 单击【确定】按钮，在代码中输入>，执行该操作后，即可完成背景音乐的插入，如图 5-149 所示。

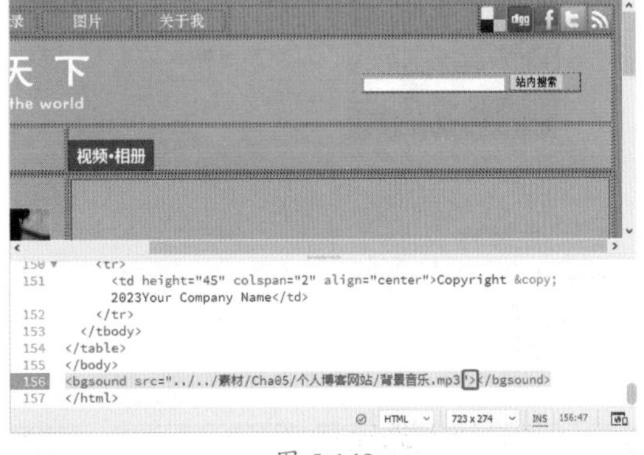

图 5-149

LESSON

课后项目练习 卫浴网页设计(二)

本例将介绍如何制作卫浴网页设计(二)，其效果如图 5-150 所示。

课后项目练习效果展示

图 5-150

课后项目练习过程概要

01 打开前面所制作完成的场景文件，并删除多余内容，执行【文件】|【另存为】命令保存文档。

02 设置带有边框的CSS样式，并插入水平线。

03 插入鼠标经过图像与图像对网页进行美化，从而完成场景的制作。

素材	素材 \Cha05\【案例精讲】卫浴网页设计（一）.html
场景	场景 \Cha05\ 卫浴网页设计（二）.html
视频	视频教学 \Cha05\ 卫浴网页设计（二）.mp4

01 按 Ctrl+O 组合键，打开“场景 \Cha05\【案例精讲】卫浴网页设计（一）.html”素材文件，如图 5-151 所示。

图 5-151

02 按 Ctrl+Shift+S 组合键，在弹出的对话框中指定保存路径，将【文件名】设置为【卫浴网页设计（二）】，单击【保存】按钮，在文档中将多余内容删除，效果如图 5-152 所示。

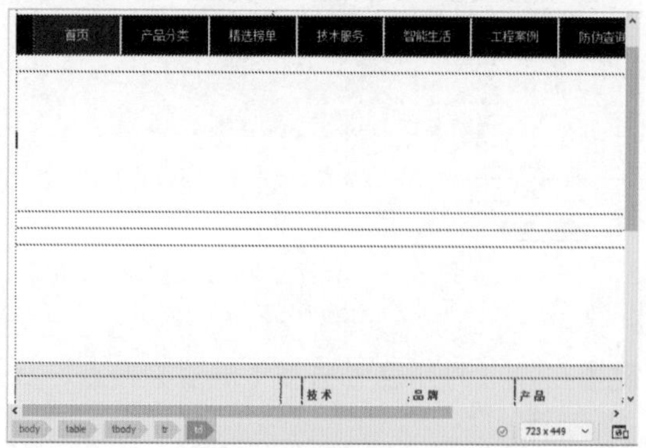

图 5-152

03 将光标置于“首页”文字单元格中，在【属性】面板中将【背景颜色】设置为 #212020，如图 5-153 所示。

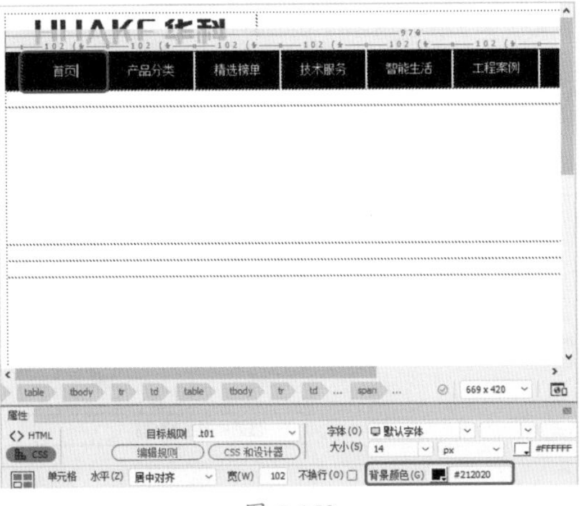

图 5-153

04 将光标置于“精选榜单”文字单元格中，在【属性】面板中将【背景颜色】设置为 #444444，如图 5-154 所示。

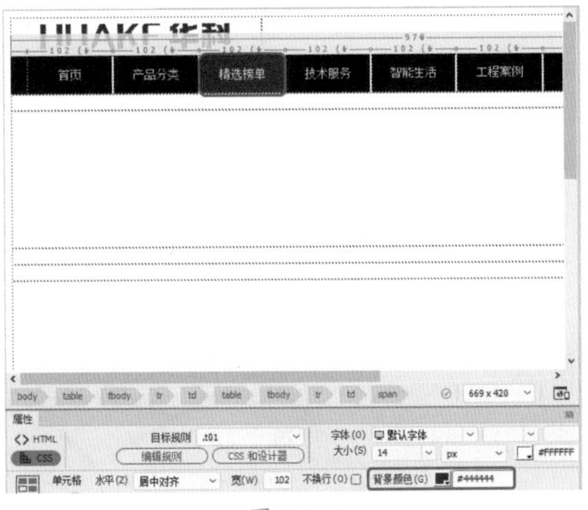

图 5-154

05 将光标置于“首页”文字下方的空白单元格中，按 Ctrl+Alt+I 组合键，在弹出的【选择图像源文件】对话框中选择“素材\Cha05\华科卫浴网页设计\banner02.jpg”素材文件，单击【确定】按钮。选中插入的图像，在【属性】面板中将【宽】、【高】分别设置为 970px、357px，如图 5-155 所示。

06 将光标置于新插入图像下方的空白单元格中，在【属性】面板中将【高】设置为 100，如图 5-156 所示。

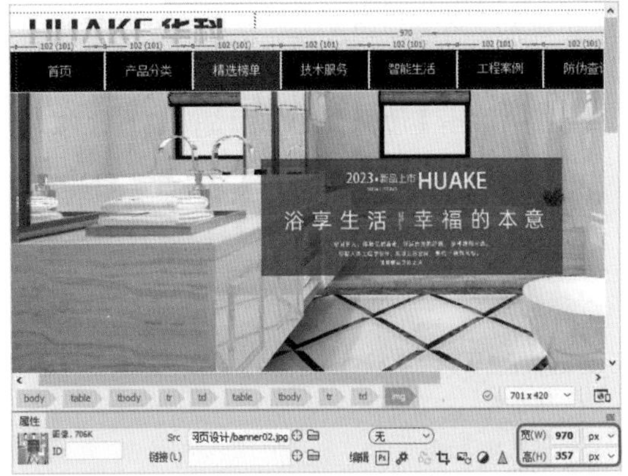

图 5-155

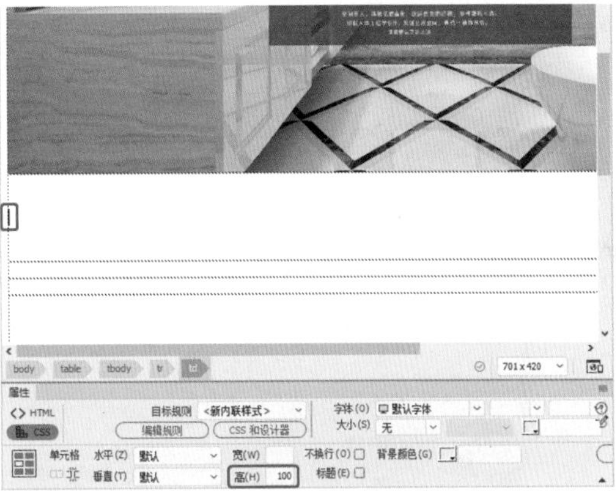

图 5-156

07 插入一个 1 行 3 列，【表格宽度】为 970px，【边框粗细】、【单元格边距】、【单元格间距】均为 0 的表格。选中插入表格中的单元格，在【属性】面板中将【水平】设置为【居中对齐】，将【高】设置为 40，如图 5-157 所示。

图 5-157

08 将光标置于第二列单元格中，在【CSS设计器】面板中单击【选择器】左侧的【添加】按钮+，将其名称设置为.bk03，在【属性】卷展栏中单击【边框】按钮。单击【所有边】按钮，将width设置为2.5px，将style设置为solid，将color设置为#111111，将border-radius设置为8px，如图5-158所示。

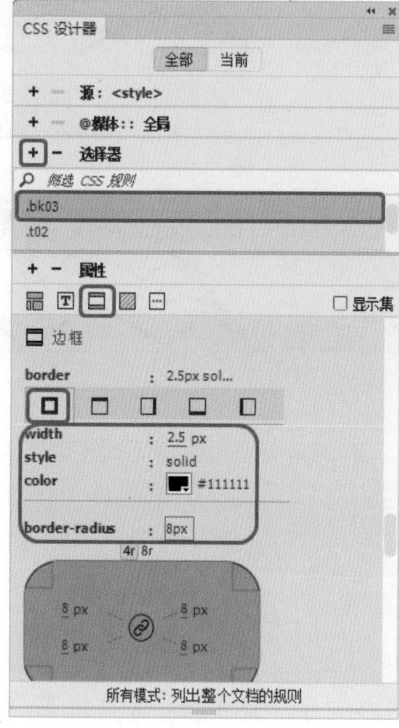

图 5-158

09 为第二列单元格应用新建的CSS样式，并在该单元格中输入文字，如图5-159所示。

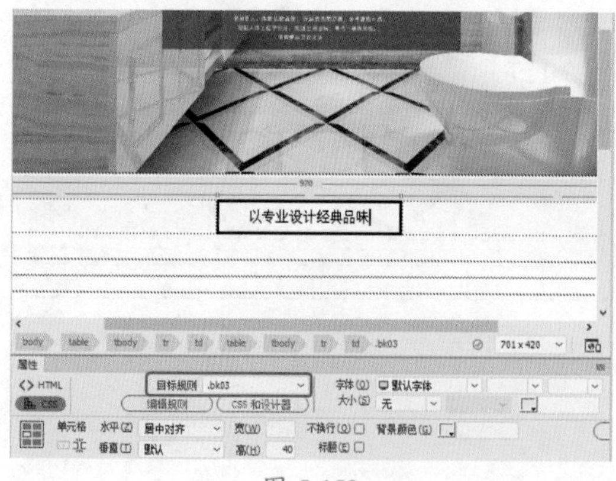

图 5-159

10 选中输入的文字，在【CSS设计器】面板中单击【选择器】左侧的【添加】按钮+，将其名称设置为.t08。在【属性】卷展栏中单击【文本】按钮，将font-family设置为【Adobe黑体 Std R】，将font-size设置为16px，将letter-spacing设置为3px，并为选中的文字应用新建的CSS样式，如图5-160所示。

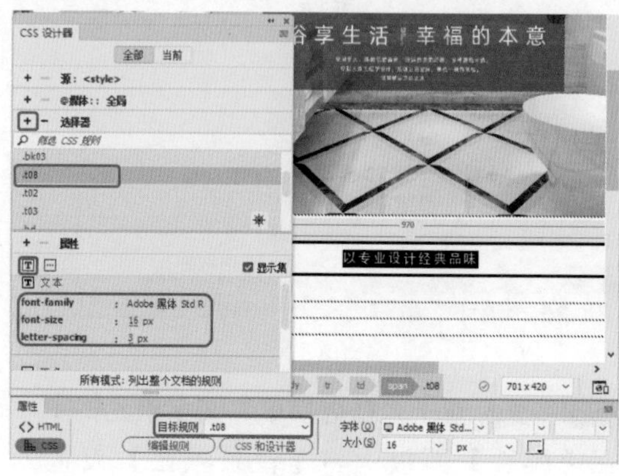

图 5-160

11 将光标置于第一列单元格中，在菜单栏中选择【插入】|HTML|【水平线】命令。选中插入的水平线，在【属性】面板中将【宽】、【高】分别设置为388像素、1像素，取消选中【阴影】复选框，单击【拆分】按钮，显示代码，在如图5-161所示的位置输入代码color=" #2E2E2E "。

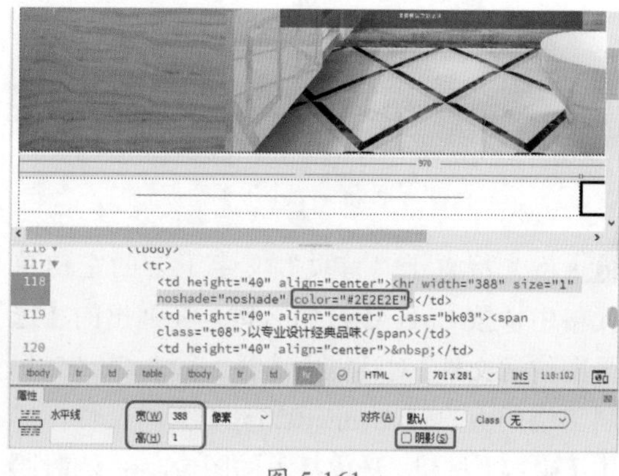

图 5-161

12 对插入的水平线进行复制，在第三列单元格中进行粘贴，将第二列单元格的【宽】设置为188，如图5-162所示。

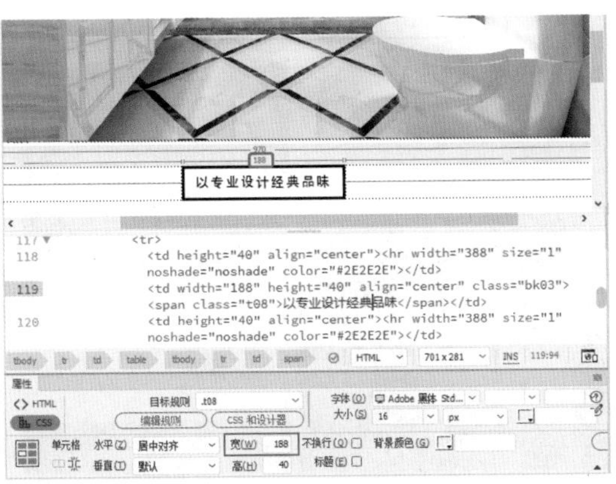

图 5-162

13 单击【设计】按钮，将代码隐藏。将光标置于“以专业设计经典品味”下方的空白单元格中，插入一个 3 行 5 列，【表格宽度】为 970 像素，Border、CellPad、CellSpace 均为 0 的表格，如图 5-163 所示。

图 5-163

14 选中第一列的三行单元格，按 Ctrl+Alt+M 组合键，将选中的单元格进行合并，将光标置于合并后的单元格中，在【属性】面板中将【宽】设置为 318，如图 5-164 所示。

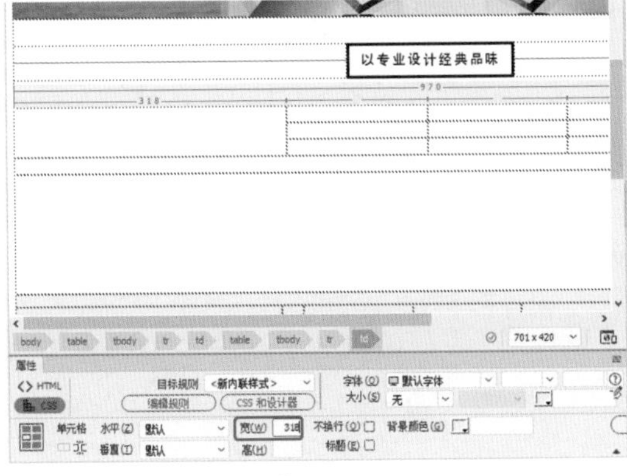

图 5-164

15 在菜单栏中选择【插入】|HTML|【鼠标经过图像】命令。在弹出的【插入鼠标经过图像】对话框中单击【原始图像】右侧的【浏览】按钮，在弹出的对话框中选择“素材 \Cha05\ 华科卫浴网页设计 \zs01-1.jpg”素材文件，单击【确定】按钮。单击【鼠标经过图像】右侧的【浏览】按钮，在弹出的对话框中选择“素材 \Cha05\ 华科卫浴网页设计 \zs01.jpg”素材文件，单击【确定】按钮，返回至【插入鼠标经过图像】对话框，如图 5-165 所示。

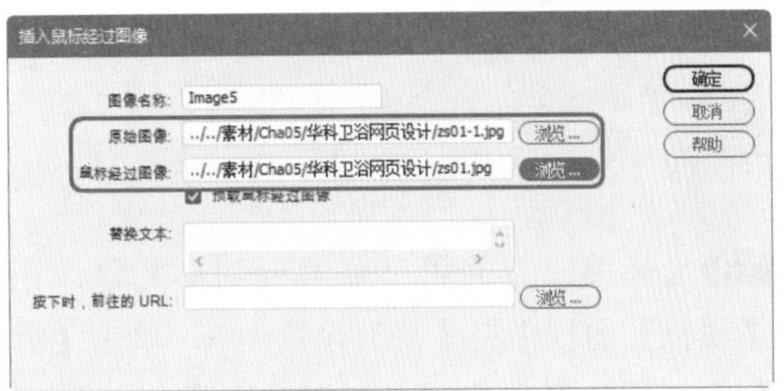

图 5-165

16 单击【确定】按钮，执行该操作后，即可插入鼠标经过图像，如图 5-166 所示。

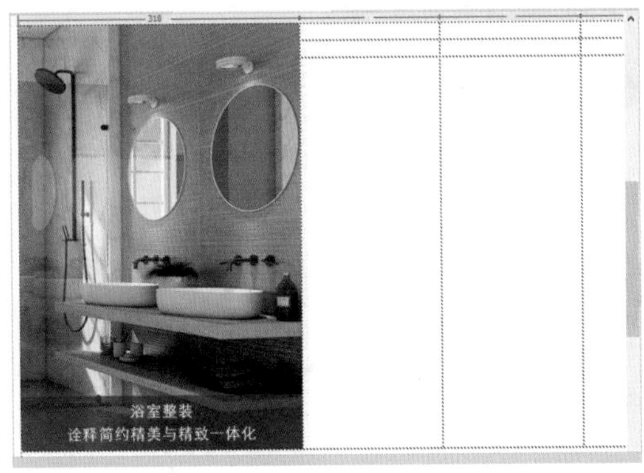

图 5-166

17 选中第二列的三行单元格，按 Ctrl+Alt+M 组合键，将选中的单元格进行合并，将光标置于第三列的第一行单元格中，在菜单栏中选择【插入】|HTML|【鼠标经过图像】命令。在弹出的【插入鼠标经过图像】对话框中单击【原始图像】右侧的【浏览】按钮，在弹出的对话框中选择“zs02-1.jpg”素材文件，单击【确定】按钮。单击【鼠标经过图像】右侧的【浏览】按钮，在弹出的对话框中选

择“zs02.jpg”素材文件，单击【确定】按钮，返回至【插入鼠标经过图像】对话框，单击【确定】按钮，如图 5-167 所示。

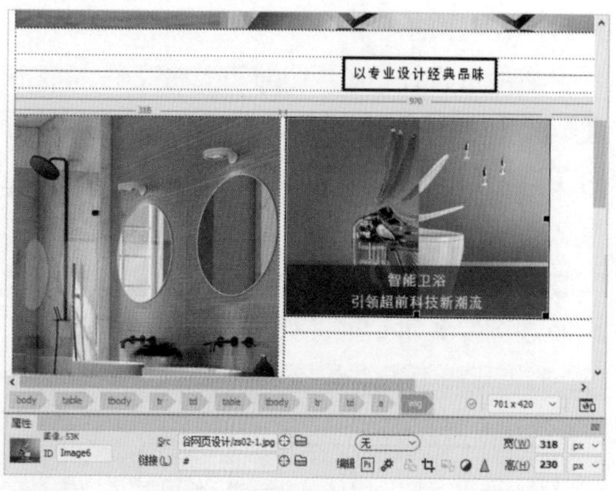

图 5-167

18 选择第二行的第三至第五列单元格，在【属性】面板中将【高】设置为 8，单击【拆分】按钮，显示代码，将三列单元格代码中的   删除，如图 5-168 所示。

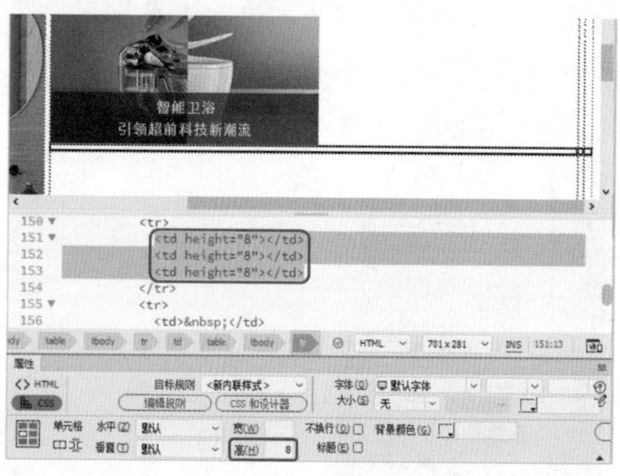

图 5-168

19 根据前面所介绍的方法在其他单元格中插入鼠标经过图像，并合并相应的单元格，将第三列与第五列单元格的【宽】设置为 318，效果如图 5-169 所示。

20 将光标置于如图 5-170 所示的单元格中，在【属性】面板中将【高】设置为 100。

21 在“以专业设计经典品味”单元格中单击如图 5-171 所示的 table 标签，按 Ctrl+C 组合键进行复制。

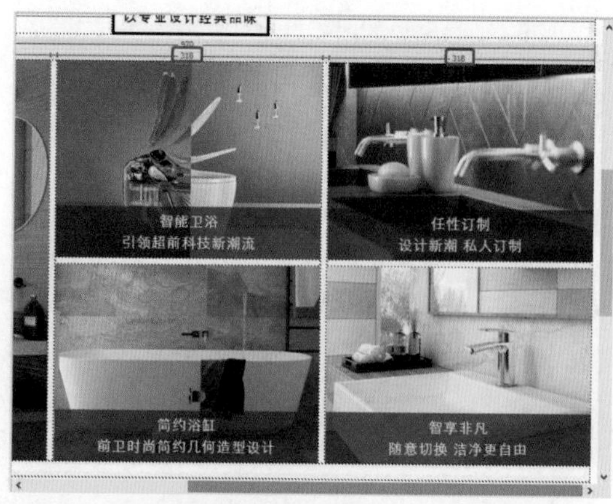

图 5-169

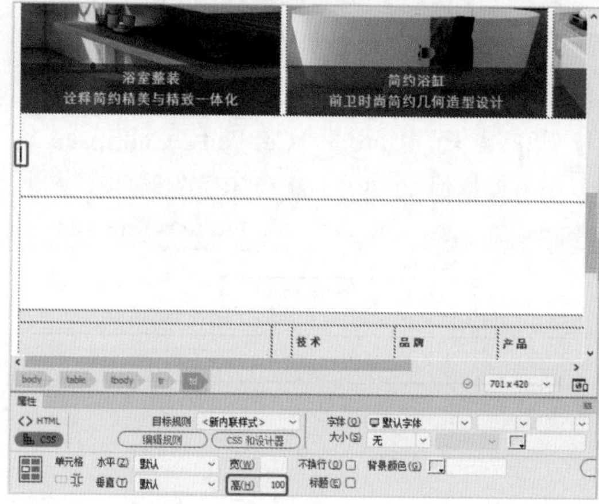

图 5-170

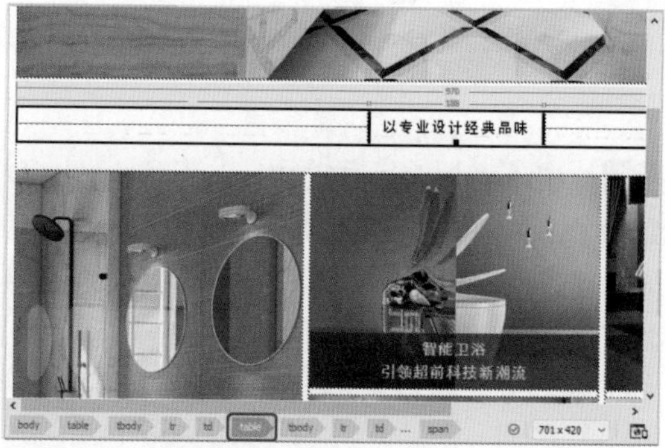

图 5-171

22 将光标置于下方的空白单元格中，按 Ctrl+V 组合键进行粘贴，并修改粘贴的文字内容，如图 5-172 所示。

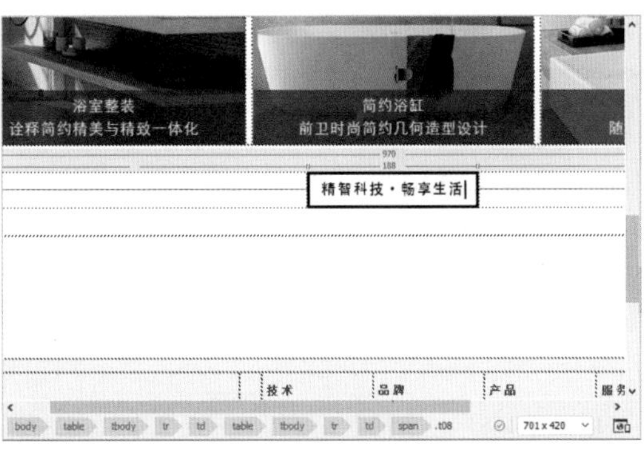

图 5-172

23 将光标置于下方的空白单元格中并右击，在弹出的快捷菜单中选择【表格】|【插入行】命令，如图 5-173 所示。

图 5-173

24 将光标置于“精智科技·畅享生活”下方的空白单元格中，插入一个 3 行 9 列，【表格宽度】为 970 像素，Border、CellPad、CellSpace 均为 0 的表格，如图 5-174 所示。

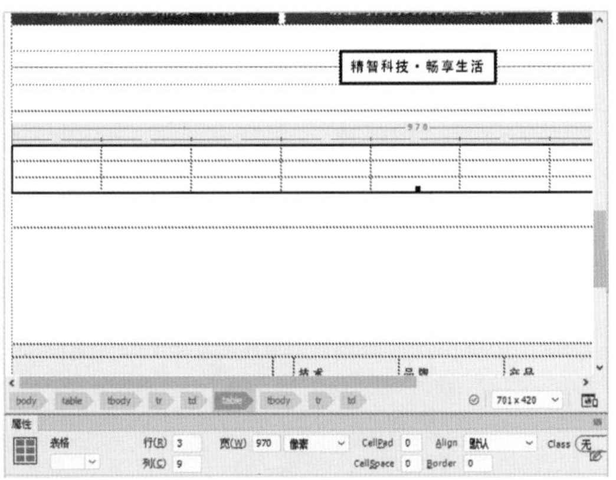

图 5-174

25 将第一列、第三列、第五列、第七列单元格的【宽】均设置为 188，将第九列单元格的【宽】设置为 190，效果如图 5-175 所示。

图 5-175

26 选中第二行的九列单元格，在【属性】面板中将【高】均设置为 8，将代码中的“ ”删除，如图 5-176 所示。

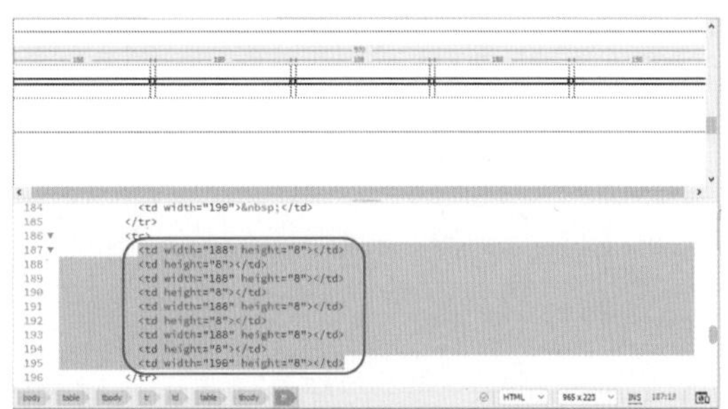

图 5-176

27 根据前面所介绍的方法在各个单元格中插入相应的图像并进行设置，如图 5-177 所示。

图 5-177

28 将光标置于下方空白单元格中，在【属性】面板中将【高】设置为 385，如图 5-178 所示。

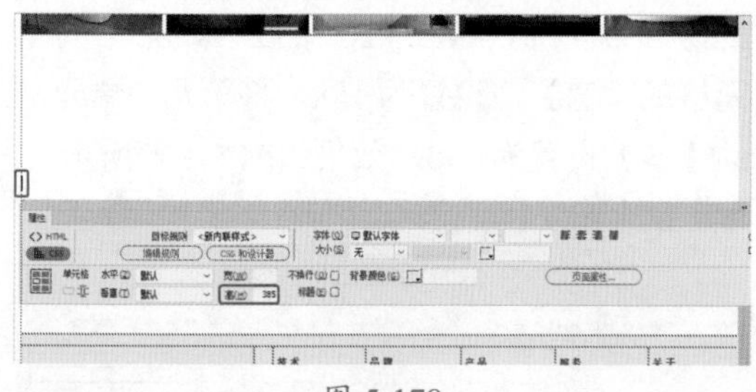

图 5-178

29 在设置的单元格中插入“网宣 01.jpg”素材文件，并将【宽】、【高】分别设置为 970px、369px，如图 5-179 所示。

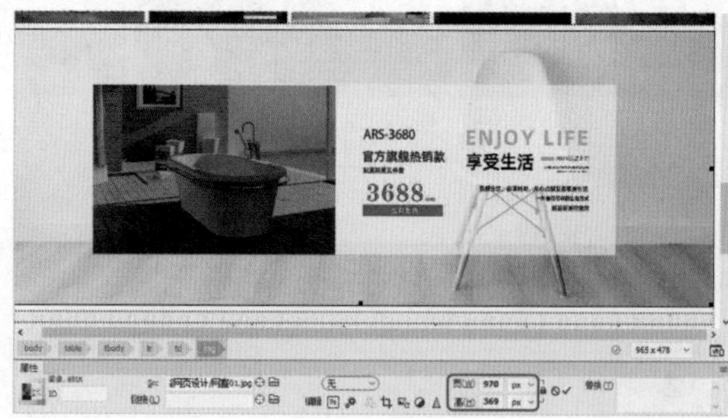

图 5-179

第 6 章

旅游网页设计——链接的应用

本章导读：

网站是由多个网页组合而成的，而网页之间的联系是通过超链接来实现的。在一个网页中用来超级链接的对象可以是一段文字、一张图片，也可以是一个网站。

超链接是网页中非常重要的部分，它是网页的灵魂，用户只需单击文本中的链接，即可跳转到相应的网页。链接为网页提供了极为便捷的查阅功能，让人可以尽情地享受网络所带来的无限乐趣。

LESSON

【案例精讲】旅游网页设计（一）

为了更好地完成本设计案例，现对制作要求及设计内容做如下规划，如图 6-1 所示。

作品名称	旅游网页设计（一）
设计创意	通过插入表格、图像，输入文字并应用 CSS 样式，以及为表格添加不透明度效果等操作来完成网站主页的制作，然后选中文本创建下载链接
主要元素	（1）旅游网页 logo （2）旅游景点图片 （3）旅游网页网宣图
应用软件	Dreamweaver 2020
素材	素材 \Cha06\ 旅游网站
场景	场景 \Cha06\【案例精讲】旅游网页设计（一）.html
视频	视频教学 \Cha06\【案例精讲】旅游网页设计（一）.mp4
旅游网页设计（一）设计效果欣赏	图 6-1
备注	

01 启动 Dreamweaver 2020 软件后，新建【文档类型】为 HTML 4.01Transitional 的文档，在【属性】面板中单击【页面属性】按钮。在弹出的【页面属性】对话框中选择【外观（HTML）】选项，将【左边距】设置为 0.5，如图 6-2 所示。

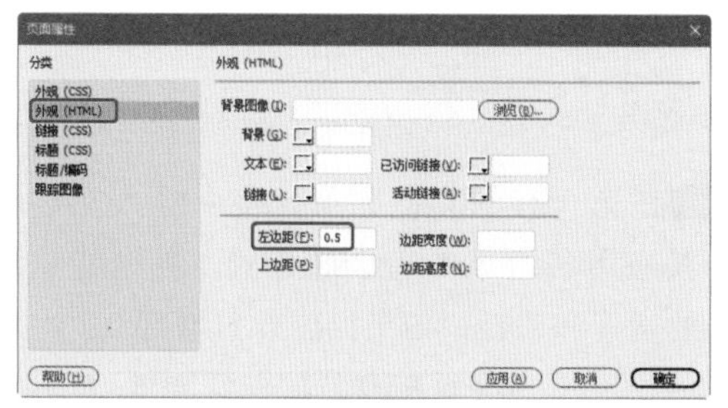

图 6-2

02 在该对话框中选择【链接（CSS）】选项，将【大小】设置为 18px，将【链接颜色】设置为 #FFF，将【变换图像链接】设置为 #FC0，将【下划线样式】设置为【始终无下划线】，如图 6-3 所示。

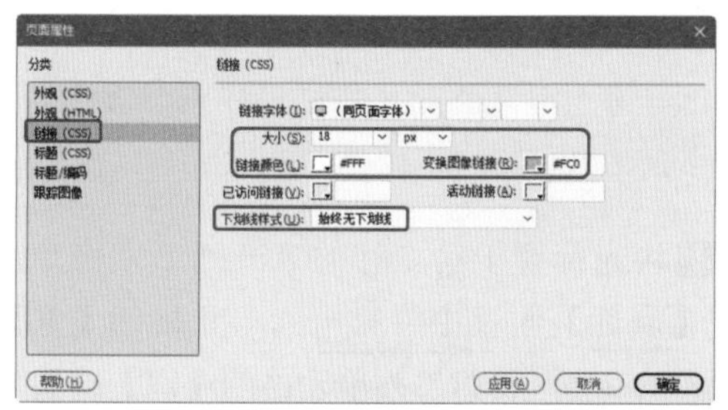

图 6-3

03 设置完成后，单击【确定】按钮，按 Ctrl+Alt+T 组合键，在弹出的 Table 对话框中将【行数】、【列】分别设置为 17、1，将【表格宽度】设置为 970 像素，如图 6-4 所示。

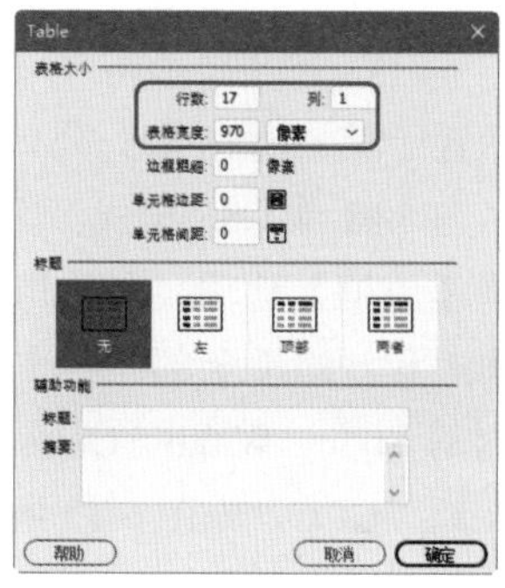

图 6-4

04 设置完成后，单击【确定】按钮，将光标置于第 1 行单元格中，按 Ctrl+Alt+T 组合键，在弹出的 Table 对话框中将【行数】、【列】分别设置为 2、9，将【表格宽度】设置为 970 像素，如图 6-5 所示。

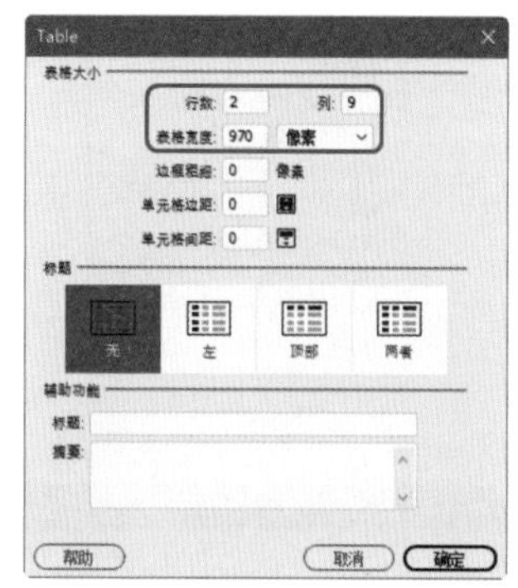

图 6-5

05 设置完成后，单击【确定】按钮，选中第一行的第一列和第二列单元格并右击，在弹出的快捷菜单中选择【表格】|【合并单元格】命令，如图 6-6 所示。

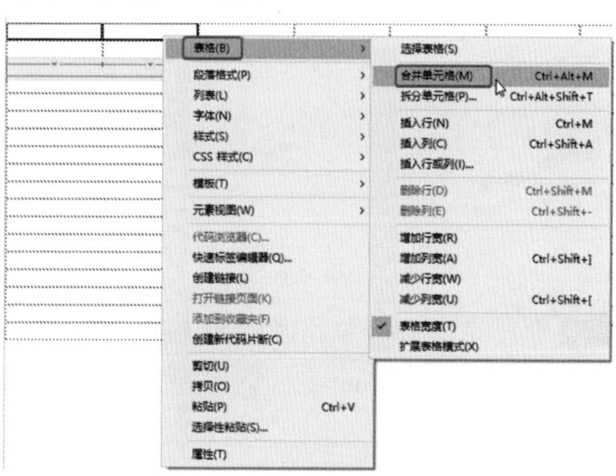

图 6-6

提示：合并单元格的快捷键是 Ctrl+Alt+M 组合键。

06 将光标置于合并后的单元格中，输入文字，选中输入的文字并右击，在弹出的快捷菜单中选择【CSS 样式】|【新建】命令，如图 6-7 所示。

07 在弹出的对话框中将【选择器名称】设置为 wz1，如图 6-8 所示。

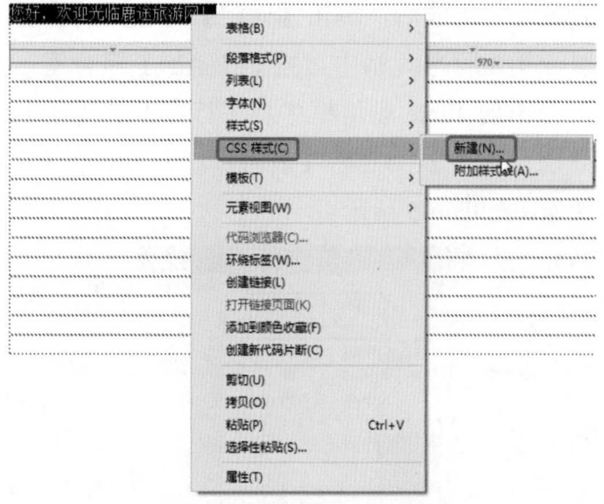

图 6-7

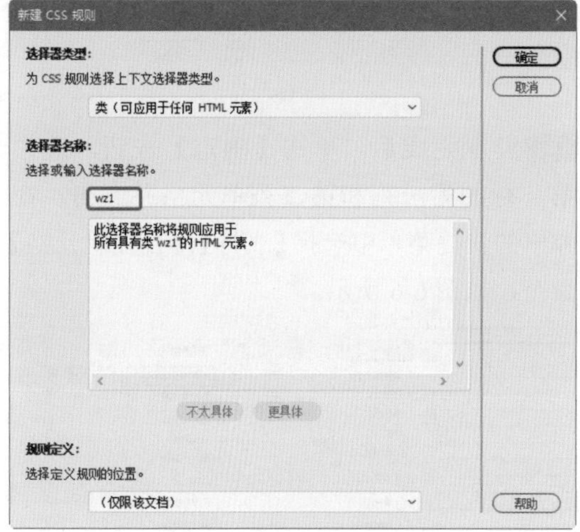

图 6-8

08 设置完成后，单击【确定】按钮，在弹出的对话框中将 Font-size 设置为 12px，如图 6-9 所示。

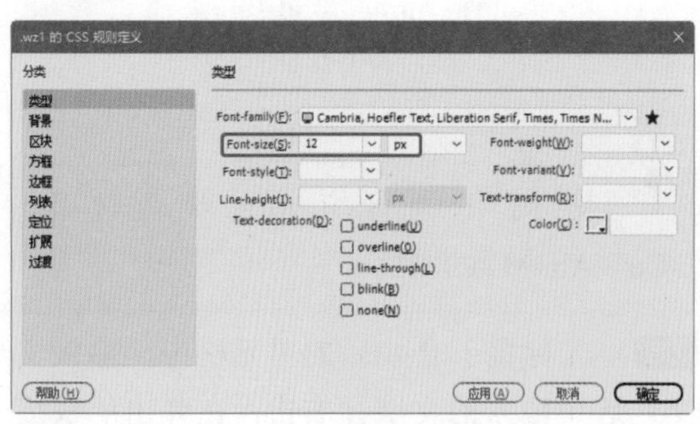

图 6-9

09 设置完成后，单击【确定】按钮。继续选中该文字，在【属性】面板中为其应用 .wz1 样式，将【水平】、【垂直】分别设置为【左对齐】、【顶端】，将【高】设置为 20，如图 6-10 所示。

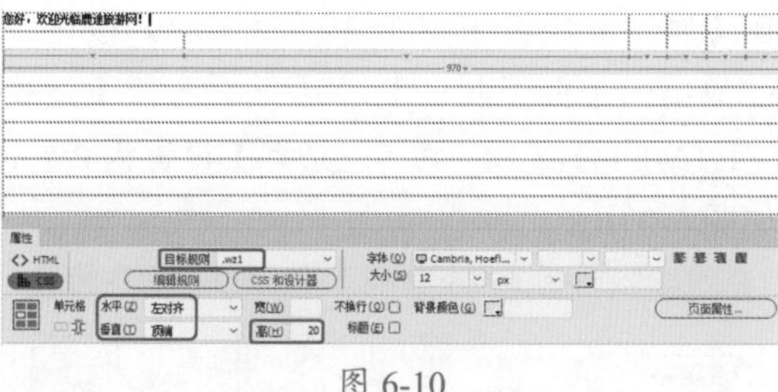

图 6-10

10 在第一行的其他列单元格中输入文字，为其应用名为 wz1 的 CSS 样式，并调整单元格的宽度和属性，效果如图 6-11 所示。

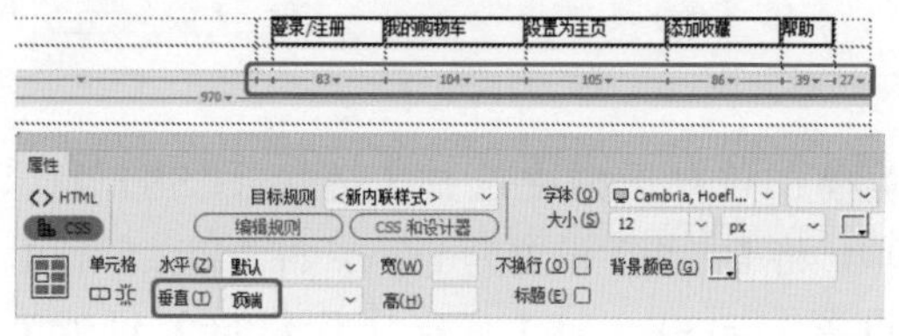

图 6-11

提示：在对文字应用样式时，应单个选择每个单元格的文字应用样式，选择多个则无效。

11 将光标置于第二行的第一列单元格中，在【属性】面板中将第一列单元格的【宽】设置为 236，将第二列单元格的【宽】设置为 278，效果如图 6-12 所示。

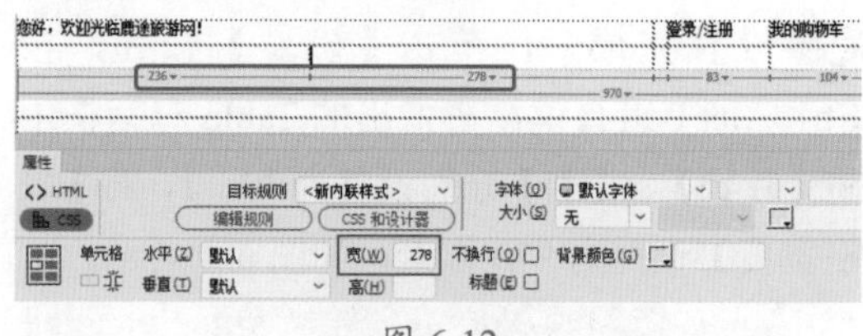

图 6-12

12 将光标置于第二行的第一列单元格中，新建一个名为 .bk1 的 CSS 样式。在弹出的对话框中选择【边框】选项，取消选中 Style、Width、Color 下方的【全部相同】复选框，将 Top 右侧的 Style、Width、Color 分别设置为 solid、thin、#CCC，如图 6-13 所示。

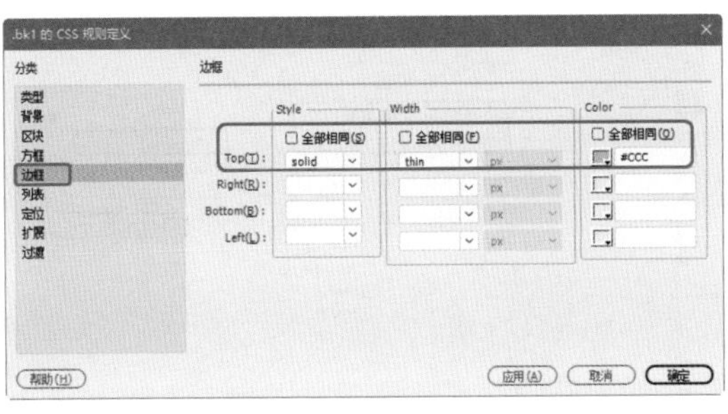

图 6-13

13 设置完成后，单击【确定】按钮，选中第二行的第一列单元格，为其应用名为 .bk1 的 CSS 样式，如图 6-14 所示。

图 6-14

14 继续将光标置于该单元格中，按 Ctrl+Alt+I 组合键，在弹出的对话框中选择“素材\Cha06\旅游网站\logo.png”素材文件，单击【确定】按钮。选中插入的素材文件，在【属性】面板中将【宽】、【高】分别设置为 183px、54px，并将单元格的【水平】设置为【居中对齐】，如图 6-15 所示。

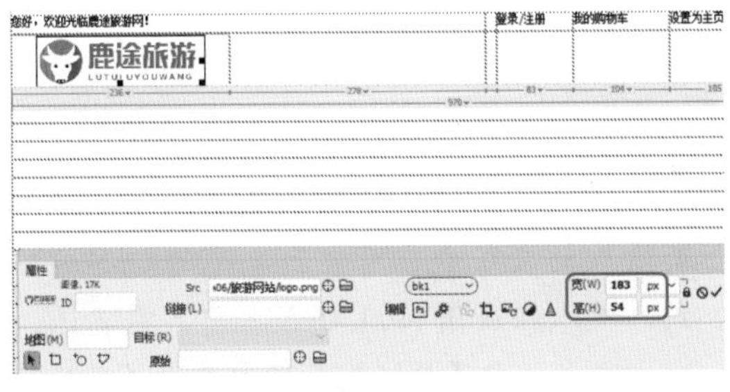

图 6-15

15 选中第二行的第二列单元格，为其应用名为 .bk1 的 CSS 样式，将光标置于该单元格中，输入文字。选中输入的文字并右击，在弹出的快捷菜单中选择【CSS 样式】|【新建】命令，如图 6-16 所示。

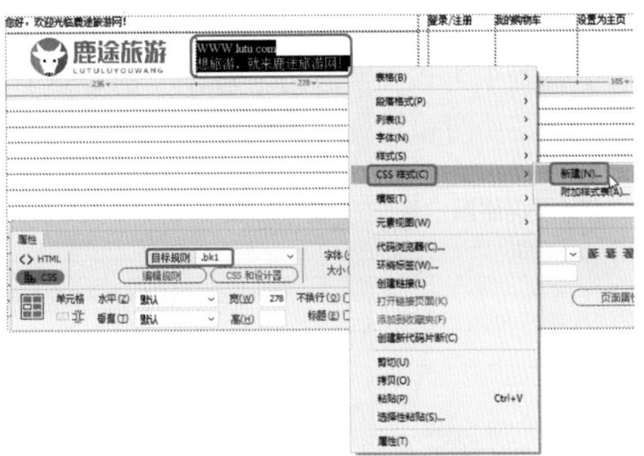

图 6-16

16 在弹出的对话框中将【选择器名称】设置为 ggy，如图 6-17 所示。

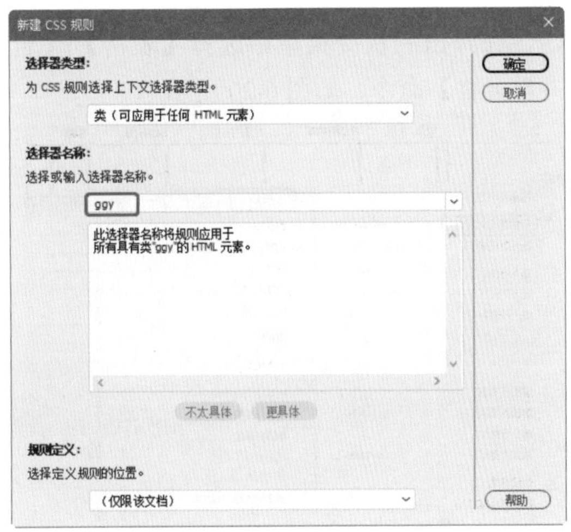

图 6-17

17 设置完成后，单击【确定】按钮。在弹出的对话框中将 Font-family 设置为【微软雅黑】，将 Font-size 设置为 16px，将 Color 设置为 #333，如图 6-18 所示。

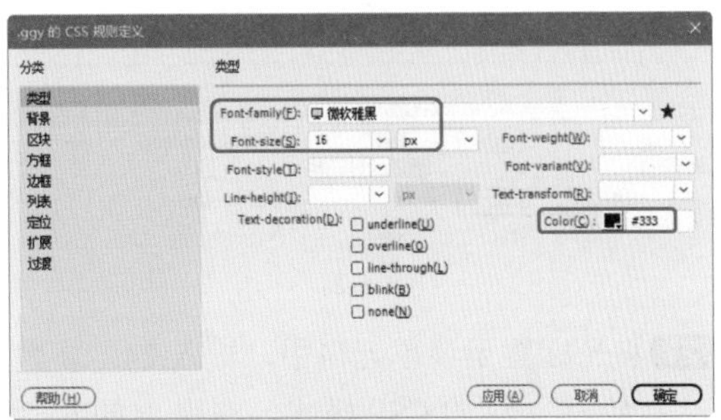

图 6-18

18 设置完成后，单击【确定】按钮。在【属性】面板中为该文字应用名为 .ggy 的 CSS 样式，效果如图 6-19 所示。

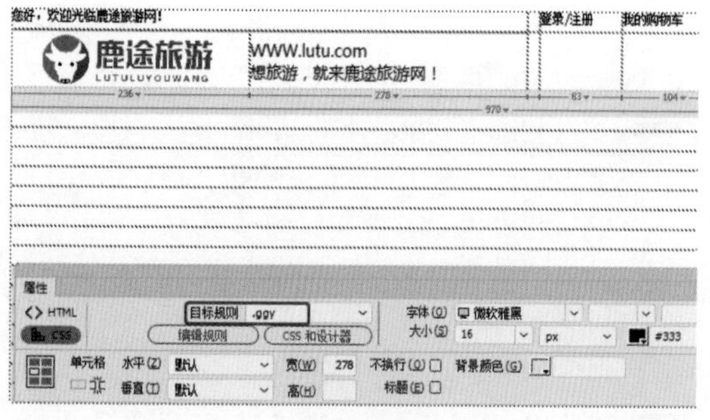

图 6-19

19 选中第二行的第三至第九列单元格并右击，在弹出的快捷菜单中选择【表格】|【合并单元格】命令，如图 6-20 所示。

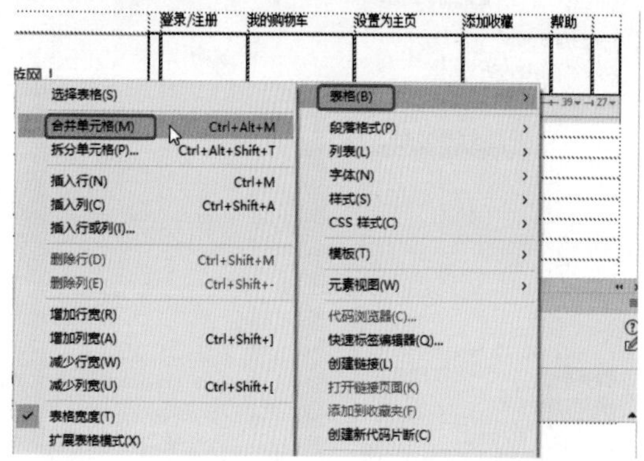

图 6-20

20 选中合并后的单元格，在【属性】面板中为其应用名为 .bk1 的 CSS 样式，将【水平】设置为【右对齐】，如图 6-21 所示。

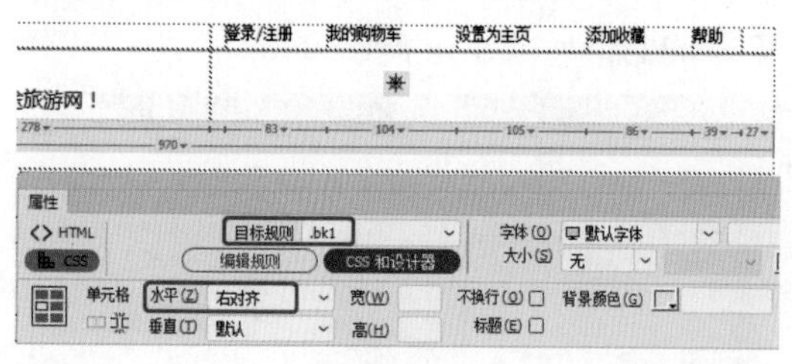

图 6-21

21 将光标置于该单元格中，输入 24。新建一个名为 .wz2 的 CSS 样式，在弹出的对话框中将 Font-family 设置为【微软雅黑】，将 Font-size 设置为 20px，将 Font-weight 设置为 bold，将 Color 设置为 #F90，如图 6-22 所示。

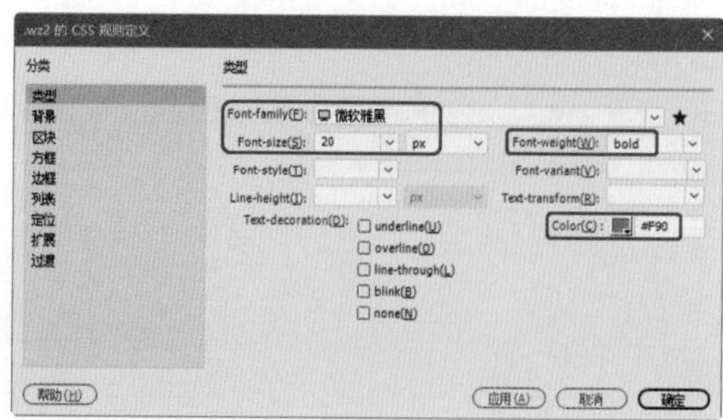

图 6-22

22 设置完成后，单击【确定】按钮，为该文字应用名为 .wz2 的 CSS 样式，效果如图 6-23 所示。

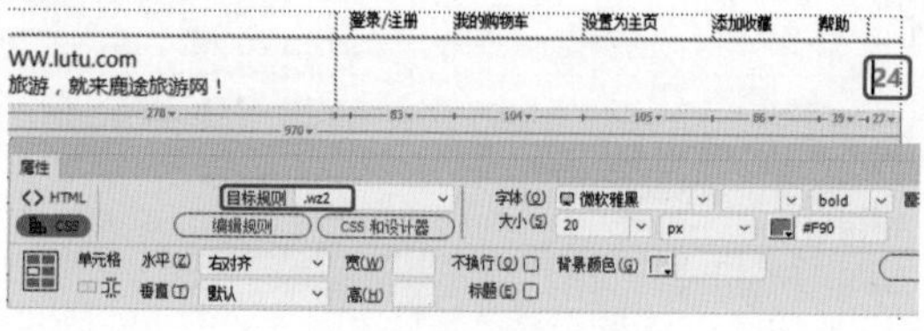

图 6-23

23 继续将光标置于该文字的后面，并输入文字。选中输入的文字，在【属性】面板中为其应用名为 .wz1 的 CSS 样式，效果如图 6-24 所示。

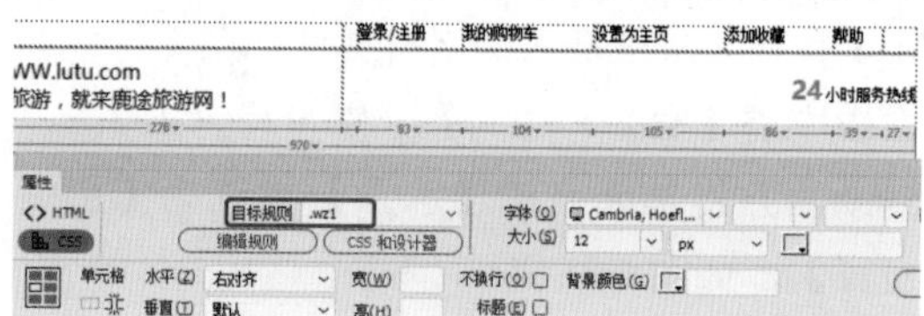

图 6-24

提示：由于在 24 后面输入文字时，新输入的文字会应用前面文字的 CSS 样式，所以在应用 .wz1 样式之前，需要选中该文字，在【属性】面板中单击【目标规则】右侧的下三角按钮，在弹出的列表中选择【删除类】选项，然后再应用名为 .wz1 的 CSS 样式。

24 将光标置于【24 小时服务热线】的右侧，继续输入“（全年无休）”，选中该文字，新建一个名为 .wz3 的 CSS 样式。在弹出的对话框中将 Font-size 设置为 12px，将 Color 设置为 #999，如图 6-25 所示。

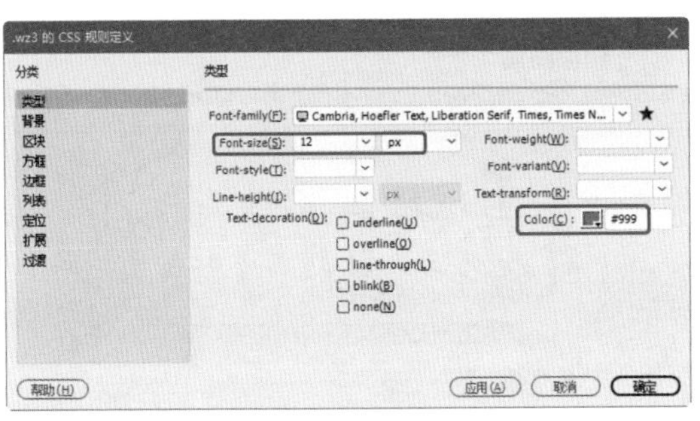
图 6-25

25 设置完成后，单击【确定】按钮。继续选中该文字，为该文字应用名为 .wz3 的 CSS 样式，效果如图 6-26 所示。

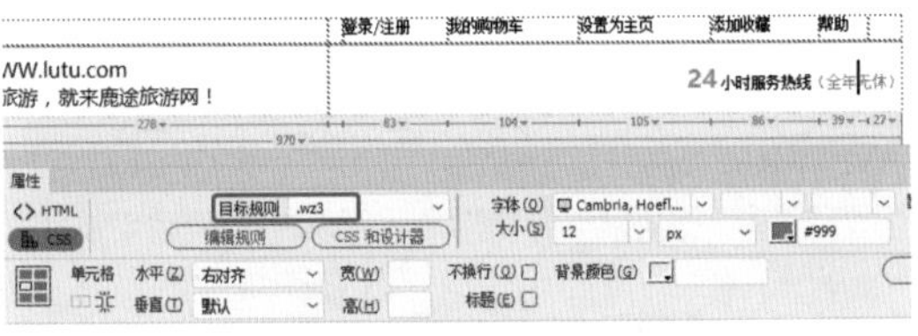
图 6-26

26 将光标置于该文字的右侧，按 Shift+Enter 组合键，另起一行，输入文字，选中输入的文字，为其应用名为 .wz2 的 CSS 样式，效果如图 6-27 所示。

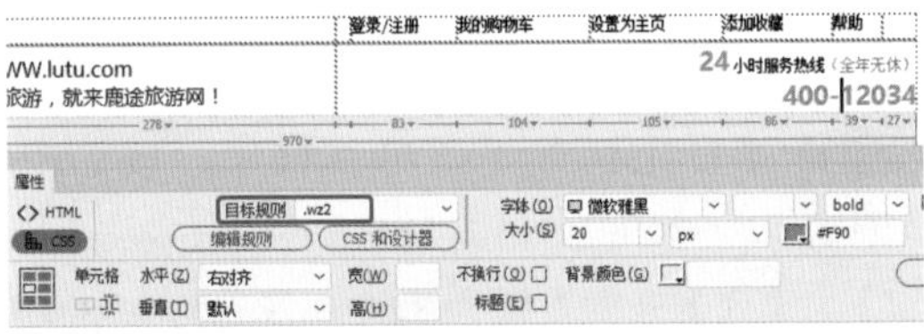
图 6-27

27 继续在该单元格中输入文字，并为输入的文字应用名为 .wz3 的 CSS 样式，效果如图 6-28 所示。

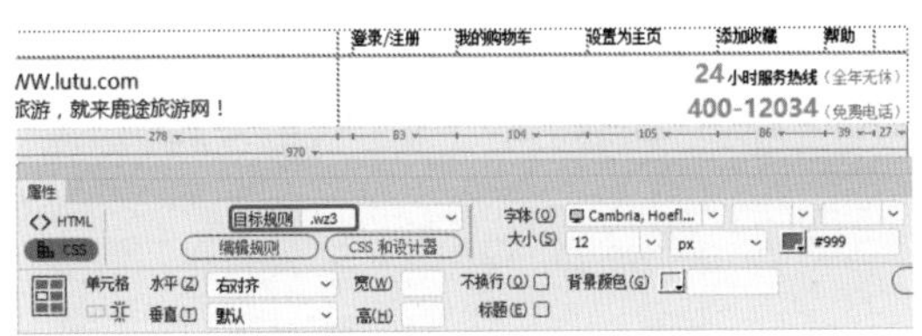
图 6-28

28 将光标置于第三行单元格中，按 Ctrl+Alt+T 组合键，在弹出的 Table 对话框中将【行数】、【列】分别设置为 1、17，将【表格宽度】设置为 970 像素，如图 6-29 所示。

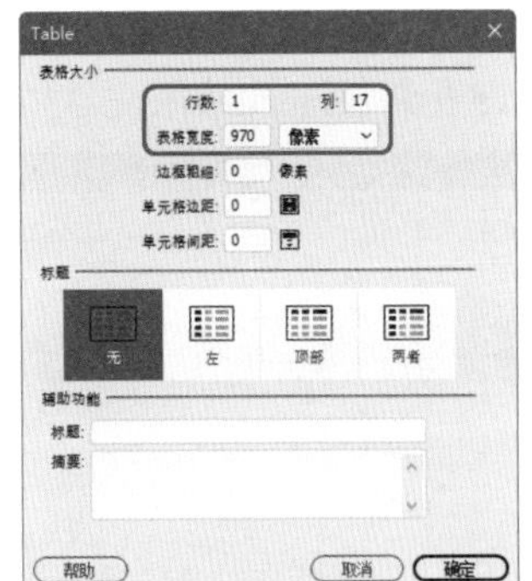
图 6-29

29 设置完成后，单击【确定】按钮。选中所有的单元格，在【属性】面板中将【高】设置为 40，将【背景颜色】设置为 #CC3300，如图 6-30 所示。

图 6-30

30 在设置后的单元格中输入文字，并调整单元格的宽度，效果如图 6-31 所示。

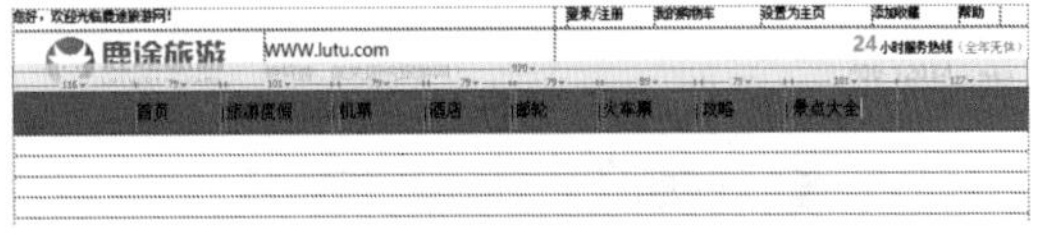
图 6-31

31 选中输入的文字，新建一个名为 .dhwz 的 CSS 样式，将 Font-family 设置为【微软雅黑】，在弹出的对话框中将 Font-size 设置为 18px，将 Color 设置为 #FFF，如图 6-32 所示。

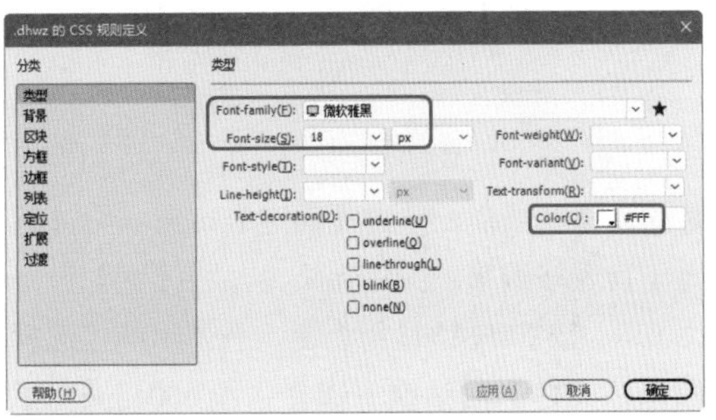
图 6-32

32 在该对话框中选择【区块】选项，将 Text-align 设置为 center，如图 6-33 所示。

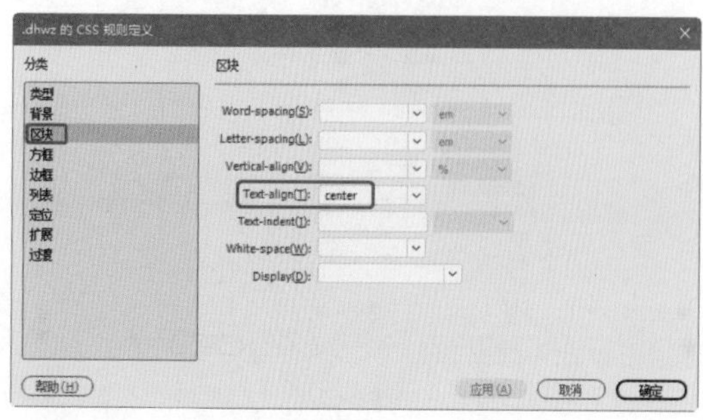

图 6-33

33 设置完成后，单击【确定】按钮。继续选中该文字，为文字应用名为.dhwz 的 CSS 样式，效果如图 6-34 所示。

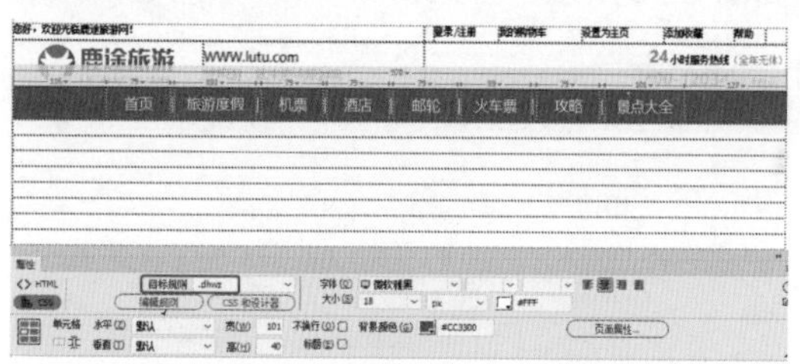

图 6-34

34 将光标置于第四行的单元格中，按 Ctrl+Alt+T 组合键，在弹出的 Table 对话框中将【行数】、【列】分别设置为 1、2，将【表格宽度】设置为 970 像素，如图 6-35 所示。

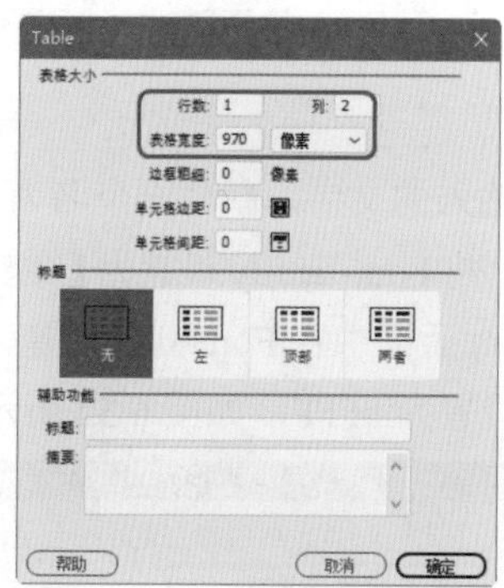

图 6-35

35 设置完成后，单击【确定】按钮。将光标置于新表格的第 1 列单元格中，将【宽】设置为 670，按 Ctrl+Alt+I 组合键，在弹出的【选择图像源文件】对话框中选择“图 0001.jpg”素材文件，单击【确定】按钮，效果如图 6-36 所示。

图 6-36

36 将光标置于第二列单元格中，在【属性】面板中将【宽】设置为 300，将【背景颜色】设置为 #dce0e2，如图 6-37 所示。

图 6-37

37 继续将光标置于该单元格中，按 Ctrl+Alt+T 组合键，在弹出的 Table 对话框中将【行数】、【列】分别设置为 8、2，将【表格宽度】设置为 300 像素，如图 6-38 所示。

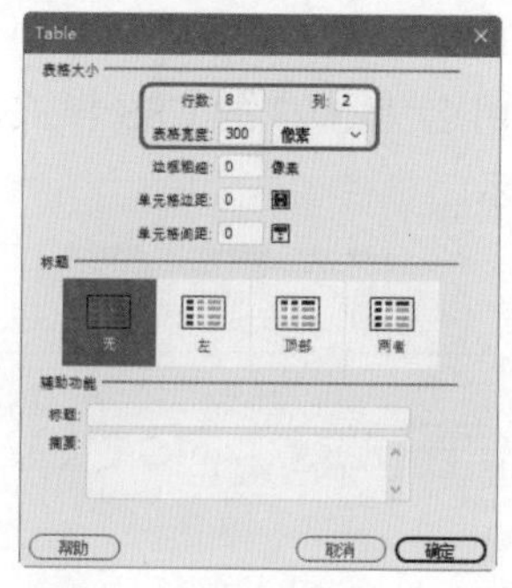

图 6-38

38 设置完成后，单击【确定】按钮。将光标置于第一行的第一列单元格中，在该单元格中输入“国内机票”，新建一个名为 .wz4 的 CSS

样式。在弹出的【.wz4 的 CSS 规则定义】对话框中，将 Font-family 设置为【微软雅黑】，将 Font-size 设置为 18px，将 Font-weight 设置为 bold，将 Color 设置为 #e60012，如图 6-39 所示。

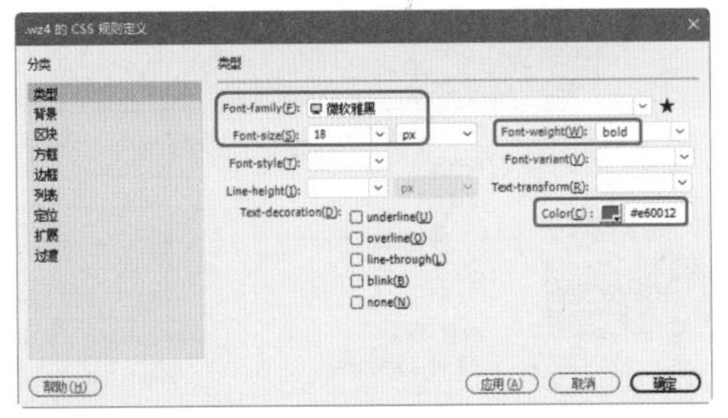

图 6-39

39 在该对话框中选择【边框】选项，取消选中 Style、Width、Color 下方的【全部相同】复选框，将 Bottom 右侧的 Style、Width、Color 分别设置为 solid、2px、#e60012，如图 6-40 所示。

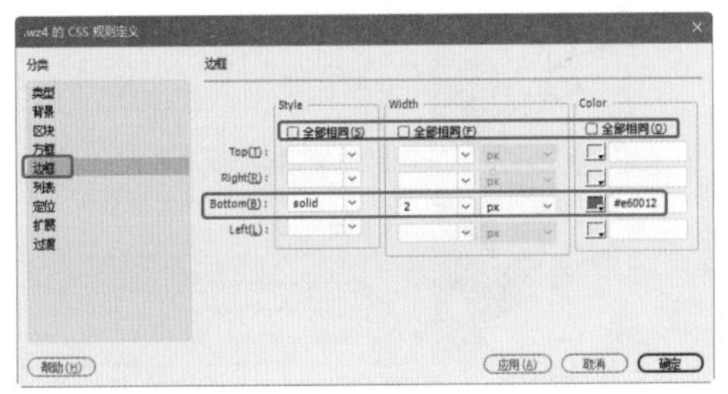

图 6-40

40 设置完成后，单击【确定】按钮，为该文字应用名为 .wz4 的 CSS 样式。在【属性】面板中将【水平】设置为【居中对齐】，将【宽】、【高】分别设置为 104、40，效果如图 6-41 所示。

图 6-41

41 将光标置于第一行的第二列单元格中，输入“国际机票”，新建一个名为 .wz5 的 CSS 样式。在弹出的对话框中将 Font-family 设置为【微软雅黑】，将 Font-size 设置为 18px，将 Font-weight 设置为 bold，将 Color 设置为 #666，如图 6-42 所示。

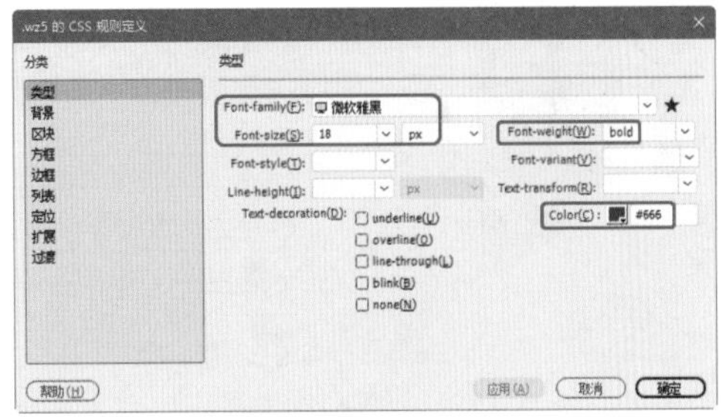

图 6-42

42 在该对话框中选择【边框】选项，取消选中 Style、Width、Color 下方的【全部相同】复选框，将 Bottom 右侧的 Style、Width、Color 分别设置为 solid、2px、#e6e9ed，如图 6-43 所示。

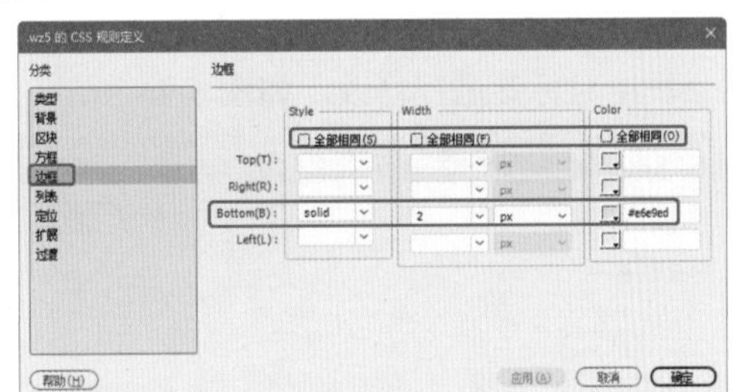

图 6-43

43 设置完成后，单击【确定】按钮，为该文字应用名为 .wz5 的 CSS 样式。在【属性】面板中将【宽】设置为 196，如图 6-44 所示。

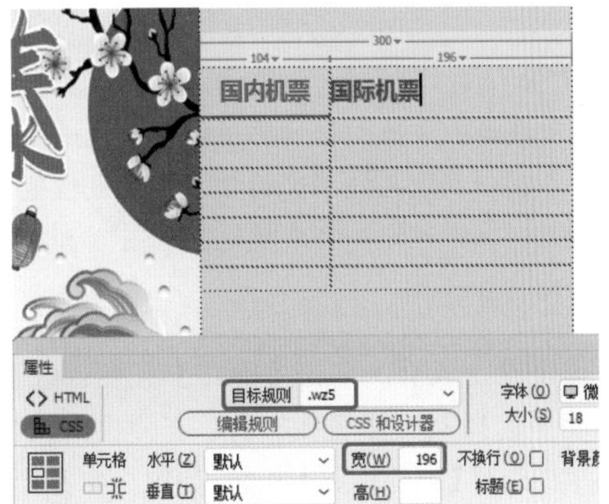

图 6-44

44 选中第二行的两列单元格并右击，在弹出的快捷菜单中选择【表格】|【合并单元格】命令，将光标置于合并后的单元格中，在【属性】面板中将【高】设置为45，如图6-45所示。

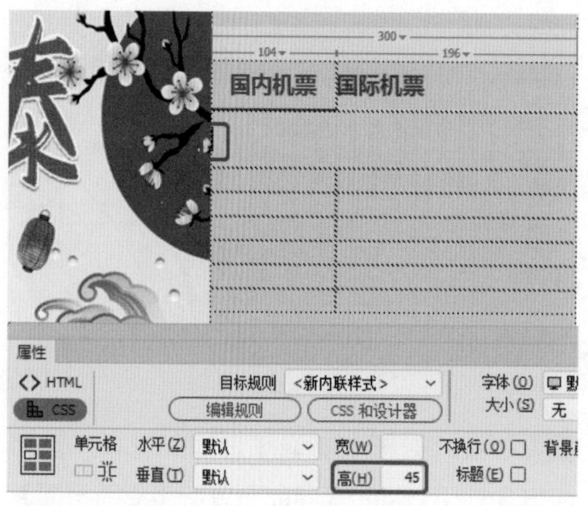

图 6-45

45 继续将光标置于该单元格中，输入3个空白格。在菜单栏中选择【插入】|【表单】|【单选按钮组】命令，在弹出的【单选按钮组】对话框中对标签进行修改，如图6-46所示。

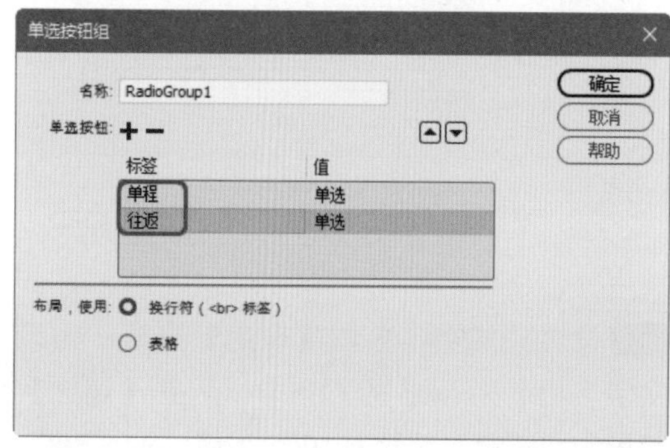

图 6-46

> 提示：单选按钮的作用在于只能选中一个列出的选项，单选按钮通常被成组地使用。一个组中的所有单选按钮必须具有相同的名称。

46 设置完成后，单击【确定】按钮。在状态栏中选择<p>标签并右击，在弹出的快捷菜单中选择【删除标签】命令，如图6-47所示。

图 6-47

47 将光标置于【单程】文字的右侧，按Delete键即可将两个单选按钮调整至一行中，效果如图6-48所示。

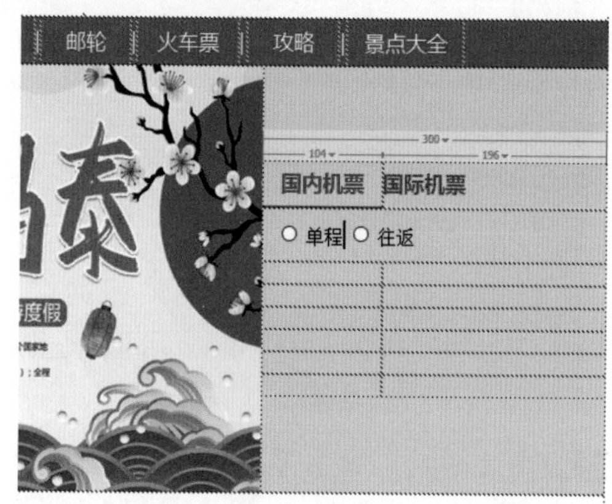

图 6-48

48 选中【单程】文字，新建一个名为.wz6的CSS样式。在弹出的对话框中将Font-family设置为【微软雅黑】，将Font-size设置为17px，将Color设置为#666，如图6-49所示。

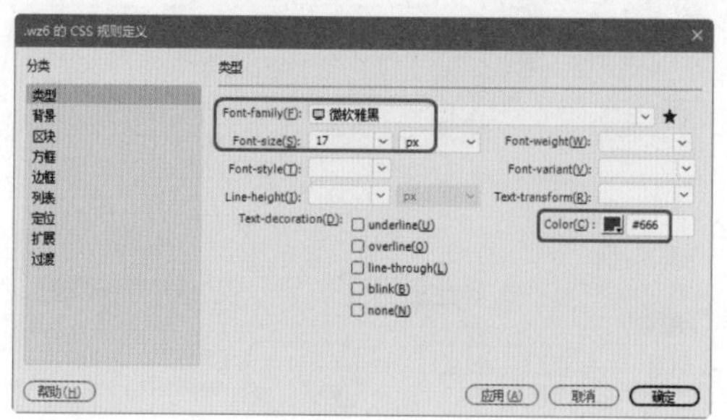

图 6-49

49 设置完成后，单击【确定】按钮，为【单程】和【往返】两个词组应用名为 .wz6 的 CSS 样式，效果如图 6-50 所示。

图 6-50

50 将光标置于第三行的第一列单元格中，输入文字，并为其应用名为 .wz6 的 CSS 样式。继续将光标置于该单元格中，将【水平】设置为【居中对齐】，将【高】设置为 45，如图 6-51 所示。

图 6-51

51 将光标置于第三行的第二列单元格中，在菜单栏中选择【插入】|【表单】|【文本】命令，将 text field 删除。选中文本表单，在【属性】面板中为其应用名为 .wz6 的 CSS 样式，将 Size 设置为 20，如图 6-52 所示。

图 6-52

52 使用同样的方法在其他单元格中输入文字并插入文本表单，效果如图 6-53 所示。

图 6-53

53 将光标置于第七行的第二列单元格中，在【属性】面板中将【高】设置为 32，如图 6-54 所示。

图 6-54

54 继续将光标置于该单元格中，按 Ctrl+Alt+T 组合键，在弹出的 Table 对话框中将【行数】、【列】分别设置为 1、3，将【表格宽度】设置为 100 百分比，如图 6-55 所示。

55 设置完成后，单击【确定】按钮，将新插入表格的第 1 列单元格的【宽】设置为 59%，将第 2 列单元格的【宽】设置为 34%，将第 3 列单元格的【宽】设置为 7%。选中这

3列单元格，在【属性】面板中将【高】设置为32，如图6-56所示。

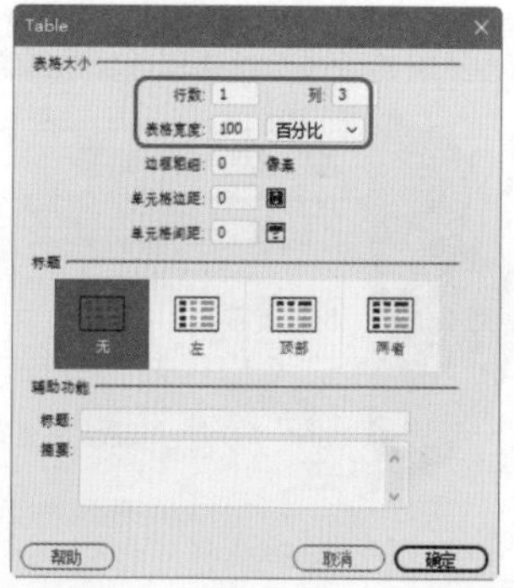

图 6-55

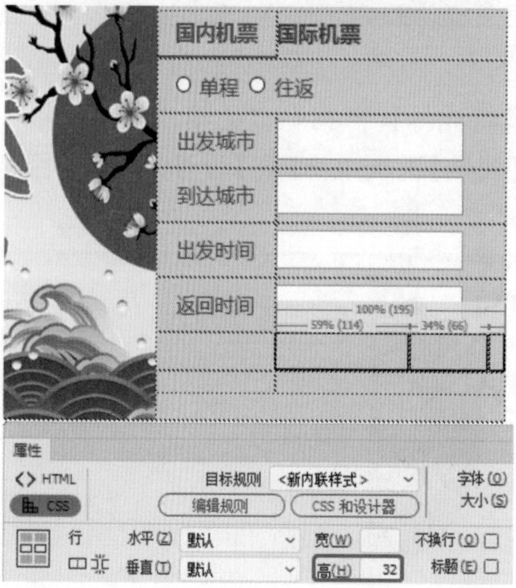

图 6-56

56 选中第二列单元格，新建一个名为.yjbk的CSS样式。在【CSS设计器】面板中选择名为.yjbk的CSS样式，取消选中【显示集】复选框，单击【边框】按钮，将border-radius中的圆角都设置为5px，如图6-57所示。

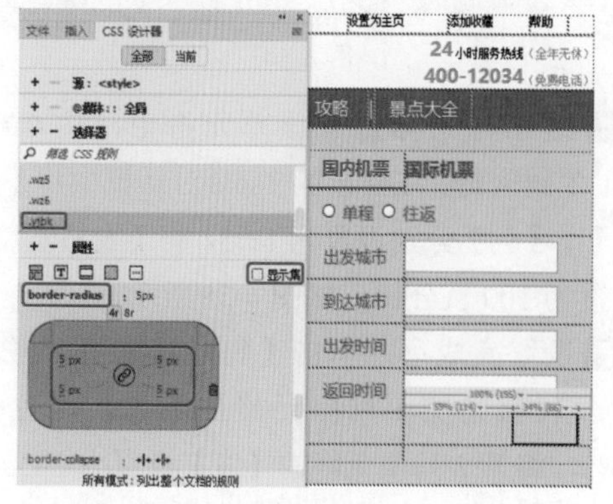

图 6-57

57 设置完成后，为第二列的单元格应用yjbk样式，将光标置于第二列单元格中，输入文字，并为其应用名为.dhwz的CSS样式。在【属性】面板中将【水平】设置为【居中对齐】，将【背景颜色】设置为#ffae04，在该单元格内输入文字，如图6-58所示。

图 6-58

58 选择第八行的两列单元格并右击，在弹出的快捷菜单中选择【表格】|【合并单元格】命令，将光标置于合并后的单元格中，在【属性】面板中将【水平】、【垂直】分别设置为【居中对齐】、【底部】，将【高】设置为55，如图6-59所示。

图 6-59

59 继续将光标置于该单元格中，按Ctrl+Alt+T组合键，在弹出的Table对话框中将【行数】、【列】分别设置为1、5，将【表格宽度】设置为294像素，将【单元格间距】设置为2，如图6-60所示。

60 设置完成后，单击【确定】按钮，选中所有的单元格，在【属性】面板中将【水平】设置为【居中对齐】，将【高】设置为46，将【背景颜色】设置为 #999999，如图 6-61 所示。

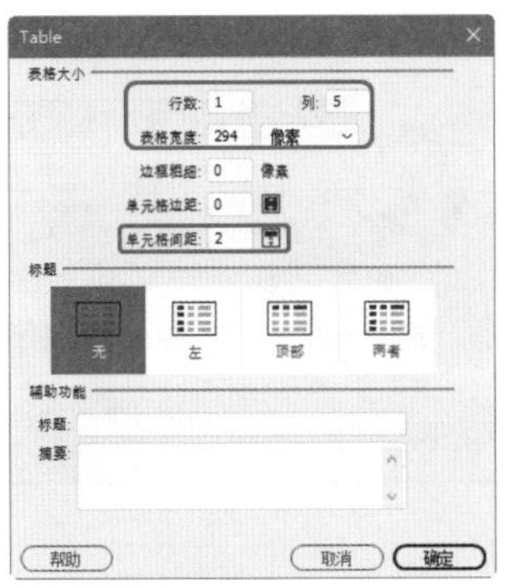

图 6-60

图 6-61

61 将光标置于第一列单元格中输入“机票”，新建一个名为 .wz7 的 CSS 样式。在弹出的对话框中将 Font-family 设置为【微软雅黑】，将 Color 设置为 #FFF，如图 6-62 所示。

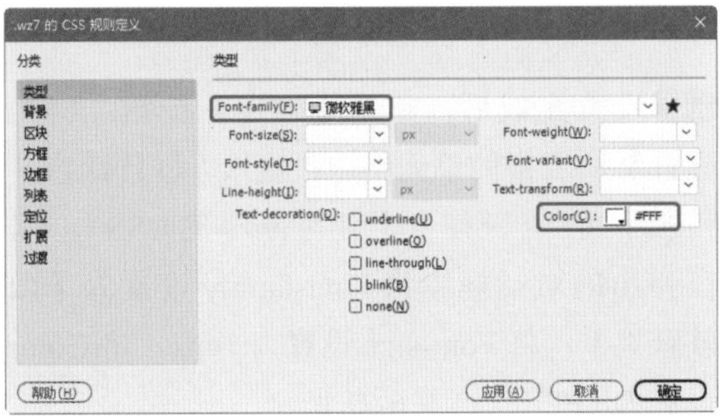

图 6-62

62 设置完成后，单击【确定】按钮，为该文字应用新建的 CSS 样式，并在其他列单元格中输入文字，调整单元格的宽度，效果如图 6-63 所示。

图 6-63

63 将光标置于第四行的单元格中，在【拆分】窗口中对代码进行修改，将该行单元格的高度设置为 10，如图 6-64 所示。

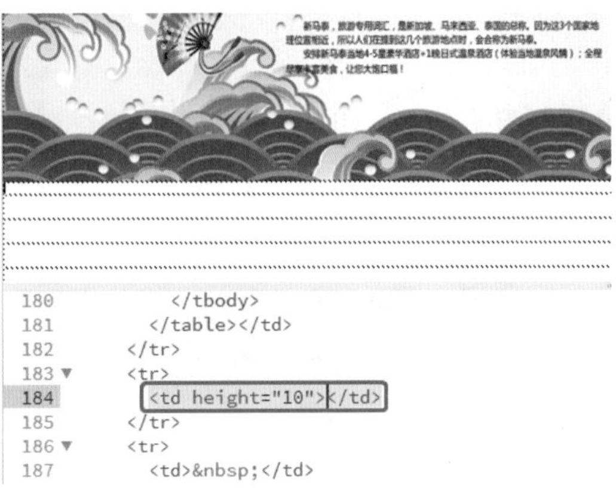

图 6-64

> 提示：为了效果的美观，在 17 行表格的第 2 行和第 3 行单元格之间插入一行单元格，并将其高度设置为 6。

64 将光标置于第五行的单元格中，在【属性】面板中将【背景颜色】设置为 #2A94E0，如图 6-65 所示。

图 6-65

65 继续将光标置于该单元格中，按Ctrl+Alt+T组合键，在弹出的Table对话框中将【行数】、【列】分别设置为1、11，将【表格宽度】设置为970像素，将【单元格间距】设置为0，如图6-66所示。

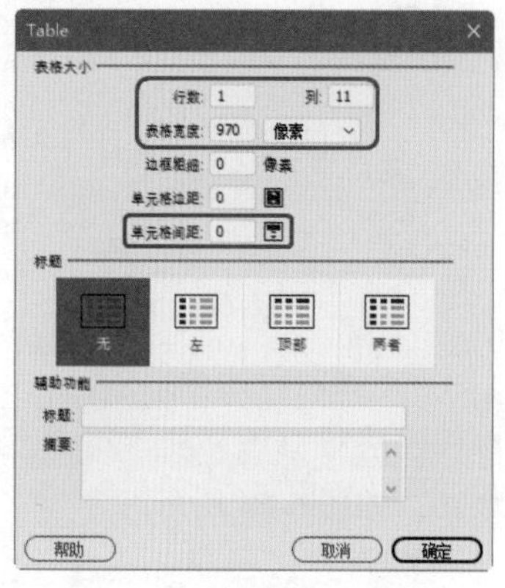

图 6-66

66 设置完成后，单击【确定】按钮。选中所有的单元格，在【属性】面板中将【高】设置为50，如图6-67所示。

图 6-67

67 将光标置于第一列单元格中，将【宽】设置为36，将光标置于第二列单元格中，输入“今日特惠”，选中输入的文字，新建一个名为.wz8的CSS样式。在弹出的对话框中将Font-family设置为【微软雅黑】，将Font-size设置为22px，将Color设置为#FFF，如图6-68所示。

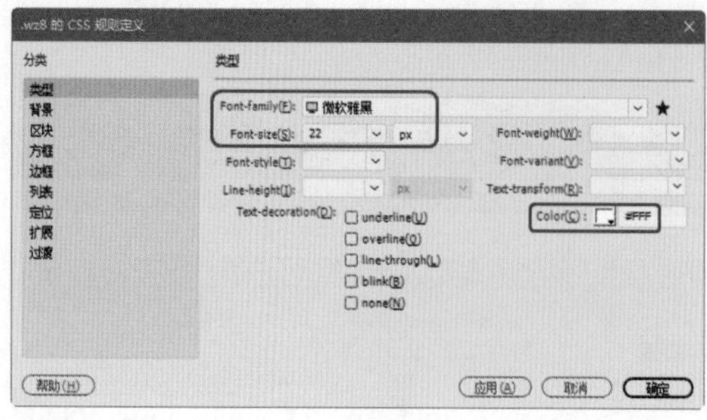

图 6-68

68 设置完成后，单击【确定】按钮，为该文字应用新建的名为.wz8的CSS样式。在【属性】面板中将【宽】设置为97，如图6-69所示。

图 6-69

69 将光标置于第三列单元格中，在【属性】面板中将【宽】设置为135。按Ctrl+Alt+T组合键，在弹出的Table对话框中将【行数】、【列】都设置为1，将【表格宽度】设置为100【百分比】，如图6-70所示。

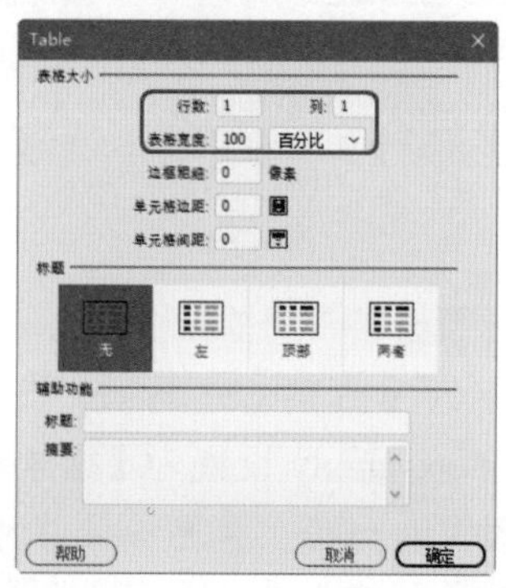

图 6-70

70 设置完成后，单击【确定】按钮。将光标置于新表格的单元格中，输入“每日特惠，精彩不断”，新建一个名为.wz9的CSS样式。在弹出的对话框中将Font-family设置为【微软雅黑】，将Font-size设置为14px，将Color设置为#FFF，如图6-71所示。

71 设置完成后，单击【确定】按钮，为该文字应用新建的名为.wz9的CSS样式。在【属性】面板中将【水平】设置为【居中对齐】，将【背景颜色】设置为#D32CA3，如图6-72所示。

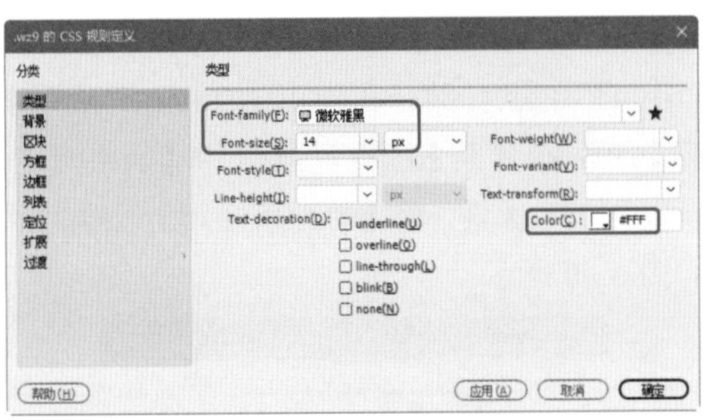

图 6-71

图 6-72

72 将第四列单元格的【宽】设置为 218，选中第五至第十列单元格，在【属性】面板中将【宽】设置为 65，如图 6-73 所示。

图 6-73

73 将光标置于第五列单元格中，输入“欧洲”，选中该文字，新建一个名为 .wz10 的 CSS 样式。在弹出的对话框中将 Font-family 设置为【微软雅黑】，将 Font-size 设置为 18px，将 Color 设置为 #FFF，如图 6-74 所示。

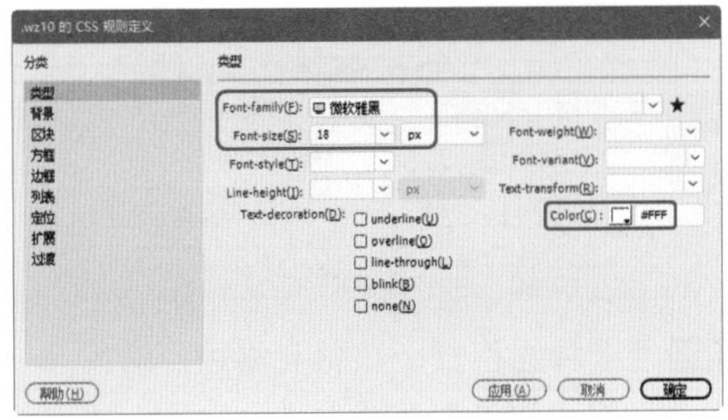

图 6-74

74 设置完成后，单击【确定】按钮，为该文字应用新建的名为 .wz10 的 CSS 样式，并使用同样的方法在其他单元格中输入文字，如图 6-75 所示。

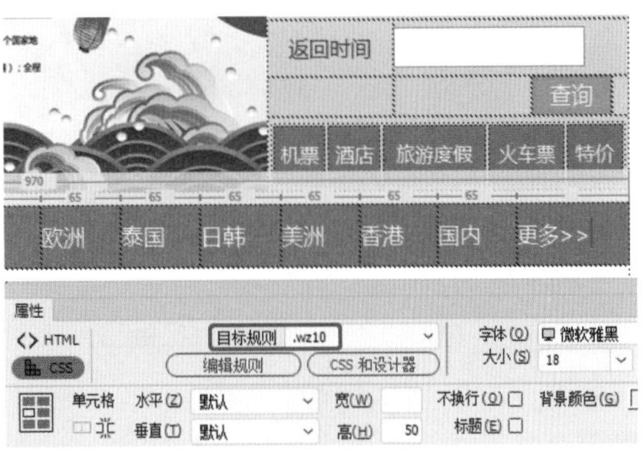

图 6-75

75 将光标置于第六行单元格中，新建一个名为 .yjbk2 的 CSS 样式，在【CSS 设计器】面板中选中该样式，取消选中【显示集】复选框，单击【边框】按钮，将 border-radius 下方的两个圆角参数都设置为 3px，为该单元格应用新建的 CSS 样式，将【背景颜色】设置为 #F6F6F6，如图 6-76 所示。

图 6-76

76 将光标置于该单元格中，按 Ctrl+Alt+T 组合键，在弹出的 Table 对话框中将【行数】、【列】分别设置为 1、4，将【表格宽度】设置为 970 像素，将【单元格间距】设置为 8，如图 6-77 所示。

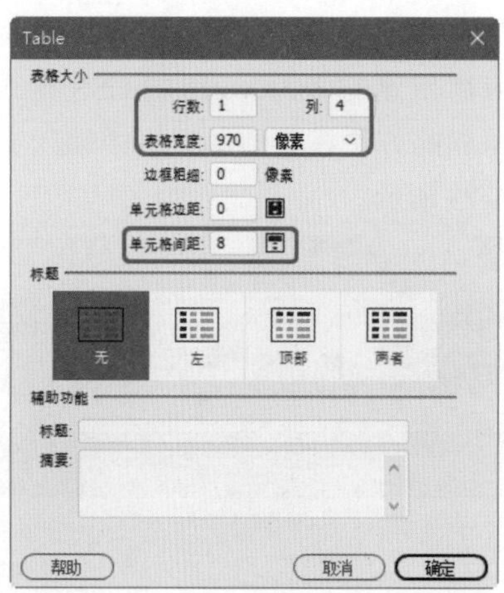
图 6-77

77 设置完成后，单击【确定】按钮。将光标置于第一列单元格中，在【属性】面板中将【垂直】设置为【底部】，将【宽】、【高】分别设置为 231、300，如图 6-78 所示。

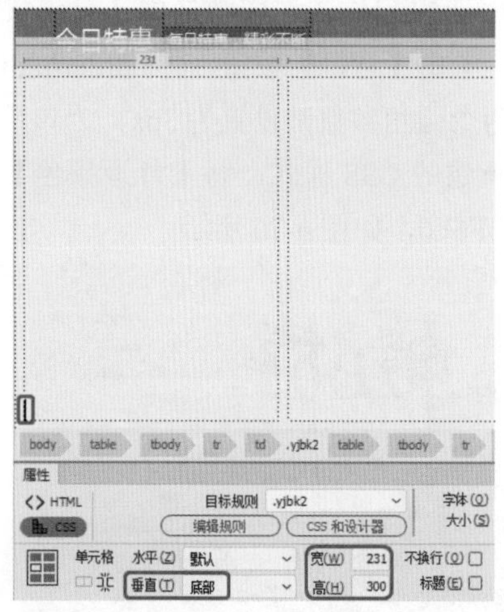
图 6-78

78 继续将光标置于该单元格中，在【拆分】窗口中添加背景图像文件，效果如图 6-79 所示。

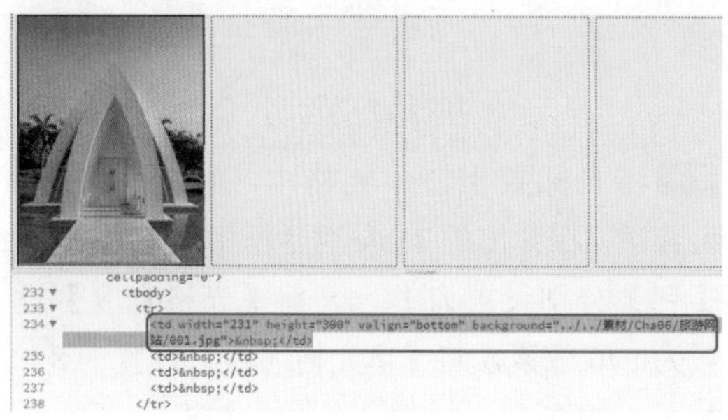
图 6-79

79 继续将光标置于该单元格中，按 Ctrl+Alt+T 组合键，在弹出的 Table 对话框中将【行数】、【列】都设置为 1，将【表格宽度】设置为 231 像素，将【单元格间距】设置为 0，如图 6-80 所示。

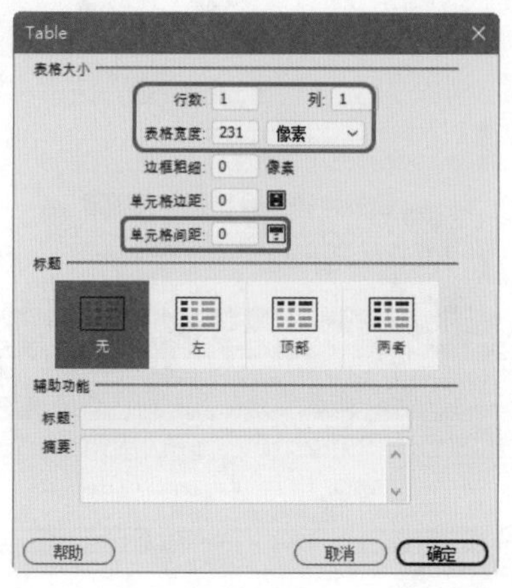
图 6-80

80 设置完成后，单击【确定】按钮。将光标置于该单元格中，新建一个名为 .btmd 的 CSS 样式。在【CSS 设计器】面板中选中该样式，单击【布局】按钮，将 opacity 设置为 0.8，选中该单元格，为其应用新建的名为 .btmd 的 CSS 样式，并在【属性】面板中将【水平】设置为【居中对齐】，将【高】设置为 40，将【背景颜色】设置为 #3A3A3A，如图 6-81 所示。

图 6-81

81 继续将光标置于该单元格中，输入“三亚 5 日跟团游 ¥”，选中该文字，为其应用名为 .wz10 的 CSS 样式，如图 6-82 所示。

图 6-82

82 继续将光标置于该单元格中，输入 3562，选中该文字，新建一个名为 .wz11 的 CSS 样式。在弹出的对话框中将 Font-size 设置为 24px，将 Font-weight 设置为 bold，将 Color 设置为 #fbea06，如图 6-83 所示。

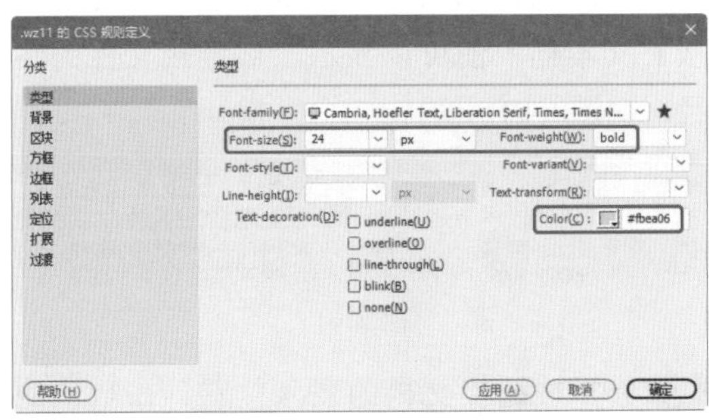

图 6-83

83 设置完成后，单击【确定】按钮，为该文字应用新建的名为 .wz11 的 CSS 样式，并在该文字右侧输入“元”，为其应用名为 .wz10 的 CSS 样式，效果如图 6-84 所示。

84 使用相同的方法在其他三列单元格中插入表格和图像，并输入文字，效果如图 6-85 所示。

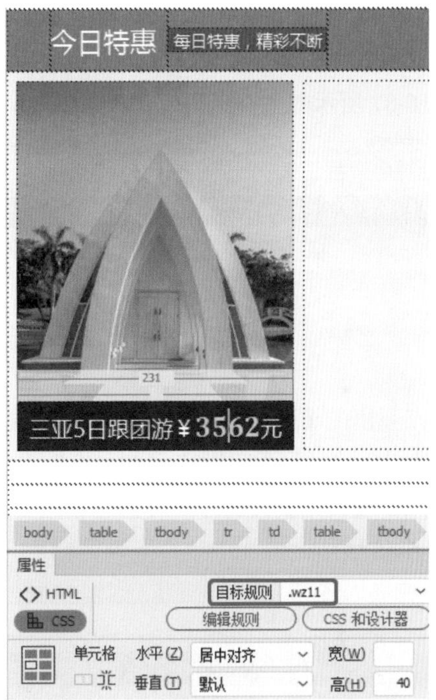

图 6-84

图 6-85

85 使用同样的方法制作其他的内容，效果如图 6-86 所示。

图 6-86

86 选中“酒店”文本，在【属性】面板中单击【链接】文本框右侧的浏览文件按钮，如图 6-87 所示。

图 6-87

87 在弹出的【选择文件】对话框中选择“素材 \Cha06\ 旅游网站 \ 酒店素材 .jpg”素材文件，单击【确定】按钮，即可创建下载链接，如图 6-88 所示。

图 6-88

88 对制作完成的文档进行保存备用，按 F12 键在浏览器中预览效果，如图 6-89 所示。

图 6-89

6.1 创建简单链接

在 Dreamweaver 2020 中创建网页链接的方式既快捷又简单，主要的创建方法有以下几种。

◎ 使用【属性】面板创建链接。

◎ 使用【指向文件】图标创建链接。

◎ 使用快捷菜单创建链接。

6.1.1 使用【属性】面板创建链接

使用【属性】面板把当前文档中的文本或者图像与另一个文档相链接，创建链接的具体步骤如下所示。

01 选择文档窗口中需要链接的文本或图像，在【属性】面板中单击【链接】文本框右侧的【浏览文件】按钮，如图 6-90 所示。

图 6-90

02 在弹出的【选择文件】对话框中选择一个文件，设置完成后单击【确定】按钮，在【链接】文本框中便可以显示出被链接文件的路径，如图 6-91 所示。

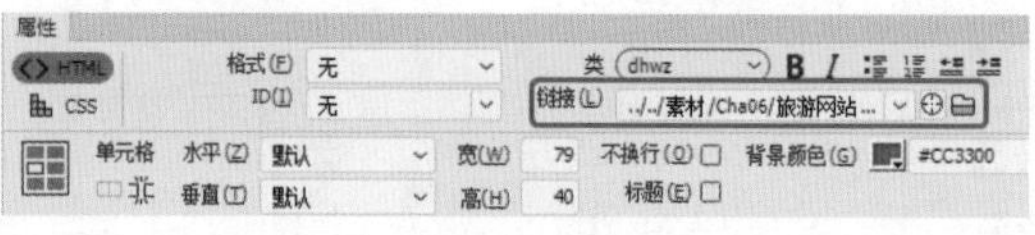

图 6-91

03 选择被链接文档的载入位置。在默认的情况下，预览网页时，被链接的文档会在当前窗口打开。要使被链接的文档在其他地方打开，需要在【属性】面板的【目标】下拉列表框中选择任意一个选项，如图 6-92 所示。

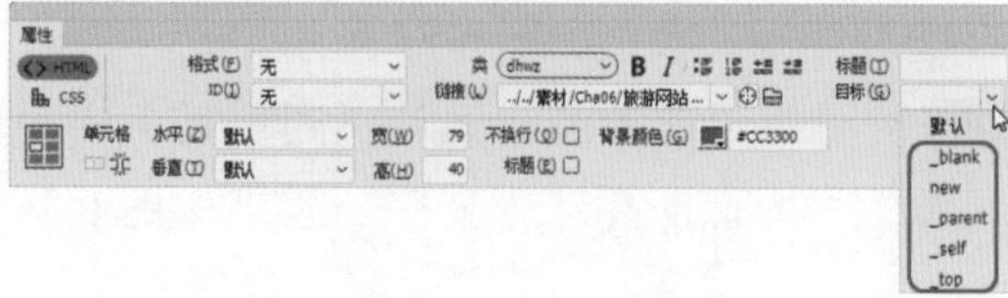

图 6-92

6.1.2 使用【指向文件】图标创建链接

使用【属性】面板中的【指向文件】图标创建链接的具体操作步骤如下。

01 在文档窗口中选择文本内容，并将其选中，在【属性】面板中单击【链接】文本框右侧的【指向文件】按钮，并将其拖曳至需要链接的文档中，如图 6-93 所示。

02 释放鼠标左键，即可将文件链接到指定的目标中。

图 6-93

6.1.3 使用快捷菜单创建链接

使用快捷菜单创建文本或图像链接的具体操作步骤如下。

01 在文档窗口中，选择要加入链接的文本或图像并右击，在弹出的快捷菜单中选择【创建链接】命令，如图 6-94 所示。

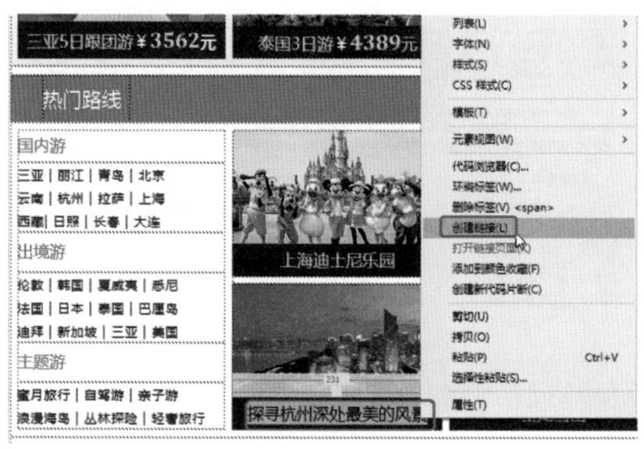

图 6-94

提示：可以选择菜单栏中的【编辑】|【链接】|【创建链接】命令创建链接。

02 在弹出的【选择文件】对话框中浏览并选择一个图像，单击【确定】按钮，如图 6-95 所示。

图 6-95

6.2 创建其他链接

创建链接可谓是为网页增加了又一独特的色彩，链接到文档是超链接最主要的形式，其他的形式还有锚记链接、下载链接、空链接和热点链接等，用户可以使用这些链接完成一些特殊的功能。下面将介绍各种特殊链接的创建与使用方法。

6.2.1 创建锚记链接

创建锚记链接就是在文档中的某个位置插入标记，并且为其设置一个标记名称，便于引用。锚记常用于长篇文章、技术文件等内容量比较大的网页，当用户单击某一个超链接时，可以跳转到相同网页的特定段落，能够使访问者快速地浏览到选定的位置。

创建锚记链接的具体操作步骤如下。

01 按 Ctrl+O 组合键，打开“素材 \Cha06\ 中国十大名胜古迹素材 .html”素材文件，如图 6-96 所示。

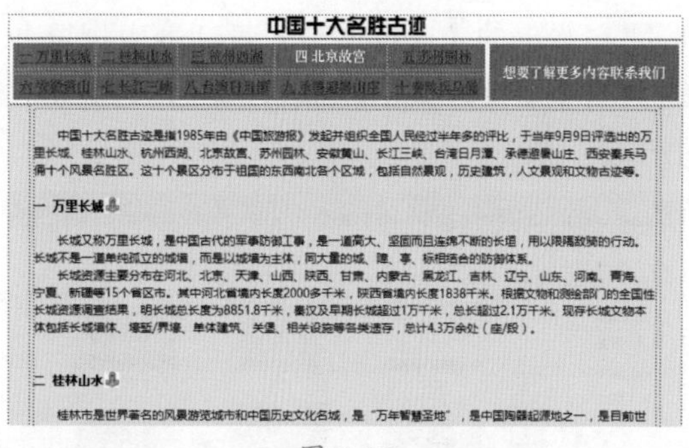

图 6-96

02 将光标放置在正文“四 北京故宫”的后面，切换至【拆分】视图中，输入代码 <a name="return"></a>，如图 6-97 所示，按 F5 键刷新，显示锚记标记。

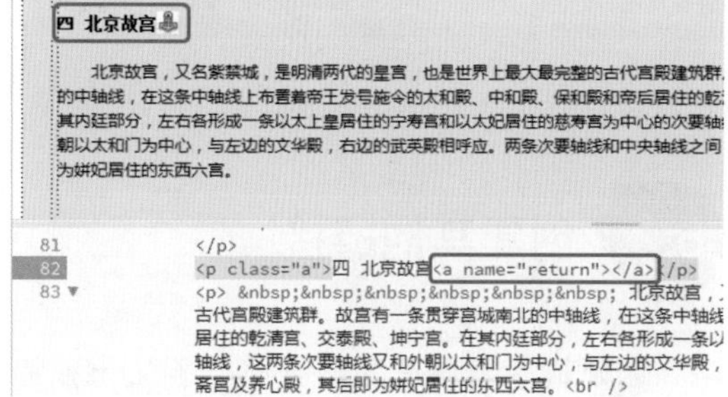

图 6-97

03 选中文档中的锚点标记，在【属性】面板中将【名称】设置为【锚记 4】，选择“name=" 锚记 4 "”代码文本，按 Delete 键删除，如图 6-98 所示。

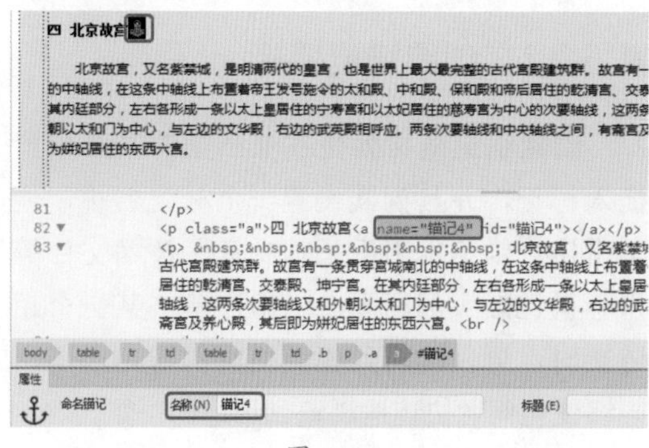

图 6-98

04 选择表格中的“四 北京故宫”文本，在【属性】面板中单击 HTML 按钮，在【链接】文本框中输入“# 锚记 4”，按 Enter 键确认，如图 6-99 所示。

> 提示：在同一文档创建锚记链接，只需在【链接】文本框中输入“#”符号与锚记名称即可。

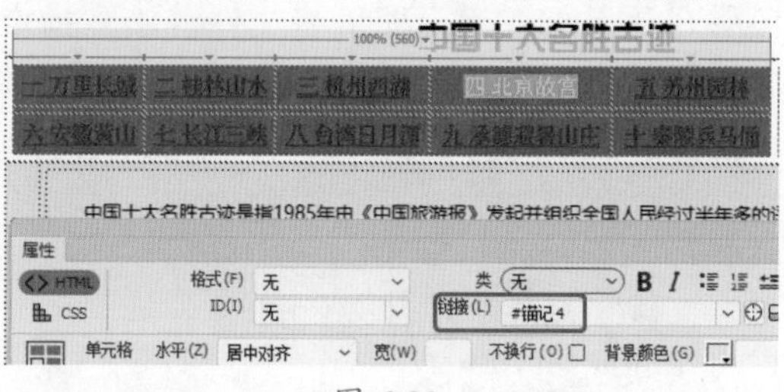

图 6-99

05 按 F12 键在浏览器中预览创建锚记链接后的效果，单击页面上的锚记链接，即可查看相应的内容，如图 6-99 所示。

6.2.2 创建空链接

空链接是一种没有指定位置的链接，一般用于为页面上的对象或文本附加行为。

创建一个空链接的具体操作步骤如下。

01 继续上一节的操作，选中“想要了解更多内容联系我们”文本，在【属性】面板中的【链接】文本框中输入 #，按 Enter 键确认操作，即可创建空链接，如图 6-100 所示。

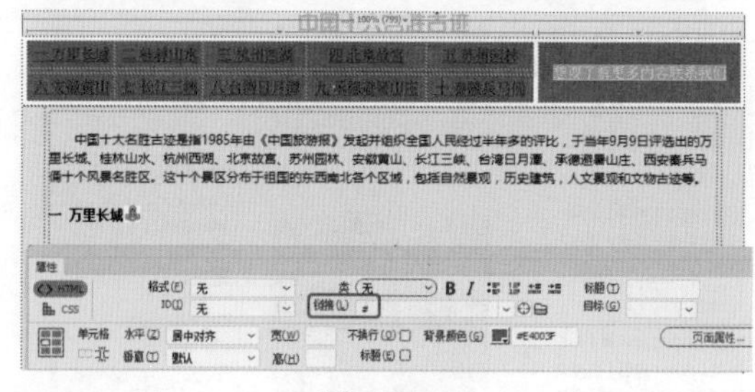

图 6-100

02 按 F12 键在浏览器中预览效果，如图 6-101 所示。

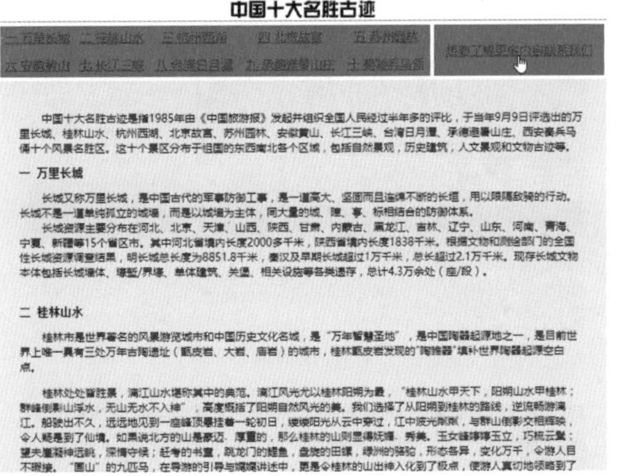

图 6-101

【实战】创建下载链接

如果需要在网站中为浏览者提供图片或文字的下载资料，就必须为这些图片或文字提供下载链接。如果超链接的网页文件格式为 RAR、MP3、EXE 等时，单击链接时就会下载指定的文件，效果如图 6-102 所示。

图 6-102

素材	素材 \Cha06\ 游戏网页设计 .html
场景	场景 \Cha06\【实战】创建下载链接 .html
视频	视频教学 \Cha06\【实战】创建下载链接 .mp4

01 按 Ctrl+O 组合键，打开“素材 \Cha06\ 游戏网页设计 .html”素材文件，如图 6-103 所示。

02 选中“游戏下载区”文本，在【属性】面板中单击【链接】文本框右侧的浏览文件按钮，如图 6-104 所示。

图 6-103

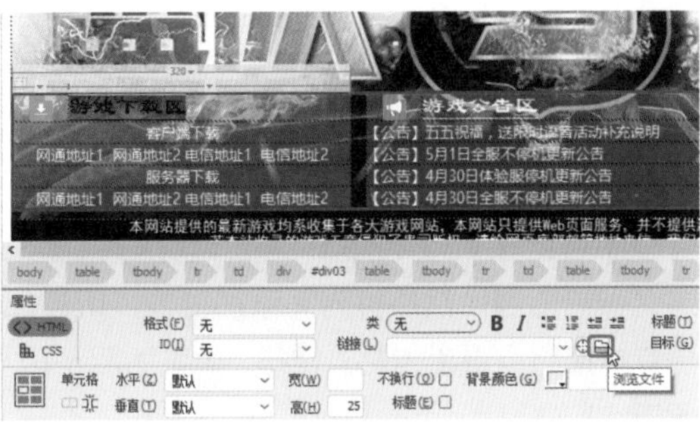

图 6-104

03 在弹出的【选择文件】对话框中选择“素材 \Cha06\ 游戏网页设计 \ 游戏下载 .jpg”素材文件，单击【确定】按钮，即可创建下载链接，如图 6-105 所示。

图 6-105

04 对制作完成的文档进行另存为操作，按 F12 键在浏览器中预览效果，如图 6-106 所示。在图片上右击，在弹出的快捷菜单中选择【图片另存为】命令，设置保存路径和名称，即可下载图片。

图 6-106

【实战】创建热点链接

热点链接就是利用 HTML 语言在图像上定义一定范围，然后再为其添加链接，所添加热点链接的范围称为热点链接，效果如图 6-107 所示。

图 6-107

素材	素材 \Cha06\ 旅游网页设计 .html
场景	场景 \Cha06\【实战】创建热点链接 .html
视频	视频教学 \Cha06\【实战】创建热点链接 .mp4

01 按 Ctrl+O 组合键，打开“素材 \Cha06\ 旅游网页设计 .html”素材文件，选中需要创建热点链接的图片，我们可以在【属性】面板左下角看到 4 个热点工具，分别是【指针热点工具】、【矩形热点工具】、【圆形热点工具】和【多边形热点工具】，如图 6-108 所示。

02 选择【矩形热点工具】，在如图 6-109 所示的位置处绘制一个热点范围，并调整至合适的位置。

图 6-108

图 6-109

03 单击【属性】面板中【链接】文本框右侧的浏览文件按钮，在弹出的【选择文件】对话框中选择“素材 \Cha06\ 游戏网页设计 \ 图 0001.jpg”素材文件，单击【确定】按钮，即可创建热点链接，如图 6-110 所示。

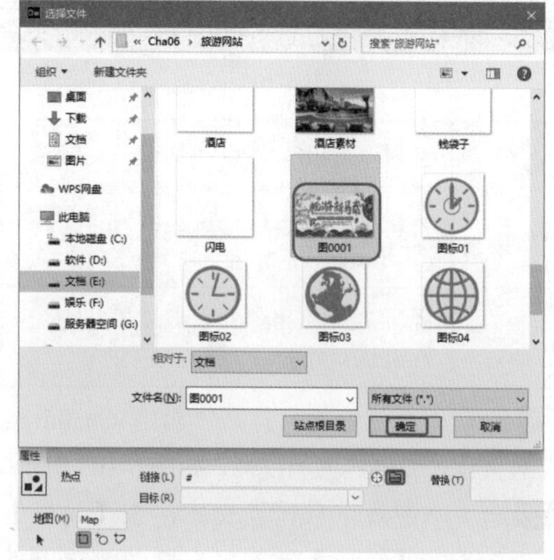

图 6-110

04 按 F12 键在浏览器中预览效果，在热点范围处单击，效果如图 6-111 所示。

图 6-111

LESSON

课后项目练习 旅游网页设计(二)

旅游就是旅行游览活动，旅游业泛指为旅客提供休闲设施与服务的产业。它是一种复杂的社会现象，涉及政治、经济、文化、历史、地理、法律等各个社会领域。旅游也是一种休闲娱乐活动，具有异地性和暂时性等特征。一般而言，旅游具有观光和游历两个不同的层次，前者历时短，体验较浅；后者反之。旅游网页设计（二）的效果如图 6-112 所示。

课后项目练习效果展示

图 6-112

课后项目练习过程概要

01 打开准备的旅游网页二素材文件。

02 选择“首页”文本，将链接绑定至旅游网页设计（一）。

素材	素材 \Cha06\ 旅游网页二素材 .html
场景	场景 \Cha06\ 旅游网页设计（二）.html
视频	视频教学 \Cha06\ 旅游网页设计（二）.mp4

01 按 Ctrl+O 组合键，打开“素材 \Cha06\ 旅游网页二素材 .html”素材文件，效果如图 6-113 所示。

图 6-113

02 选中“首页”文本，在【属性】面板中单击【链接】文本框右侧的浏览文件按钮，如图 6-114 所示。

图 6-114

03 在弹出的【选择文件】对话框中选择“场景\Cha06\【案例精讲】旅游网页设计（一）.html”素材文件，单击【确定】按钮，如图 6-115 所示。

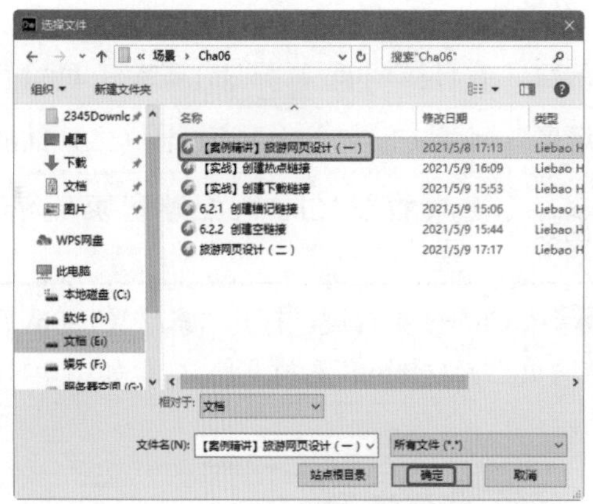

图 6-115

04 在【属性】面板中观察链接路径，此时被绑定链接的文本呈现蓝色且带有下划线，如图 6-116 所示。

图 6-116

05 在【属性】面板中单击【页面属性】按钮，在打开的【页面属性】对话框中选择【链接（CSS）】选项，将【链接颜色】和【已访问链接】设置为 #FFFFFF，将【下划线样式】设置为【始终无下划线】，如图 6-117 所示。

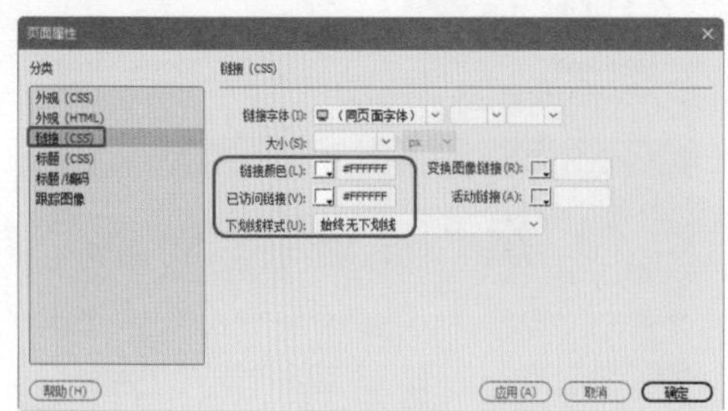

图 6-117

06 单击【确定】按钮，选择【矩形热点工具】，在图 6-118 所示的位置处绘制一个热点范围。

图 6-118

07 单击【属性】面板中【链接】文本框右侧的浏览文件按钮，在弹出的【选择文件】对话框中选择“素材\Cha06\旅游网站\025.jpg”素材文件，单击【确定】按钮，即可创建热点链接，如图 6-119 所示。

图 6-119

08 在【属性】面板中观察热点链接，如图 6-120 所示，按 F12 键可以预览效果。

图 6-120

第 7 章
音乐网页设计——行为的应用

本章导读：

行为是用来动态响应用户操作，改变当前页面效果或是执行特定任务的一种方法。它由对象、事件和动作组合而成。行为是为相应某一具体事件而采取的一个或多个动作，当指定的事件被触发时，将运行相应的 JavaScript 程序，执行相应的动作。

使用行为可以使得网页制作人员不用编程即可实现一些程序动作，如交换图像、打开浏览器窗口等。本章将具体介绍怎样使用行为构建网站。

LESSON

【案例精讲】音乐网页设计（一）

为了更好地完成本设计案例，现对制作要求及设计内容做如下规划，效果如图 7-1 所示。

作品名称	音乐网页设计（一）
设计创意	（1）通过嵌套表格，并对表格进行合并设置 （2）插入图像，并为插入的图像添加【交换图像】行为效果
主要元素	（1）音乐网页 logo （2）音乐头像、相册图片 （3）最佳推荐宣传图
应用软件	Dreamweaver 2020
素材	素材 \Cha07\ 音乐网页设计
场景	场景 \Cha07\【案例精讲】音乐网页设计（一）.html
视频	视频教学 \Cha07\【案例精讲】音乐网页设计（一）.mp4
音乐网页设计（一）设计效果欣赏	图 7-1
备注	

01 新建一个 HTML 4.01 Transitional 文档，在【属性】面板中单击【页面属性】按钮，在弹出的【页面属性】对话框中选择【分类】列表框中的【外观（CSS）】选项，将【文本颜色】设置为 #FFFFFF，将【背景颜色】设置为 #ff7074，如图 7-2 所示。

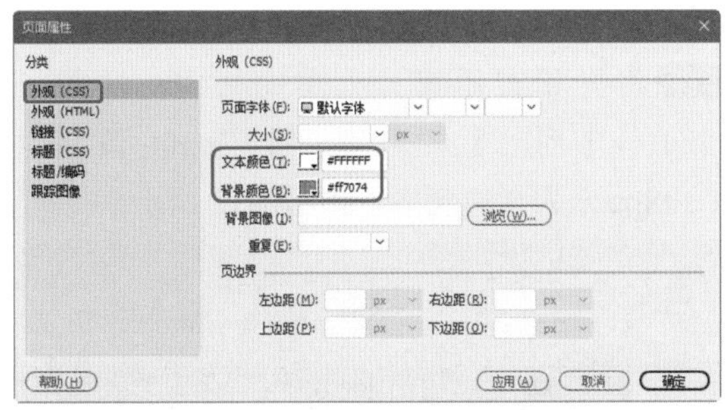

图 7-2

02 单击【确定】按钮，按 Ctrl+Alt+T 组合键，在弹出的 Table 对话框中将【行】、【列】分别设置为 6、1，将【表格宽度】设置为 937 像素，将 CellPad、CellSpace、Border 均设置为 0，单击【确定】按钮。选中插入的表格，在【属性】面板中将 Align 设置为【居中对齐】，如图 7-3 所示。

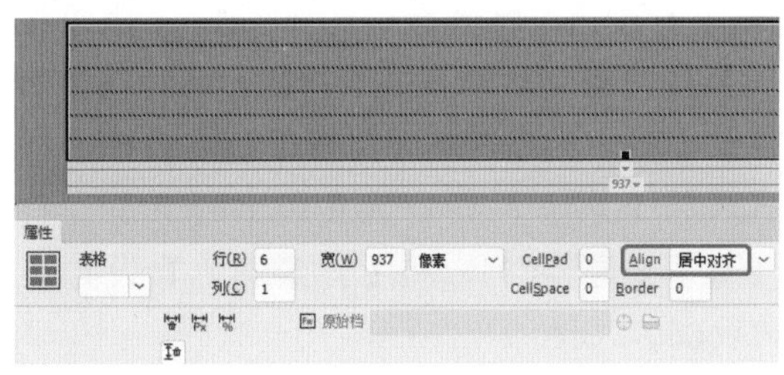

图 7-3

03 将光标置于第一行单元格中，在【属性】面板中将【水平】设置为【左对齐】。按 Ctrl+Alt+I 组合键，在弹出的【选择图像源文件】对话框中选择“素材\Cha07\音乐网页设计\logo.png”素材文件，单击【确定】按钮，将选中的素材文件插入单元格中，如图 7-4 所示。

04 将光标置于第二行单元格中，插入一个 2 行 2 列，【宽】为 100%，CellSpace 为 3 的表格，如图 7-5 所示。

图 7-4

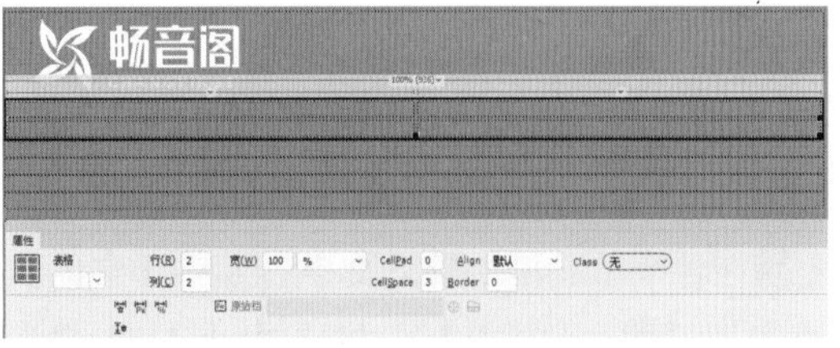

图 7-5

05 选中新插入表格的第一行单元格，按 Ctrl+Alt+M 组合键，将选中的两列单元格进行合并。将光标置于合并后的单元格中，在【属性】面板中将【背景颜色】设置为 #3a3a3a，如图 7-6 所示。

图 7-6

06 将光标置于合并后的单元格中，插入一个 1 行 7 列、【表格宽度】为 673 像素、CellSpace 为 5 的表格，如图 7-7 所示。

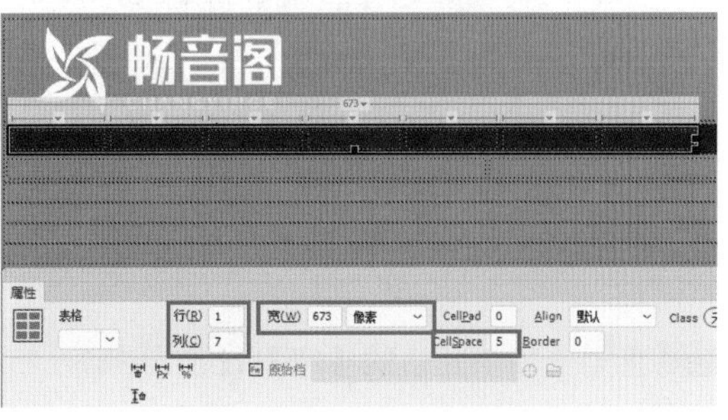

图 7-7

07 选中新插入表格中的所有单元格，在【属性】面板中将【水平】设置为【居中对齐】，将【高】设置为35，如图7-8所示。

图 7-8

08 在各个单元格中输入文字，并将【字体】设置为【华文中宋】，将【大小】设置为18px，将光标置于第一列单元格中，将【背景颜色】设置为#FFA4A7，如图7-9所示。

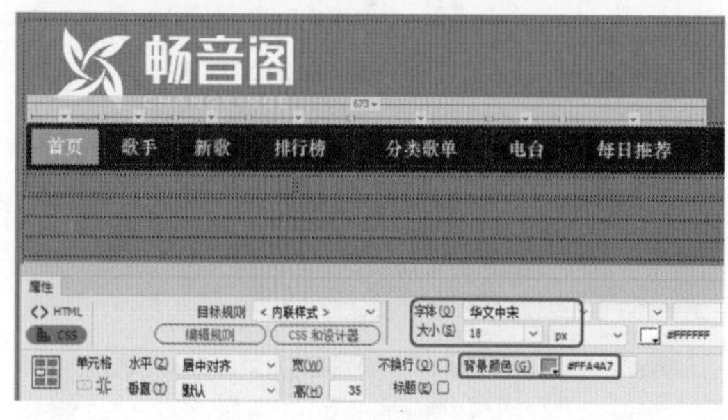

图 7-9

09 选中第二行的单元格，在【属性】面板中将【垂直】设置为【底部】，将【高】设置为50，将【背景颜色】设置为#FFA4A7，如图7-10所示。

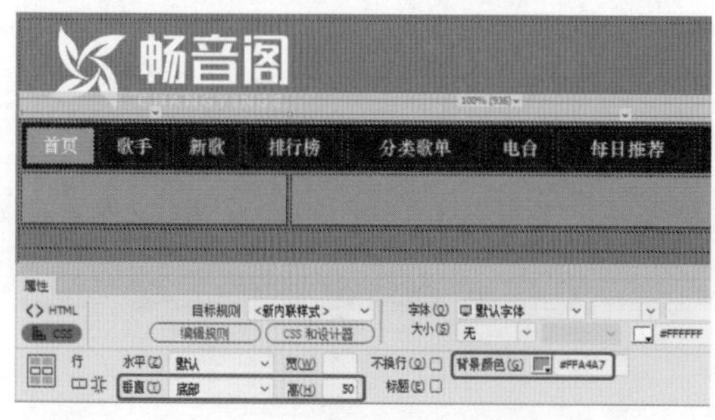

图 7-10

10 将第一列单元格的【宽】设置为347，将第二列单元格的【宽】设置为581，如图7-11所示。

图 7-11

11 将光标置于第一列单元格中，插入一个1行1列，【表格宽度】为100像素，CellSpace为0的表格，如图7-12所示。

图 7-12

12 将光标置于新插入表格的单元格中，在【CSS设计器】面板中单击【选择器】左侧的 + 按钮，将其命名为.btmd，单击【布局】按钮，将Opacity设置为0.8。在【属性】面板中为当前单元格设置新建的CSS样式，将【水平】设置为【居中对齐】，将【高】设置为35，将【背景颜色】设置为#606060，如图7-13所示。

图 7-13

13 在单元格中输入文字，选中输入的文字，在【属性】面板中将【字体】设置为【微软雅黑】，将【大小】设置为18px，将字体粗细设置为bold，如图7-14所示。

图 7-14

14 在文档中选择灰色底纹的表格，按 Ctrl+C 组合键对其进行复制，将光标置于右侧的第二列单元格中，按 Ctrl+V 组合键进行粘贴，并修改文字内容，如图 7-15 所示。

图 7-15

15 将光标置于第三行单元格中，插入一个 1 行 2 列，【表格宽度】为 937 像素，CellPad、CellSpace 均为 3 的表格，如图 7-16 所示。

图 7-16

16 选中新插入表格的两列单元格，在【属性】面板中将【水平】设置为【居中对齐】，将【垂直】设置为【居中】，将【背景颜色】设置为#FFA4A7，将左侧第一列单元格的【宽】设置为 341，将右侧第二列单元格的【宽】设置为 575，如图 7-17 所示。

图 7-17

17 将光标置于第一列单元格中，插入一个 10 行 3 列、【表格宽度】为 328 像素、CellPad 为 0、CellSpace 为 3 的表格，如图 7-18 所示。

图 7-18

18 选中第一列的第一行与第二行单元格，按 Ctrl+Alt+M 组合键将选中的单元格进行合并。在【属性】面板中将【水平】设置为【居中对齐】，将【宽】设置为 106，如图 7-19 所示。

图 7-19

19 将光标置于合并后的单元格中，将“头像.png”素材文件插入单元格中，并将【宽】、【高】分别设置为80px、81px，如图7-20所示。

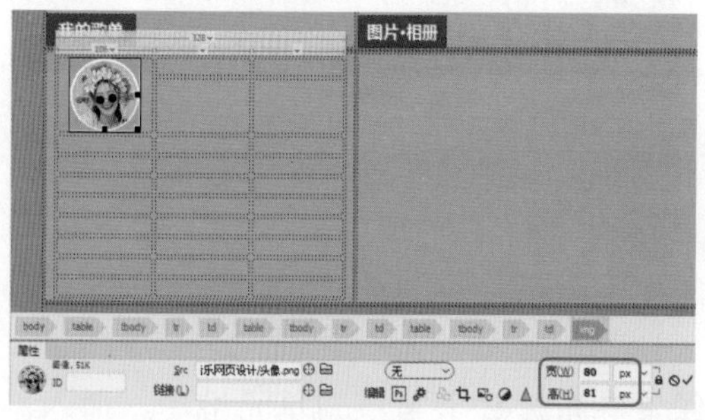

图 7-20

20 选中第一行的第二列与第三列单元格，按Ctrl+Alt+M组合键将选中的单元格进行合并。在【属性】面板中将【水平】设置为【居中对齐】，将【高】设置为65，输入文字，将【字体】设置为【方正隶书简体】，将【大小】设置为24px，如图7-21所示。

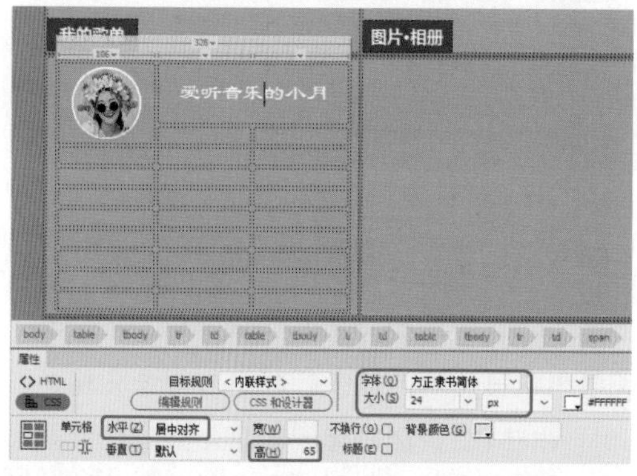

图 7-21

21 选择第二行的第二列与第三列单元格，在【属性】面板中将【水平】设置为【居中对齐】，将【宽】、【高】分别设置为105、35，在单元格中输入文字，将【字体】设置为【微软雅黑】，将【大小】设置为【15px】，将第二列单元格的【背景颜色】设置为#FF8487，将第三列单元格的【背景颜色】设置为#333333，如图7-22所示。

22 选择第三行的三列单元格，按Ctrl+Alt+M组合键将选中的单元格进行合并。将光标置于合并后的单元格中，在【属性】面板中将【水平】设置为【居中对齐】，将【高】设置为30，将【背景颜色】设置为#ff7074，如图7-23所示。

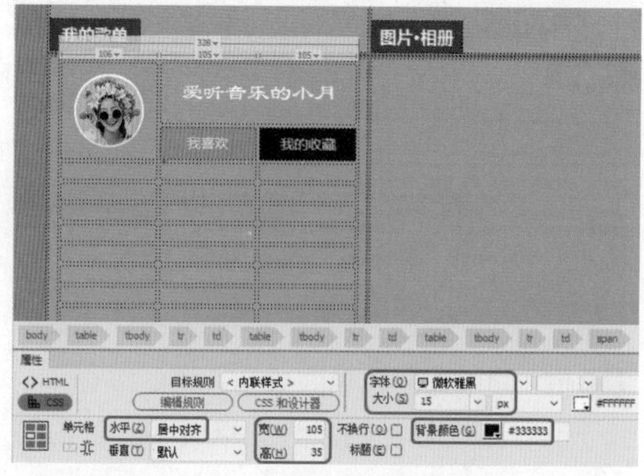

图 7-22

图 7-23

23 继续将光标置于合并后的单元格中，插入一个1行3列，【宽】为315像素，CellPad、CellSpace均为0的表格，如图7-24所示。

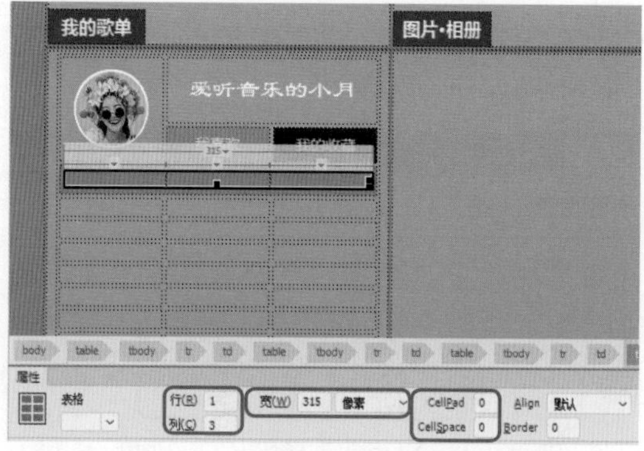

图 7-24

24 将三列单元格的【宽】分别设置为139、127、49，将【高】均设置为30，并在单元格中输入文字，将【字体】设置为【微软雅黑】，将【大小】设置为【15px】，如图7-25所示。

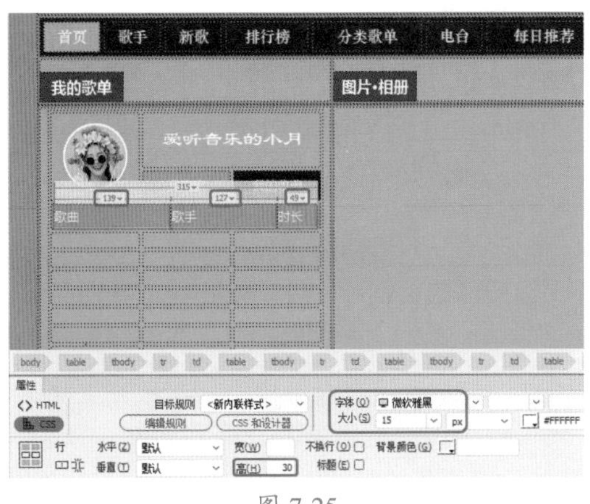

图 7-25

25 选择第三行的三列单元格，按 Ctrl+Alt+M 组合键将选中的单元格进行合并。将光标置于合并后的单元格中，在【属性】面板中将【水平】设置为【居中对齐】，将【高】设置为 30，将【背景颜色】设置为 #FF8487，如图 7-26 所示。

图 7-26

26 根据前面所介绍的方法制作其他内容，完成后的效果如图 7-27 所示。

图 7-27

27 将光标置于右侧的第二列单元格中，插入一个 4 行 3 列、【表格宽度】设置为 550 像素的单元格，如图 7-28 所示。

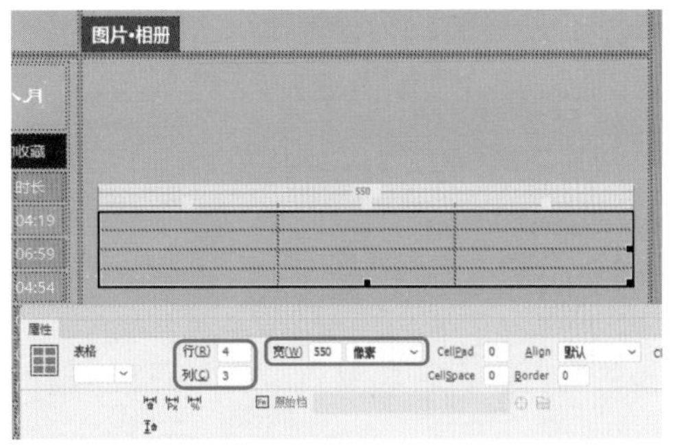

图 7-28

28 将第一行的三列单元格的【宽】分别设置为 183、183、184，将【高】均设置为 123，将【水平】设置为【居中对齐】，将【垂直】设置为【底部】，如图 7-29 所示。

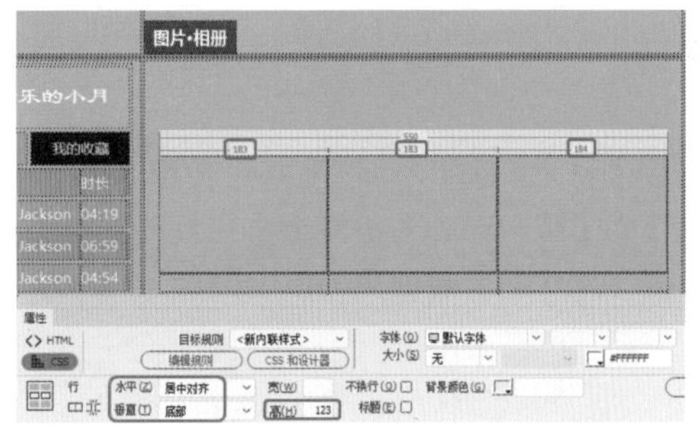

图 7-29

29 将光标置于第一行的第一列单元格中，将“01.jpg”素材文件插入单元格中。选中插入的图片，在【行为】面板中单击【添加行为】按钮 + ，在弹出的下拉菜单中选择【交换图像】命令，如图 7-30 所示。

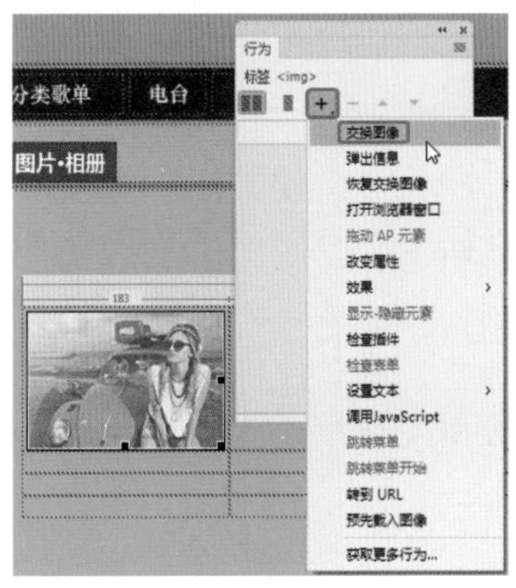

图 7-30

30 在弹出的【交换图像】对话框中单击【浏览】按钮，在弹出的对话框中选择“01-副本.jpg”素材文件，单击【确定】按钮，再在返回的【交换图像】对话框中单击【确定】按钮，即可完成添加【交换图像】行为效果，如图 7-31 所示。

图 7-31

31 选择第二行的三列单元格，将【水平】设置为【居中对齐】，将【垂直】设置为【顶端】，将【高】设置为 65，如图 7-32 所示。

图 7-32

32 将光标置于第二行的第一列单元格中，插入一个 2 行 3 列、【宽】为 100% 的单元格，如图 7-33 所示。

33 将新插入表格的第一行单元格的【宽】分别设置为 7、169、7，将【高】设置为 40，如图 7-34 所示。

图 7-33

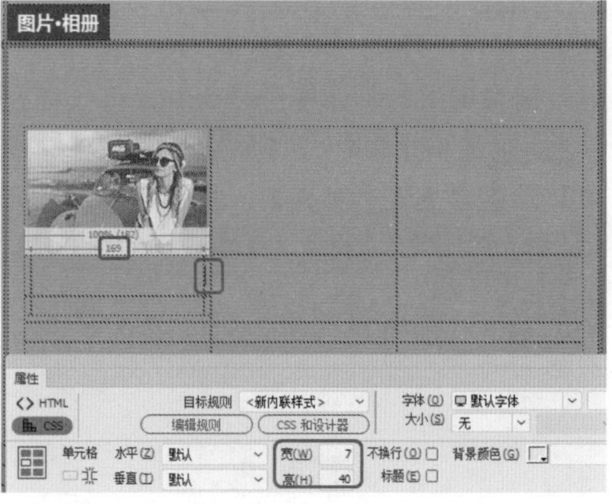

图 7-34

34 将光标置于第一行的第二列单元格中，输入文字，将【字体】设置为【微软雅黑】，将【大小】设置为【12px】，将文字颜色设置为 #333333，如图 7-35 所示。

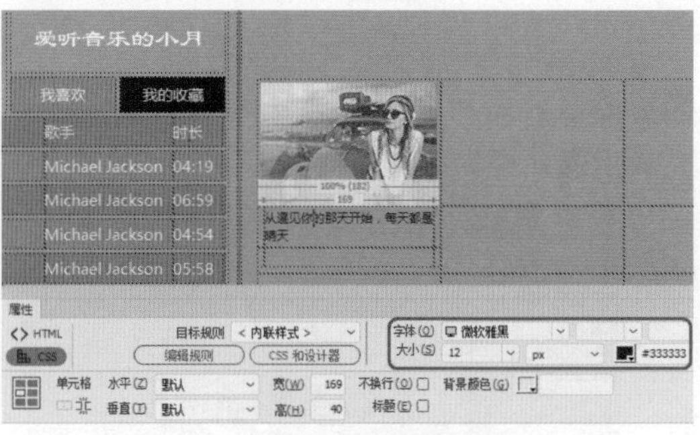

图 7-35

35 将光标置于第二行的第二列单元格中，输入文字，将【字体】设置为【微软雅黑】，将【大小】设置为【12px】，将文字颜色设置为 #666666，如图 7-36 所示。

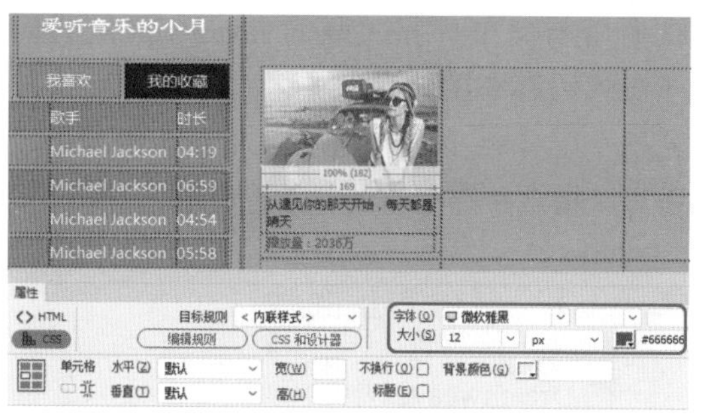

图 7-36

36 根据前面所介绍的方法制作其他内容，并进行相应的设置，如图 7-37 所示。

图 7-37

37 根据前面所介绍的方法制作“最佳推荐”内容，并插入相应的图像，如图 7-38 所示。

图 7-38

38 在文档中选择新插入的“最佳推荐 .gif”素材文件，在【行为】面板中单击【添加行为】按钮 +，在弹出的下拉菜单中选择【弹出信息】命令，如图 7-39 所示。

图 7-39

39 在弹出的【弹出信息】对话框中在【消息】文本框中输入“正在努力加载中……”，如图 7-40 所示。

图 7-40

40 按 F12 键预览效果，此时在“最佳推荐 .gif”上单击即可弹出信息，效果如图 7-41 所示。

图 7-41

41 设置完成后，单击【确定】按钮，将光标置于第六行单元格中，将【高】设置为 60，将【水平】设置为【居中对齐】，将【垂直】设置为【居中】，如图 7-42 所示。

图 7-42

42 将场景保存备用即可，设置名称为“案例精讲”音乐网页设计（一）。

7.1 行为的概念

行为是由对象、事件和动作构成的。

对象是产生行为的主体。在网页制作中，图片、文字和多媒体文件等都可以成为对象，对象也是基于成对出现的标签，在创建时应首先选中对象的标签。此外，在某个特定的情况下，网页本身也可以作为对象。Dreamweaver 中的行为是由一系列的 JavaScript 程序组合而成的，使用行为可以在不进行编程的基础上来实现程序动作。行为是用来动态响应用户操作，改变当前页面效果或是执行特定任务的一种方法。使用行为可以使得网页制作人员不用编程即可实现一些程序动作，如验证表单、打开浏览器窗口等。

事件是指触发动态效果的起始原因。事件可以被附加到页面元素上，也可以被附加到 HTML 的标记中，事件是由浏览器在响应用户动作的时候引发的。例如：当鼠标指针经过一个图像时，会发生变化，跳转到另一张图片上面。

动作是指最终需要完成的动态效果。比如：图像的交换、弹出的提示信息、打开浏览器窗口和播放声音等，这些都可以称之为动作。动作通常都是由一段 JavaScript 代码组成的，在使用内置行为时，系统会自动在页面中添加 JavaScript 代码。

事件与动作的结合生成行为。在浏览器中，当鼠标指针滑过一个链接的时候，浏览器将引发一个 onMouseOver 事件，然后由系统调用与此事件相关联的 JavaScript 的代码（在代码存在的情况下）。一个事件可以与若干个动作相关联，为了实现需要的效果，还可以指定和修改动作发生的顺序。

7.1.1 【行为】面板

在 Dreamweaver 中，可以在【行为】面板中实现添加行为、删除行为、控制行为等操作。

在菜单栏中选择【窗口】|【行为】命令，即可打开如图 7-43 所示的【行为】面板。

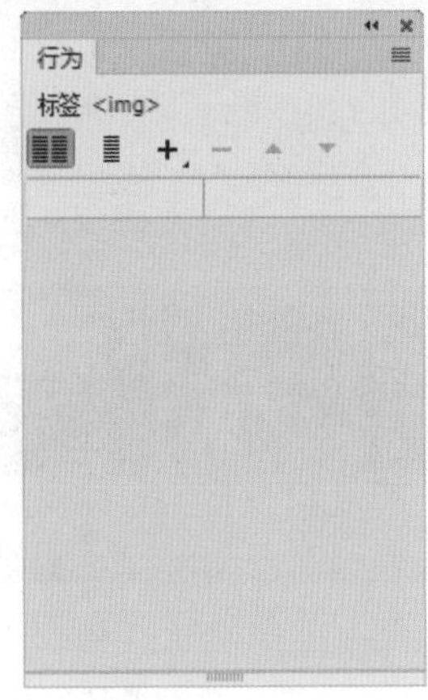

图 7-43

在【行为】面板中首先指定一个动作，然后指定触发该动作的事件，将其添加到【行为】面板中。比如：将鼠标指针移动到对象上（事件）时，对象会发生预定的变化（动作）。

在【行为】面板中可以将行为附加到标签上，并可以修改面板中所有被附加的行为参数。

已附加到当前所选页面元素的行为将显示在行为列表中，并将事件以字母顺序列出。

【行为】面板中各选项的说明如下。

◎ 添加行为按钮 +：单击该按钮，在弹出的下拉菜单中选择要添加的行为，在该菜单中选择一个动作时，会弹出相应动作的对话框，可以在弹出的对话框中设置该动作的参数。

◎ 删除事件按钮 –：单击该按钮，将会把选中的事件或者动作在【行为】面板中删除。

◎ 增加事件值按钮 ▲：单击该按钮，可将动作选项向上移动，继而改变动作执行的顺序。

◎ 降低事件值按钮 ▼：单击该按钮，可将动作选项向下移动，继而改变动作执行的顺序。

提示：在【行为】面板中如果只有一个或者不能在列表中上下移动的动作，三角按钮将不会被激活，且不能使用。

7.1.2 在【行为】面板中添加行为

在 Dreamweaver 中，可以为任何网页元素添加行为，如网页文档、图像、链接和表单元素等，也可以为一个事件添加多个行为，并按【行为】面板中动作列表的顺序来执行行为效果。

在【行为】面板中添加行为的具体操作步骤如下。

01 在页面中选择一个需要添加行为的对象，在【行为】面板中单击添加行为按钮 +，弹出行为菜单，如图 7-44 所示。

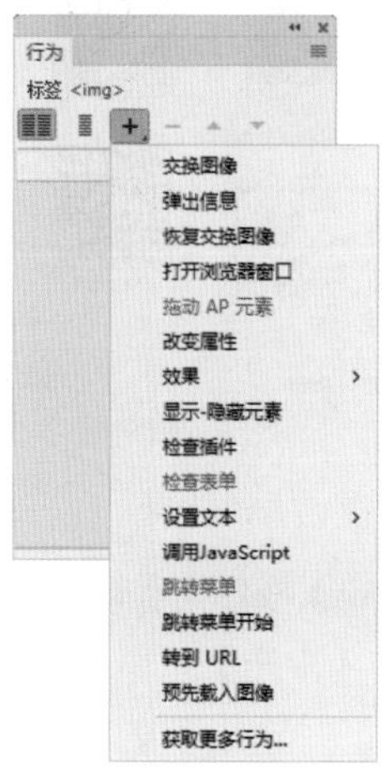

图 7-44

02 在动作菜单中选择需要添加的行为命令，会打开相应的参数对话框，可对其进行相应的参数设置，设置完成后，单击【确定】按钮，即可在【行为】面板中显示设置的行为事件，如图 7-45 所示。

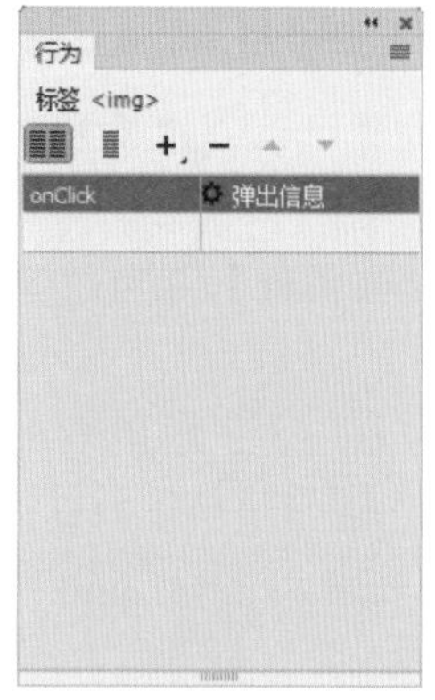

图 7-45

03 单击该事件的名称，在该事件名称的右侧会出现一个下拉按钮 ▾，单击该按钮，可以在弹出的下拉列表中看到全部的事件，可在其中选择任意一个事件，如图 7-46 所示。

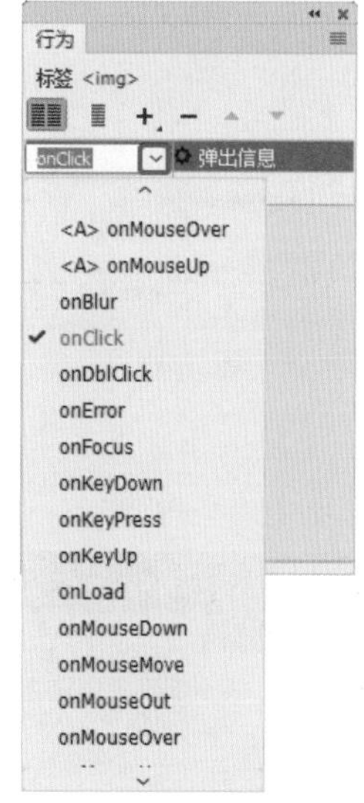

图 7-46

7.2 内置行为

在 Dreamweaver 中，有许多的内置行为，如交换图像、弹出信息、改变属性和检查插件等行为，每一种行为都可以实现一个动态效果，或者实现用户与网页之间的互交。

7.2.1 交换图像

【交换图像】行为是通过更改图像标签的 src 属性，将一个图像与另一个图像进行交换。使用该动作可以创建【鼠标经过图像】和其他的图像效果。

使用【交换图像】行为的具体操作步骤如下。

01 启动 Dreamweaver 2020 软件，按 Ctrl+O 组合键，在弹出的【打开】对话框中选择“素材 \Cha07\ 设计网站素材 .html”素材文件，如图 7-47 所示。

图 7-47

02 单击【打开】按钮，即可将选中的素材文件打开，效果如图 7-48 所示。

图 7-48

03 在文档窗口中选择如图 7-49 所示的图像，在【行为】面板中单击【添加行为】按钮 +，在弹出的下拉列表中选择【交换图像】命令。

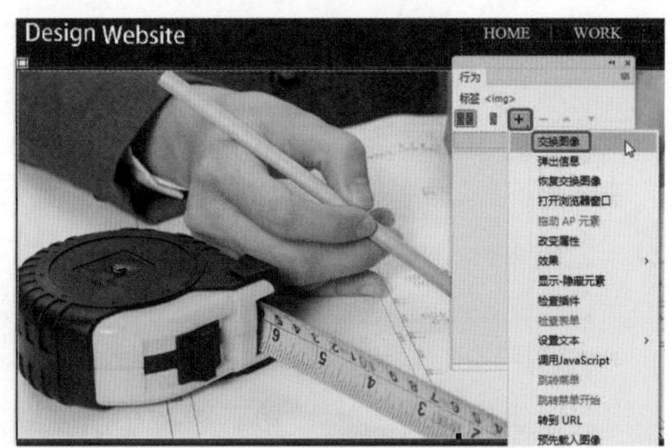

图 7-49

04 在弹出的【交换图像】对话框中单击【设定原始档为】右侧的【浏览】按钮，如图 7-50 所示。

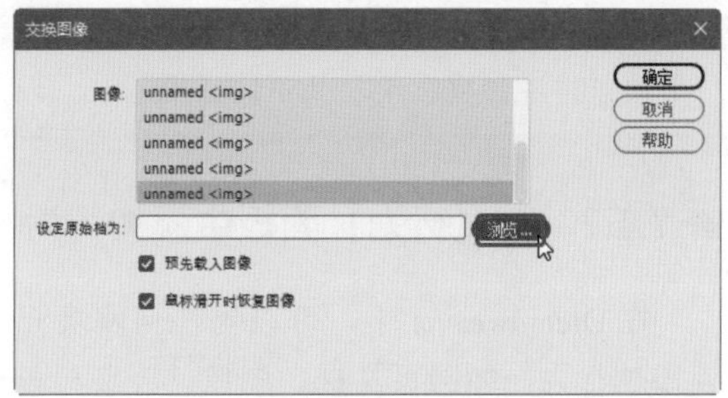

图 7-50

05 在弹出的【选择图像源文件】对话框中选择“素材 \Cha07\ 设计网站 \ 交换图像 .jpg”素材文件，如图 7-51 所示。

图 7-51

06 单击【确定】按钮，在返回的【交换图像】对话框中单击【确定】按钮，执行该操作后，即可为其添加“交换图像”行为，如图 7-52 所示。

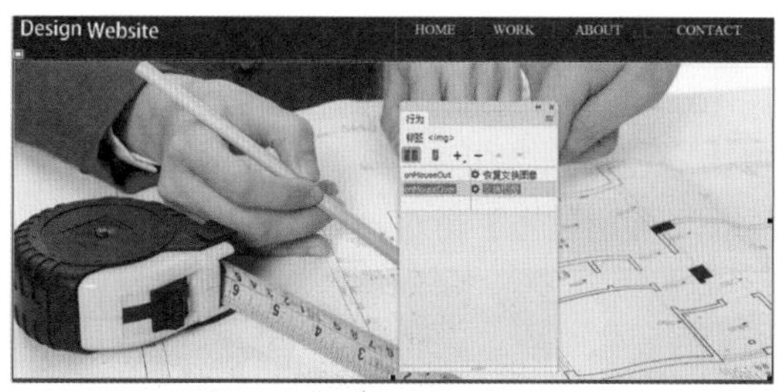

图 7-52

07 按 F12 键在浏览器中查看添加交换图像行为后的效果，在光标还未经过图像的时候的效果如图 7-53 所示。将光标放置在添加交换图像的图像上的时候，图像会发生变化，效果如图 7-54 所示。

提示：在浏览时，将光标经过添加交换图像的图片时，可能不会发生任何变化。在浏览器地址栏下方会出现一个提示，单击【允许阻止的内容】按钮，如图 7-55 所示，单击该按钮后，即可在当前网页中查看交换图像效果。

图 7-53

图 7-54

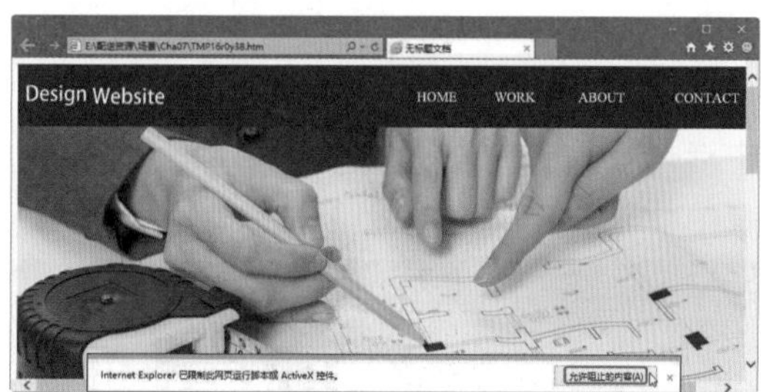

图 7-55

【实战】弹出信息

使用【弹出信息】动作可以在浏览者单击某个行为时，会显示一个带有 JavaScript 的警告。由于 JavaScript 警告只有一个【确定】按钮，所以该动作只能作为提示信息，而不能为浏览者提供选择，弹出的信息效果如图 7-56 所示。

素材	素材 \Cha07\ 设计网站素材 .html
场景	场景 \Cha07\【实战】弹出信息 .html
视频	视频教学 \Cha07\【实战】弹出信息 .mp4

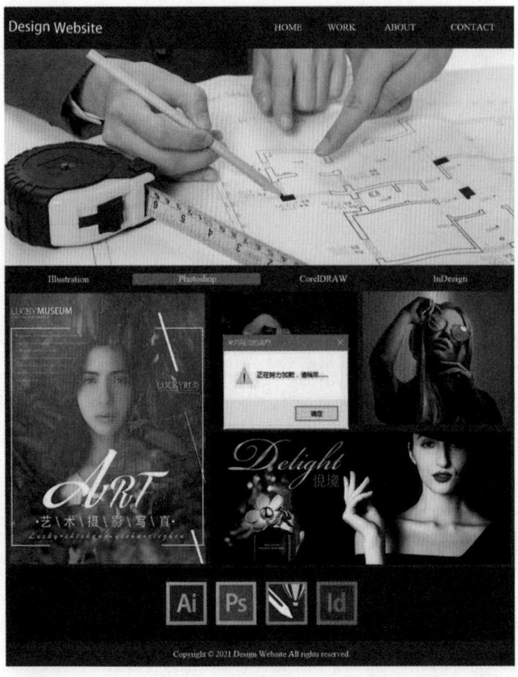

图 7-56

01 按 Ctrl+O 组合键，打开“素材\Cha07\设计网站素材.html”素材文件，在文档窗口中选择如图 7-57 所示的图像，在【属性】面板中单击【矩形热点工具】按钮。

图 7-57

02 使用矩形热点工具按钮在选中的图像文件上绘制一个矩形热点，效果如图 7-58 所示。

图 7-58

03 在【属性】面板中单击指针热点工具按钮，选中绘制的热点，在【行为】面板中单击添加行为按钮，在弹出的下拉菜单中选择【弹出信息】命令，如图 7-59 所示。

图 7-59

04 执行该操作后，即可弹出【弹出信息】对话框，在【消息】文本框中输入“正在努力加载中，请稍候……”，如图 7-60 所示。

图 7-60

05 输入完成后，单击【确定】按钮，执行该操作后，即可为选中的热点添加“弹出信息”行为，如图 7-61 所示。

图 7-61

06 按 F12 键可以在打开的浏览器中预览添加弹出信息行为后的效果，如图 7-62 所示。

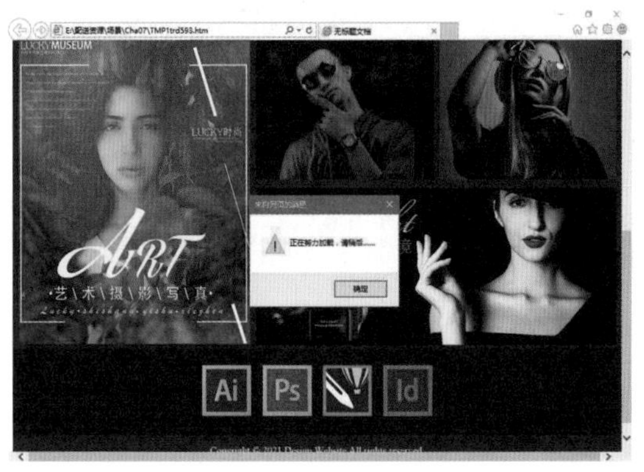

图 7-62

7.2.2 恢复交换图像

恢复图像是将最后一组交换的图像恢复为它们以前的源文件，仅用于【交换图像】行为后使用。此动作会自动添加到链接的交换图像动作的对象中去。

如果在附加【交换图像】行为时选中【鼠标滑开时恢复图像】复选框，则不再需要选择【恢复交换图像】行为。

7.2.3 打开浏览器窗口

使用【打开浏览器窗口】动作可以在窗口中单击打开指定的 URL，还可以根据页面效果的需求调整窗口的高度、宽度、属性和名称等。

使用【打开浏览器窗口】动作的具体操作步骤如下。

01 继续上面的操作，在文档窗口中选择如图 7-63 所示的图像。

图 7-63

02 在【行为】面板中单击添加行为按钮 +，在弹出的下拉菜单中选择【打开浏览器窗口】命令，如图 7-64 所示。

图 7-64

03 执行该操作后，即可打开【打开浏览器窗口】对话框，如图 7-65 所示。

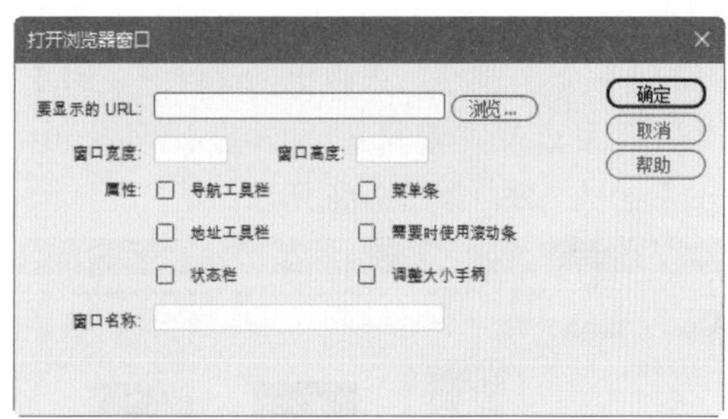

图 7-65

【打开浏览器窗口】对话框中的各选项说明如下。

◎ 【要显示的 URL】：单击该文本框右侧的【浏览】按钮，在打开的对话框中选择要链接的文件，或者在文本框中输入要链接的文件的路径。

◎ 【窗口宽度】：用来设置所打开的浏览器的宽度。

◎ 【窗口高度】：用来设置所打开的浏览器的高度。

◎ 【属性】选项组中各选项的说明如下。

☆ 【导航工具栏】：选中此复选框，浏览器组成的部分会包括【地址】、【主页】、【前进】和【刷新】等。

☆ 【菜单条】：选中此复选框，在打开的浏览器窗口中显示菜单，如【文件】、【编辑】和【查看】等。

☆ 【地址工具栏】：选中此复选框，浏览器窗口的组成部分为【地址】。

☆ 【需要时使用滚动条】：选中此复选框，在浏览器窗口中，不管内容是否超出可视区域，在窗口右侧都会出现滚动条。

☆ 【状态栏】：位于浏览器窗口的底部，在该区域显示消息。

☆ 【调整大小手柄】：选中此复选框，浏览者可任意调整窗口的大小。

◎ 【窗口名称】：在此文本框中输入弹出浏览器窗口的名称。

04 在该对话框中单击【要显示的URL】右侧的【浏览】按钮，在弹出的【选择文件】对话框中选择“素材\Cha07\设计网站\01.jpg”素材文件，如图7-66所示。

图 7-66

05 单击【确定】按钮，在返回的【打开浏览器窗口】对话框中选中【需要时使用滚动条】与【调整大小手柄】复选框，如图7-67所示。

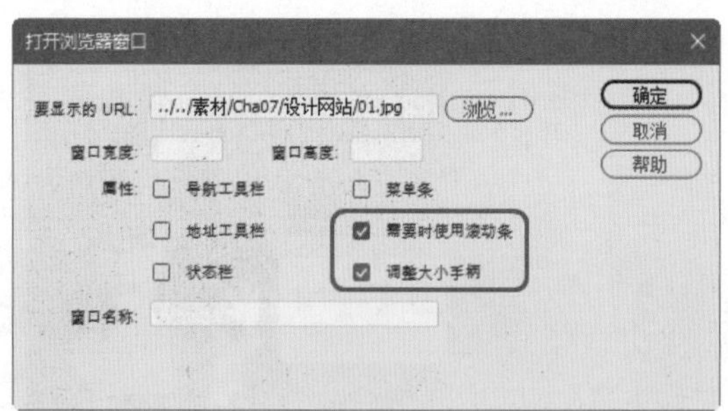

图 7-67

06 单击【确定】按钮，即可为选中的图像添加“打开浏览器窗口”行为，按F12键预览效果，将光标移至添加打开浏览器窗口行为的图像上，如图7-68所示。

图 7-68

07 单击该图像，即可跳转至所链接的图像文件中，效果如图7-69所示。

图 7-69

■ 7.2.4 拖动 AP 元素

【拖动 AP 元素】行为可以让浏览者拖动绝对定位的 AP 元素。此行为适合用于拼版游戏、滑块空间等其他可移动的界面元素。

使用【拖动 AP 元素】的具体操作步骤如下。

01 按 Ctrl+O 组合键，打开“素材 \Cha07\ 设计网站素材 .html”素材文件，在状态栏中的标签选择器中单击 body 标签，如图 7-70 所示。

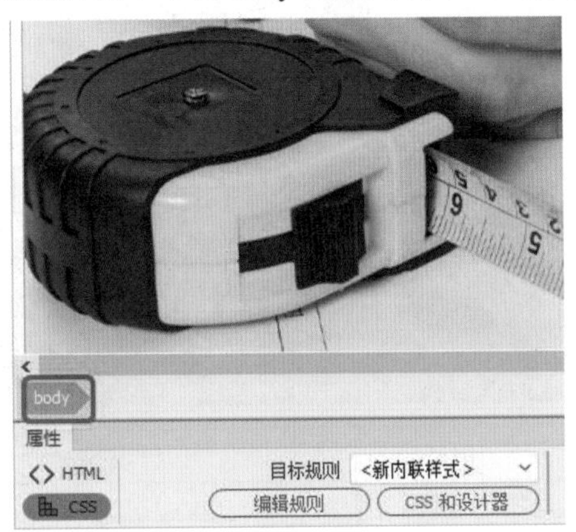

图 7-70

02 在【行为】面板中单击添加行为按钮 +，在弹出的下拉菜单中选择【拖动 AP 元素】命令，如图 7-71 所示。

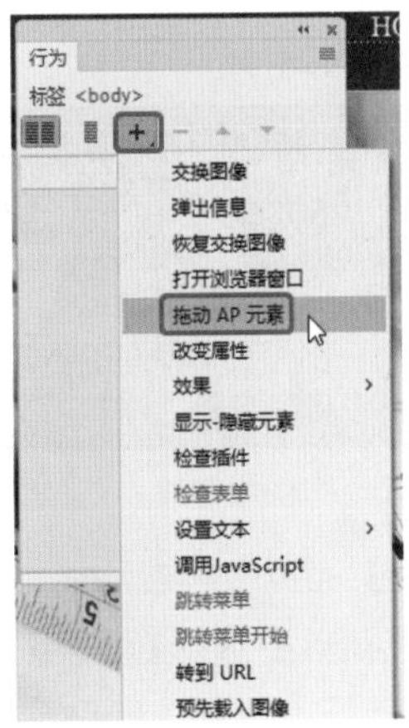

图 7-71

03 打开【拖动 AP 元素】对话框，使用默认参数，如图 7-72 所示。

04 单击【确定】按钮，即可将“拖动 AP 元素”行为添加到【行为】面板中，如图 7-73 所示。

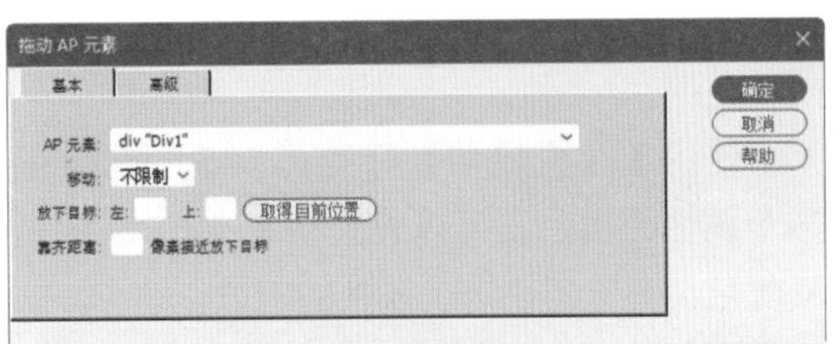

图 7-72

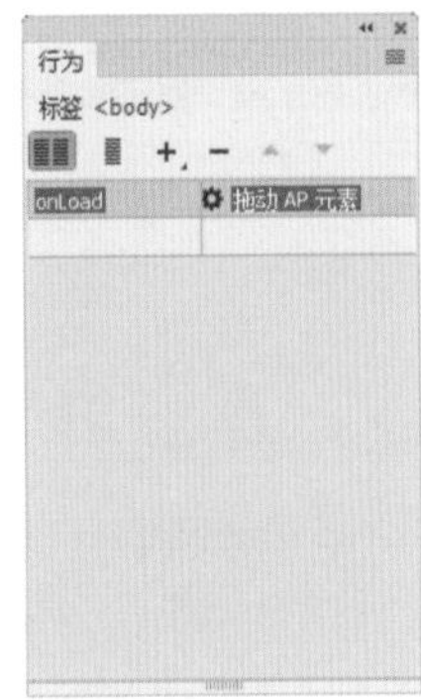

图 7-73

05 保存文件，按 F12 键可以在浏览器窗口中预览添加拖动 AP 元素行为后的效果，如图 7-74 和图 7-75 所示。

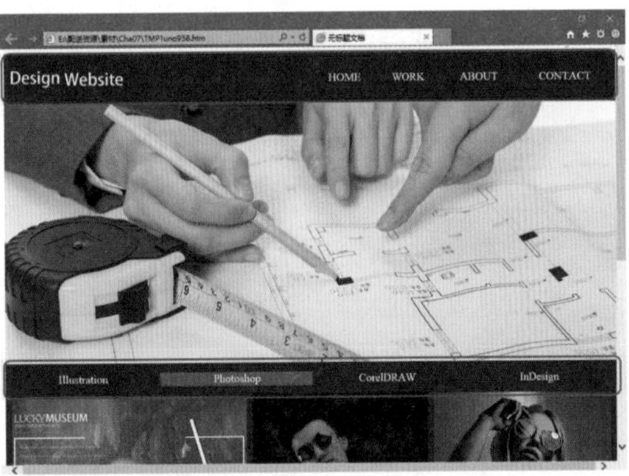

图 7-74

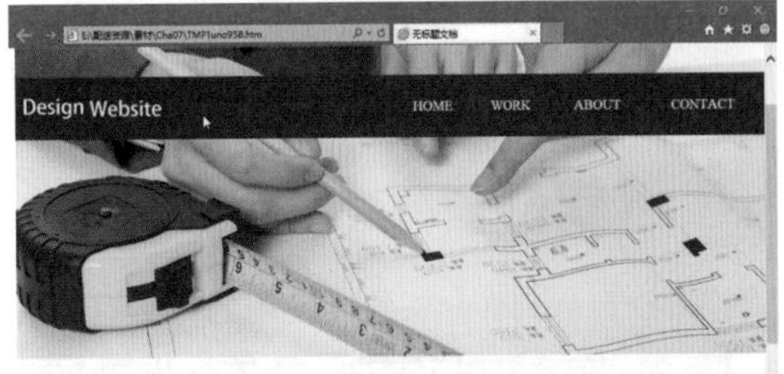
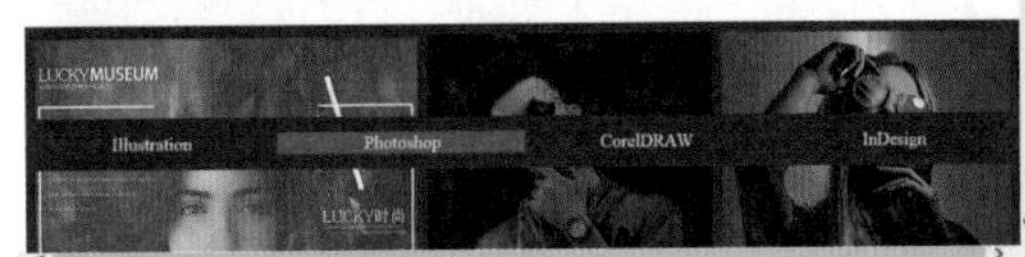

图 7-75

7.2.5 改变属性

使用【改变属性】行为可以改变对象的某个属性的值，还可以设置动态 AP Div 的背景颜色，浏览器决定了属性的更改。

添加【改变属性】行为时，将会弹出【改变属性】对话框，如图 7-76 所示。

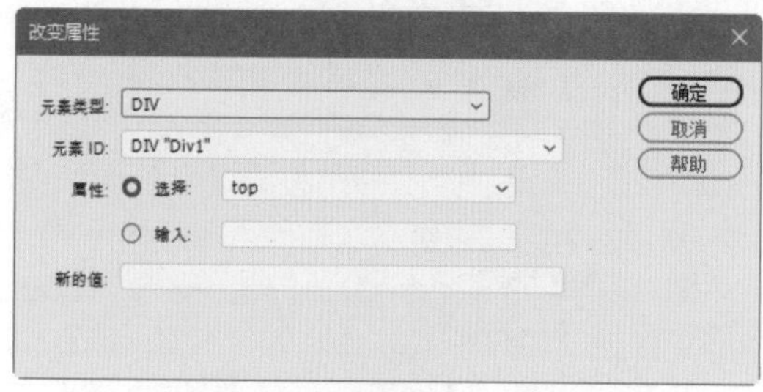

图 7-76

【改变属性】对话框中各参数的说明如下。

- ◎ 【元素类型】：单击右侧的下拉按钮，在弹出的下拉列表中选择需要更改其属性的元素类型。
- ◎ 【元素 ID】：单击右侧的下拉按钮，在弹出的下拉列表中包含了所有选择类型的命名元素。
- ◎ 【选择】：单击右侧的下拉按钮，可在弹出的下拉列表中选择一个属性。如果要查看每个浏览器中可以更改的属性，可以从浏览器弹出的菜单中选择不同的浏览器或浏览版本。
- ◎ 【输入】：可在此文本框中输入该属性的名称。如果正在输入属性名称，一定要使用该属性的准确 JavaScript 名称。
- ◎ 【新的值】：在此文本框中，输入新的属性值。

【实战】效果

在 Dreamweaver 中经常使用的行为有【效果】行为，它一般用于页面广告的打开、隐藏、文本的滑动和页面收缩等。下面以【效果】行为中的 Puff 效果为例进行介绍，效果如图 7-77 所示。

图 7-77

素材	素材 \Cha07\ 设计网站素材 .html
场景	场景 \Cha07\【实战】效果 .html
视频	视频教学 \Cha07\【实战】效果 .mp4

01 继续上面的操作，在文档窗口中选择如图 7-78 所示的图像。

图 7-78

02 在【行为】面板中单击添加行为按钮 +，在弹出的下拉菜单中选择【效果】| Blind 命令，如图 7-79 所示。

03 在弹出的 Blind 对话框中保持默认设置即可，如图 7-80 所示。

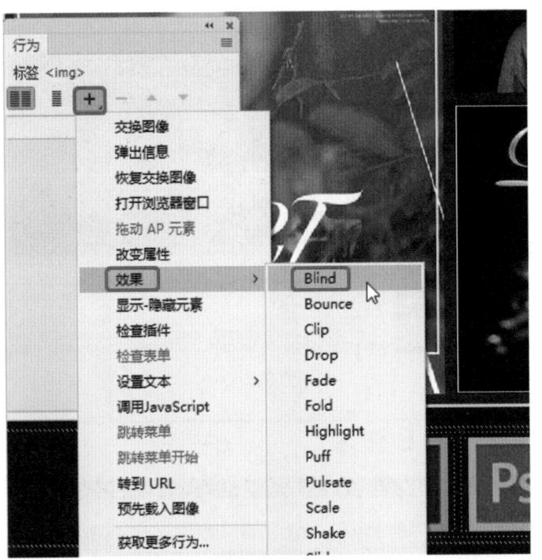

图 7-79

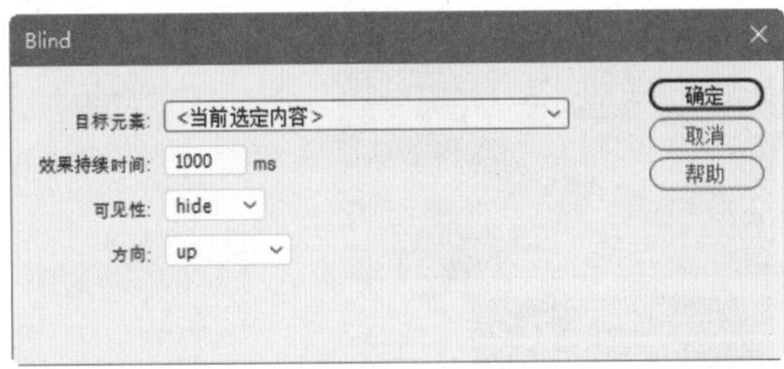

图 7-80

04 单击【确定】按钮，按 F12 键可以预览效果，效果如图 7-81 所示。

图 7-81

7.2.6 显示 - 隐藏元素

使用【显示 - 隐藏元素】动作可以显示、隐藏、恢复一个或多个 AP Div 元素的可见性。用户可以使用此行为，来制作浏览者与页面进行交互时显示的信息。

在浏览器中单击添加【显示 - 隐藏元素】行为的图像时会隐藏或显示一个信息。

【显示 - 隐藏元素】的使用方法如下。

01 打开“素材 \Cha07\ 设计网站素材 .html”素材文件，在【行为】面板中单击添加行为按钮 +，在弹出的下拉菜单中选择【显示 - 隐藏元素】命令，如图 7-82 所示。

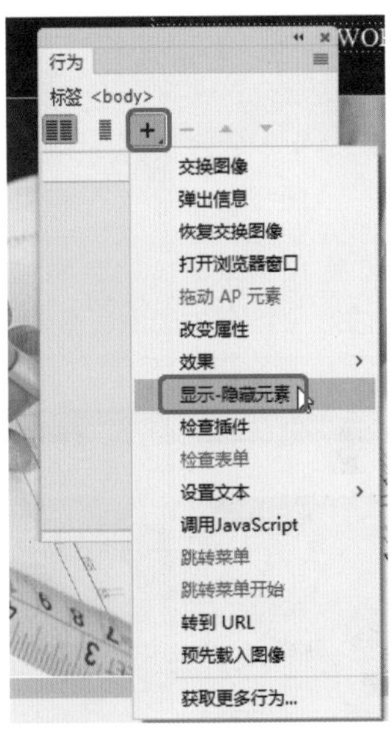

图 7-82

02 在弹出的【显示 - 隐藏元素】对话框中选择【元素】列表框中的 div "Div01"，单击【隐藏】按钮，如图 7-83 所示。

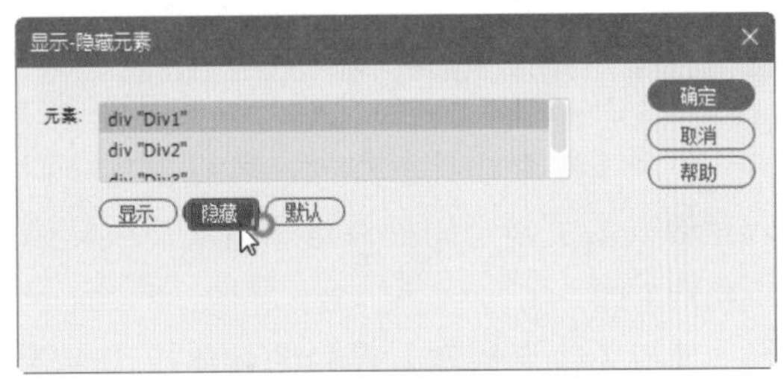

图 7-83

03 设置完成后，单击【确定】按钮，即可在【行为】面板中添加“显示 - 隐藏元素”行为，如图 7-84 所示。

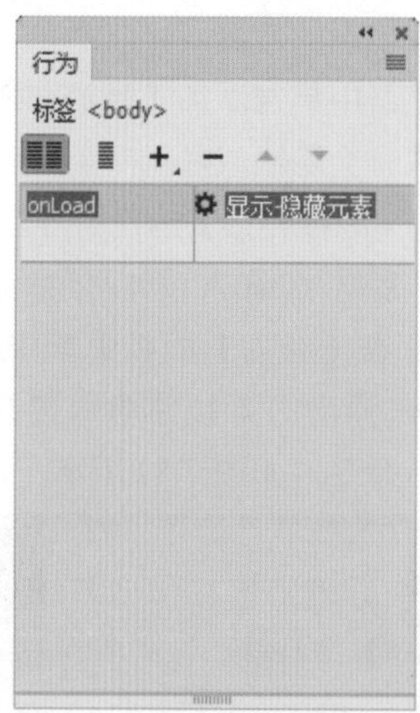

图 7-84

04 按 F12 键预览效果，此时添加的显示-隐藏元素的对象将会被隐藏，效果如图 7-85 所示。

图 7-85

7.2.7 检查插件

使用【检查插件】行为，可以根据访问者是否安装了指定的插件这一情况而跳转到不同的页面。

使用【检查插件】行为的具体操作步骤及说明如下。

01 打开“素材\Cha07\家居网网页\家居网01.html”素材文件，如图 7-86 所示。

02 选择要添加行为的图片，打开【行为】面板，单击添加行为按钮 +，在弹出的下拉菜单中选择【检查插件】命令，如图 7-87 所示。

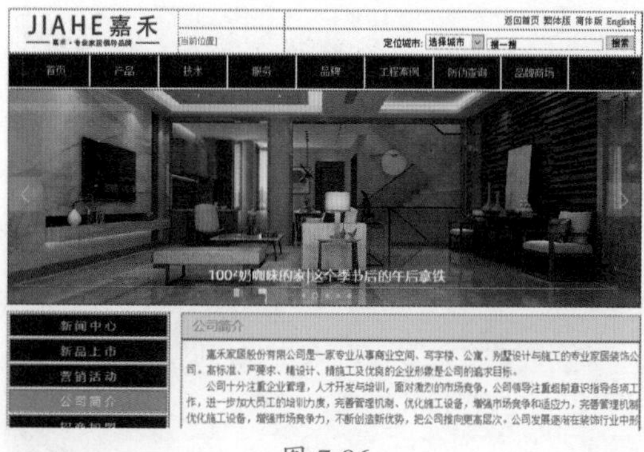

图 7-86

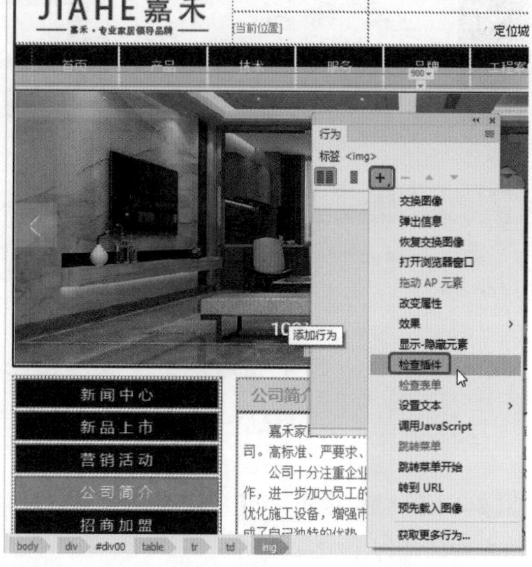

图 7-87

03 打开【检查插件】对话框，如图 7-88 所示。

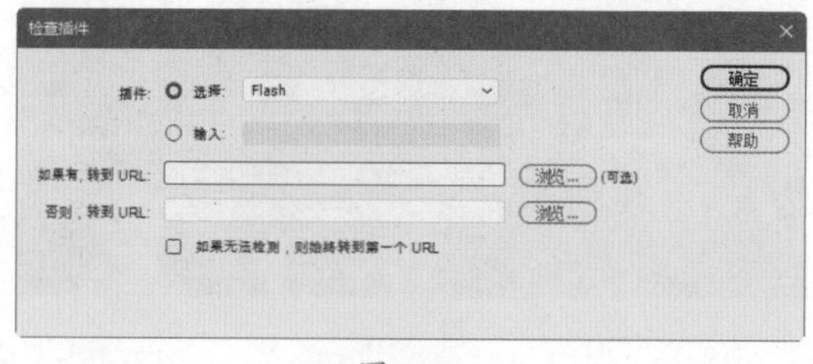

图 7-88

【检查插件】对话框中的各项参数说明如下。

◎ 【选择】：选中此单选按钮，单击此文本框右侧的下拉按钮，在弹出的下拉列表框中选择一种插件。选择 Flash Director 后会将相应的 VBScript 代码添加到页面上。

◎ 【输入】：选中此单选按钮，在此文本框中输入插件的确切名称。

◎ 【如果有，转到 URL】：单击此文本框右侧的【浏览】按钮，在弹出的【选择文件】对话框中浏览并选择文件。单击【确定】按钮，即可将选择的文件显示在此文本框中，或者在此文本框中直接输入正确的文件路径。

◎ 【否则，转到 URL】：在此文本框中为不具有该插件的访问者指定一个替代 URL。如果要让不具有和具有该插件的访问者在同一页上，则应将此文本框空着。

◎ 【如果无法检测，则始终转到第一个 URL】复选框：如果插件内容对于网页是必不可少的一部分，则应选中该复选框，浏览器通常会提示不具有该插件的访问者下载该插件。

04 在【检查插件】对话框中单击【选择】文本框右侧的下拉按钮，在下拉列表中选择 Live Audio 选项，单击【如果有，转到 URL】文本框右侧的【浏览】按钮。在弹出的【选择文件】对话框中选择“素材 \Cha07\ 家居网网页 \ banner.jpg”素材文件，如图 7-89 所示。

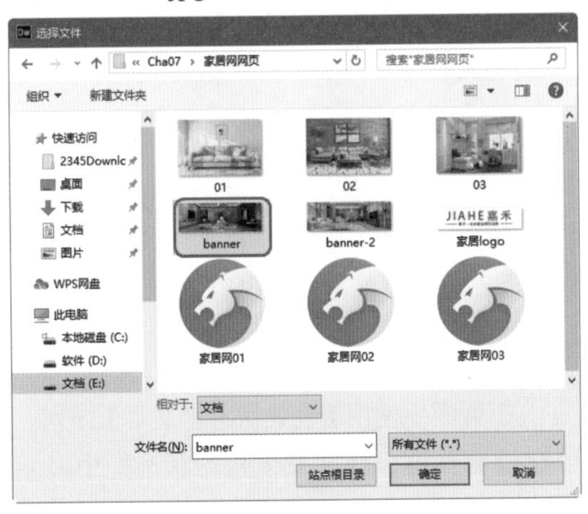

图 7-89

05 单击【确定】按钮，选择的文件即可被显示在【检查插件】对话框中，然后在【否则，转到 URL】文本框中输入 banner-2.jpg，单击【确定】按钮，按 F12 键预览效果，如图 7-90 所示。

图 7-90

06 将光标移至添加行为的图片对象上单击，即可链接到行为对象上，如图 7-91 所示。

图 7-91

7.2.8 设置文本

利用【设置文本】行为可以在页面中设置文本，其内容主要包括设置容器的文本、设置文本域文字、设置框架文本和设置状态栏文本。

1. 设置容器的文本

用户可通过在页面内容中添加【设置容器的文本】行为替换页面上现有的 AP Div 的内容和格式，包括任何有效的 HTML 源代码，但是仍会保留 AP Div 的属性和颜色。

使用【设置容器的文本】行为的具体操作步骤如下。

01 继续上面的操作，在文档窗口中选择文字对象，在【行为】面板中单击添加行为按钮 +，在弹出的下拉菜单中选择【设置文本】|【设置容器的文本】命令，如图 7-92 所示。

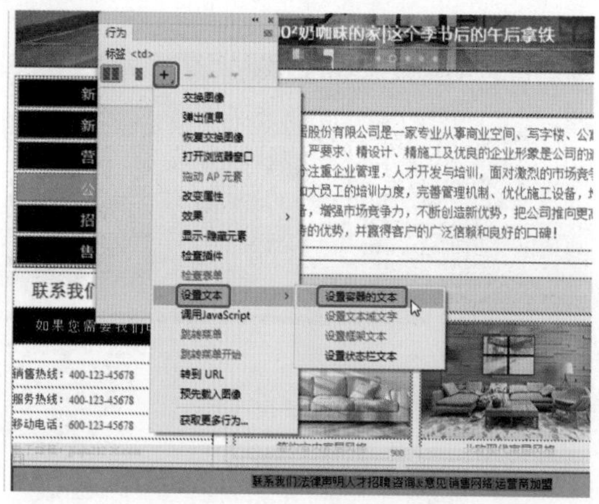

图 7-92

02 打开【设置容器的文本】对话框，单击【容器】文本框右侧的下拉按钮，在弹出的下拉列表中选择 div "div05"，在【新建 HTML】文本框中输入新的内容“嘉禾家居股份有限公司版权所有 ©2018-2023 鲁 ICP 备 12345678 号 鲁 | 公网安备 1234567890 号”，如图 7-93 所示。

图 7-93

03 单击【确定】按钮，添加的“设置容器的文本”行为即会被显示在【行为】面板中，在【事件】列表中选择 onFocus 选项，如图 7-94 所示。

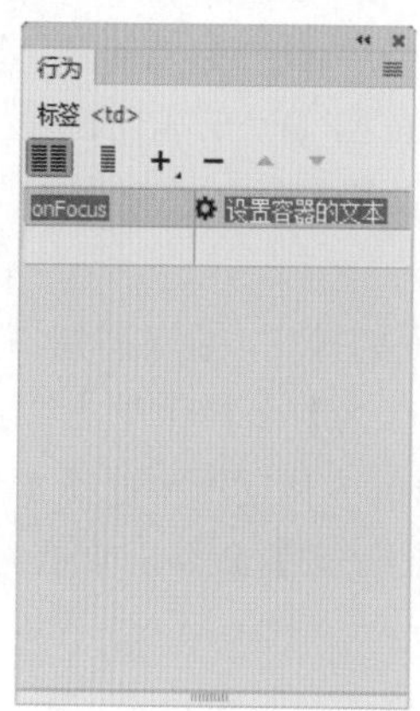

图 7-94

04 按 F12 键预览效果，在页面中单击添加行为的文字，即可显示新的内容，如图 7-95 所示。

图 7-95

2. 设置文本域文字

使用【设置文本域文字】行为可以将指定的内容替换表单文本域中的文本内容。

使用【设置文本域文字】行为的具体操作步骤如下。

01 在文本框中选择文本域，在【行为】面板中单击添加行为按钮 +，在弹出的【设置文本域文字】对话框中进行设置。

02 设置完成后，单击【确定】按钮，即可将“设置文本域文字”行为添加到【行为】面板中。

3. 设置框架文本

【设置框架文本】动作用于包含框架结构的页面，可以动态改变框架的文本，转变框架的显示、替换框架的内容。

4. 设置状态栏文本

在页面中使用【设置状态栏文本】行为，可在浏览器窗口底部左下角的状态栏中显示消息。

使用【设置状态栏文本】行为的具体操作步骤如下。

01 继续上面的操作，在【行为】面板中单击添加行为按钮 +，在弹出的下拉菜单中选择【设置文本】|【设置状态栏文本】命令，如图 7-96 所示。

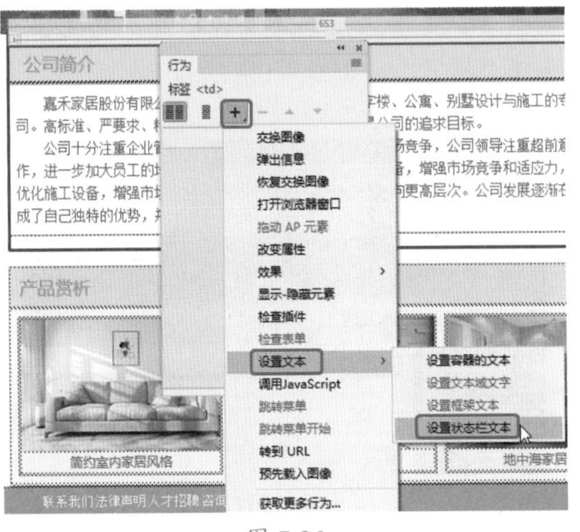

图 7-96

02 打开【设置状态栏文本】对话框，在【消息】文本框中输入内容“全国客服热线：400-12345789”，如图 7-97 所示。

图 7-97

03 单击【确定】按钮，即可将添加的行为先显示在【行为】面板中，如图 7-98 所示。

图 7-98

04 保存文件，按 F12 键在预览窗口中进行预览，如图 7-99 所示。

图 7-99

7.2.9 跳转菜单

跳转菜单可建立 URL 与弹出菜单列表项之间的关联。通过从列表中选择一项，浏览器将跳转到指定的 URL。下面介绍插入跳转菜单的具体操作步骤。

01 打开“素材 \Cha07\ 家居网网页 \ 家居网 01.html”素材文件，选择“选择城市”选项，在【行为】面板中单击【添加行为】按钮 +，在弹出的下拉菜单中选择【跳转菜单】命令，如图 7-100 所示。

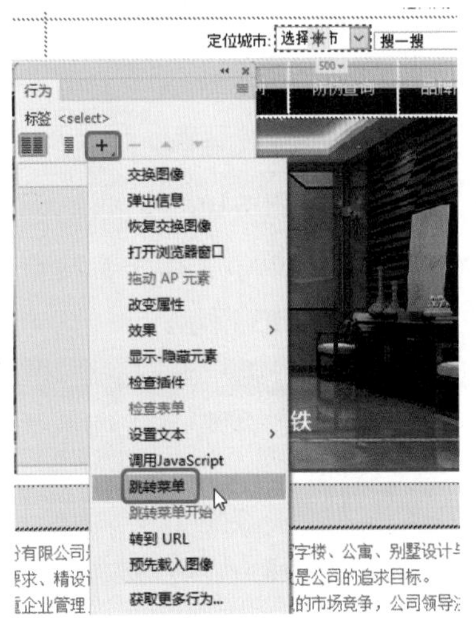

图 7-100

02 执行该命令后，系统将自动弹出【跳转菜单】对话框，如图 7-101 所示。

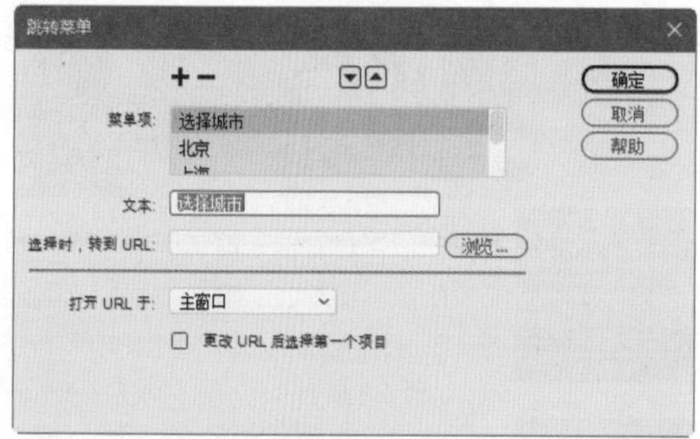

图 7-101

03 在该对话框中的【菜单项】下拉列表框中选择“北京”选项，在【文本】文本框中自动填入，单击【选择时，转到 URL】文本框右侧的【浏览】按钮。在弹出的【选择文件】对话框中选择“素材 \Cha07\ 家居网网页 \ 家居网 02.html”素材文件，如图 7-102 所示。

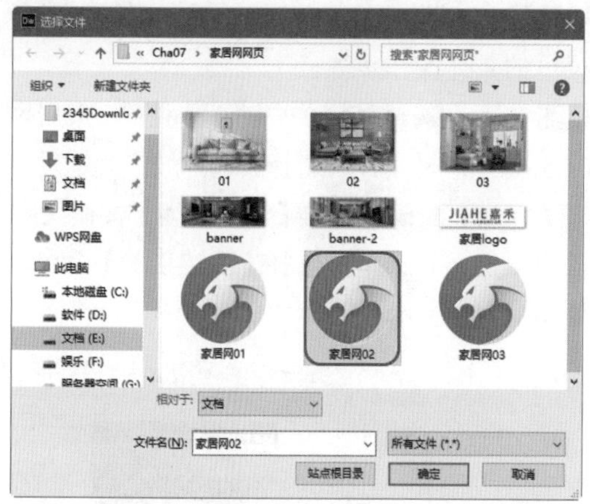

图 7-102

04 设置完成后，单击【确定】按钮，即可完成设置，如图 7-103 所示。

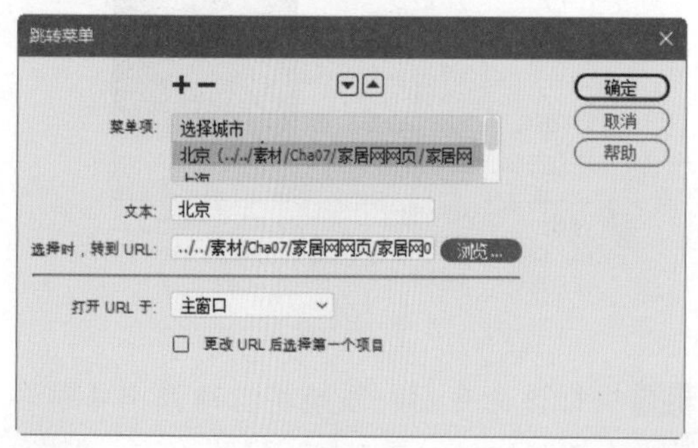

图 7-103

05 单击【确定】按钮，设置完成后将文档保存，按 F12 键可以在网页中进行预览，单击【定位城市】下三角按钮，在弹出的下拉列表中选择“北京”，如图 7-104 所示。

图 7-104

06 执行该操作后，即可跳转至链接的网页中，效果如图 7-105 所示。

图 7-105

【跳转菜单】对话框中主要选项的含义如下。

◎ 菜单项：选择跳转的菜单项。+和−按钮：添加或删除一个菜单项。

◎ ▼和▲按钮：选定一个菜单项。单击该按钮，可移动此菜单项在列表中的位置。

◎ 【文本】文本框：输入要在菜单列表中显示的文本。

◎ 【选择时，转到 URL】文本框：单击【浏览】按钮，可打开【选择文件】对话框，或在文本框中直接输入文件的路径。

◎ 【打开 URL 于】下拉列表框：在下拉列表中可选择文件的打开位置。

☆ 【主窗口】：在同一个窗口中打开文件。

☆ 【框架】：在所选框架中打开文件。

◎ 【更改 URL 后选择第一个项目】复选框：选中该复选框，可使用菜单选择提示。

【实战】转到 URL

在页面中使用【转到 URL】行为，可在当前窗口中指定一个新的页面，此行为适用于通过一次单击更改两个或多个的框架内容。

使用【转到 URL】行为的具体操作步骤如下，效果如图 7-106 所示。

图 7-106

素材	素材 \Cha07\ 家居网 01.html
场景	场景 \Cha07\【实战】转到 URL.html
视频	视频教学 \Cha07\【实战】转到 URL.mp4

01 打开“素材 \Cha07\ 家居网网页 \ 家居网 01.html”素材文件，如图 7-107 所示。

图 7-107

02 在文本窗口中选择“新品上市”，单击【行为】面板中的添加行为按钮 +，在下拉列表中选择【转到 URL】命令，如图 7-108 所示。

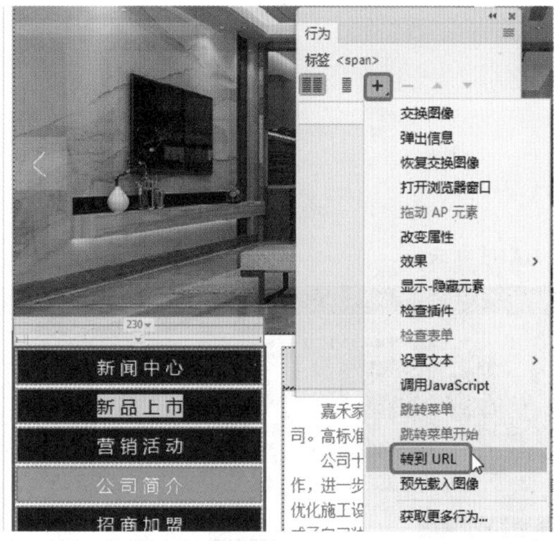

图 7-108

03 打开【转到 URL】对话框，单击 URL 右侧的【浏览】按钮。在弹出的【选择文件】对话框中选择“素材 \Cha07\ 家居网网页 \ 家居网 03.html”素材文件，如图 7-109 所示。

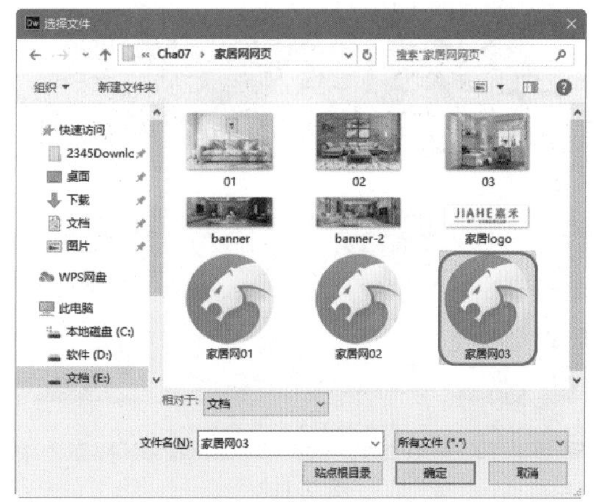

图 7-109

04 单击【确定】按钮，返回至【转到 URL】对话框中，单击【确定】按钮。在【行为】面板中将【事件】设置为 onClick，如图 7-110 所示。

05 保存文件，按 F12 键在预览窗口中进行预览，将光标移至添加行为的文字对象上，如图 7-111 所示。

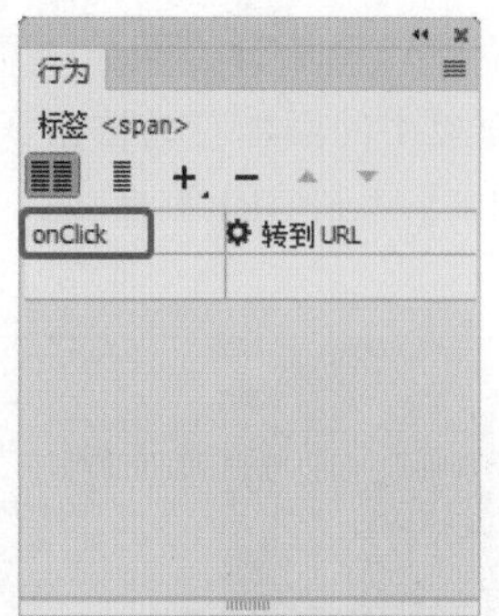

图 7-110

图 7-111

06 单击该文字对象，即可跳转至链接的文件中，效果如图 7-112 所示。

图 7-112

LESSON

课后项目练习 音乐网页设计(二)

音乐是反映人类现实生活情感的一种艺术，音乐能提高人的审美能力，净化人们的心灵，树立崇高的理想。我们通过音乐来抒发我们的情感，使我们的很多情绪得到释放。本例将介绍如何制作音乐网页，效果如图 7-113 所示。

课后项目练习效果展示

图 7-113

课后项目练习过程概要

01 通过插入图像文件，并为图像添加矩形热点。

02 为热点添加【打开浏览器窗口】行为效果。

素材	素材 \Cha07\ 音乐网页设计
场景	场景 \Cha07\ 音乐网页设计（二）.html
视频	视频教学 \Cha07\ 音乐网页设计（二）.mp4

01 新建一个 HTML 4.01 Transitional 文档，在【属性】面板中单击【页面属性】按钮，在弹出的【页面属性】对话框中选择【分类】列表框中的【外观（CSS）】选项，将【左边距】、【右边距】、【上边距】、【下边距】均设置为 0，如图 7-114 所示。

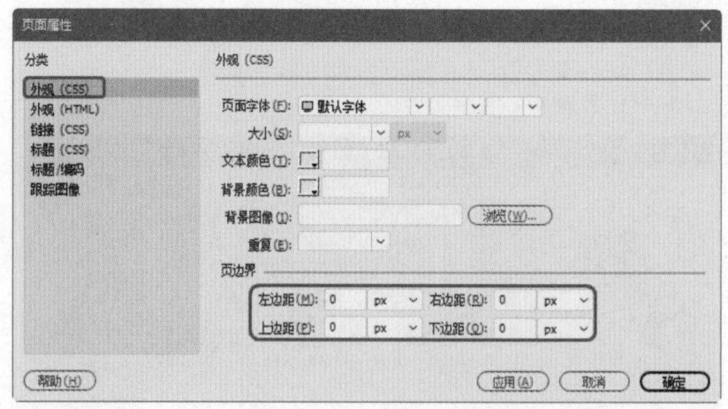

图 7-114

02 设置完成后，单击【确定】按钮。按 Ctrl+Alt+I 组合键，在弹出的【选择图像源文件】对话框中选择“素材 \Cha07\ 音乐网页设计 \ 错误 .jpg”素材文件，单击【确定】按钮。在【属性】面板中将【宽】、【高】分别设置为 1080px、605px，如图 7-115 所示。

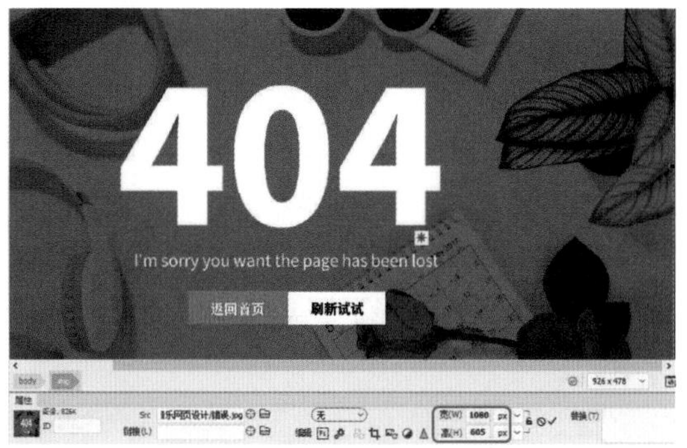

图 7-115

03 选中插入的图像，在【属性】面板中单击矩形热点工具按钮，在选中的图像上绘制一个矩形热点，如图 7-116 所示。

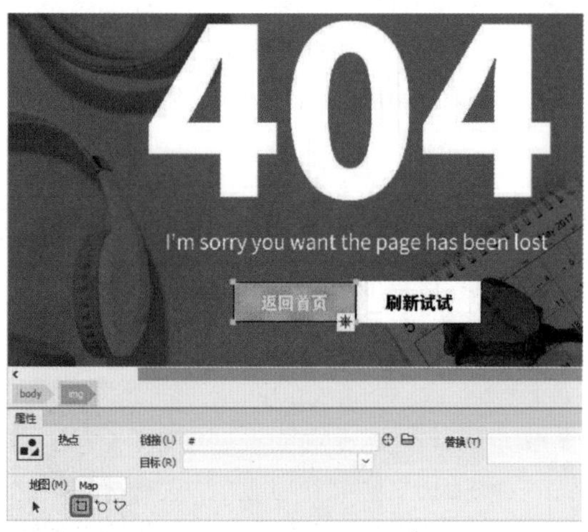

图 7-116

04 在【行为】面板中单击添加行为按钮，在弹出的下拉菜单中选择【打开浏览器窗口】命令，如图 7-117 所示。

05 在弹出的【打开浏览器窗口】对话框中单击【要显示的 URL】右侧的【浏览】按钮，在弹出的对话框中选择“场景 \Cha07\【案例精讲】音乐网页设计（一）.html”素材文件，单击【确定】按钮。在返回的【打开浏览器窗口】对话框中选中【需要时使用滚动条】与【调整大小手柄】复选框，如图 7-118 所示。

图 7-117

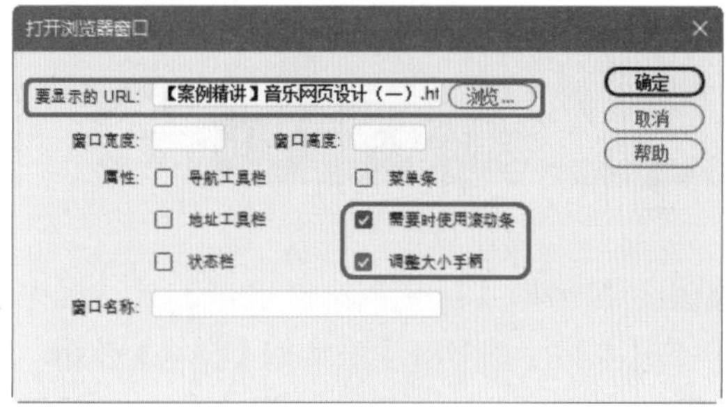

图 7-118

06 单击【确定】按钮，在【行为】面板中将【事件】设置为 onMouseDown，如图 7-119 所示。

图 7-119

07 选中绘制的矩形热点，单击【拆分】按钮，在如图 7-120 所示位置输入 alt="#"。

图 7-120

08 将当前文档进行保存，并将文件名设置为“音乐网页设计（二）.html”，单击【设计】按钮，然后再在【属性】面板中单击矩形热点工具按钮，在选中的图像上绘制一个矩形热点。在【行为】面板中单击添加行为按钮 +，在弹出的下拉菜单中选择【打开浏览器窗口】命令，如图 7-121 所示。

图 7-121

09 在弹出的【打开浏览器窗口】对话框中单击【要显示的 URL】右侧的【浏览】按钮。在弹出的对话框中选择“场景 \Cha07\ 音乐网页设计（二）.html”素材文件，单击【确定】按钮。在返回的【打开浏览器窗口】对话框中选中【需要时使用滚动条】与【调整大小手柄】复选框，如图 7-122 所示。

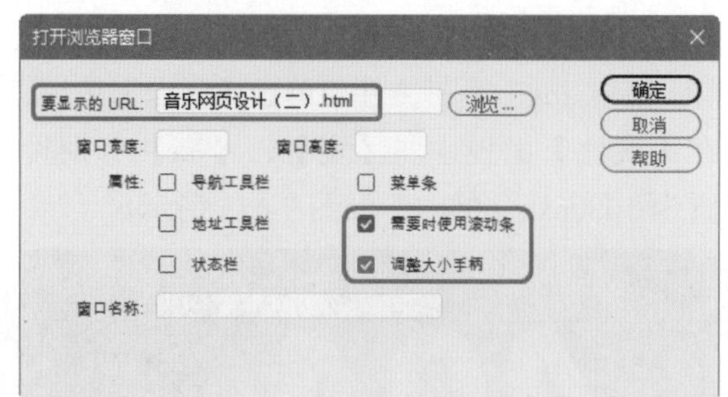

图 7-122

10 单击【确定】按钮，在【行为】面板中将【事件】设置为 onMouseDown，如图 7-123 所示。

图 7-123

11 单击【拆分】按钮，在如图 7-124 所示位置输入 alt="#"。

12 制作完成后的文件进行保存即可。

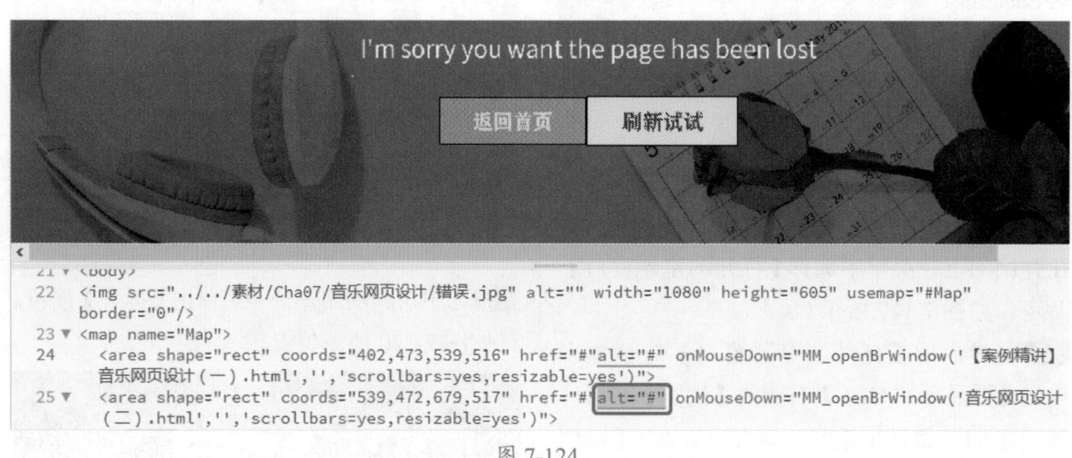

图 7-124

第 8 章

快递网页表单设计——表单的应用

本章导读：

在日常网页中，表单对象随处可见。在注册用户时，提交账号和输入密码使用的就是表单。表单的使用远不止这些，它主要是为了实现浏览网页者与 Internet 服务器之间进行信息交互。比如在有些网站中提交留言，可以让访问网页者与网站制作者之间进行沟通，这也是表单应用的一种形式。

【案例精讲】快递网页表单设计

为了更好地完成本设计案例，现对制作要求及设计内容做如下规划，效果如图 8-1 所示。

作品名称	快递网页表单设计
设计创意	（1）打开素材文件，插入图像并输入文字内容 （2）插入相应的表单，并为其设置 CSS 样式，使其能与整体网页效果更好地融合
主要元素	（1）文本表单 （2）选择表单 （3）单选按钮组 （4）复选框
应用软件	Dreamweaver 2020
素材	素材 \Cha08\ 速达快递网页设计 \ 速达快递网页素材 .html
场景	场景 \Cha08\【案例精讲】快递网页表单设计 .html
视频	视频教学 \Cha08\【案例精讲】快递网页表单设计 .mp4
快递网页表单设计效果欣赏	 图 8-1
备注	

01 按 Ctrl+O 组合键，打开“素材 \Cha08\ 速达快递网页设计 \ 速达快递网页素材 .html”素材文件，如图 8-2 所示。

图 8-2

02 将光标置于单元格中，如图 8-3 所示。

图 8-3

03 在该单元格中插入一个 5 行 4 列，【表格宽度】为 480 像素，Border、CellPad、CellSpace 均为 0 的表格，如图 8-4 所示。

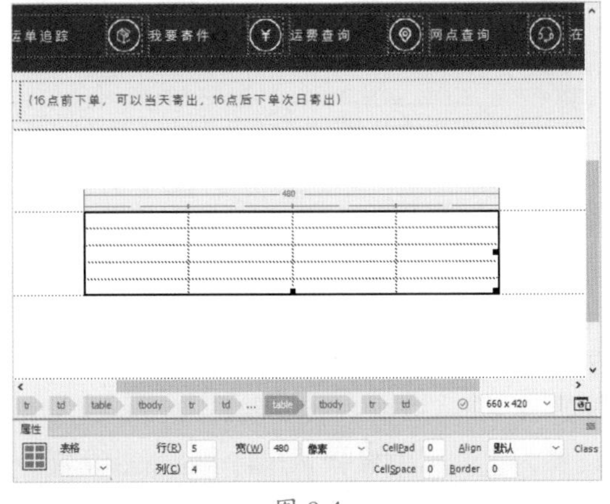

图 8-4

04 选中第一列的五行单元格，在【属性】面板中将【宽】设置为 10，如图 8-5 所示。

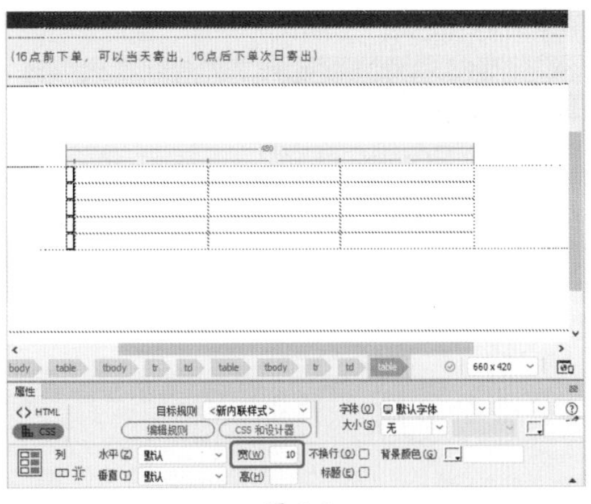

图 8-5

05 选中第二列的五行单元格，在【属性】面板中将【宽】设置为 25，将【水平】设置为【居中对齐】。将光标置于第二列的第一行单元格中，按 Ctrl+Alt+I 组合键，在弹出的【选择图像源文件】对话框中选择“02.png”素材文件，单击【确定】按钮。选中插入的图像，在【属性】面板中将【宽】、【高】分别设置为 15px、20px，如图 8-6 所示。

图 8-6

06 将光标置于第三列的第一行单元格中，在【属性】面板中将【宽】、【高】分别设置为 120、40，并输入文字，如图 8-7 所示。

07 在【CSS 设计器】面板中单击【选择器】左侧的添加按钮 +，将其名称设置为 .w6。在【属性】卷展栏中单击文本按钮 T，将 color 设置为 #1D1D1D，将 font-family 设置为 Adobe 黑体 Std R，将 font-size 设置为 18px。在【属性】面板中为输入的文字应用新建的

CSS 样式，如图 8-8 所示。

图 8-7

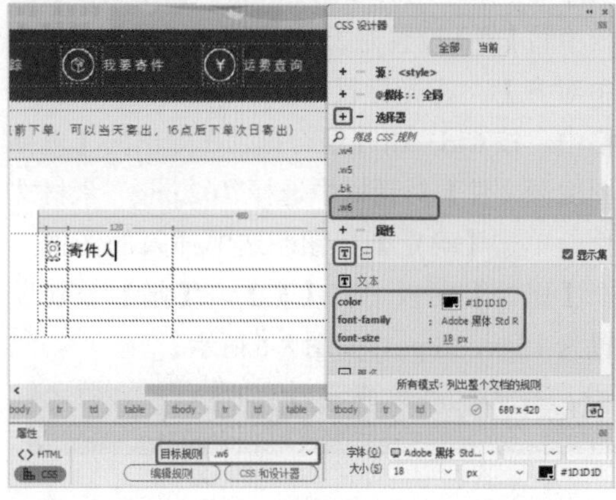

图 8-8

08 在【CSS 设计器】面板中选中名为 .w6 的 CSS 样式，右击并在弹出的快捷菜单中选择【直接复制】命令，如图 8-9 所示。

图 8-9

09 将复制的 CSS 样式重新命名为 .w7，将 color 设置为 #E10000，在单元格中输入符号，并为其应用复制的 CSS 样式，效果如图 8-10 所示。

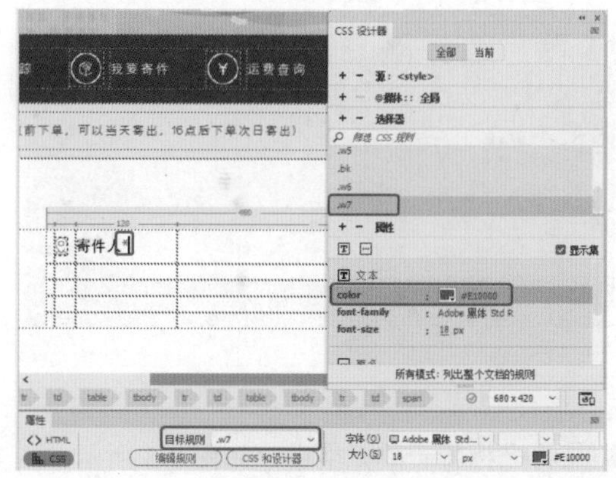

图 8-10

10 选择第三列的第二行至第五行单元格，在【属性】面板中将【水平】设置为【右对齐】，将【高】设置为 50，如图 8-11 所示。

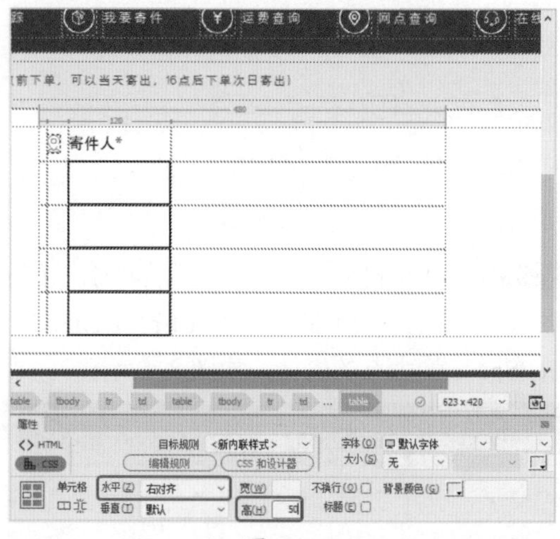

图 8-11

11 将光标置于第三列的第二行单元格中，输入文字内容。在【CSS 设计器】面板中单击【选择器】左侧的添加按钮 +，将其名称设置为 .w8。在【属性】卷展栏中单击文本按钮 T，将 color 设置为 #434343，将 font-family 设置为【汉标中黑体】，将 font-size 设置为 16px，将 letter-spacing 设置为 2px。在【属性】面板中为输入的文字应用新建的 CSS 样式，如图 8-12 所示。

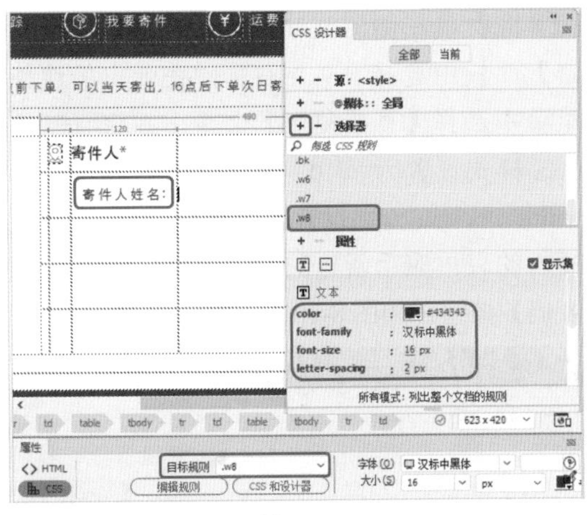

图 8-12

12 在【CSS 设计器】面板中单击【选择器】左侧的添加按钮 +，将其名称设置为 .w9。在【属性】卷展栏中单击文本按钮 T，将 color 设置为 #969696，将 font-family 设置为【汉标中黑体】，将 font-size 设置为 15px，将 line-height 设置为 35px，单击【边框】按钮，再单击【所有边】按钮，将 width 设置为 1px，将 style 设置为 solid，将 color 设置为 #CBCBCB，将 border-radius 设置为 3px，如图 8-13 所示。

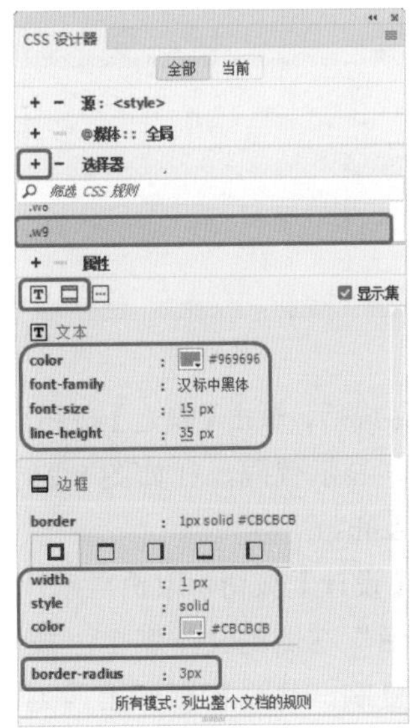

图 8-13

13 将光标置于第四列的第二行单元格中，在菜单栏中选择【插入】|【表单】|【文本】命令，如图 8-14 所示。

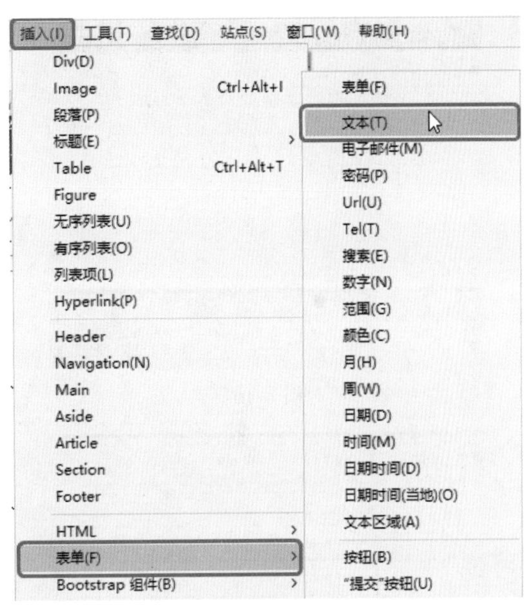

图 8-14

14 将表单左侧的文字删除，选中插入的表单，在【属性】面板中将 Class 设置为 w9，将 Size 设置为 40，将 Value 设置为“请输入寄件人姓名”，如图 8-15 所示。

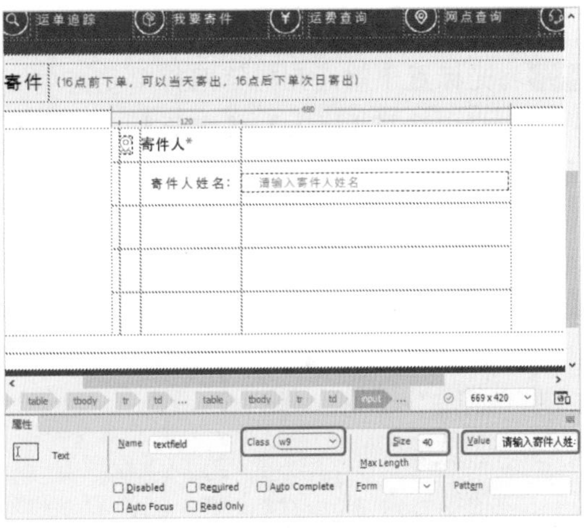

图 8-15

15 选中设置后的表单，按 Ctrl+C 组合键对其进行复制，将光标置于第四列的第三行单元格中，按 Ctrl+V 组合键对其进行粘贴，并修改 Value 参数，如图 8-16 所示。

16 在第三列的第三行与第四行单元格中输入文字，并为其应用名为 .w8 的 CSS 样式，如图 8-17 所示。

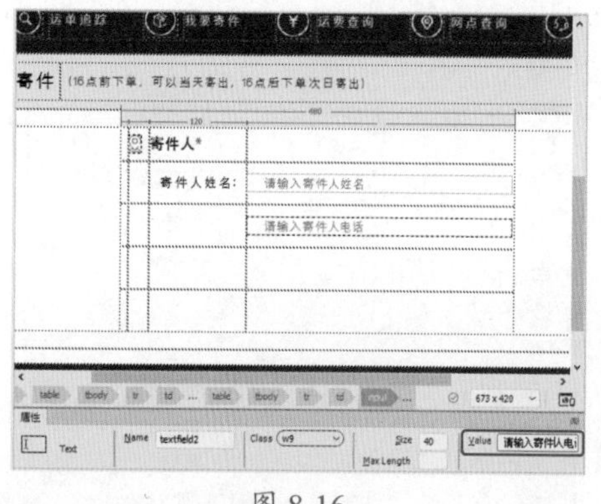

图 8-16

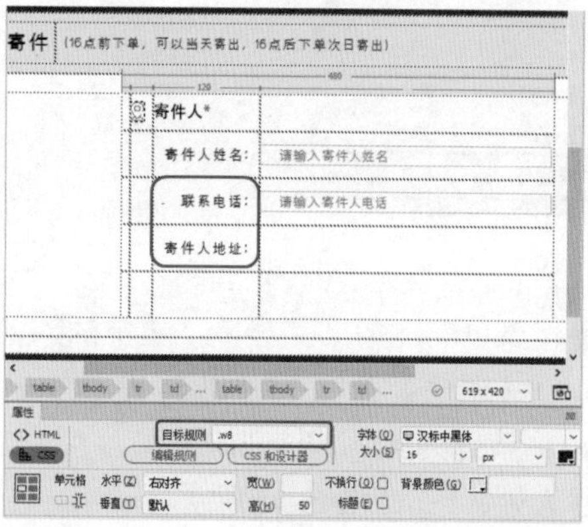

图 8-17

17 将光标置于第四列的第四行单元格中，在菜单栏中选择【插入】|【表单】|【选择】命令，如图 8-18 所示。

图 8-18

18 将表单左侧的文字删除，在【CSS 设计器】面板中选择 .w9 并右击，在弹出的快捷菜单中选择【直接复制】命令，并将复制的 CSS 样式设置为 .w10，单击布局按钮，将 width、height 分别设置为 290px、40px，为新插入的表单应用新建的 CSS 样式，单击【列表值】按钮，如图 8-19 所示。

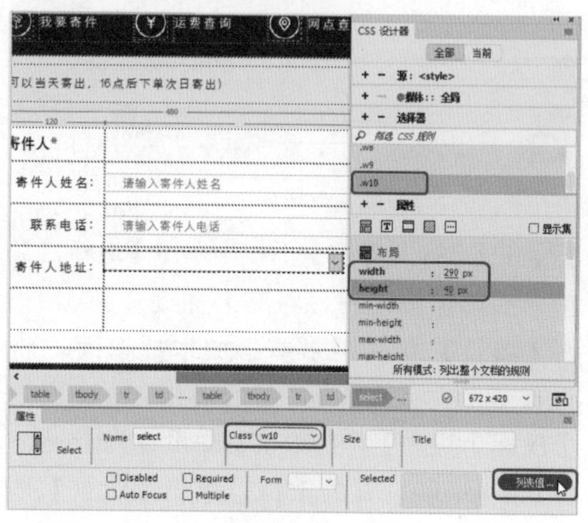

图 8-19

19 在弹出的【列表值】对话框中添加项目标签，并设置项目标签的名称，如图 8-20 所示。

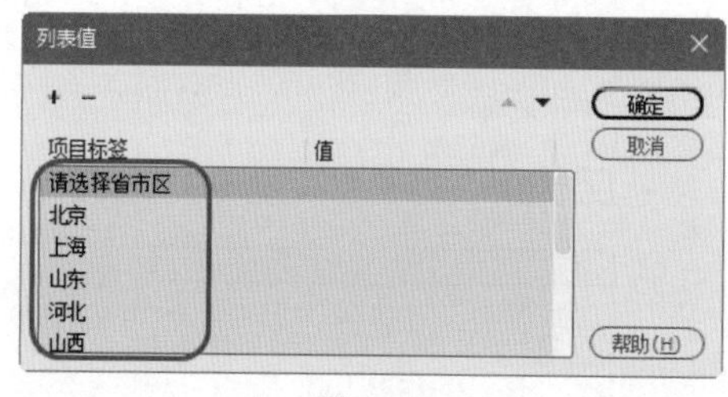

图 8-20

20 设置完成后，单击【确定】按钮，单击【拆分】按钮，显示代码，在如图 8-21 所示的代码中输入 。

21 单击【设计】按钮，取消显示代码，选择“联系电话”右侧的文本表单，按 Ctrl+C 组合键进行复制，将光标置于第四列的第五行单元格中，按 Ctrl+V 组合键进行粘贴，并在【属性】面板中修改 Value 参数，如图 8-22 所示。

图 8-21

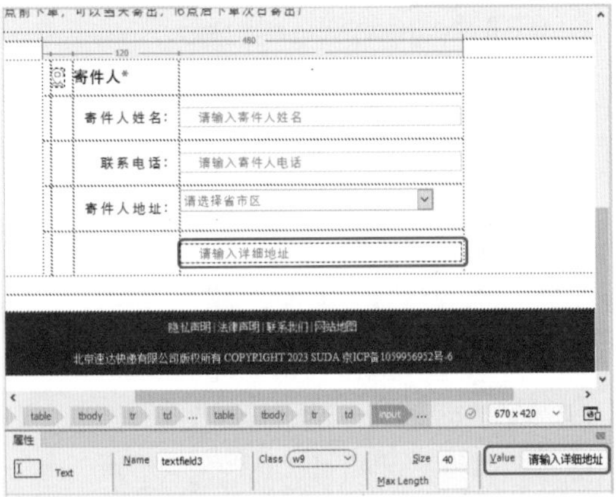

图 8-22

22 继续将光标置于第四列的第五行单元格中，单击该单元格的 table 标签，选中该单元格所在的表格，按 Ctrl+C 组合键进行复制，如图 8-23 所示。

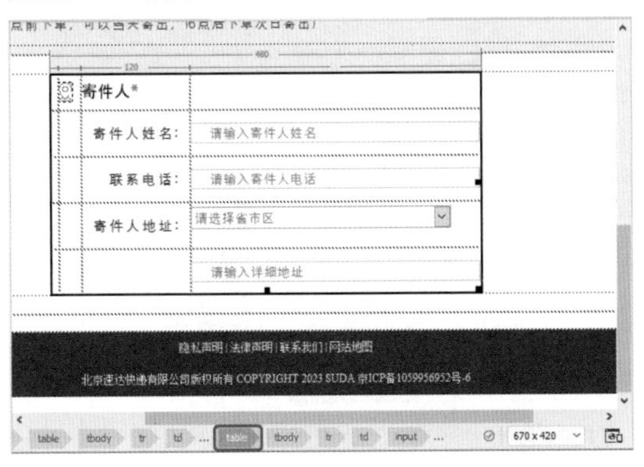

图 8-23

23 将光标置于右侧的空白单元格中，按 Ctrl+V 组合键进行粘贴，并修改图像与文字、表单内容，修改后的效果如图 8-24 所示。

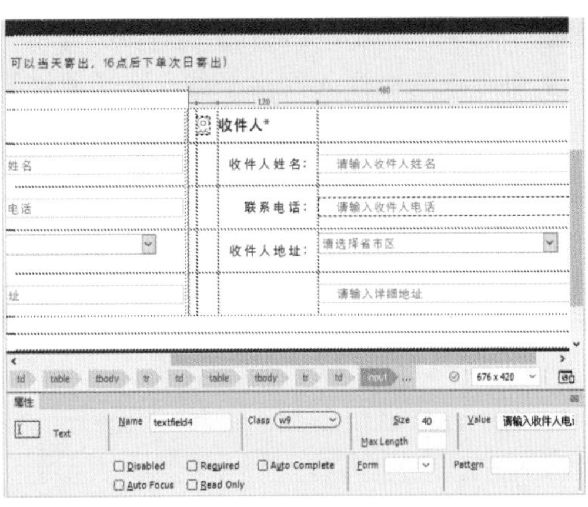

图 8-24

24 将光标置于【隐私声明】上方的空白单元格中并右击，在弹出的快捷菜单中选择【表格】|【插入行或列】命令，如图 8-25 所示。

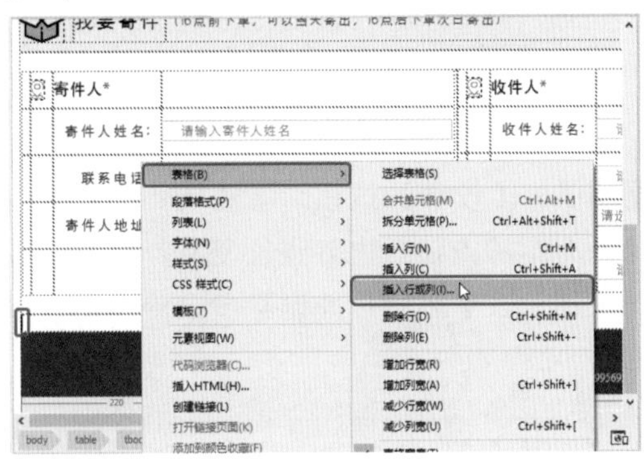

图 8-25

25 在弹出的【插入行或列】对话框中将【行数】设置为 5，单击【确定】按钮。将光标置于空白的第 1 行单元格中，在【属性】面板中将【垂直】设置为【顶端】，将【高】设置为 15，如图 8-26 所示。

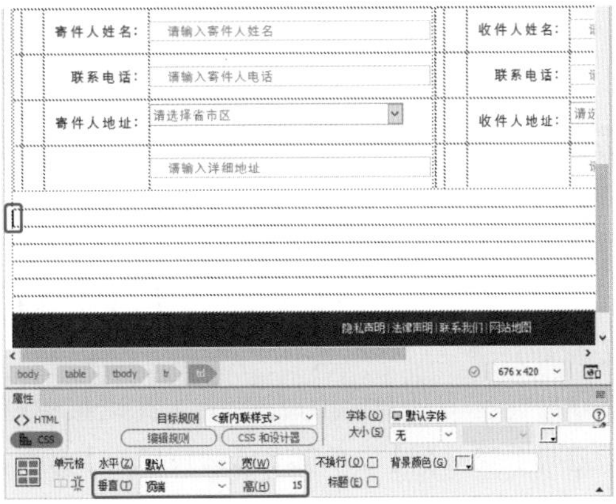

图 8-26

26 在菜单栏中选择【插入】| HTML |【水平线】命令，选中插入的水平线。在【属性】面板中将【宽】、【高】分别设置为950px、1px，取消选中【阴影】复选框，单击【拆分】按钮，显示代码，输入 color=" #DFDFDF"，如图 8-27 所示。

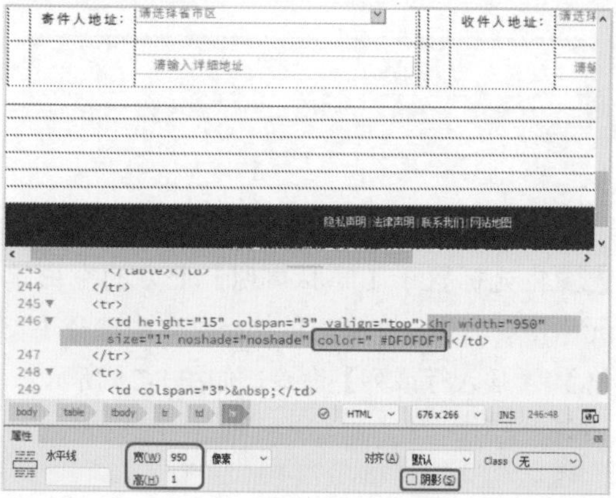

图 8-27

27 单击【设计】按钮，隐藏代码。根据前面所介绍的方法对内容进行复制，修改图像与文字、表单内容，并删除多余内容，效果如图 8-28 所示。

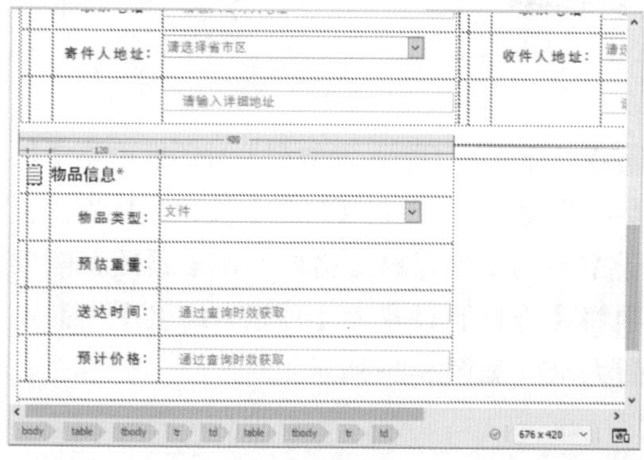

图 8-28

28 选中复制的表格，在【属性】面板中将【宽】设置为 970 像素，如图 8-29 所示。

29 将光标置于“预估重量：”右侧的空白单元格中，在菜单栏中选择【插入】|【表单】|【表单】命令，如图 8-30 所示。

30 将光标置于插入的表单中，再在菜单栏中选择【插入】|【表单】|【单选按钮组】命令，如图 8-31 所示。

图 8-29

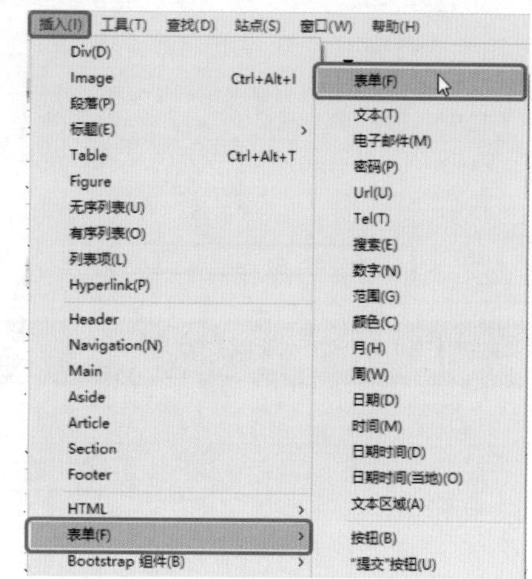

图 8-30

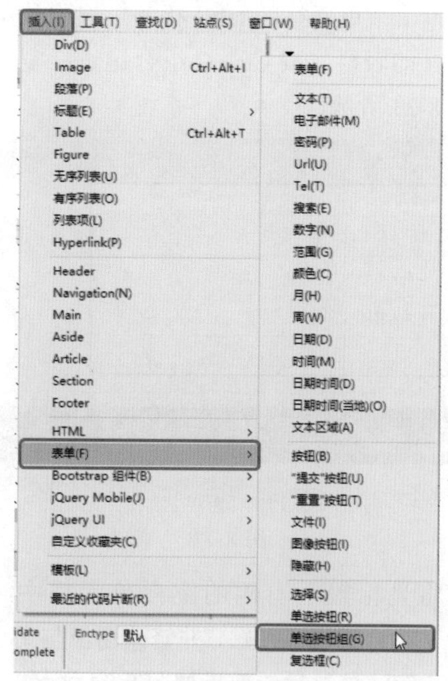

图 8-31

31 在弹出的【单选按钮组】对话框中添加单选按钮，并设置标签名称，如图 8-32 所示。

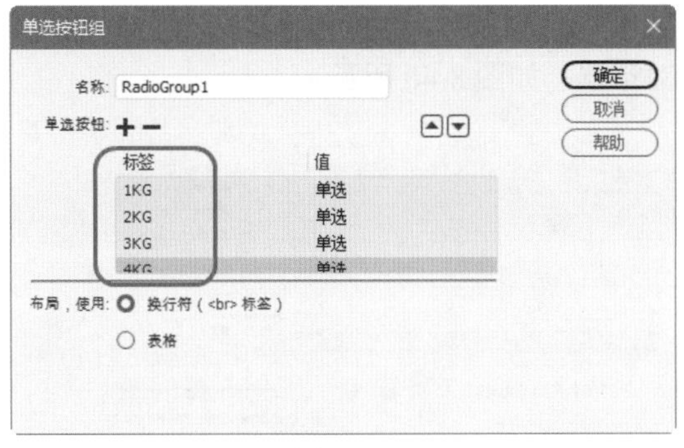

图 8-32

32 设置完成后，单击【确定】按钮，即可插入单选按钮组，将单选按钮调整至一行，如图 8-33 所示。

提示：若想要将单选按钮调整至一行，可将光标置于单选按钮的右侧，按 Delete 键将回车符删除，或单击【拆分】按钮，显示代码，将单选按钮之间的
 删除，即可将单选按钮调整至一行。

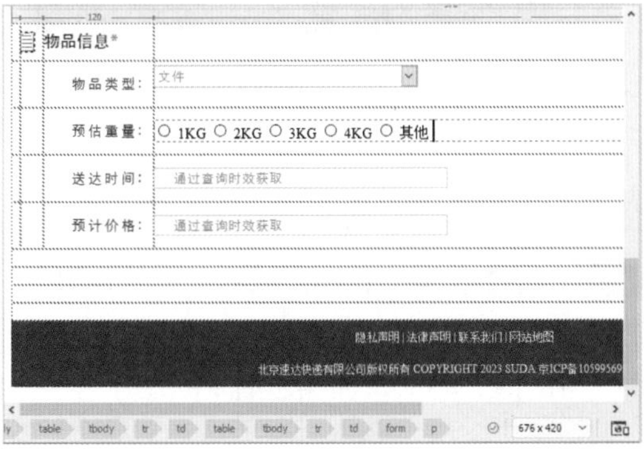

图 8-33

33 在【CSS 设计器】面板中单击【选择器】左侧的【添加】按钮 +，将其名称设置为 .w11。在【属性】卷展栏中单击【文本】按钮 T，将 color 设置为 #969696，将 font-family 设置为【汉标中黑体】，将 font-size 设置为 15px，将 letter-spacing 设置为 1px，并为单选按钮的文字应用新建的 CSS 样式，如图 8-34 所示。

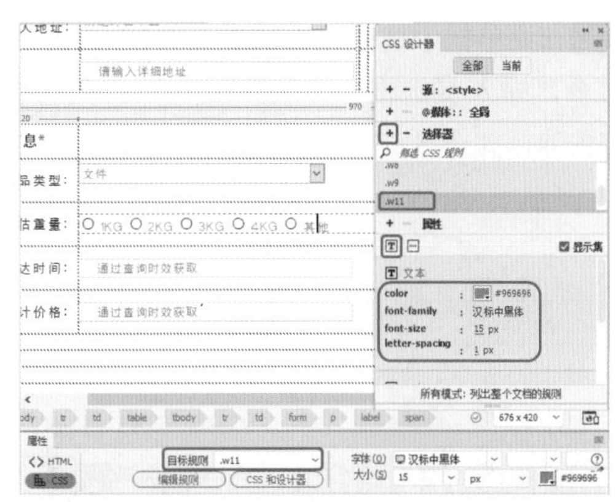

图 8-34

34 将光标置于“预计价格：”下方的空白单元格中，在【属性】面板中将【背景颜色】设置为 #eef1f4，如图 8-35 所示。

图 8-35

35 将光标置于添加背景色下方的空白单元格中，在【属性】面板中将【水平】设置为【居中对齐】，将【高】设置为 80，如图 8-36 所示。

图 8-36

36 在菜单栏中选择【插入】|【表单】|【复选框】命令，插入复选框，并删除复选框右侧的文字内容，如图 8-37 所示。

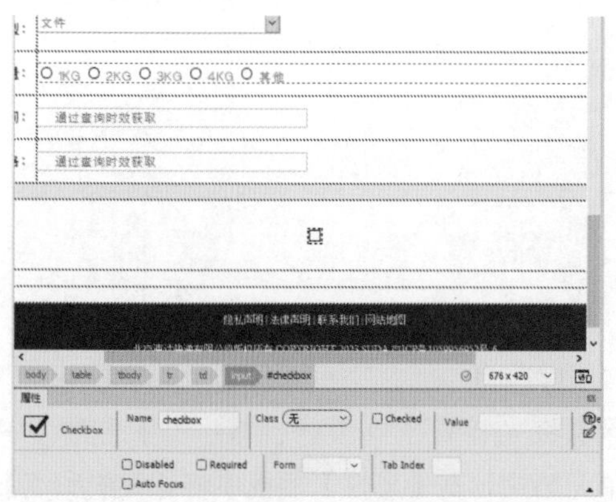

图 8-37

37 在复选框右侧输入文字内容，选中输入的文字，在【属性】面板中为其应用 .w5 CSS 样式，效果如图 8-38 所示。

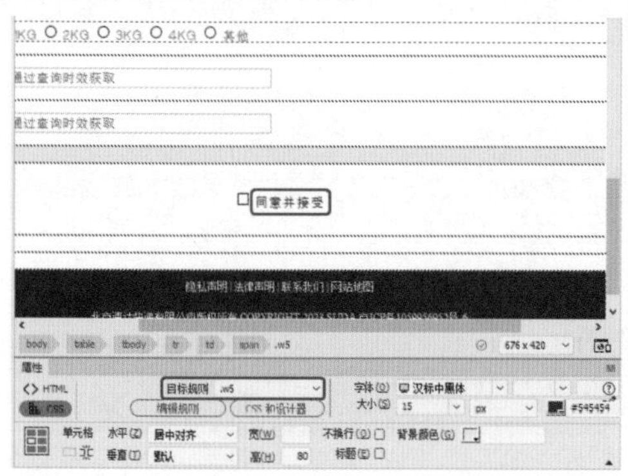

图 8-38

38 在【CSS 设计器】面板中选择名为 .w5 的 CSS 样式并右击，在弹出的快捷菜单中选择【直接复制】命令，将复制的 CSS 样式重新命名为 .w12，将【文本】下的 color 设置为 #1E6FAF，再次输入文字内容，并为其应用复制的 CSS 样式，如图 8-39 所示。

39 将光标置于复选框下方的空白单元格中，将【水平】设置为【居中对齐】。在菜单栏中选择【插入】| HTML |【鼠标经过图像】命令，在弹出的【插入鼠标经过图像】对话框中单击【原始图像】右侧的【浏览】按钮，在弹出的对话框中选择"素材 \Cha08\ 速达快递网页设计 \05.png"素材文件，单击【确定】按钮。单击【鼠标经过图像】右侧的【浏览】按钮，在弹出的对话框中选择"06.png"素材文件，单击【确定】按钮，返回至【插入鼠标经过图像】对话框，如图 8-40 所示。

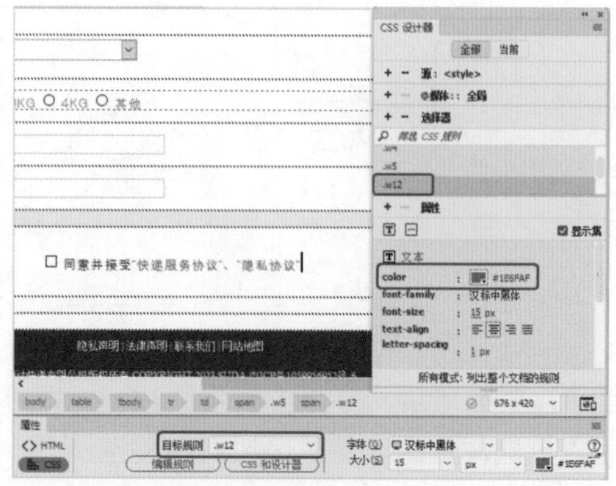

图 8-39

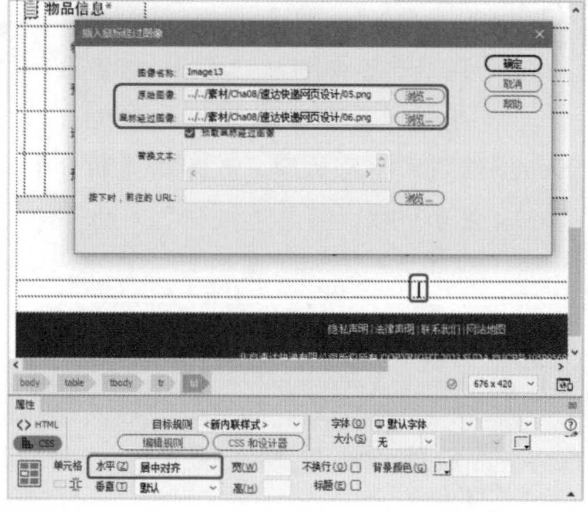

图 8-40

40 单击【确定】按钮，选中插入的图像，在【属性】面板中将【宽】、【高】分别设置为 161px、45px，如图 8-41 所示。

图 8-41

8.1 表单对象的创建

在 Dreamweaver 中，表单输入类型称为表单对象。表单对象是允许用户输入数据的机制。

8.1.1 创建表单

每一个表单中都包括表单域和若干个表单元素，而所有的表单元素都要放在表单中才会生效，因此，制作表单时要先插入表单。

向文档中添加表单的具体操作步骤如下。

01 运行 Dreamweaver 2020 软件，打开“素材\Cha08\素材 001.html”素材文件，如图 8-42 所示。

图 8-42

02 将光标插入最大的空白单元格中，然后在菜单栏中选择【插入】|【表单】|【表单】命令，如图 8-43 所示。

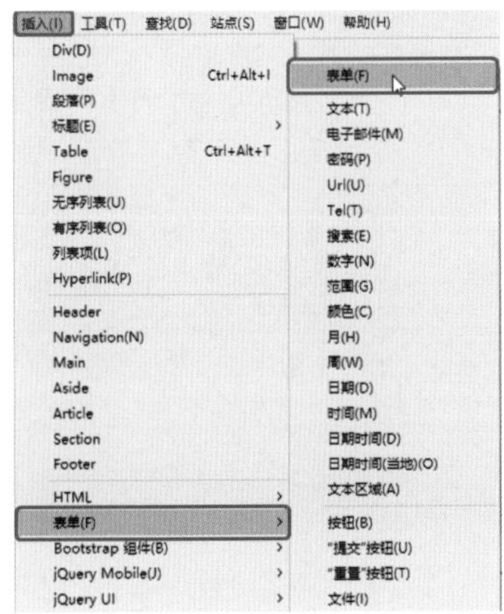

图 8-43

03 选择该命令后，在文档窗口会出现一条红色的虚线，即可插入表单，如图 8-44 所示。

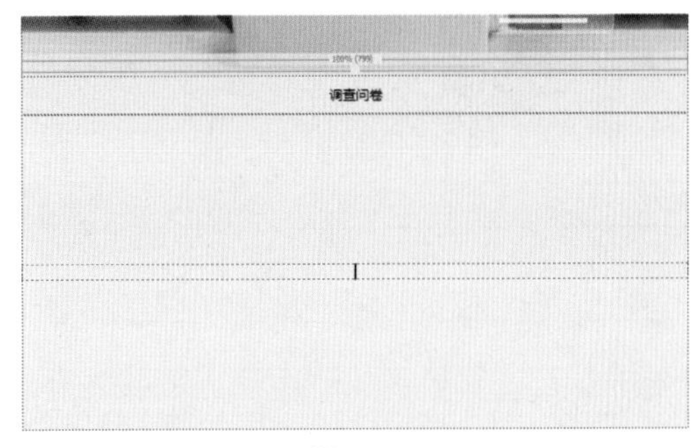

图 8-44

选中表单，在表单的【属性】面板中可以进行相应的设置，如图 8-45 所示。

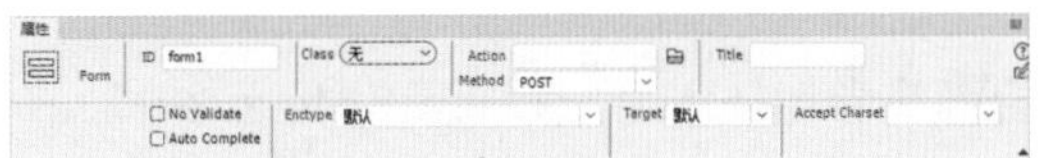

图 8-45

8.1.2 插入文本表单

根据类型属性的不同，文本可分为 3 种：单行文本、多行文本和密码。文本是最常见的表单对象之一，用户可在文本中输入相应的文本，以及字母、数字等内容。具体操作步骤如下。

01 继续上面的操作，将光标置于表单域中，插入一个 11 行 2 列、【表格宽度】为 600 像素的表格，将第一列单元格的【宽】设置为 100，将【高】设置为 40，如图 8-46 所示。

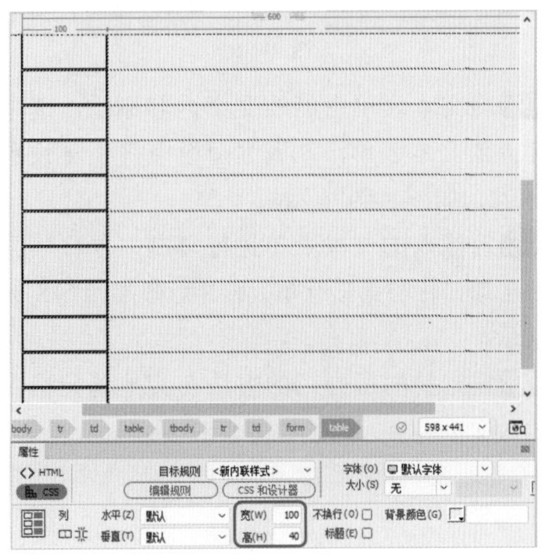

图 8-46

02 将光标插入第一行的第一列单元格中，并输入文字“用户名：”，如图 8-47 所示。

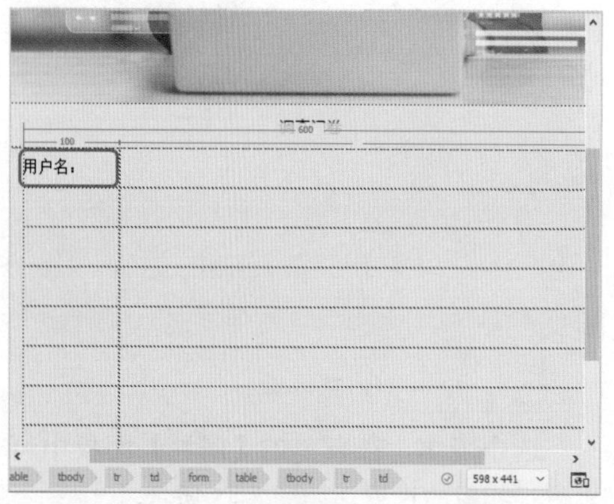

图 8-47

03 将光标插入第一行第二列单元格中，在菜单栏中选择【插入】|【表单】|【文本】命令，如图 8-48 所示。

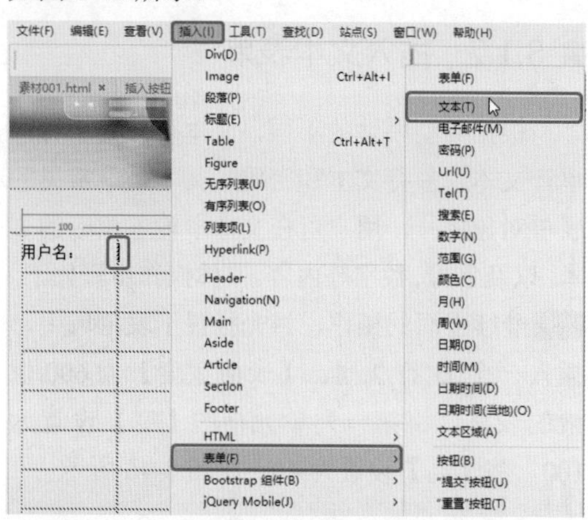

图 8-48

04 将文本表单右侧的文字内容删除，选中插入的文本表单，在属性面板中将 Size 设置为 22，如图 8-49 所示。

05 对插入的文本表单进行复制，并将其粘贴至第二行与第三行单元格中，效果如图 8-50 所示。

06 根据前面所介绍的方法在其他单元格中输入文字内容，效果如图 8-51 所示。

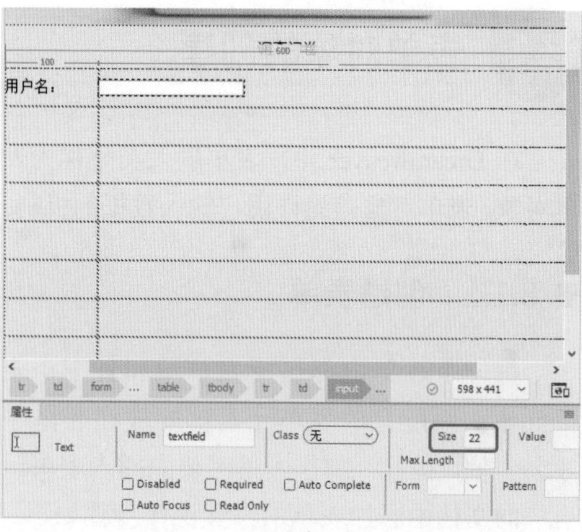

图 8-49

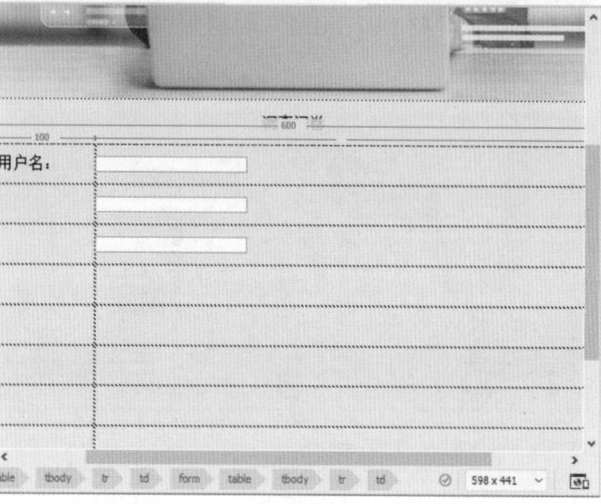

图 8-50

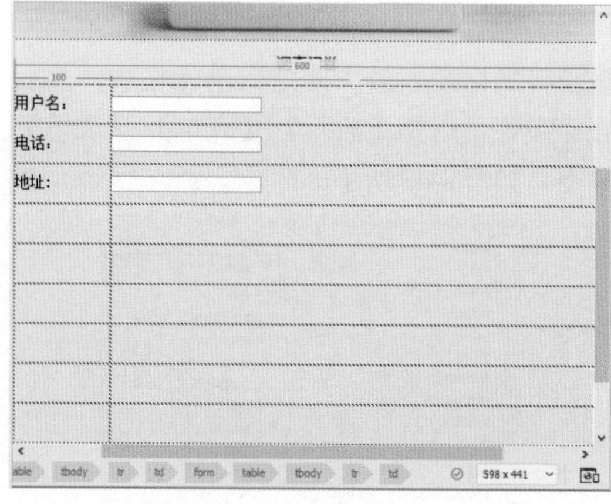

图 8-51

8.1.3 插入文本区域

插入文本区域的方法与插入文本表单的方法类似，只不过文本区域允许输入更多的文本。插入文本区域的具体操作步骤如下。

01 继续上面的操作，将光标置于第一列的第六行单元格中，输入文字内容，然后将光标置于第二列的第六行单元格中。在菜单栏中选择【插入】|【表单】|【文本区域】命令，如图 8-52 所示。

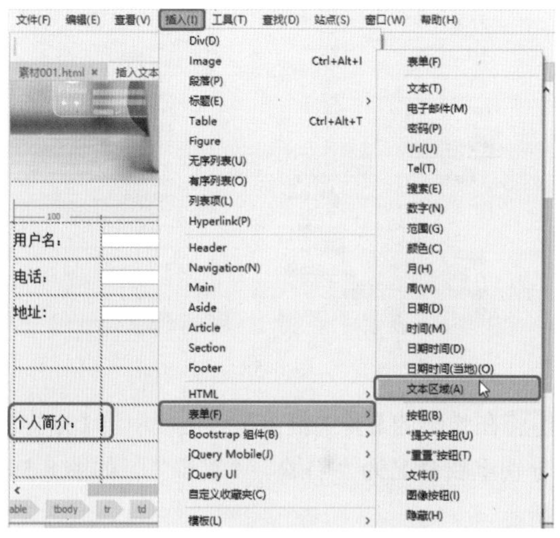

图 8-52

02 执行操作后，即可插入文本区域，将文本区域左侧的文字删除，选中文本区域。在【属性】面板中将 Rows、Cols 分别设置为 5、60，如图 8-53 所示。

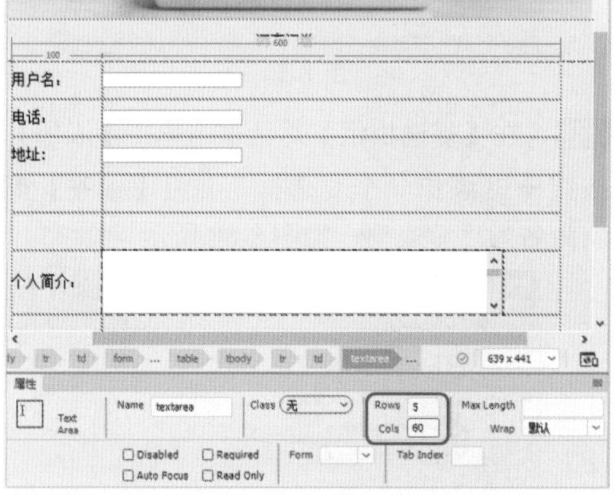

图 8-53

提示：在【表单】插入面板中单击【文本区域】按钮，也可插入多行文本。

8.1.4 插入单选按钮组

通常单选按钮是成组使用的，在同一组中的单选按钮必须具有相同的名称。下面介绍插入单选按钮组的具体操作步骤。

01 继续上面的操作，在第一列的第四行单元格中输入文字内容，将光标置于第二列的第四行单元格中。在菜单栏中选择【插入】|【表单】|【单选按钮组】命令，如图 8-54 所示。

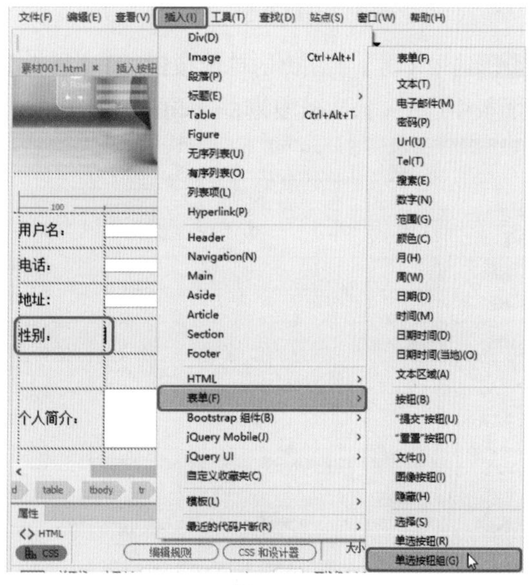

图 8-54

02 在弹出的【单选按钮组】对话框中将【标签】分别设置为【男】、【女】，如图 8-55 所示。

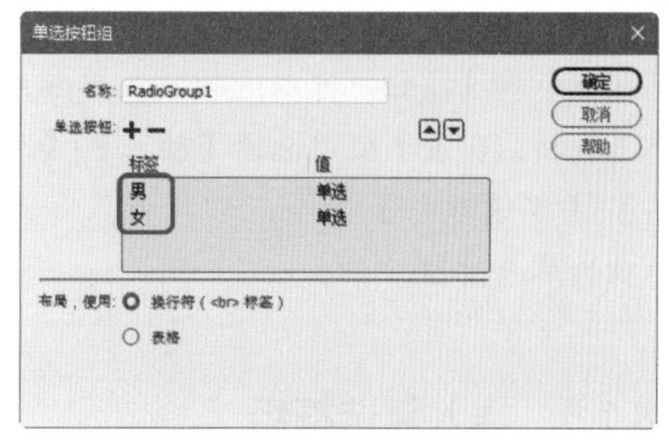

图 8-55

03 单击【确定】按钮，即可插入单选按钮组，将光标置于【男】字右侧，按 Delete 键将回车符删除，将单选按钮调整至一行，如图 8-56 所示。

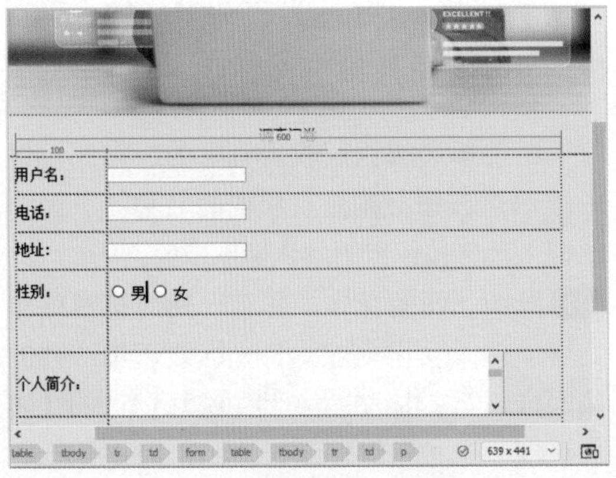

图 8-56

04 选中【男】字左侧的单选按钮，在【属性】面板中选中 Checked 复选框，如图 8-57 所示。

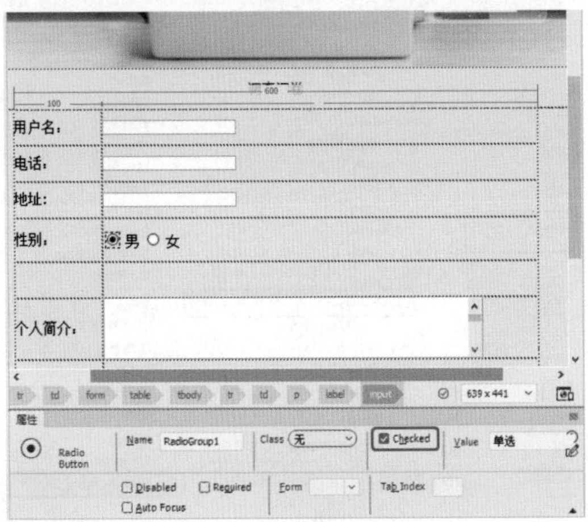

图 8-57

提示：在 Dreamweaver 中，若不希望插入多个单选按钮，可以选择插入单独的单选按钮。在菜单栏中选择【插入】|【表单】|【单选按钮】命令，即可插入一个单独的单选按钮。

■ 8.1.5　插入复选框组

使用表单时经常会有多个选项，用户可以选择任意多个适用的选项。下面简单地介绍复选框组的使用方法。

01 继续上面的操作，在第一列的第五行单元格中输入文字内容，将光标置于第二列的第五行单元格中。在菜单栏中选择【插入】|【表单】|【复选框组】命令，如图 8-58 所示。

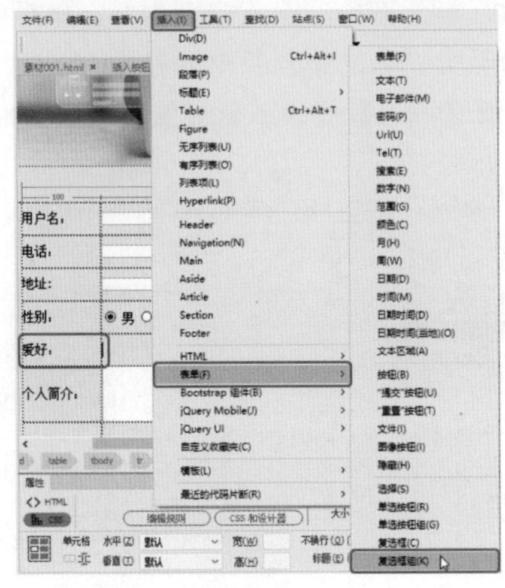

图 8-58

02 在弹出的【复选框组】对话框中将【标签】分别重新命名为“唱歌”“跳舞”，如图 8-59 所示。

图 8-59

03 再在【复选框组】对话框中单击【添加】按钮 +，添加一个复选框，并将【标签】重新命名为“游戏”，如图 8-60 所示。

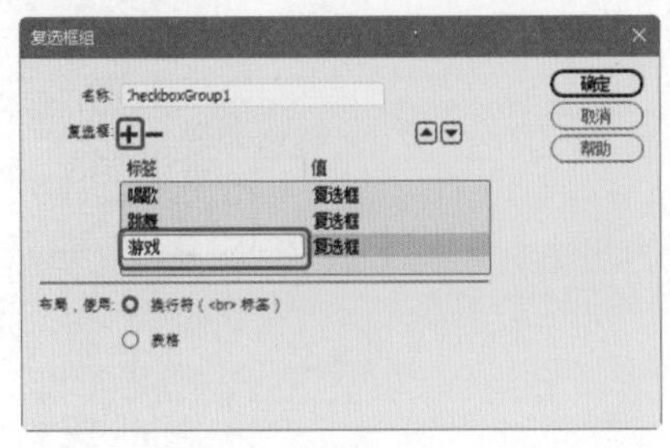

图 8-60

04 使用同样的方法再在【复选框组】对话框中添加复选框，并设置【标签】名称，如图 8-61 所示。

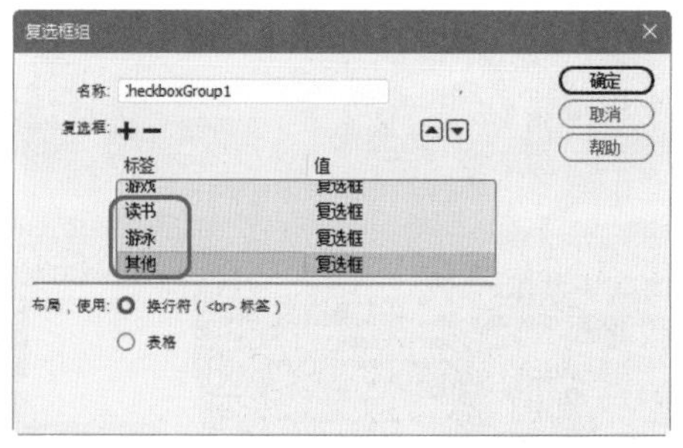

图 8-61

05 单击【确定】按钮，根据前面所介绍的方法删除回车符，将复选框调整至一行，如图 8-62 所示。

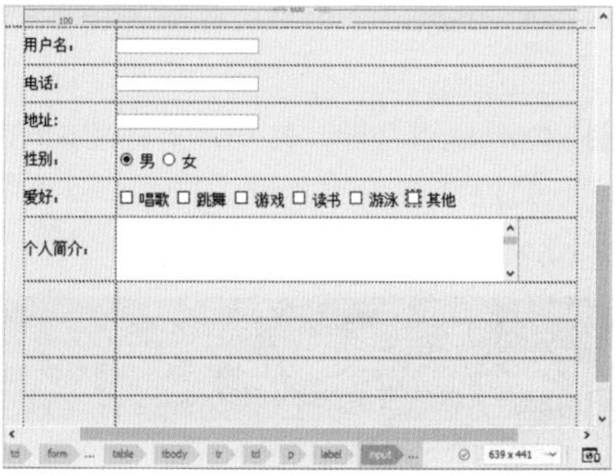

图 8-62

提示：在 Dreamweaver 中，若不希望插入多个复选框，可以选择插入单独的复选框。在菜单栏中选择【插入】|【表单】|【复选框】命令，即可插入一个单独的复选框。

■ 8.1.6　插入选择表单

选择表单是用户单击时下拉的菜单，称为下拉菜单。插入【选择】表单的具体操作步骤如下。

01 继续上面的操作，在第一列的第七行单元格中输入文字内容，将光标置于第二列的第七行单元格中。在菜单栏中选择【插入】|【表单】|【选择】命令，如图 8-63 所示。

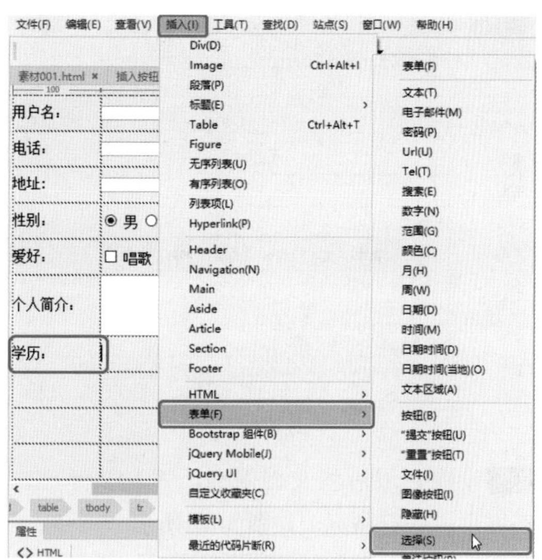

图 8-63

02 执行该操作后，即可插入【选择】表单，将【选择】表单左侧的文字内容删除，选中【选择】表单。在【属性】面板中单击【列表值】按钮，如图 8-64 所示。

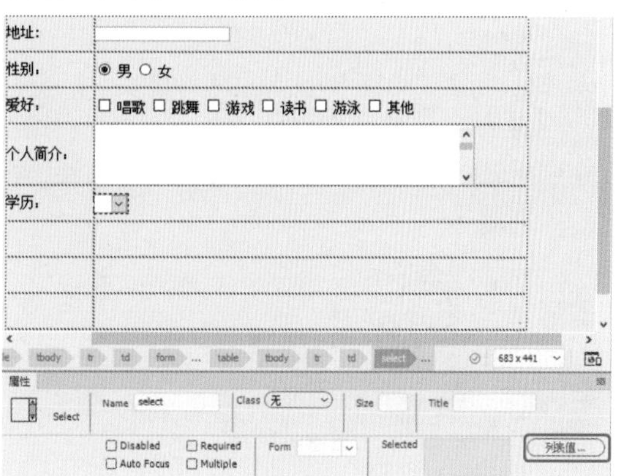

图 8-64

03 在弹出的【列表值】对话框中添加项目并设置【项目标签】名称，如图 8-65 所示。

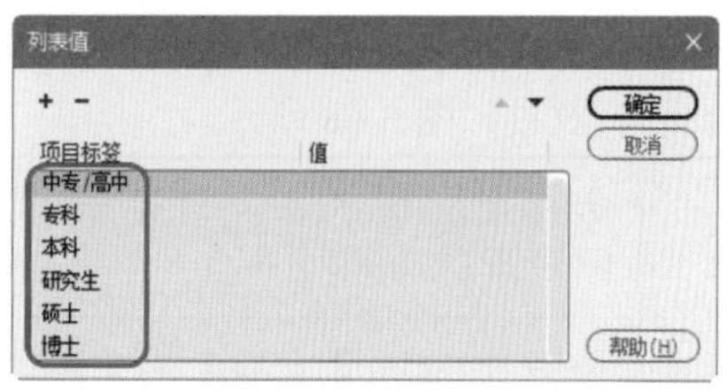

图 8-65

04 设置完成后，单击【确定】按钮，即可完成选择表单的设置，效果如图 8-66 所示。

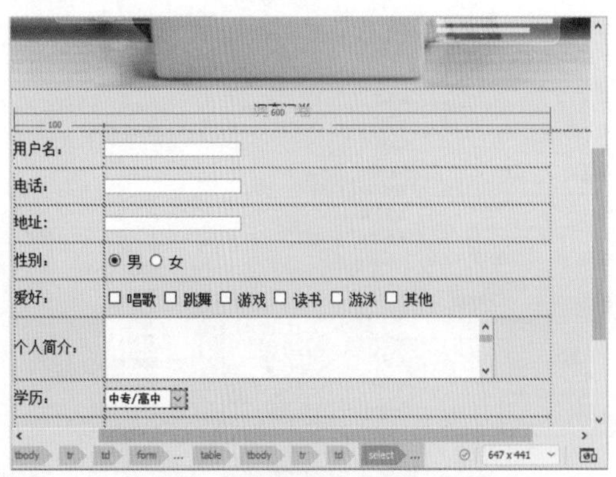

图 8-66

05 设置完成后将文档保存，按 F12 键可以在网页中进行预览，如图 8-67 所示。

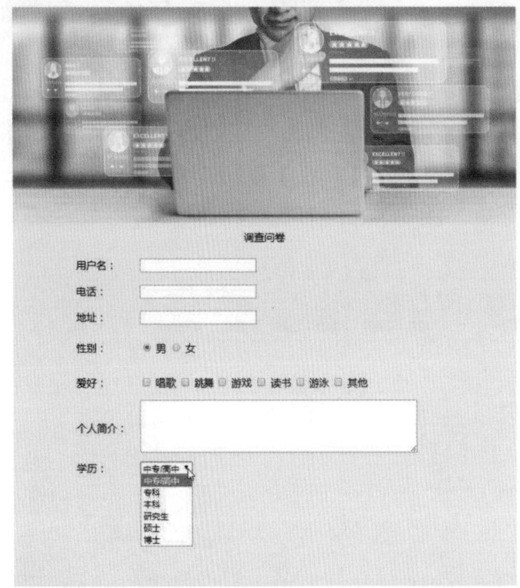

图 8-67

【实战】汽车网页表单设计

本例将介绍如何制作汽车网页表单设计。本例主要根据前面所学的知识为网页添加【选择】表单，效果如图 8-68 所示。

素材	素材 \Cha08\ 汽车网页设计 \ 汽车网页素材 .html
场景	场景 \Cha08\【实战】汽车网页表单设计 .html
视频	视频教学 \Cha08\【实战】汽车网页表单设计 .mp4

图 8-68

01 按 Ctrl+O 组合键，打开“素材 \Cha08\ 汽车网页设计 \ 汽车网页素材 .html”素材文件，如图 8-69 所示。

图 8-69

02 将光标置于“经销商查询”下方的空白单元格中。在菜单栏中选择【插入】|【表单】|【选择】命令，如图 8-70 所示。

03 执行该操作后，即可插入【选择】表单，将【选择】左侧的文字内容删除，选中插入的【选择】表单。在【属性】面板中单击【列表值】按钮，如图 8-71 所示。

04 在弹出的【列表值】对话框中单击【添加】按钮 + ，添加项目，并修改【项目标签】的名称，如图 8-72 所示。

图 8-70

图 8-71

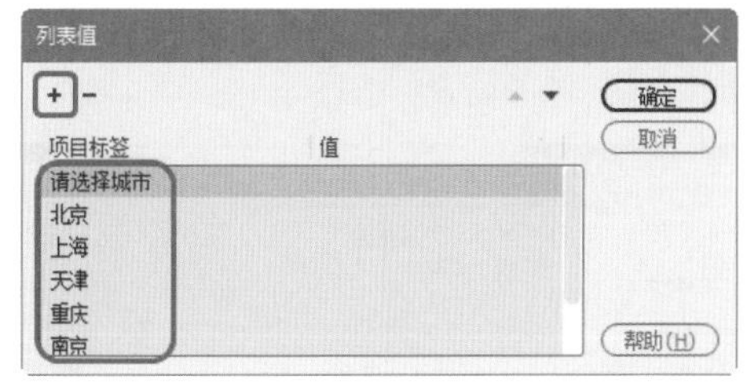

图 8-72

05 设置完成后，单击【确定】按钮。在【CSS 设计器】面板中单击【选择器】左侧的【添加】按钮 +，将其名称设置为 .bd，单击【布局】按钮，将 width、height 分别设置为 200px、20px，并为【选择】表单应用新建的 CSS 样式，如图 8-73 所示。

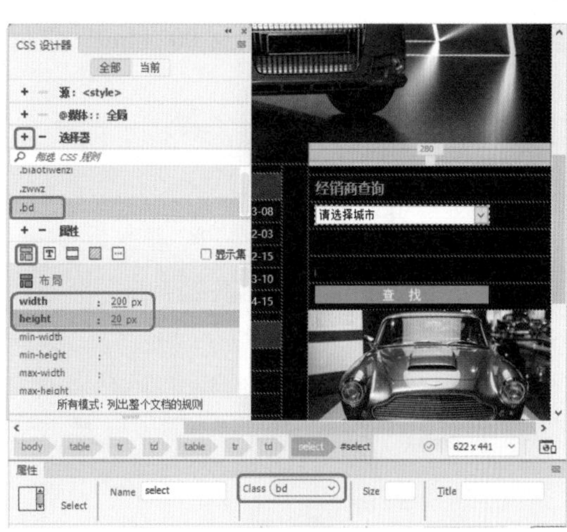

图 8-73

06 使用同样的方法在其他单元格中插入表单，并进行相应的设置，效果如图 8-74 所示。

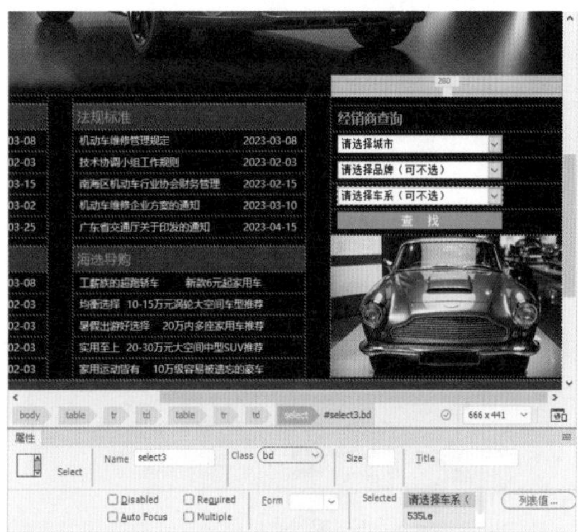

图 8-74

8.2 按钮表单

按钮是网页中常见的表单对象，标准的表单按钮通常带有【提交】、【重置】等标签，还可以分配其他已经在脚本中定义的处理任务。

8.2.1 插入按钮

本节将介绍如何插入按钮。插入按钮的具体操作步骤如下。

01 打开"素材\Cha08\素材002.html"素材文件，如图8-75所示。

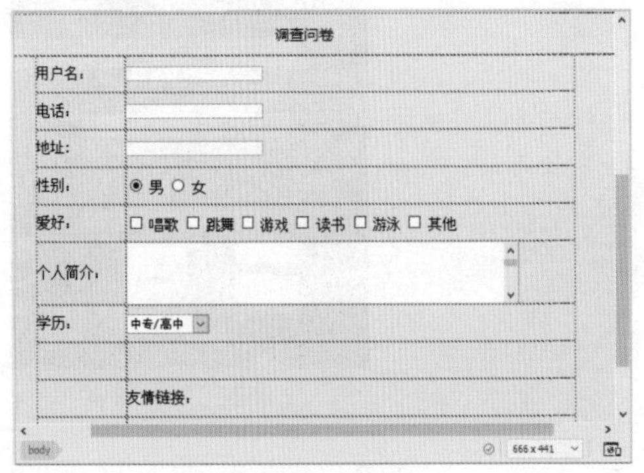

图 8-75

02 将光标置于"友情链接："右侧，在菜单栏中选择【插入】|【表单】|【按钮】命令，如图8-76所示。

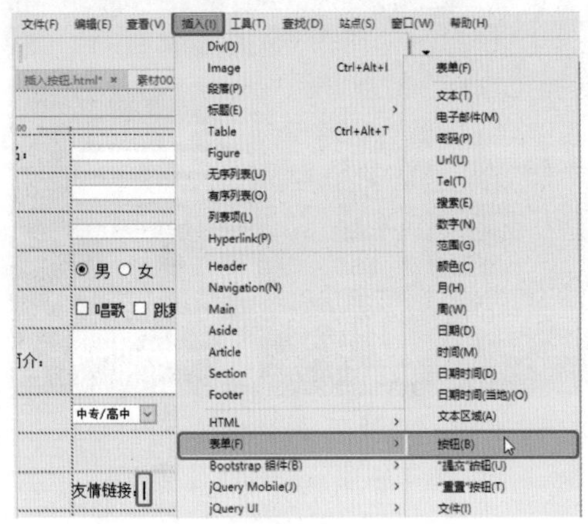

图 8-76

03 执行该命令后，即可插入按钮。选中插入的按钮，在【属性】面板中将Value设置为"跳转至百度"，如图8-77所示。

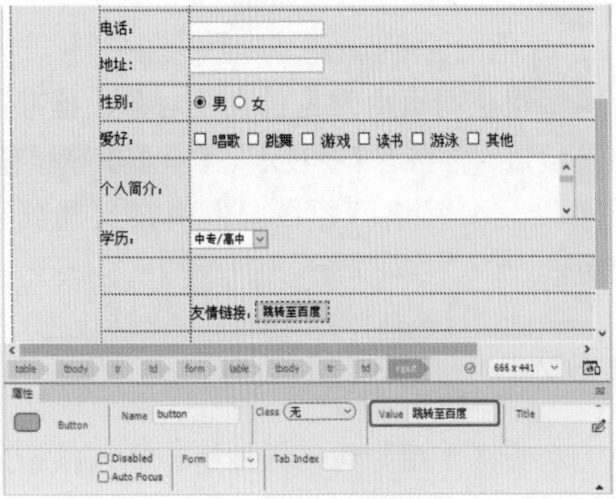

图 8-77

04 继续选中插入的按钮，在【行为】面板中单击【添加行为】按钮+。在弹出的下拉列表中选择【转到URL】命令，如图8-78所示。

图 8-78

05 执行该操作后，即可弹出【转到URL】对话框。在URL文本框中输入网址，如图8-79所示。

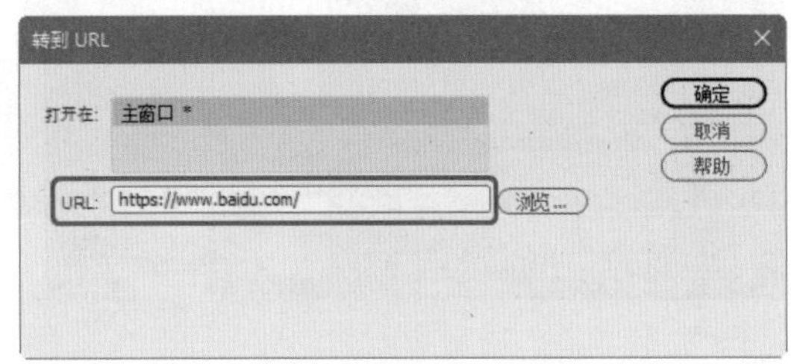

图 8-79

06 设置完成后将文档保存，按F12键可以在网页中进行预览，如图8-80所示。单击【跳转至百度】按钮时，即可跳转至百度网页中。

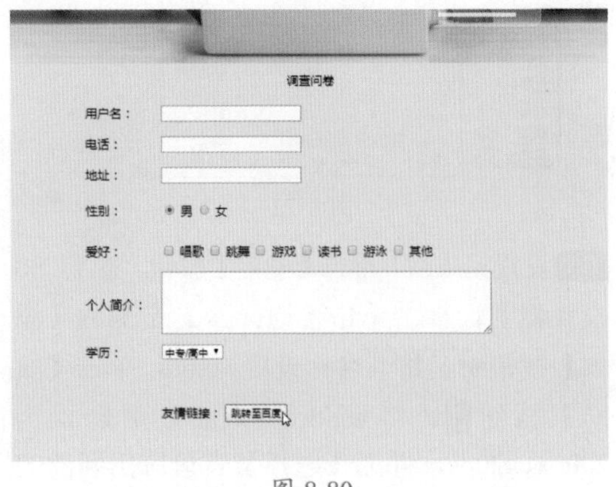

图 8-80

8.2.2 插入“提交”按钮

使用“提交”按钮可将表单数据提交到服务器。下面将介绍如何插入“提交”按钮，操作步骤如下。

01 继续上面的操作，将光标置于第二列的第十行单元格中。在菜单栏中选择【插入】|【表单】|【“提交”按钮】命令，如图 8-81 所示。

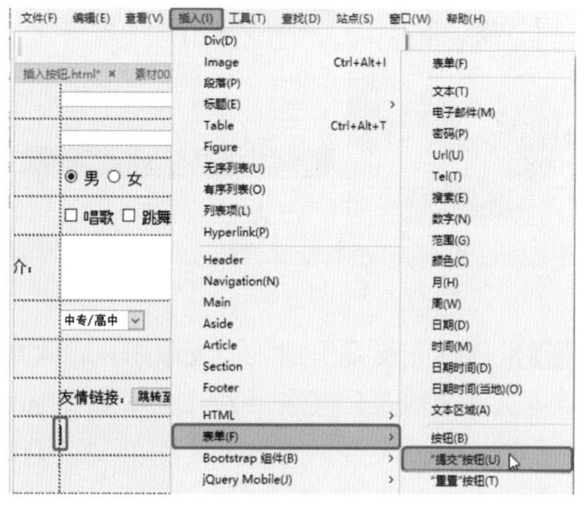

图 8-81

02 执行该操作后，即可插入“提交”按钮。将光标置于该按钮所在的单元格内，在【属性】面板中将【水平】设置为【居中对齐】，如图 8-82 所示。

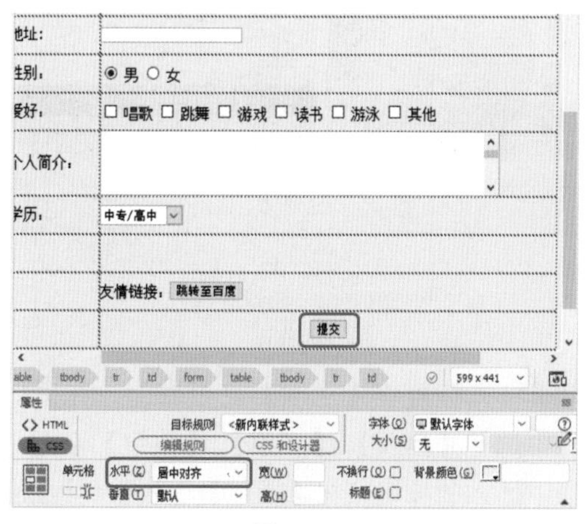

图 8-82

8.2.3 插入“重置”按钮

当用户需要重置表单信息到初始状态时，可以使用“重置”按钮。下面将介绍如何插入“重置”按钮，操作步骤如下。

01 继续上面的操作，将光标置于提交按钮右侧，在菜单栏中选择【插入】|【表单】|【“重置”按钮】命令，如图 8-83 所示。

图 8-83

02 执行该操作后，即可插入“重置”按钮，效果如图 8-84 所示。

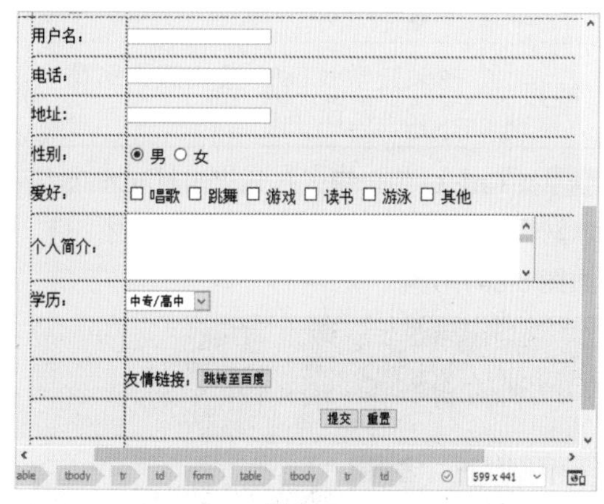

图 8-84

【实战】篮球网页表单设计

本例将介绍如何制作欢乐谷网页设计。本例主要通过前面所介绍的知识内容添加图像，并进行相应的设置，效果如图 8-85 所示。

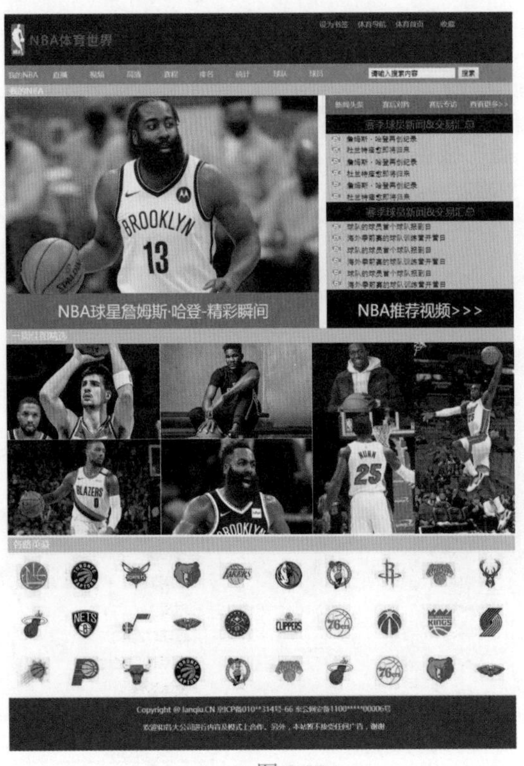

图 8-85

素材	素材 \Cha08\ 篮球网页设计 \ 篮球网页素材 .html
场景	场景 \Cha08\【实战】篮球网页表单设计 .html
视频	视频教学 \Cha08\【实战】篮球网页表单设计 .mp4

01 按 Ctrl+O 组合键，打开“素材 \Cha08\ 篮球网页设计 \ 篮球网页素材 .html”素材文件，如图 8-86 所示。

图 8-86

02 将光标置于【球员】文字右侧的空白单元格中，在菜单栏中选择【插入】|【表单】|【表单】命令，即可插入表单，如图 8-87 所示。

图 8-87

03 继续将光标置于插入的表单中，在菜单栏中选择【插入】|【表单】|【文本】命令，将【文本】表单右侧的文字内容删除。选中【文本】表单，在【属性】面板中将 Value 设置为“请输入搜索内容”，如图 8-88 所示。

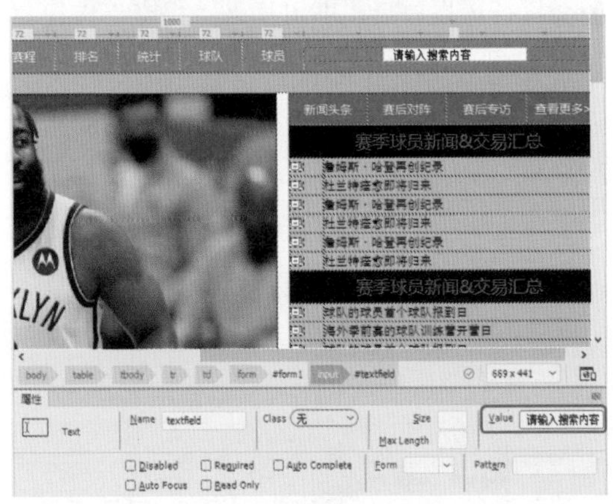

图 8-88

04 将光标置于【文本】表单右侧，在菜单栏中选择【插入】|【表单】|【按钮】命令，选中插入的按钮，在【属性】面板中将 Value 设置为“搜索”，如图 8-89 所示。

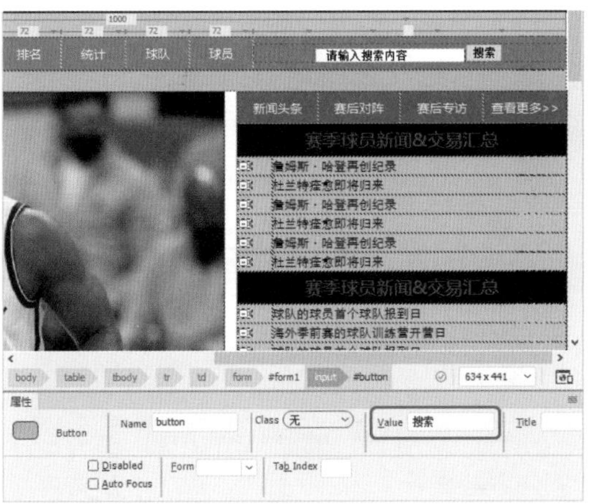

图 8-89

■ 8.2.4 插入图像按钮

可以使用图像作为按钮图标。插入图像域的具体操作步骤如下。

01 打开“素材 \Cha08\ 素材 003.html”素材文件，如图 8-90 所示。

图 8-90

02 将光标插入重置按钮右侧，在菜单栏中选择【插入】|【表单】|【图像按钮】命令，如图 8-91 所示。

03 在弹出的【选择图像源文件】对话框中选择“素材 \Cha08\ 图像 02.png”素材文件，单击【确定】按钮，即可插入图像按钮，如图 8-92 所示。

04 选中插入的图像按钮，单击【拆分】按钮，显示代码，在如图 8-93 所示的位置添加代码 alt="image"。

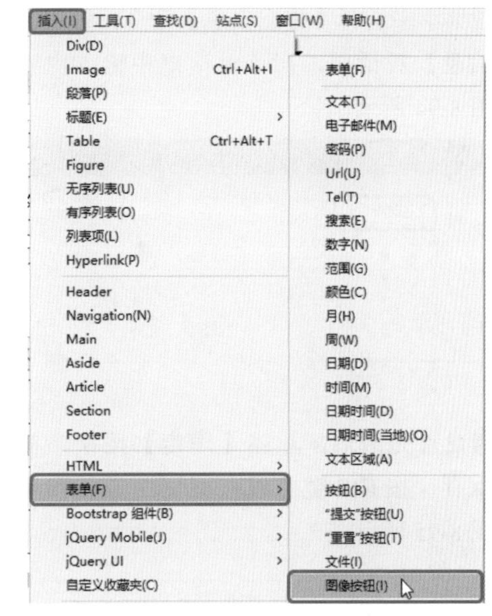

图 8-91

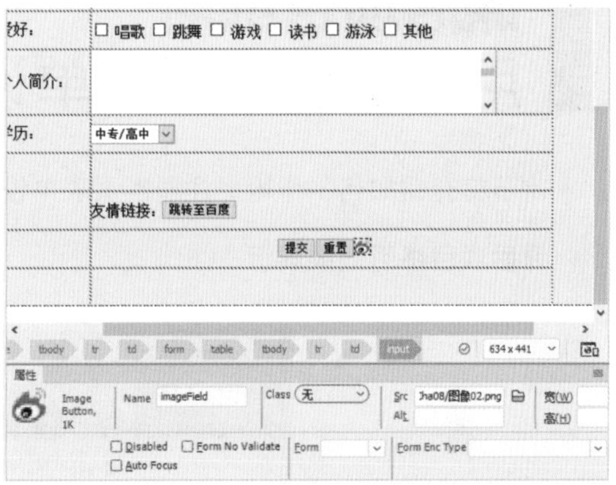

图 8-92

图 8-93

05 单击【设计】按钮，隐藏代码。在【行为】面板中单击【添加行为】按钮 +，在弹出的下拉菜单中选择【弹出信息】命令，弹出【弹出信息】对话框，在该对话框中输入内容，如图 8-94 所示。

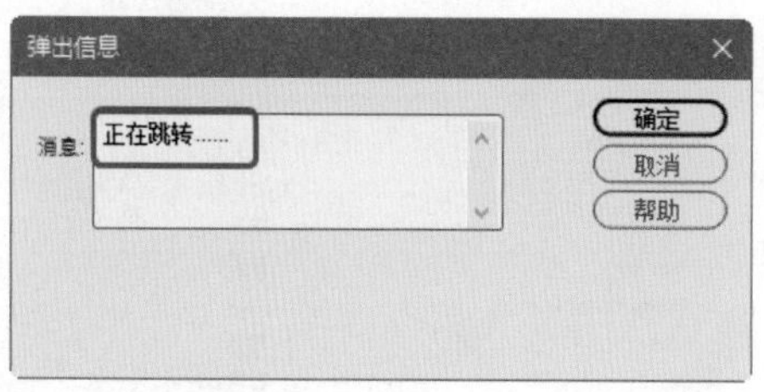

图 8-94

06 设置完成后，单击【确定】按钮，将文档保存，按 F12 键可以在网页中进行预览，如图 8-95 所示。

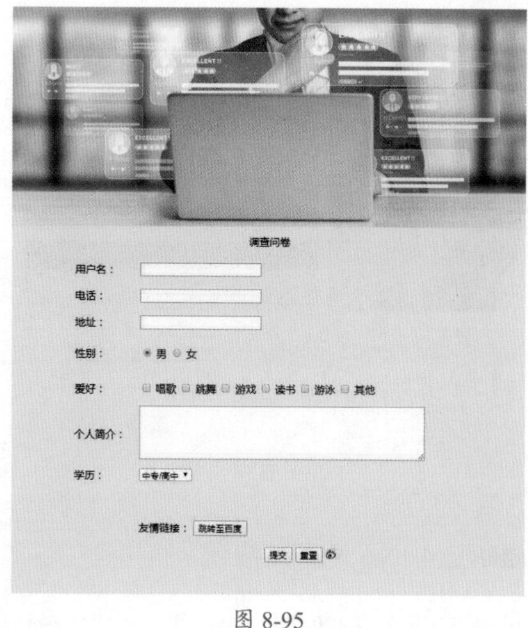

图 8-95

LESSON

课后项目练习
用户注册网页表单设计

本节将介绍如何制作用户注册网页表单设计，其效果如图 8-96 所示。

课后项目练习效果展示

图 8-96

课后项目练习过程概要

01 打开素材文件，插入【表单】，并在表单中插入表格，对单元格进行相应的设置。

02 输入文字内容，插入【文本】表单、【单选按钮组】、【按钮】、【选择】等表单元素，并为其设置相应的 CSS 样式。

03 为【文本】表单添加代码。

素材	素材 \Cha08\ 购物网页设计 \ 购物网页素材 .html
场景	场景 \Cha08\ 用户注册网页表单设计 .html
视频	视频教学 \Cha08\ 用户注册网页表单设计 .mp4

01 按 Ctrl+O 组合键，打开“素材 \Cha08\ 购物网页设计 \ 购物网页素材 .html”素材文件，如图 8-97 所示。

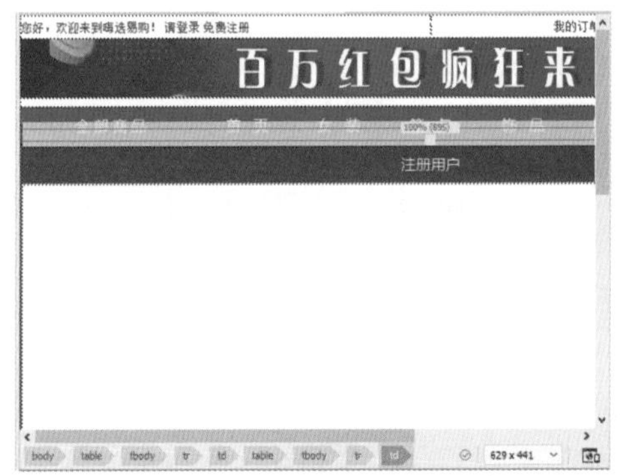

图 8-97

02 将光标置于“注册用户”下方的空白单元格中，在菜单栏中选择【插入】|【表单】|【表单】命令，如图 8-98 所示。

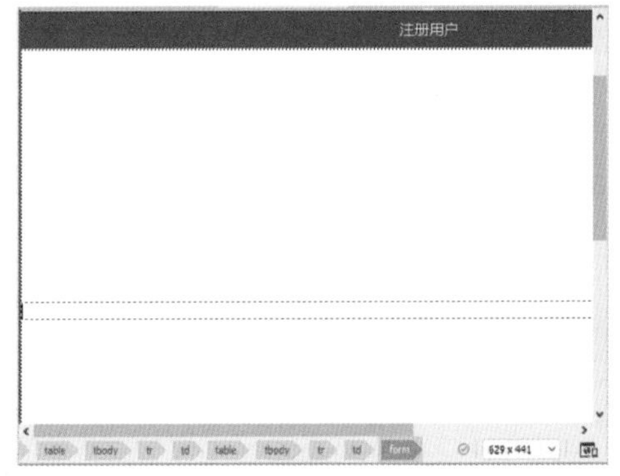

图 8-98

03 将光标置于插入的表单中，插入一个 10 行 2 列，【表格宽度】为 480 像素，Border、CellPad、CellSpace 均为 0 的表格。选中插入的表格，在【属性】面板中将 Align 设置为【居中对齐】，如图 8-99 所示。

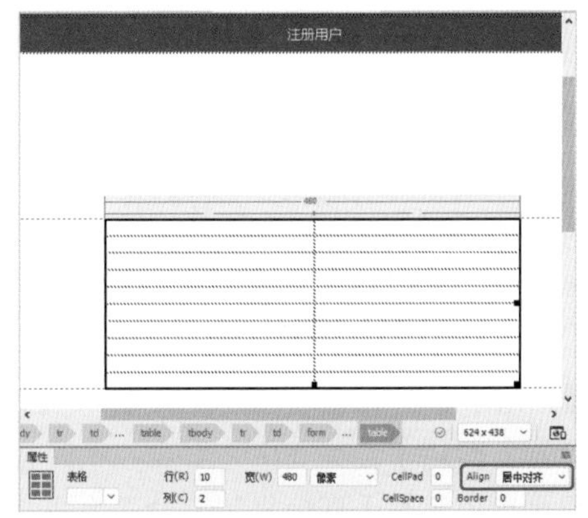

图 8-99

04 选中第一列的九行单元格，在【属性】面板中将【水平】设置为【右对齐】，将【宽】、【高】分别设置为 120、50，如图 8-100 所示。

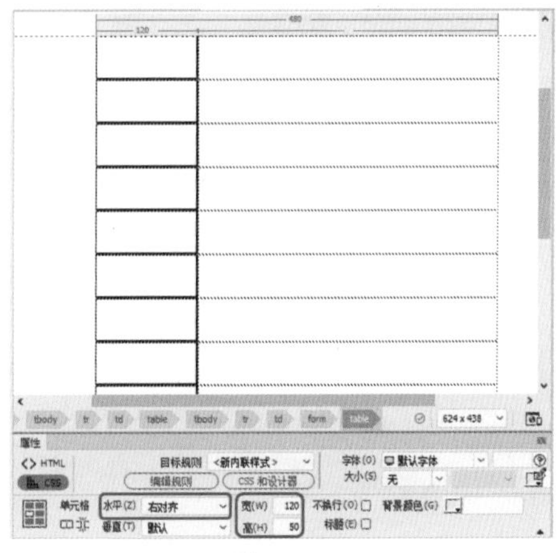

图 8-100

05 在第一列的第一行单元格中输入文字内容，在【CSS 设计器】面板中单击【选择器】左侧的【添加】按钮 + ，将其名称设置为 .t01。在【属性】卷展栏中单击【文本】按钮 T ，将 color 设置为 #434343，将 font-family 设置为【汉标中黑体】，将 font-size 设置为 16px，将 letter-spacing 设置为 2px。在【属性】面板中为输入的文字应用新建的 CSS 样式，如图 8-101 所示。

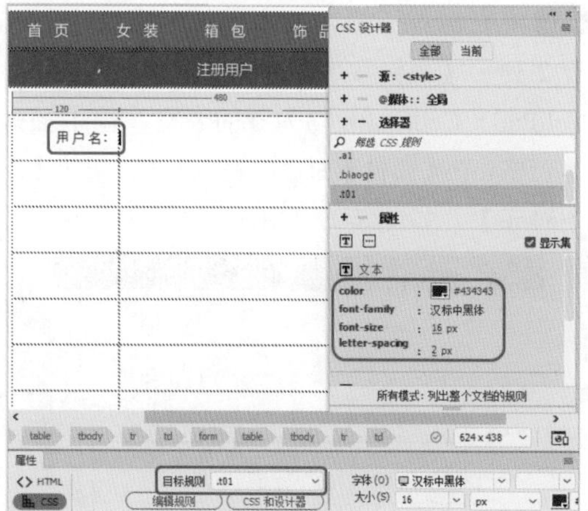

图 8-101

06 将光标置于“用户名”右侧，输入*，在【CSS设计器】面板中选择.t01并右击，在弹出的快捷菜单中选择【直接复制】命令，将复制后的CSS样式重新命名为.t02，将color设置为#E10000，并为输入的符号应用复制的CSS样式，如图8-102所示。

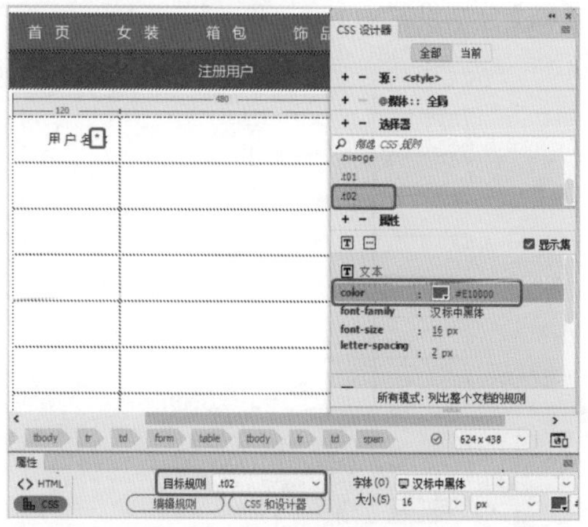

图 8-102

07 将光标置于第二列的第一行单元格中，在菜单栏中选择【插入】|【表单】|【文本】命令，将文本表单左侧的文字内容删除，如图8-103所示。

08 在【CSS设计器】面板中单击【选择器】左侧的【添加】按钮+，将其名称设置为.b01。在【属性】卷展栏中单击【文本】按钮T，将color设置为#969696，将font-family设置为【汉标中黑体】，将font-size设置为15px，将line-height设置为35px，将text-indent设置为20px；单击【边框】按钮；单击【所有边】按钮，将width设置为1px，将style设置为solid，将color设置为#CBCBCB，将border-radius设置为3px，如图8-104所示。

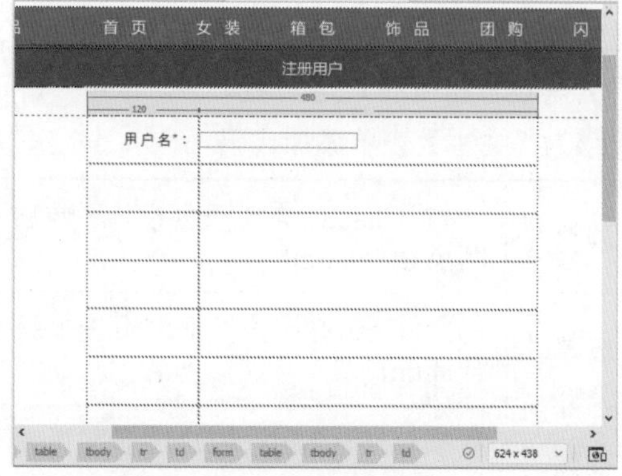

图 8-103

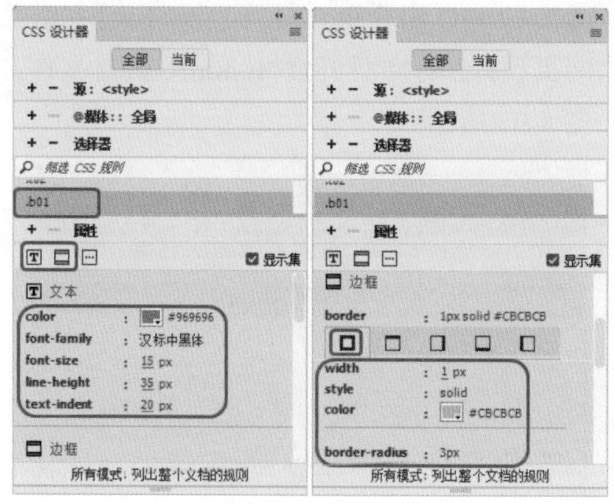

图 8-104

09 选中插入的文本表单，在【属性】面板中将Class设置为b01，将Size、Max Length分别设置为40、6，将Value设置为【请输入用户名】，如图8-105所示。

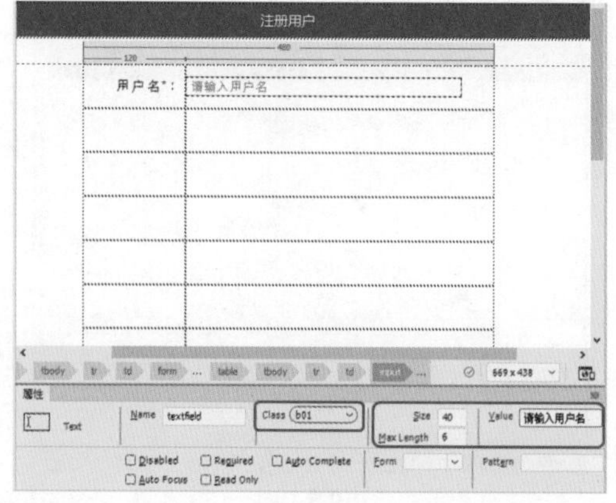

图 8-105

10 选中设置后的文本表单，按 Ctrl+C 组合键对其进行复制，将光标置于第二列的第三行单元格中，按 Ctrl+V 组合键进行粘贴。选中粘贴的文本表单，在【属性】面板中将 Max Length 设置为 11，将 Value 设置为“请输入手机号”，如图 8-106 所示。

图 8-106

11 使用同样的方法复制其他表单并进行相应的修改，在单元格中输入相应的内容，如图 8-107 所示。

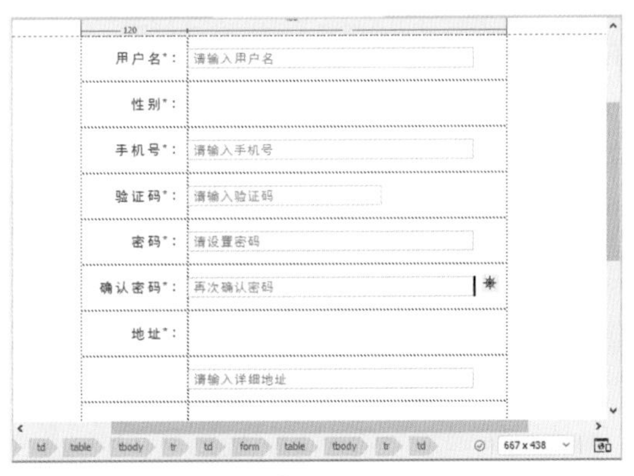

图 8-107

12 将光标置于第二列的第二行单元格中，在菜单栏中选择【插入】|【表单】|【单选按钮组】命令，在弹出的【单选按钮组】对话框中将【标签】分别设置为【男士】、【女士】，如图 8-108 所示。

13 设置完成后，单击【确定】按钮，将光标置于【男士】文字右侧，按 Delete 键删除回车符。在【CSS 设计器】面板中选择 .t01 并右击，在弹出的快捷菜单中选择【直接复制】命令，将复制的 CSS 样式重新命名为 .t03，将 color 更改为 #969696，将 font-size 更改为 15px，将 letter-spacing 更改为 1px，为单选按钮组文字应用新建的 CSS 样式，如图 8-109 所示。

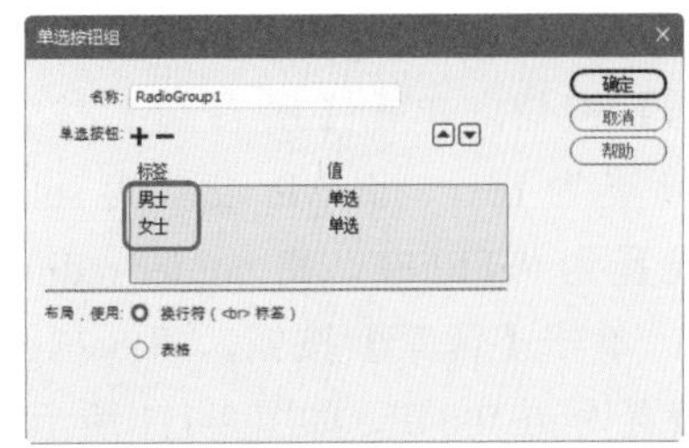

图 8-108

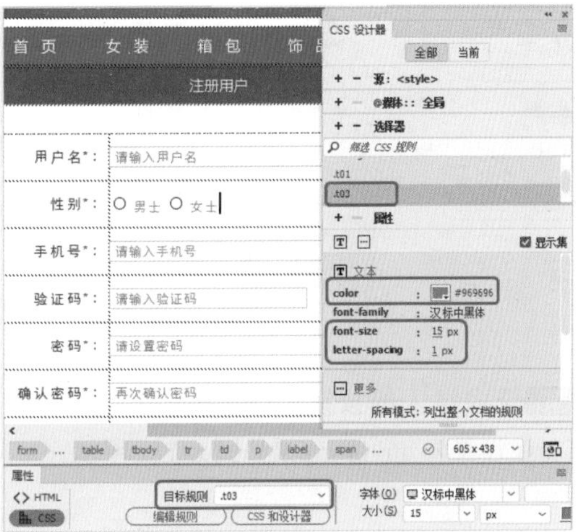

图 8-109

14 将光标置于【请输入验证码】文本表单的右侧，在菜单栏中选择【插入】|【表单】|【按钮】命令，选中插入的按钮。在【属性】面板中将 Value 设置为“获取验证码”，如图 8-110 所示。

图 8-110

15 在【CSS 设计器】面板中单击【选择器】左侧的【添加】按钮+，将其名称设置为 .an01。在【属性】卷展栏中单击【文本】按钮T，将 color 设置为 #FFFFFF，将 font-family 设置为【汉标中黑体】，将 font-size 设置为 15px，将 line-height 设置为 35px；单击【边框】按钮；单击【所有边】按钮，将 width 设置为 1px，将 style 设置为 solid，将 color 设置为 #FFFFFF，将 border-radius 设置为 4px；单击【背景】按钮，将 background-color 设置为 #E5004F，如图 8-111 所示。

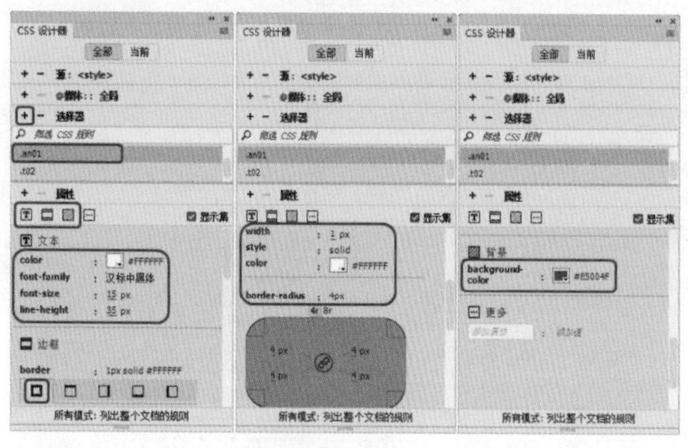

图 8-111

16 选中插入的按钮，在【属性】面板中将 Class 设置为 an01，效果如图 8-112 所示。

图 8-112

17 将光标置于第二列的第七行单元格中，在菜单栏中选择【插入】|【表单】|【选择】命令，将选择表单左侧的文字内容删除。选中插入的选择表单，在【属性】面板中单击【列表值】按钮，如图 8-113 所示。

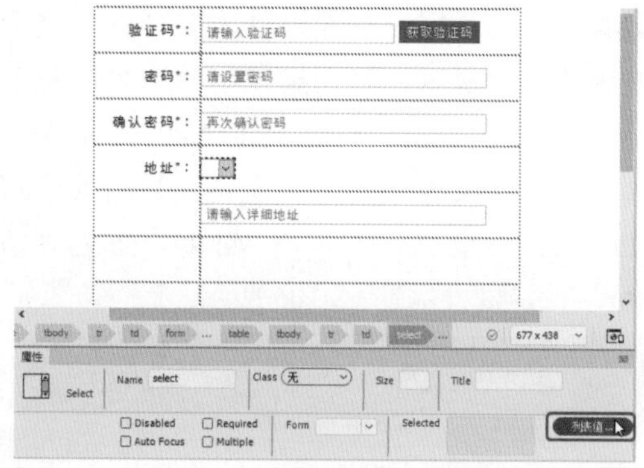

图 8-113

18 在弹出的【列表值】对话框中添加项目，并设置【项目标签】的名称，如图 8-114 所示。

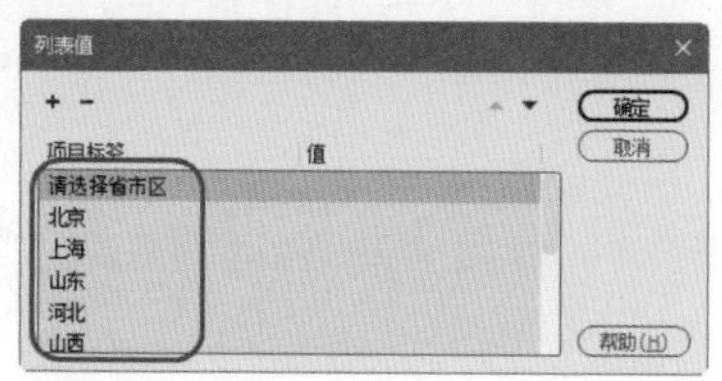

图 8-114

19 设置完成后，单击【确定】按钮。在【CSS 设计器】面板中选择 .b01 并右击，在弹出的快捷菜单中选择【直接复制】命令，将复制后的 CSS 样式名称更改为 .b02；单击【布局】按钮，将 width、height 分别设置为 290px、40px，并为选择表单应用复制的 CSS 样式，如图 8-115 所示。

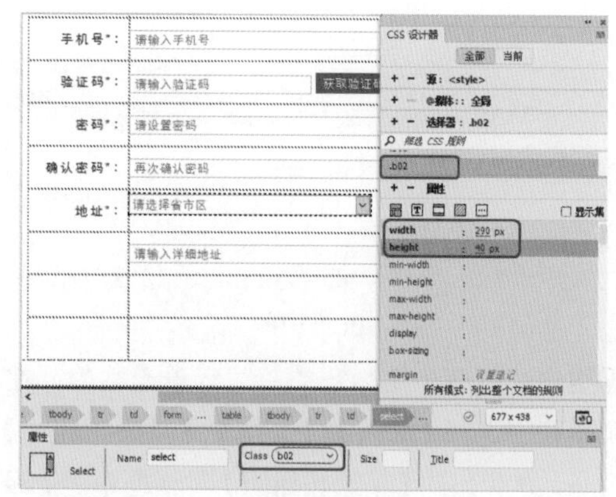

图 8-115

20 选择第八行的两列单元格，按 Ctrl+Alt+M 组合键，将选中的单元格进行合并。在【属性】面板中将【水平】设置为【居中对齐】，如图 8-116 所示。

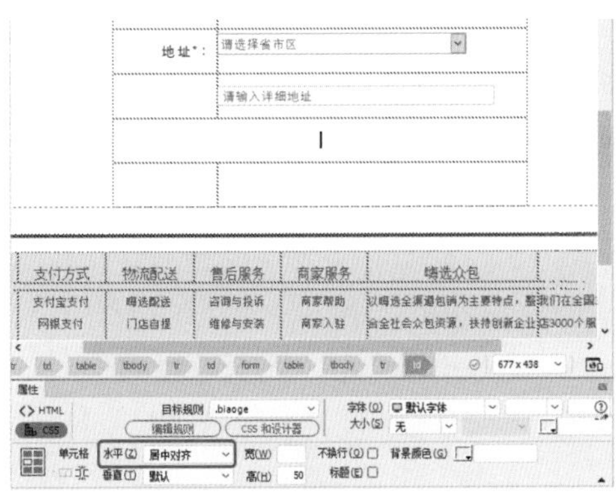

图 8-116

21 在菜单栏中选择【插入】|【表单】|【复选框】命令，插入复选框，并对复选框右侧的文字进行修改，如图 8-117 所示。

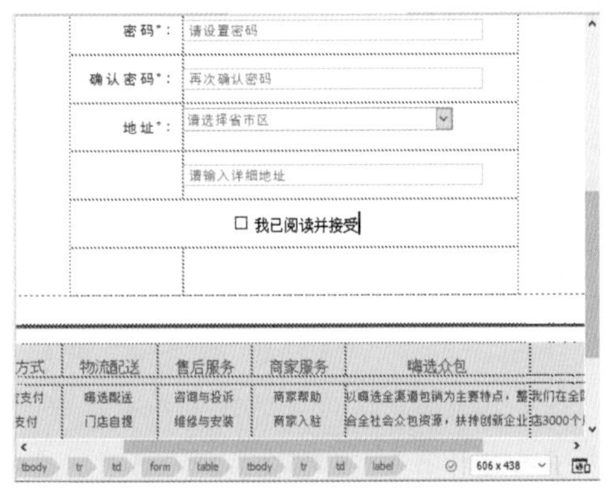

图 8-117

22 选中修改的文字，在【CSS 设计器】面板中选择 .t03 并右击，在弹出的快捷菜单中选择【直接复制】命令，将复制的 CSS 样式重新命名为 .t04，将 color 修改为 #545454，为修改的文字应用复制的 CSS 样式，如图 8-118 所示。

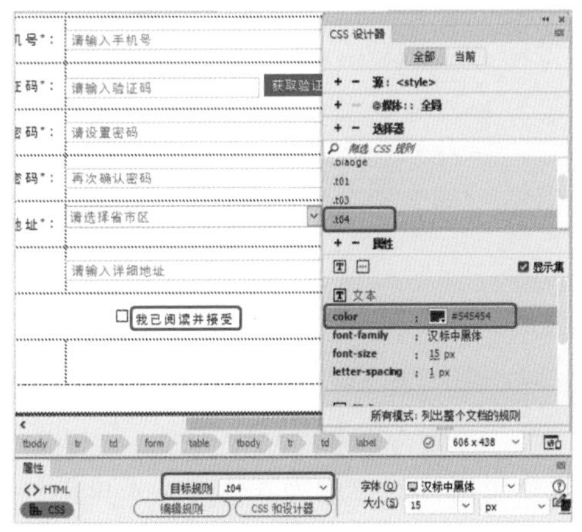

图 8-118

23 在【我已阅读并接受】文字右侧输入文字内容，选中输入的文字，在【CSS 设计器】面板中选择 .t03 并右击，在弹出的快捷菜单中选择【直接复制】命令，将复制的 CSS 样式重新命名为 .t05，将 color 修改为 #1E6FAF，为输入的文字应用复制的 CSS 样式，如图 8-119 所示。

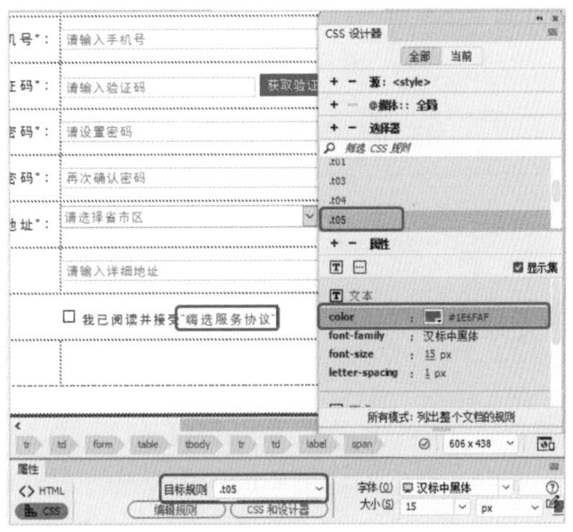

图 8-119

24 选择第九行的两列单元格，按 Ctrl+Alt+M 组合键，将选中的单元格进行合并。在【属性】面板中将【水平】设置为【居中对齐】，将【高】设置为 70，如图 8-120 所示。

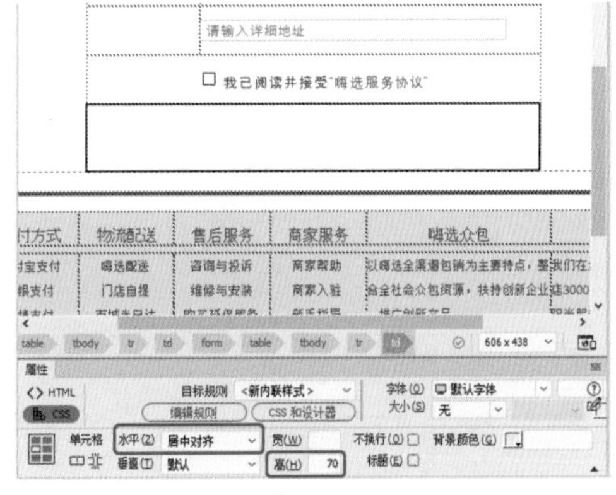

图 8-120

25 将光标置于合并后的单元格中，在菜单栏中选择【插入】|【表单】|【“提交”按钮】命令。在【CSS 设计器】面板中选择 .an01 并右击，在弹出的快捷菜单中选择【直接复制】命令，将复制后的 CSS 样式重新命名为 .an02；单击【布局】按钮，将 width、hight

分别设置为160px、40px；单击【文本】按钮，将font-size设置为17px，将line-height设置为33px，将letter-spacing设置为4px，选中插入的提交按钮。在【属性】面板中将Class设置为an02，将Value设置为“立即注册”，如图8-121所示。

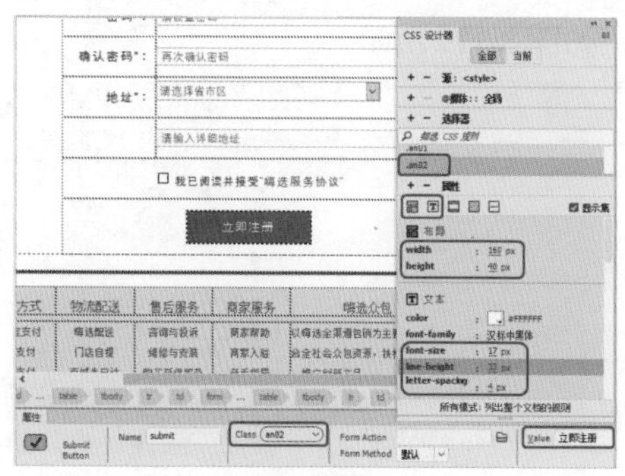

图 8-121

26 将光标置于“提交”表单的右侧，按Ctrl+Shift+空格组合键添加一个空格。在菜单栏中选择【插入】|【表单】|【“重置”按钮】命令。在【CSS设计器】面板中选择.an02，右击并在弹出的快捷菜单中选择【直接复制】命令，将复制后的CSS样式重新命名为.an03，单击【背景】按钮，将background-color设置为#FFBE00。在【属性】面板中将Class设置为an03，将Value设置为“稍后注册”，如图8-122所示。

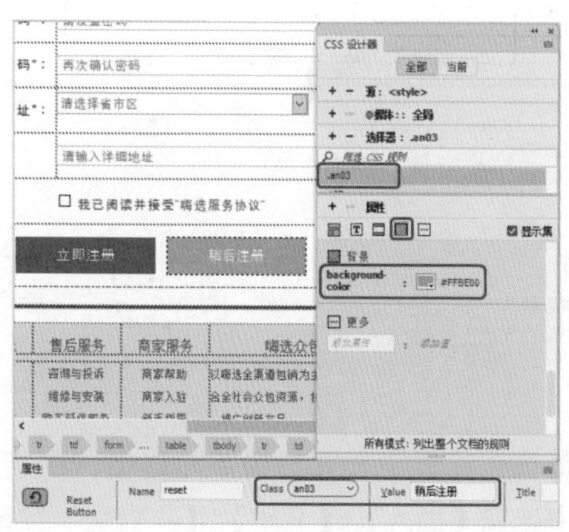

图 8-122

27 单击【拆分】按钮，显示代码，选择“用户名”右侧的文本表单，即可定位至该文本表单所在的代码行，在该文本表单的代码中输入代码 onfocus="javascript:if(this.value=='请输入用户名')this.value=''"，如图8-123所示。

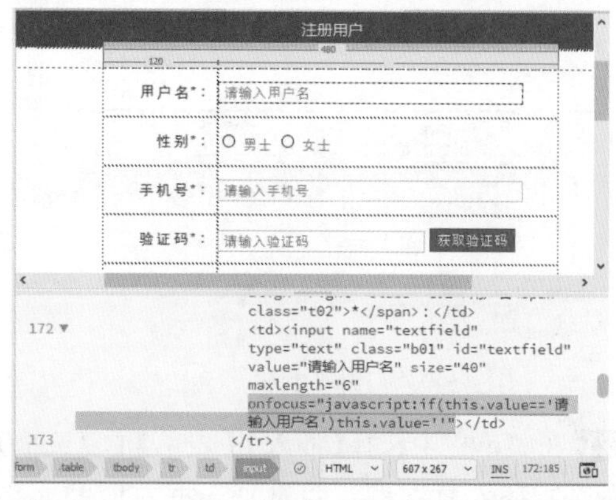

图 8-123

> 提示：默认情况下，插入文本表单后，在预览效果时，在文本表单中单击，文本表单中的文字不会自动消失，当在文本表单的代码中添加 onfocus="javascript:if(this.value=='（此处代表表单所设置的Value值）')this.value=''"代码后，再次预览效果，单击文本表单时，即可发现文本表单中的文字已自动消失，呈现为空白的输入状态。

28 选中“手机号”右侧的文本表单，在该文本表单的代码中输入代码 onfocus="javascript:if(this.value=='请输入手机号')this.value=''"，如图8-124所示。

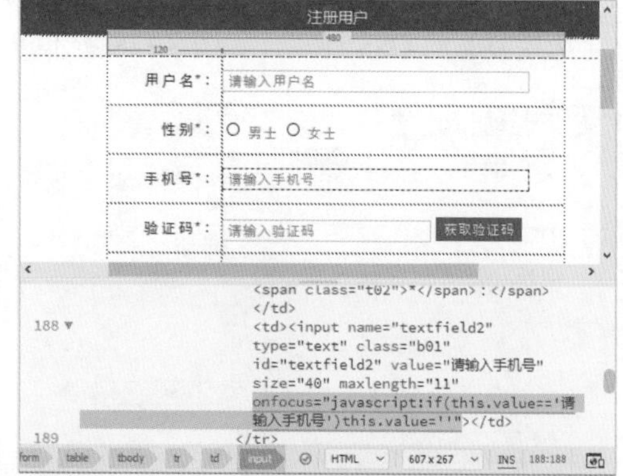

图 8-124

29 使用同样的方法为其他文本表单添加代码，对完成后的文档进行保存即可。

第 9 章 课程设计

本章导读：

本章将通过前面所学的知识来制作新品女装网页设计以及天气预报网网页设计。通过本章的案例，可以对前面所学内容进行巩固、加深；通过练习，可以举一反三，制作出其他网页效果。

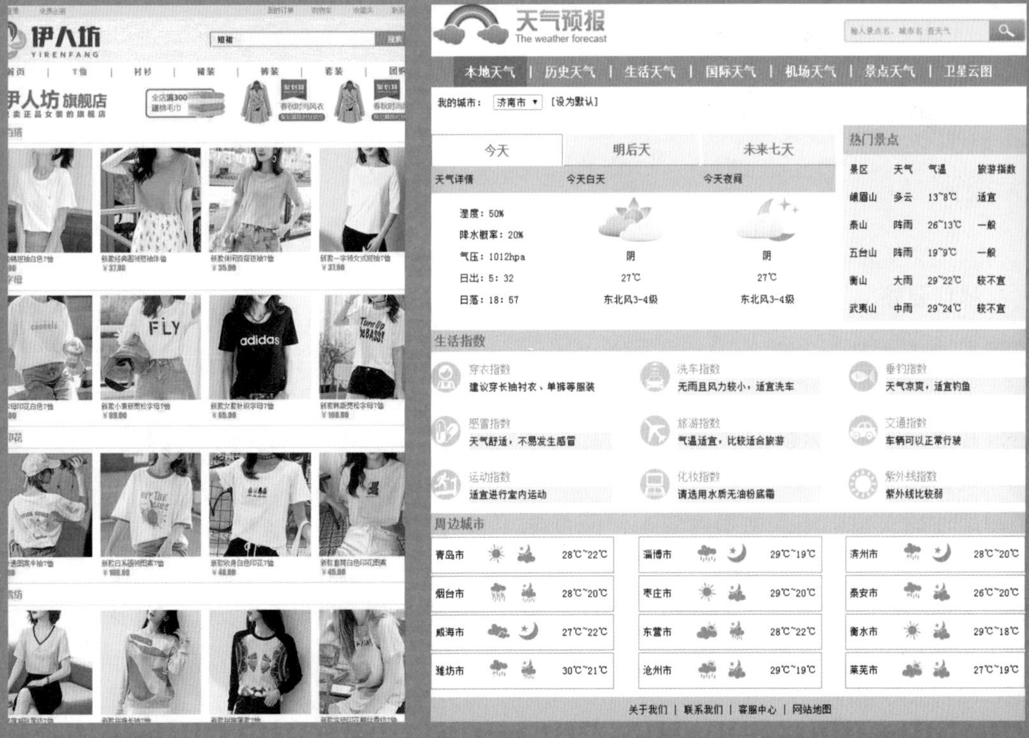

9.1 新品女装网页设计

效果展示 (见图 9-1)：

图 9-1

操作要领：

01 新建【文档类型】为 HTML5 的文档，插入表格后输入文本，并为输入的文本设置 CSS 样式，插入“标题 .jpg”素材图片，制作出网页的表头内容。

02 通过插入表格输入文本内容制作网页导航栏，并插入旗舰店活动图。

03 根据前面介绍的方法输入信息标题，为对象设置 CSS 样式，将 T 恤图片插入表格中，制作出衣服专卖区。

04 在菜单栏中选择【插入】| HTML |【水平线】命令，在单元格中插入水平线，然后单击【拆分】按钮，在视图中输入代码，用于更改水平线颜色，将信息标题与衣服专卖区用水平线隔开，这样使网页看起来层次分明。

05 制作网页的底部元素，一般在制作网页时，在底部可以放置电话号码、企业邮箱、企业地址等一些基本的信息，这样会极大地方便用户查找企业的联系方式，节省用户时间。

9.2 天气预报网网页设计

效果展示 (见图 9-2)：

图 9-2

操作要领：

01 新建【文档类型】为 HTML5 的文档，插入表格后置入“标题 .jpg”素材图片。

02 继续插入表格，设置单元格的背景颜色并输入天气导航栏的具体内容信息，设置 CSS 样式并应用到文本内容。

03 在菜单栏中选择【插入】|【表单】|【选择】命令，选择插入的表单，单击【属性】面板中的【列表值】按钮，弹出【列表值】对话框。在该对话框中输入选项，输入完成后单击【确定】按钮，将表单左侧的文字更改为“我的城市：”，在右侧的单元格内输入文字，并分别设置 CSS 样式。

04 对场景进行布局，然后在插入的表格内进行相应的设置。

05 制作天气预报网底部的元素，最后将其保存即可。

附　录

Dreamweaver 2020 的常用快捷键

常用快捷键

【文件】菜单中的命令对应的快捷键及其功能		
Ctrl + N：新建文档	Ctrl + O：打开一个 HTML 文件	Ctrl + W：关闭
Ctrl + S：保存	Ctrl + Shift + S：另存为	Ctrl + Q：退出
Ctrl + P：打印代码	F12：实时预览	
【编辑】菜单中的命令对应的快捷键及其功能		
Ctrl + Z：撤销	Ctrl + Y：重做	Ctrl + X：剪切
Ctrl + C：拷贝	Ctrl + V：粘贴	Ctrl + Shift + V：选择性粘贴
Ctrl + A：全选	Ctrl +[：选择父标签	Ctrl +]：选择子标签
Ctrl + G：转到行	Ctrl+H：显示代码提示	Ctrl + Shift + C：折叠所选
Ctrl + Alt + C：折叠外部所选	Ctrl + Shift + E：扩展所选	Ctrl + Shift + J：折叠完整标签
Ctrl + Alt + J：折叠外部完整标签	Ctrl + Alt + E：扩展全部	Ctrl + T：快速标签编辑器
Ctrl + Shift + L：移除链接	Ctrl + Alt + M：合并单元格	Ctrl + Alt + Shift + T：拆分单元格
Ctrl + M：插入行	Ctrl + Shift + A：插入列	Ctrl + Shift + M：删除行
Ctrl + Shift + -：删除列	Ctrl + Shift +]：增加列宽	Ctrl + Shift + [：减少列宽
Ctrl + Shift + >：缩进代码	Ctrl + Shift + <：凸出代码	Ctrl + ‘：平衡大括弧
Ctrl + Alt +]：缩进	Ctrl + Alt + [：凸出	Ctrl + B：粗体
Ctrl + I：倾斜	Ctrl + Shift + P：段落	Ctrl + U：首选项
【查看】菜单中的命令对应的快捷键及其功能		
Ctrl + Shift + F11：切换视图模式	Ctrl + Alt + `：切换视图	Alt + Shift + F11：检查
F5：刷新设计视图		
【插入】菜单中的命令对应的快捷键及其功能		
Ctrl + Alt + I：Image	Ctrl + Alt + T：Table	Ctrl + Alt + Shift + V：HTML5 Video
Ctrl + Alt + Shift + E：动画合成	Ctrl + Alt + F：Flash SWF	Ctrl + Shift + Space：不换行空格

Ctrl+Alt+V：可编辑区域		
【工具】菜单中的命令对应的快捷键及其功能		
F9：编译	Ctrl + Alt + N：代码浏览器	Shift + F7：拼写检查
【查找】菜单中的命令对应的快捷键及其功能		
Ctrl + F：在当前文档中查找	Ctrl + Shift + F：在文件中查找和替换	Ctrl + H：在当前文档中替换
F3：查找下一个	Shift + F3：查找上一个	Ctrl + Shift + F3：查找全部并选择
Ctrl + R：将下一个匹配项添加到选区	Ctrl + Alt + R：跳过并将下一个匹配项添加到选区	
【站点】菜单中的命令对应的快捷键及其功能		
Ctrl + Alt + D：获取	Ctrl + Alt + Shift + D：取出	Ctrl + Shift + U：上传
Ctrl + Alt + Shift + U：存回	Ctrl + F8：检查站点范围的链接	
【窗口】菜单中的命令对应的快捷键及其功能		
F4：显示面板	Shift + F4：行为	F10：代码检查器
Shift + F11：CSS 设计器	Ctrl + F7：DOM	F8：文件
Ctrl + F2：插入	Ctrl + F3：属性	Shift + F6：输出
F7：搜索	Shift + F9：代码片段	
其他快捷键		
Ctrl + =：增加字体大小	Ctrl + -：减小字体大小	Ctrl + 0：恢复字体大小
Ctrl + Shift + I：可视化助理	Ctrl + ;：显示辅助线	Ctrl + Alt + ;：锁定辅助线
Ctrl + Shift + ;：靠齐辅助线	Ctrl + Shift + G：辅助线靠齐元素	Ctrl + Alt + G：显示网格
Alt + F11：显示标尺		

参 考 文 献

[1] 姜侠，张楠楠 . Photoshop CC 图形图像处理标准教程 [M]. 北京：人民邮电出版社，2016.

[2] 周建国 . Photoshop CC 图形图像处理标准教程 [M]. 北京：人民邮电出版社，2016.

[3] 孔翠，杨东宇，朱兆曦 . 平面设计制作标准教程 Photoshop CC+Illustrator CC[M]. 北京：人民邮电出版社，2016.

[4] 沿铭洋，聂清彬 . Illustrator CC 平面设计标准教程 [M]. 北京：人民邮电出版社，2016.